EUL VERLAG

Tax Management der kapitalmarktorientierten internationalen Unternehmung

– Entwicklung, Systematisierung und Analyse des Tax Management –

Inauguraldissertation
zur
Erlangung des Doktorgrades
der
Wirtschafts- und Sozialwissenschaftlichen Fakultät
der
Universität zu Köln

2009

vorgelegt
von

Diplom-Kaufmann Thomas Loose
aus
Wesel

Referent: Prof. Dr. Norbert Herzig

Korreferent: Prof. Dr. Heinrich R. Schradin

Tag der Promotion: 18. Dezember 2009

Reihe: Steuer, Wirtschaft und Recht · Band 299

Herausgegeben von vBP StB Prof. Dr. Johannes Georg Bischoff, Wuppertal, Dr. Alfred Kellermann, Vorsitzender Richter (a. D.) am BGH, Karlsruhe, Prof. (em.) Dr. Günter Sieben, Köln, und WP StB Prof. Dr. Norbert Herzig, Köln

Dr. Thomas Loose

Tax Management der kapitalmarktorientierten internationalen Unternehmung

Mit einem Geleitwort von Prof. Dr. Norbert Herzig, Universität zu Köln

EUL VERLAG

Bibliografische Information der Deutschen Nationalbibliothek

Die Deutsche Nationalbibliothek verzeichnet diese Publikation in der Deutschen Nationalbibliografie; detaillierte bibliografische Daten sind im Internet über <http://dnb.d-nb.de> abrufbar.

Dissertation, Universität zu Köln, 2009, unter dem Titel: Tax Management der kapitalmarktorientierten internationalen Unternehmung – Entwicklung, Systematisierung und Analyse des Tax Management

ISBN 978-3-89936-872-7
1. Auflage Dezember 2009

JOSEF EUL VERLAG GmbH
Brandsberg 6
53797 Lohmar
Tel.: 0 22 05 / 90 10 6-6
Fax: 0 22 05 / 90 10 6-88
E-Mail: info@eul-verlag.de
http://www.eul-verlag.de

Bei der Herstellung unserer Bücher möchten wir die Umwelt schonen. Dieses Buch ist daher auf säurefreiem, 100% chlorfrei gebleichtem, alterungsbeständigem Papier nach DIN 6738 gedruckt.

Geleitwort

Das Umfeld von international operierenden Unternehmungen, deren Wertpapiere an einem Kapitalmarkt notiert sind, hat sich in den vergangenen Jahren signifikant verändert. Ursächlich hierfür sind in erster Linie die fortschreitende Internationalisierung der Unternehmungsaktivitäten sowie der gestiegene Einfluss der internationalen Kapitalmärkte.

Ziel der Untersuchung ist die Entwicklung eines Rahmenkonzeptes für Aktivitäten von Steuerabteilungen kapitalmarktorientierter internationaler Unternehmungen, die auf die Steigerung des Shareholder-Value fokussiert sind (sog. Tax Management). Umfassende Analysen des in der Unternehmungspraxis hoch relevanten Entwicklungsprozesses des steuerlichen Tätigkeitsspektrums von Steuerabteilungen kapitalmarktorientierter internationaler Unternehmungen in Richtung eines modernen Tax Management fehlen bisher, sodass aus Sicht der betriebswirtschaftlichen Steuerlehre ein Forschungsdefizit konstatiert werden kann.

Die Arbeit von Thomas Loose, die von der Wirtschafts- und Sozialwissenschaftlichen Fakultät der Universität zu Köln als Dissertation angenommen worden ist, leistet einen wesentlichen Beitrag zur Verringerung der aufgezeigten Forschungslücke. Aufbauend auf einer kurzen Beschreibung des in früheren Zeiten vorherrschenden und in der Unternehmungspraxis oftmals bis in die Gegenwart hinein vornehmlich anzutreffenden klassischen Aufgabenspektrums von Steuerabteilungen wird aufgezeigt, dass das traditionelle Verständnis des Tätigkeitsgebietes sowie der strategischen Relevanz von Steuerabteilungen derzeit einem signifikanten Wandel unterliegt. Als Ursachen dieses Paradigmenwechsels werden neben der Shareholder-Value-Orientierung der Unternehmungsführung die fortschreitende Internationalisierung der Rechnungslegungsvorschriften sowie die zunehmende Relevanz steuerlicher Risiken beleuchtet.

Basierend auf der Entwicklung des abstrakten Rahmenkonzeptes für das Tax Management erläutert der Autor, dass das Erfüllen steuerlicher Pflichten (sog. Tax Compliance) und die Rechnungslegung über tatsächliche und latente Steuern (sog. Tax Accounting) das Fundament des Tax Management darstellen. Anschließend erfolgt eine detaillierte Analyse der einzelnen Instrumente des Tax Management in systematisierter Form. So werden die steuerplanerische Gestaltung (sog. Tax Planning), das steuerliche Risikomanagement (sog. Tax Risk Management) und die steuerliche Kommunikation (sog. Tax Communication) jeweils in Bezug auf die drei Kriterien „Funktion“, „Aktionsparameter“ und „Restriktionen“ erforscht. Neben einer kritischen Würdigung der zentralen Ergebnisse wird auch ein Ausblick auf zukünftige Entwicklungen skizziert.

Dem Verfasser gelingt es, ein in Theorie und Praxis immer stärker in den Vordergrund rückendes Thema klar strukturiert und konsequent zu untersuchen. Das entwickelte Rahmenkonzept wird den aktuellen Diskussionen, die in den nächsten Jahren an Intensität gewinnen dürften, einen wichtigen Anstoß geben. Die auch sprachlich klar gefasste Arbeit weist einen hohen Innovationsgehalt auf und ist daher gleichermaßen als befruchtender Forschungsbeitrag für den Theoretiker wie auch als hilfreiche Entscheidungsgrundlage für den Praktiker anzusehen.

Köln, im Dezember 2009 Prof. Dr. Norbert Herzig

Vorwort

Die vorliegende Arbeit wurde im Dezember 2009 von der Wirtschafts- und Sozialwissenschaftlichen Fakultät der Universität zu Köln als Dissertation angenommen.

Ziel der Untersuchung ist die Entwicklung eines Rahmenkonzeptes für Aktivitäten von Steuerabteilungen kapitalmarktorientierter internationaler Unternehmungen, die auf die Steigerung des Shareholder-Value fokussiert sind (sog. Tax Management).

Das Interesse an diesem Thema hat in letzter Zeit in Theorie und Praxis enorm zugenommen, eine Entwicklung, die zu Beginn der Arbeit noch nicht abzusehen war. Diese Abhandlung möchte der aktuellen Diskussion, die in den nächsten Jahren an Intensität gewinnen dürfte, einen wichtigen Anstoß geben.

Allen, die mich bei der Erstellung der Dissertationsschrift und ihrer Veröffentlichung begleitet haben, gilt mein herzlicher Dank. Besonders hervorheben möchte ich die wissenschaftliche Unterstützung und jederzeitige Diskussionsbereitschaft von Herrn WP/StB Prof. Dr. Norbert Herzig, meinem akademischen Lehrer und Doktorvater. Herrn Prof. Dr. Heinrich R. Schradin danke ich für die Übernahme und Erstellung des Zweitgutachtens sowie Herrn Prof. Dr. Eckart Bomsdorf für die Leitung der Prüfungskommission.

Das praktische Fundament der vorliegenden Arbeit wurde durch meine Tätigkeit bei einer international tätigen Wirtschaftsprüfungsgesellschaft gelegt. Stellvertretend danke ich Herrn StB Volker Stein und Herrn StB Dr. Jan Becker für die mir gewährten Freiräume sowie die zahlreichen Gelegenheiten, die im Rahmen der theoretischen Auseinandersetzung gewonnenen Erkenntnisse diskutieren zu dürfen. Zu großem Dank bin ich auch meinen Arbeitskollegen sowie meinen Kollegen vom Steuerseminar der Universität zu Köln für die freundschaftliche Arbeitsatmosphäre verpflichtet; hervorzuheben sind hierbei Frau StB Kerstin Schaarschmidt und Herr Dr. Alexander Bohn.

Schließlich gilt besonderer Dank meinen Freunden und meiner Familie.

Düsseldorf, im Dezember 2009 Thomas Loose

Inhaltsverzeichnis

Inhaltsverzeichnis IX
Abkürzungsverzeichnis XV
Abbildungsverzeichnis XXIII
Formelverzeichnis XXV
Tabellenverzeichnis XXVII
Verzeichnis verwendeter Variablen XXIX
Teil I Grundlegung 1
1. Problemstellung und Untersuchungsziel 1
2. Begriffliche Abgrenzung und Untersuchungsprämissen 2
3. Gegenwärtiger Diskussionsstand 3
4. Untersuchungsstrategie 4
Teil II Paradigmenwechsel des steuerlichen Aufgabenspektrums 7
1. Klassisches Aufgabenspektrum 7
2. Ursachen des Paradigmenwechsels 9
2.1. Fokussierung auf eine Shareholder-orientierte Unternehmungsführung 9
2.1.1. Interessen der Shareholder 9
2.1.1.1. Terminus Total Shareholder Return 9
2.1.1.2. Aktienkursentwicklung 11
2.1.1.2.1. Grundsätzliche Anmerkungen 11
2.1.1.2.2. Erfolgsorientierte Unternehmungsbewertung 13
2.1.1.2.3. Marktorientierte Unternehmungsbewertung 18
2.1.1.3. Dividendenzahlungen 22
2.1.2. Interessen der Stakeholder 27
2.1.3. Verhältnis von Shareholder- zu Stakeholder-Interessen 28
2.1.3.1. Zielidentität versus -komplementarität versus -konflikt 28
2.1.3.2. Dominanz der Shareholder-Interessen 29
2.1.4. Wertorientierte Unternehmungsführung 31
2.2. Internationalisierung der Rechnungslegung 32
2.2.1. Vordringen der IAS/IFRS 32

2.2.2. Hohe Bedeutung latenter Steuern 35

2.2.3. Erfordernis mannigfaltiger steuerlicher Anhangsangaben 37

2.3. Relevanz steuerlicher Risiken 39

2.3.1. Generelle Risikosensibilisierung 39

2.3.2. Risikobericht und -früherkennungssystem 40

2.3.3. Internes Kontrollsystem 43

2.3.4. FIN 48 46

3. Modernes Tax Management 48

Teil III Tax Planning 55

1. Funktion 55

1.1. Optimierung zahlungswirksamer Steuern 55

1.2. Optimierung ergebniswirksamer Steuern 59

2. Aktionsparameter 66

2.1. Standardisierter Steuerplanungsprozess 66

2.2. Identifizierung steuerplanerischen Optimierungspotenzials 68

2.2.1. Prozesselemente 68

2.2.2. Analyse der Unternehmungsfunktionen 69

2.2.2.1. Identifizierung der Unternehmungsfunktionen 69

2.2.2.2. Ermittlung der Funktionsträger 73

2.2.2.3. Quantifizierung funktionsspezifischer Steuerbelastungen 75

2.2.2.4. Untersuchung funktionsspezifischer Steuerbelastungen 77

2.2.3. Tax Controlling 79

2.2.3.1. Gesellschaftsorientierte Betrachtung 79

2.2.3.2. Länderorientierte Betrachtung 81

2.2.3.3. Konzernorientierte Betrachtung 82

2.2.4. Analyse der Umfeldänderungen 83

2.2.4.1. Grundsätzliche Anmerkungen 83

2.2.4.2. Informationsbeschaffung 84

2.2.4.2.1. Unternehmungsexterne Umfeldänderungen 84

2.2.4.2.2. Unternehmungsinterne Umfeldänderungen 86

2.2.4.3. Informationsverarbeitung 88

2.2.4.3.1. Unternehmungsexterne Umfeldänderungen 88

2.2.4.3.2. Unternehmungsinterne Umfeldänderungen 89

2.3. Entwicklung von Steuerplanungsmodellen 90

2.3.1. Prozesselemente ... 90
2.3.2. Steueroptimierte Allokation von Unternehmungsfunktionen ... 93
2.3.2.1. Generelle Effekte ... 93
2.3.2.1.1. Periodische Besteuerung ... 93
2.3.2.1.2. Aperiodische Besteuerung ... 98
2.3.2.1.3. Fazit ... 101
2.3.2.2. Konkrete Maßnahmen ... 105
2.3.2.2.1. Beschaffung ... 105
2.3.2.2.2. Produktion ... 108
2.3.2.2.3. Absatz ... 111
2.3.2.2.4. Finanzierung ... 114
2.3.2.2.5. Sonstige Funktionen ... 119
2.3.3. Steueroptimierter gesellschaftsrechtlicher Unternehmungsaufbau ... 120
2.3.3.1. Grundsätzliche Anmerkungen ... 120
2.3.3.2. Rechtsform ... 121
2.3.3.2.1. Investitionsalternativen ... 121
2.3.3.2.2. Periodische Besteuerung ... 122
2.3.3.2.3. Aperiodische Besteuerung ... 124
2.3.3.2.4. Fazit ... 126
2.3.3.3. Holdinggesellschaft ... 128
2.3.3.3.1. Einsatzbereich ... 128
2.3.3.3.2. Periodische Besteuerung ... 130
2.3.3.3.3. Aperiodische Besteuerung ... 132
2.3.3.3.4. Fazit ... 135
2.3.3.4. Gruppenbesteuerung ... 136
2.3.3.4.1. Verlustverrechnungssysteme ... 136
2.3.3.4.2. Periodische Besteuerung ... 139
2.3.3.4.3. Aperiodische Besteuerung ... 141
2.3.3.4.4. Fazit ... 142
2.3.3.5. Unternehmungserwerb und -veräußerung ... 144
2.3.3.5.1. Akquisition ... 144
2.3.3.5.2. Verkauf ... 149
2.3.4. Steueroptimierte Strukturbeziehungen ... 150
2.3.4.1. Grundsätzliche Anmerkungen ... 150

2.3.4.2. Finanzierung ... 152

2.3.4.2.1. Tochterkapitalgesellschaft ... 152

2.3.4.2.2. Betriebsstätte ... 158

2.3.4.2.3. Tochterpersonengesellschaft ... 161

2.3.4.3. Forschung und Entwicklung ... 165

2.3.4.4. Sonstige Lieferungs- und Leistungsbeziehungen ... 167

2.4. Auswahl von Steuerplanungsmodellen ... 168

2.4.1. Prozesselemente ... 168

2.4.2. Vorselektion ... 169

2.4.3. Detailprüfung ... 174

2.4.4. Finale Umsetzungsentscheidung ... 183

2.5. Implementierung von Steuerplanungsmodellen ... 189

2.6. Erfolgskontrolle ... 190

2.7. Synopse des standardisierten Steuerplanungsprozesses ... 191

3. Restriktionen ... 192

3.1. Steuerliche Faktoren ... 192

3.1.1. Inländisches Steuerrecht ... 192

3.1.2. Ausländisches Steuerrecht ... 198

3.1.3. Abkommensrecht ... 199

3.2. Außersteuerliche Faktoren ... 202

Teil IV Tax Risk Management ... 205

1. Funktion ... 205

1.1. Grundsätzliche Anmerkungen ... 205

1.2. Optimierung zahlungs- und ergebniswirksamer Steuern ... 206

1.3. Vermeidung unerwarteter Steuereffekte ... 208

2. Aktionsparameter ... 211

2.1. Standardisierter Steuerrisikomanagementprozess ... 211

2.2. Risikoidentifikation ... 213

2.2.1. Grundsätzliche Anmerkungen ... 213

2.2.2. Systematisierung von Steuerrisiken ... 214

2.2.2.1. Tax-Compliance-Risiken ... 214

2.2.2.2. Tax-Accounting-Risiken ... 217

2.2.2.3. Tax-Planning-Risiken ... 220

2.2.3. Maßnahmen ... 221

2.2.3.1. Tax-Compliance-Risiken 221

2.2.3.2. Tax-Accounting-Risiken 225

2.2.3.3. Tax-Planning-Risiken 230

2.3. Risikobewertung 231

2.3.1. Grundsätzliche Anmerkungen 231

2.3.2. Eintrittswahrscheinlichkeit 232

2.3.3. Potenzielles Schadensausmaß 233

2.3.4. Steuerrisikomatrix 234

2.4. Beurteilung der Unternehmungsrelevanz 235

2.5. Risikosteuerung 237

2.5.1. Verfügbare Optionen 237

2.5.2. Konkrete Auswahl einer Option 239

2.6. Risikoabbildung und -kommunikation 242

2.7. Erfolgskontrolle 243

2.8. Synopse des standardisierten Steuerrisikomanagementprozesses 244

3. Restriktionen 245

Teil V Tax Communication 249

1. Funktion 249

1.1. Grundsätzliche Anmerkungen 249

1.2. Optimierung zahlungs- und ergebniswirksamer Steuern 250

1.3. Schaffung steuerlicher Transparenz 252

2. Aktionsparameter 254

2.1. Standardisierter Steuerkommunikationsprozess 254

2.2. Kapitalmarktkommunikation 256

2.2.1. Ziel und Adressat 256

2.2.2. Inhalt 259

2.2.3. Form 262

2.2.3.1. Grundprinzipien effektiver Kapitalmarktkommunikation 262

2.2.3.2. Erläuterung von Spezialbegriffen 266

2.2.3.3. Isolierung von strukturellen Faktoren 272

2.2.4. Erfolgskontrolle 276

2.3. Lobbying 276

2.4. Ressourcengenerierung 280

2.5. Unternehmungsinterne Vernetzung 282

2.6. Synopse des standardisierten Steuerkommunikationsprozesses 285

3. Restriktionen 287

3.1. Kapitalmarktkommunikation 287

3.2. Lobbying 290

3.3. Ressourcengenerierung 290

3.4. Unternehmungsinterne Vernetzung 291

Teil VI Fazit 293

Literaturverzeichnis 295

Rechtsquellenverzeichnis 339

Rechtsprechungsverzeichnis 349

Verzeichnis der Verwaltungsanweisungen 351

Abkürzungsverzeichnis

a. A.	anderer Ansicht
ABl. EG	Amtsblatt der Europäischen Gemeinschaften
ABl. EU	Amtsblatt der Europäischen Union
Abs.	Absatz
a. F.	alte Fassung
AfA	Absetzung für Abnutzung
AG	Aktiengesellschaft (Rechtsform) / Die Aktiengesellschaft (Zeitschrift)
AICPA	American Institute of Certified Public Accountants
AktG	Aktiengesetz
Anm.	Anmerkung
AO	Abgabenordnung
Art.	Artikel
AStG	Außensteuergesetz
BB	Betriebsberater (Zeitschrift)
BBB	Betriebswirtschaftliche Beratung (Zeitschrift)
BBK	Buchführung Bilanz Kostenrechnung (Zeitschrift)
BDI	Bundesverband der Deutschen Industrie e. V.
ber.	berichtigt(e/er/es)
BFH	Bundesfinanzhof
BFH/NV	Sammlung nicht veröffentlichter Entscheidungen des BFH (Zeitschrift)
BFuP	Betriebswirtschaftliche Forschung und Praxis (Zeitschrift)
BGB	Bürgerliches Gesetzbuch
BGBl.	Bundesgesetzblatt
BGHZ	Entscheidungen des Bundesgerichtshofs in Zivilsachen (Zeitschrift)
BilMoG	Gesetz zur Modernisierung des Bilanzrechts
BiM	Bilanzen im Mittelstand (Zeitschrift)

BMF	Bundesministerium der Finanzen
BMF-Schreiben	Schreiben des Bundesministeriums der Finanzen
BRD	Bundesrepublik Deutschland
BR-Drs.	Bundesratsdrucksache
bspw.	beispielsweise
BStBl.	Bundessteuerblatt
BT-Drs.	Bundestagsdrucksache
BVerfG	Bundesverfassungsgericht
bzw.	beziehungsweise
CAPM	Capital Asset Pricing Model
CEO	Chief Executive Officer
CFC	Controlled Foreign Company/Companies
CFO	Chief Financial Officer
CFoS	Cash Flow on Sales
CFROI	Cash Flow Return on Investment
Corp.	Business Corporation
COSO	Committee of Sponsoring Organizations of the Treadway Commission
DB	Der Betrieb (Zeitschrift)
DBA	Doppelbesteuerungsabkommen
DBW	Die Betriebswirtschaft (Zeitschrift)
DCF	Discounted Cash Flow
ders.	derselbe
d. h.	das heißt
dies.	dieselbe(n)
Diss.	Dissertation
DK	Der Konzern (Zeitschrift)
DStR	Deutsches Steuerrecht (Zeitschrift)
DStZ	Deutsche Steuerzeitung (Zeitschrift)
DVFA	Deutsche Vereinigung für Finanzanalyse und Asset Management

EBIT	Earnings Before Interest and Taxes
EBITDA	Earnings Before Interest, Taxes, Depreciation and Amortization
ED	Exposure Draft
EG	Europäische Gemeinschaft(en) / Vertrag zur Gründung der Europäischen Gemeinschaft
EGV	Vertrag zur Gründung der Europäischen Gemeinschaft
EPS	Earnings Per Share
ESt	Einkommensteuer
EStG	Einkommensteuergesetz
EStR	Einkommensteuerrichtlinien
ET	European Taxation (Zeitschrift)
ETPF	European Tax Policy Forum
ETVE	Entidad de Tenencia de Valores Etranjeras
EuGH	Europäischer Gerichtshof
EUR	Euro
e. V.	eingetragener Verein
EVA	Economic Value Added
evtl.	eventuell
F.	Fach
f.	folgende
FAS	Financial Accounting Standard
FASB	Financial Accounting Standards Board
FAZ	Frankfurter Allgemeine Zeitung (Zeitung)
FB	Finanz Betrieb (Zeitschrift)
FCF-Methode	Free Cash Flow-Methode
F & E	Forschung & Entwicklung
ff.	fortfolgende
FG	Finanzgericht
FICE	Foreign Invested Commercial Enterprise
FIN	FASB Interpretation
Fn.	Fußnote
FR	Finanzrundschau (Zeitschrift)

FS	Festschrift
FT	Financial Times UK (Zeitung)
FTD	Financial Times Deutschland (Zeitung)
FVerlV	Funktionsverlagerungsverordnung
GE	Geldeinheiten
gem.	gemäß
GewSt	Gewerbesteuer
GewStG	Gewerbesteuergesetz
GG	Grundgesetz
ggf.	gegebenenfalls
GmbH	Gesellschaft mit beschränkter Haftung
GmbHR	GmbH-Rundschau (Zeitschrift)
Gr.	Gruppe
grds.	grundsätzlich
GrS	Großer Senat
GS	Gedächtnisschrift
GuV	Gewinn- und Verlustrechnung
Habil.	Habilitation
HGB	Handelsgesetzbuch
h. M.	herrschende(r) Meinung
HoldCo	Holding Company
Hrsg.	Herausgeber
Hs.	Halbsatz
IAS	International Accounting Standard(s)
IASB	International Accounting Standards Board
i. d. F.	in der Fassung
i. d. R.	in der Regel
IDW	Institut der Wirtschaftsprüfer in Deutschland e. V.
IFRS	International Financial Reporting Standard(s)
i. H. v.	in Höhe von

Inc.	Incorporated
Intertax	International Tax Review – Intertax (Zeitschrift)
IRC	Internal Revenue Code (Bundessteuergesetz der USA)
IRZ	Zeitschrift für Internationale Rechnungslegung (Zeitschrift)
i. S. d.	im Sinne der/des
IStR	Internationales Steuerrecht (Zeitschrift)
IT	Informationstechnik / Information Technology
ITC-Regime	International Trading Company-Regime
ITPF	International Tax Policy Forum
i. V. m.	in Verbindung mit
IWB	Internationale Wirtschaftsbriefe (Zeitschrift)
JAR	Journal of Accounting Research (Zeitschrift)
JStG	Jahressteuergesetz
KapGes	Kapitalgesellschaft
KG	Kommanditgesellschaft
KGaA	Kommanditgesellschaft auf Aktien
KGV	Kurs-Gewinn-Verhältnis
KonTraG	Gesetz zur Kontrolle und Transparenz im Unternehmensbereich
KoR	Zeitschrift für internationale und kapitalmarktorientierte Rechnungslegung (Zeitschrift)
KSQ	Konzernsteuerquote
KSt	Körperschaftsteuer
KStG	Körperschaftsteuergesetz
KStR	Körperschaftsteuerrichtlinien
LLC	Limited Liability Company
Ltd.	Limited
MA	OECD-Musterabkommen
M & A	Mergers & Acquisitions
MK	Musterkommentar

MoMiG	Gesetz zur Modernisierung des GmbH-Rechts und zur Bekämpfung von Missbräuchen
MTRL	Mutter-Tochter-Richtlinie
m. w. N.	mit weiteren Nennungen
n. a.	not applicable
NAFTA	North American Free Trade Area
n. F.	neue Fassung
No.	Nummer (number)
Nos.	Nummern (numbers)
Nr.	Nummer
n. v.	nicht veröffentlicht
o. a.	oben aufgeführte(n/r/s)
OECD	Organisation for Economic Co-operation and Development
OECD-MA	OECD-Musterabkommen
OFD	Oberfinanzdirektion
o. g.	oben genannte(n/r/s)
o. O.	ohne Ort
o. V.	ohne Verfassername
PCAOB	Public Company Accounting Oversight Board
PersGes	Personengesellschaft
PiR	Praxis der internationalen Rechnungslegung (Zeitschrift)
PIStB	Praxis Internationale Steuerberatung (Zeitschrift)
Plc.	Public limited company
PS	Prüfungsstandard
REITG	Gesetz über deutsche Immobilien-Aktiengesellschaften mit börsennotierten Anteilen
RFH	Reichsfinanzhof
RGBl.	Reichsgesetzblatt
RIW	Recht der Internationalen Wirtschaft (Zeitschrift)

ROI	Return on Investment
Rs.	Rechtssache
Rz.	Randziffer(n)
S.	Satz / Seite(n)
s.	siehe
SA	Société anonyme
S. a.	Società a responsabilità limitata
s. a.	siehe auch
SE	Societas Europaea
SEC	Securities and Exchange Commission
Sec.	Section
SFAS	Statement of Financial Accounting Standards
SG	Schmalenbach-Gesellschaft – Deutsche Gesellschaft für Betriebswirtschaft
Slg.	Amtliche Sammlung der EuGH-Entscheidungen
SOA	Sarbanes-Oxley Act
sog.	sogenannte(n/r/s)
Sp. z. o. o.	Spólka z ograniczona odpowiedzialnoscia
S:R	Status:Recht (Zeitschrift)
StB	Der Steuerberater (Zeitschrift)
StbJb	Steuerberater-Jahrbuch
StGB	Strafgesetzbuch
StuB	Steuern und Bilanzen (Zeitschrift)
StuW	Steuer und Wirtschaft (Zeitschrift)
SWI	Steuern & Wirtschaft International (Zeitschrift)
TCI	The Children's Investment Fund
TG	Tochtergesellschaft
TKVA	ThyssenKrupp Value Added
TNI	Tax Notes International (Zeitschrift)
TPI Review	Tax Planning International Review (Zeitschrift)
TSR	Total Shareholder Return

Tz.	Teilziffer
u. a.	unter anderem
Ubg	Die Unternehmensbesteuerung (Zeitschrift)
UmwStG	Umwandlungssteuergesetz
U. S.	United States
USA	United States of America (Vereinigte Staaten von Amerika)
US-GAAP	United States Generally Accepted Accounting Principles
v.	vom
vGA	verdeckte Gewinnausschüttung
vgl.	vergleiche
Vol.	Volume
VZ	Veranlagungszeitraum
WG	Wirtschaftsgut
WiWo	Wirtschaftswoche (Zeitschrift)
WPg	Die Wirtschaftsprüfung (Zeitschrift)
z. B.	zum Beispiel
ZfB	Zeitschrift für Betriebswirtschaft (Zeitschrift)
ZfbF	Zeitschrift für betriebswirtschaftliche Forschung (Zeitschrift)
ZLRL	Zins- und Lizenzgebühren-Richtlinie

Abbildungsverzeichnis

Abbildung 1: Einflussfaktoren bezüglich des Total Shareholder Return ... 11

Abbildung 2: Einflussfaktoren bezüglich der Aktienkursentwicklung ... 13

Abbildung 3: Werttreiber des Shareholder-Value nach der Free-Cash-Flow-Methode ... 18

Abbildung 4: Werttreiber des auf Basis der Earnings per Share ermittelten Marktpreises der Aktie ... 22

Abbildung 5: Einflussfaktoren bezüglich der Dividendenzahlungen ... 24

Abbildung 6: Werttreiber der Maximierung des Total Shareholder Return ... 27

Abbildung 7: Zweck, Annahmen und Anforderungen des IAS/IFRS-Abschlusses ... 34

Abbildung 8: Zweistufige Bilanzierungsmethodik von FIN 48 ... 48

Abbildung 9: Kapazitätsverbrauch der Tätigkeiten der Steuerabteilung im Zeitablauf ... 50

Abbildung 10: Gewinn- und Verlustrechnung der General Motors Corporation für das Geschäftsjahr 2007 ... 52

Abbildung 11: Haus des Tax Management ... 53

Abbildung 12 Einfluss von Steuern auf die Maximierung des Total Shareholder Return ... 66

Abbildung 13: Grundzüge des standardisierten Steuerplanungsprozesses ... 67

Abbildung 14: Maßnahmen zur Identifizierung steuerplanerischen Optimierungspotenzials ... 69

Abbildung 15: Klassische Unternehmungsfunktionen ... 70

Abbildung 16: Unternehmungsfunktionen ... 72

Abbildung 17: Prozess der Analyse der Unternehmungsfunktionen ... 73

Abbildung 18: Tax Controlling ... 83

Abbildung 19: Maßnahmen zur Entwicklung von Steuerplanungsmodellen ... 91

Abbildung 20: Ertragsteuersätze ausgewählter Länder für das Jahr 2008 ... 96

Abbildung 21: Grundformen von Einkaufsgesellschaften ... 107

Abbildung 22: Grundformen von Produktionsgesellschaften ... 110

Abbildung 23: Grundformen von Vertriebsgesellschaften ... 113

Abbildung 24: Maltesische Finanzierungsgesellschaft ... 118

Abbildung 25: Maßnahmen der Steueroptimierung des gesellschaftsrechtlichen Unternehmungsaufbaus ... 120

Abbildung 26: Investitionsalternativen ... 122
Abbildung 27: Einschaltung einer Holdinggesellschaft ... 130
Abbildung 28: Österreichische Gruppenbesteuerung ... 139
Abbildung 29: Maßnahmen der Steueroptimierung der Strukturbeziehungen ... 152
Abbildung 30: Kapitalzuordnung in der Betriebsstättenbilanz ... 159
Abbildung 31: Prozesselemente der Auswahl von Steuerplanungsmodellen ... 169
Abbildung 32: Abschnitt 1 der Dokumentation der Detailprüfung ... 175
Abbildung 33: Abschnitt 2 der Dokumentation der Detailprüfung ... 176
Abbildung 34: Abschnitt 3 der Dokumentation der Detailprüfung ... 181
Abbildung 35: Abschnitt 4 der Dokumentation der Detailprüfung ... 182
Abbildung 36: Abschnitt 5 der Dokumentation der Detailprüfung ... 183
Abbildung 37: Synopse des standardisierten Steuerplanungsprozesses ... 192
Abbildung 38: Wesentliche Elemente des Tax Risk Management ... 206
Abbildung 39: Einfluss der Vermeidung unerwarteter Steuereffekte auf den Total Shareholder Return ... 210
Abbildung 40: Grundzüge des standardisierten Tax-Risk-Management-Prozesses ... 213
Abbildung 41: Systematisierung von Steuerrisiken ... 214
Abbildung 42: Matrix zur Bewertung von Steuerrisiken ... 235
Abbildung 43: Risikosteuerungsoptionen ... 237
Abbildung 44: Risikoaverse Steuerung von Steuerrisiken ... 241
Abbildung 45: Synopse des standardisierten Steuerrisikomanagementprozesses ... 245
Abbildung 46: Einfluss der Schaffung von steuerlicher Transparenz auf den Total Shareholder Return ... 253
Abbildung 47: Grundzüge des standardisierten Steuerkommunikationsprozesses ... 255
Abbildung 48: Aktionsparameter der Tax Communication ... 256
Abbildung 49: Tax Benchmarking von Sportartikel-Herstellern ... 262
Abbildung 50: Grundprinzipien effektiver steuerlicher Kapitalmarktkommunikation ... 264
Abbildung 51: Kurvenverlauf der Konzernsteuerquote ... 270
Abbildung 52: Konzernsteuerquoten der Siemens AG in der Quartalsberichterstattung ... 276
Abbildung 53: Restriktionen der steuerlichen Kapitalmarktkommunikation ... 290

Formelverzeichnis

Formel 1: Formale Darstellung des Total Shareholder Return 10
Formel 2: Entity-Verfahren zur Ermittlung des Shareholder-Value 14
Formel 3: Unternehmungsgesamtwert nach der Free-Cash-Flow-Methode 15
Formel 4: Werttreiber des Free Cash Flow 16
Formel 5: Gesamtkapitalkostensatz 17
Formel 6: Eigenkapitalkostensatz 18
Formel 7: Grundsystematik von Multiplikatorverfahren 19
Formel 8: Ergebnis je Aktie 20
Formel 9: Marktpreis der einzelnen Aktie 20
Formel 10: Zusammenhang zwischen Kurs-Gewinn-Verhältnis und Ergebnis je Aktie 21
Formel 11: Unternehmungsgesamtwert nach der Free-Cash-Flow-Methode 56
Formel 12: Werttreiber des Free Cash Flow 56
Formel 13: Gesamtkapitalkosten 57
Formel 14: Ergebnis je Aktie 60
Formel 15: Ertragsteuerbelastung in Deutschland 94
Formel 16: Inländische Ertragsteuerbelastung unter Annahme eines Hebesatzes von 405 % 95
Formel 17: Ausländische Ertragsteuerbelastung 95
Formel 18: Barwert des periodischen Steuereffektes 97
Formel 19: Aperiodischer Steuerbelastungseffekt 99
Formel 20: Barwert der Steuerentlastungen 100
Formel 21: Barwert des aperiodischen Steuereffektes 101
Formel 22: Zahlungswirksamer Gesamtsteuereffekt der Funktionsverlagerung 102
Formel 23: Höhe der zu aktivierenden latenten Steuern 104
Formel 24: Periodische Steuerbelastung im DBA-Fall bei Anwendung der Freistellungsmethode 126
Formel 25: Periodische Steuerbelastung im Nicht-DBA-Fall 127
Formel 26: Periodische Besteuerung bei unmittelbarer Beteiligung an der Tochtergesellschaft 131

Formel 27: Periodische Besteuerung bei Nutzung der Holdingstruktur ... 132
Formel 28: Ertragsteuerbelastung bei der Eigenkapitalfinanzierung von ausländischen Tochterkapitalgesellschaften ... 153
Formel 29: Ertragsteuerbelastung bei der Fremdkapitalfinanzierung von ausländischen Tochterkapitalgesellschaften ... 154
Formel 30: Vorteilhaftigkeitsbedingung der Eigenkapitalfinanzierung ... 155
Formel 31: Ertragsteuerbelastung bei der Eigenkapitalfinanzierung von ausländischen Tochterpersonengesellschaften ... 162
Formel 32: Ertragsteuerbelastung bei der Fremdkapitalfinanzierung von ausländischen Tochterpersonengesellschaften ... 164
Formel 33: Konzernsteuerquote ... 268

Tabellenverzeichnis

Tabelle 1: Beiträge und Ansprüche verschiedener Stakeholder ... 28
Tabelle 2: Steuerliche Maßnahmen bezüglich der COSO-Komponenten ... 45
Tabelle 3: Einfluss von ergebniswirksamen Steuern auf den Gewinn je Aktie ... 61
Tabelle 4: Wesentliche Determinanten der Beschaffungsfunktion ... 70
Tabelle 5: Wesentliche Determinanten der Produktionsfunktion ... 71
Tabelle 6: Wesentliche Determinanten der Absatzfunktion ... 71
Tabelle 7: Zuordnung der Funktionsträger zu den Unternehmungsfunktionen ... 74
Tabelle 8: Steuereffekte der Nutzung des ETVE-Regimes ... 148
Tabelle 9: Finanzierung einer polnischen Tochterkapitalgesellschaft ... 156
Tabelle 10: Finanzierung einer amerikanischen Tochterkapitalgesellschaft ... 156
Tabelle 11: Finanzierung einer französischen Tochterkapitalgesellschaft ... 158
Tabelle 12: Finanzierung einer italienischen Tochterpersonengesellschaft ... 165
Tabelle 13: Bepunktung bezüglich des Kriteriums „Nutzen“ ... 170
Tabelle 14: Bepunktung bezüglich des Kriteriums „Risiken“ ... 171
Tabelle 15: Bepunktung bezüglich des Kriteriums „Kosten“ ... 171
Tabelle 16: Bewertung im Rahmen der Vorselektion ... 173
Tabelle 17: Prioritätsrangstufen ... 173
Tabelle 18: Bepunktung des Nutzens ... 184
Tabelle 19: Bepunktung der Risiken ... 185
Tabelle 20: Bepunktung der Kosten ... 186
Tabelle 21: Bepunktung der sonstigen Effekte ... 186
Tabelle 22: Gewichtung ... 187
Tabelle 23: Detailliertes Scoring-Verfahren ... 188
Tabelle 24: Checkliste zur Identifizierung von deutschen Quellensteuerpflichten ... 224
Tabelle 25: Checkliste zur Identifizierung von Tax-Accounting-Risiken ... 229
Tabelle 26: Konzernsteuerquoten (KSQ) der DAX-30-Unternehmungen für die Jahre 2006-2008 ... 261
Tabelle 27: Konzernsteuerquoten ausgewählter Sportartikel-Hersteller im Zeitverlauf ... 261
Tabelle 28: Fallkonstellationen in Bezug auf die Konzernsteuerquote ... 268

Tabelle 29: Austauschvertrag zwischen der Steuerabteilung und dem jeweiligen Kommunikationsadressaten 285
Tabelle 30: Synopse des standardisierten Steuerkommunikationsprozesses 286

Verzeichnis verwendeter Variablen

a	Anfangszeitpunkt des Anlagezeitraums
AfA	Höhe des zusätzlichen Abschreibungsbetrags
BWF	Barwertfaktor für eine nachschüssige Rente
ß	Beta-Faktor
CFoS	betriebliche Gewinnmarge (sog. „Cash Flow on Sales“)
e	Endzeitpunkt des Anlagezeitraums
EBT_t	Konzernergebnis vor Ertragsteuern der Periode t
EK	Marktwert des Eigenkapitals
FCF_t	Free Cash Flow der Prognoseperiode t
FCF_{T+1}	Free Cash Flow nach Ablauf der Prognoseperiode
FK	Marktwert des Fremdkapitals
g	Wachstumsrate des Umsatzes
GK	Marktwert des Gesamtkapitals
i	risikoloser Zinssatz
i_{NKZ}	Nettokalkulationszinssatz
I	Performance-Indikator
KSQ_t	Konzernsteuerquote der Periode t
M	Multiplikator
P	Marktpreis der Unternehmung

r_{EK}	Eigenkapitalkostensatz
r_{FK}	Fremdkapitalkostensatz
r_{GK}	gesamtkapitalbezogener Kalkulationszinsfuß
r_M	erwartete Rendite des Marktportefeuilles
RND	Anzahl der Jahre der betriebsgewöhnlichen Restnutzungsdauer
s	Grenzsteuersatz
$s_{Ausland}$	Ertragsteuersatz hinsichtlich ausländischer Gewinne
$s_{BS/PersGes;\ DBA}$	laufende Steuerbelastung von Betriebsstätten bzw. Personengesellschaften in DBA-Staaten unter Anwendung der Freistellungsmethode
$s_{BS/PersGes;\ Nicht\text{-}DBA}$	laufende Steuerbelastung von Betriebsstätten bzw. Personengesellschaften in Nicht-DBA-Staaten
s_{CF}	Cash-Steuersatz
s_{EF}	Ertragsteuersatz der Eigenkapitalfinanzierung
s_{FF}	Ertragsteuersatz der Fremdkapitalfinanzierung
s_{GewSt}	Gewerbesteuersatz (= Hebesatz · Steuermesszahl)
s_H	laufende Steuerbelastung bei Nutzung der Holdingstruktur
s_{Inland}	inländischer Ertragsteuersatz
$s_{KapGes;\ DBA}$	laufende Steuerbelastung von Kapitalgesellschaften in DBA-Staaten unter Anwendung der Freistellungsmethode
$s_{KapGes;\ Nicht\text{-}DBA}$	laufende Steuerbelastung von Kapitalgesellschaften in Nicht-DBA-Staaten
s_{KSt}	Körperschaftsteuersatz
$s_{KSt\ Ausland}$	ausländischer Körperschaftsteuersatz
$s_{KSt\ Zielland}$	Körperschaftsteuersatz im Zielland
s_{QSt}	ausländischer Quellensteuersatz
$s_{QSt\ ZL\text{-}HL}$	Quellensteuersatz auf Dividenden aus dem Ziel- in das Holdingland
$s_{QSt\ ZL\text{-}Inland}$	Quellensteuersatz auf Dividenden aus dem Ziel- in das Inland
s_{SolZ}	Solidaritätszuschlagssatz
s_t^{lat}	latenter Steueraufwand bzw. -ertrag der Periode t

s_t^{tat}	tatsächlicher Steueraufwand bzw. -ertrag der Periode t
s_U	laufende Steuerbelastung bei unmittelbarer Beteiligung
StR	Höhe der aufzudeckenden stillen Reserven
t	(Prognose-)Periodenindex (t = 1, 2, ..., T)
TSR	Total Shareholder Return
U	Umsatz
V_{EK}	Shareholder-Value (Marktwert des Eigenkapitals)
V_{FK}	gesamtkapitalbezogener Unternehmungsgesamtwert
V_{GK}	Marktwert des Fremdkapitals
z_{AV}	Rate der Zusatzinvestitionen in das Anlagevermögen
z_{WC}	Rate der Zusatzinvestitionen in das Working Capital
zvE	Höhe des zu versteuernden Einkommens

Teil I Grundlegung

1. Problemstellung und Untersuchungsziel

Das Umfeld von international operierenden Unternehmungen, deren Wertpapiere an einem Kapitalmarkt notiert sind, hat sich in den vergangenen Jahren signifikant verändert. Ursächlich hierfür sind in erster Linie die fortschreitende Internationalisierung der Unternehmungsaktivitäten sowie der gestiegene Einfluss der internationalen Kapitalmärkte. So versuchen immer mehr Unternehmungen vor dem Hintergrund saturierter Heimatmärkte, neue, noch Wachstumschancen offerierende Absatzmärkte zu erobern.[1] Zugleich eröffnet der Gang ins Ausland oftmals die Möglichkeit, von niedrigeren Produktionskosten zu profitieren.[2] Der wachsende Einfluss der internationalen Kapitalmärkte beruht auf der Tatsache, dass die Unternehmungen die vergleichsweise kostspieligen Expansionspläne im Regelfall nur durch Rückgriff auf frisches Kapital von der Börse bzw. im Rahmen von Unternehmungsübernahmen durch die Verwendung von eigenen Aktien als Akquisitionswährung verwirklichen können.[3] Infolgedessen werden die Unternehmungen faktisch dazu gezwungen, den Interessen der Kapitalmarktakteure höchste Beachtung zu schenken.

In der Unternehmungspraxis ist zu beobachten, dass Aktionäre, insbesondere institutionelle Anleger wie z. B. Investment- und Hedgefonds, die Maximierung ihrer Kapitalrenditen zunehmend aktiv einfordern.[4] Um den aktuellen als auch potenziellen Investoren attraktive Kurs- und Dividendenentwicklungen in Aussicht stellen zu können, ist eine Unternehmungs-

---

[1] So erzielt bspw. der Daimler-Konzern in den letzten Jahren nahezu 80 % seines Gesamtumsatzes jenseits der deutschen Grenzen und mehr als 50 % des Gesamtumsatzes außerhalb der westeuropäischen Absatzmärkte, vgl. DAIMLER AG, Geschäftsbericht 2007, S. 43. VÉRON, National, S. 1 ff. (Internetquelle) kommt auf der Grundlage der Auswertung empirischer Untersuchungen hinsichtlich der geografischen Verteilung des Umsatzes der jeweils hundert größten europäischen und US-amerikanischen Unternehmungen zu dem Schluss, dass die auf dem jeweiligen Heimatmarkt generierten Umsatzanteile in jüngster Vergangenheit stark abgesunken sind. Aufgrund der vorteilhaften demografischen Entwicklungen versprechen insbesondere die Märkte in Ostasien große Wachstumspotenziale und erfreuen sich daher in der Unternehmungspraxis größter Beliebtheit.

[2] Vgl. etwa KINKEL/LAY/JUNG-ERCEG, Auslandsproduktion, in: Kinkel (Hrsg.), Standortplanung, S. 16 ff. m. w. N.

[3] Vgl. etwa GLAUM/THOMASCHEWSKI/WEBER, US-Börsennotierungen, FB 2006, S. 183 f.

[4] Vgl. COHEN/JENKINS, Change, FT vom 25.05.2005, S. 17 hinsichtlich der erfolgreichen Rebellion des Hedgefonds „The Children's Investment Fund" (TCI) gegen die Pläne der Deutschen Börse AG zur Übernahme der London Stock Exchange Plc., in deren Zuge TCI den Vorstandsvorsitzenden der Deutschen Börse AG darüber hinaus auch noch dazu zwang, sein Amt aufzugeben. Zu dem Druck institutioneller Investoren auf die Daimler AG zur Abspaltung der LKW-Sparte vgl. HERZ, Fonds, Handelsblatt vom 16.09.2008, S. 12.

führung erforderlich, die primär auf die Steigerung des Werts der Anteilseigner (sog. Shareholder-Value) ausgerichtet ist.[5]

Es ist zu vermuten, dass sich die beschriebenen unternehmerischen Umfeldfaktoren auch auf das Tätigkeitsspektrum und die strategische Relevanz von Steuerabteilungen dieser Unternehmungen auswirken und somit zu Neuerungen führen. Ob diese These zutrifft und wenn ja, welche Gestalt die Änderungen im Einzelnen aufweisen werden, soll im Rahmen der vorliegenden Arbeit analysiert werden. Das Untersuchungsziel dieser Arbeit besteht daher darin, ein Rahmenkonzept für diejenigen Aktivitäten von Steuerabteilungen zu entwickeln, die auf die Steigerung des Shareholder-Value fokussiert sind (sog. Tax Management).[6]

2. Begriffliche Abgrenzung und Untersuchungsprämissen

Unter dem Begriff „kapitalmarktorientierte Unternehmungen“ sind all diejenigen Unternehmungen zu verstehen, deren Aktien, Schuldtitel bzw. sonstigen Wertpapiere auf einem organisierten Kapitalmarkt zum Handel zugelassen sind.[7] Der Zusatz „international“ soll verdeutlichen, dass vorliegend Unternehmungen untersucht werden, die ihre wirtschaftliche Geschäftstätigkeit nicht nur in ihrem Heimatland bzw. in ihrem Heimatland und einigen wenigen Auslandsmärkten ausüben, sondern vielmehr in zahlreichen Staaten dieser Welt operieren, insbesondere auch in der sich aus den Wirtschaftsräumen der Europäischen Union (EU), der North American Free Trade Area (NAFTA) sowie den industrialisierten Ländern Ostasiens zusammensetzenden Triade, und damit als global positioniert zu betrachten sind.[8]

Vor dem Hintergrund der Kapitalmarktorientierung wird in der Untersuchung unterstellt, dass die Spitzeneinheit der kapitalmarktorientierten internationalen Unternehmung eine Kapitalgesellschaft in der Rechtsform einer deutschen Aktiengesellschaft (AG) darstellt. Nicht nur der

[5] Vgl. grundlegend RAPPAPORT, Shareholder, S. 1 ff. Die hohe Praxisrelevanz der Shareholder-Value-orientierten Unternehmungsführung ist auch daran ersichtlich, dass in vielen Geschäftsberichten von kapitalmarktorientierten internationalen Unternehmungen die jeweils angewendeten wertorientierten Steuerungskonzepte ausführlich beschrieben werden, vgl. z. B. DEUTSCHE LUFTHANSA AG, Geschäftsbericht 2007, S. 36 ff.

[6] Vgl. zu einem divergierenden Verständnis des Begriffs „Steuermanagement“ bzw. „Tax Management“ FEDERMANN, Steuermanagement, StuW 1996, S. 237 ff.

[7] Für eine Auflistung der wesentlichen Unterschiede zwischen kapitalmarktorientierten und nicht-kapitalmarktorientierten Unternehmungen vgl. BALLWIESER, IFRS, IRZ 2006, S. 24.

[8] Vgl. grundlegend zum Begriff der internationalen Unternehmung sowie für weitere Differenzierungen, z. B. zwischen den Begrifflichkeiten „multinationale Unternehmung“, „transnationale Unternehmung“ und „Weltunternehmung“, FISCHER, Unternehmung, S. 18 ff.; PRZYSUSKI/LALA-PET/SWANEVELD, Strategies, TNI 2004, S. 633 ff.

Satzungssitz bzw. der steuerliche Sitz i. S. d. § 11 AO, sondern auch der Verwaltungssitz bzw. der steuerliche Ort der Geschäftsleitung i. S. d. § 10 AO dieser Obergesellschaft sind annahmegemäß in der Bundesrepublik Deutschland belegen. Die im In- oder Ausland (steuerlich) ansässigen Zwischen- und Grundeinheiten der kapitalmarktorientierten internationalen Unternehmung, d. h. die Tochter- und Enkelgesellschaften der Aktiengesellschaft, können alternativ als eigene Rechtssubjekte in der Rechtsform von Kapital- und Personengesellschaften oder aber auch als rechtlich unselbständige Betriebsstätten ausgestaltet sein. Untersucht werden ausschließlich die (Steuer-)Effekte auf den Ebenen der Spitzen-, Zwischen- und Grundeinheiten, nicht aber die (Steuer-)Effekte auf Ebene der hinter der Spitzeneinheit stehenden Anteilseigner.

Schließlich ist zu beachten, dass im Rahmen der vorliegenden Arbeit nur ertragsteuerliche Aspekte thematisiert werden. Dies stellt eine vereinfachende Annahme dar, weil zweifellos auch Steuerwirkungen im Bereich von Nicht-Ertragsteuern, wie z. B. Grunderwerb- und Umsatzsteuereffekte, Einfluss auf den Shareholder-Value ausüben können.[9]

3. Gegenwärtiger Diskussionsstand

Nach Durchsicht der Literatur ist zu konstatieren, dass sich wissenschaftliche Untersuchungen bislang fast ausnahmslos auf die bloße Darstellung und Analyse von Einzelaspekten des Tax Management beschränken. Als Beispiele sind die zahlreichen Ansätze zur Systematisierung von steuerplanerischen Gestaltungsmaßnahmen und zur Erläuterung der Kennzahl „Konzernsteuerquote" anzuführen.[10]

Umfassende Analysen des in der Unternehmungspraxis hoch relevanten Entwicklungsprozesses des steuerlichen Tätigkeitsspektrums von Steuerabteilungen kapitalmarktorientierter internationaler Unternehmungen in Richtung eines modernen Tax Management sind hingegen noch nicht vorgenommen worden. Infolgedessen eröffnet sich aus der Perspektive der betriebswirtschaftlichen Steuerlehre eine Forschungslücke. Die sämtliche relevanten Aspekte

[9] Vgl. etwa CHRISTENSEN/CLINE/NEUBIG, Taxation, TNI 2001, S. 1357 ff. sowie O. V., Planning, International Tax Review May 2009, S. 11.

[10] Vgl. für eine Systematisierung der Instrumente der Steuerplanung etwa GROTHERR, Steuerplanung, in: Grotherr (Hrsg.), Handbuch, S. 28 ff. Zu der Kennzahl „Konzernsteuerquote" vgl. grundlegend HERZIG/DEMPFLE, Konzernsteuerquote, DB 2002, S. 1 ff. oder auch DEMPFLE, Konzernsteuerquote, in: Watrin (Hrsg.), Forschungsreihe, S. 33 ff. und KRÖNER/BECKENHAUB, Konzernsteuerquote, S. 22 ff.

umfassende Entwicklung, Systematisierung und Analyse des Tax Management soll diese Forschungslücke schließen.

4. Untersuchungsstrategie

In konzeptioneller Hinsicht gliedert sich die vorliegende Untersuchung in sechs Teile. Aufbauend auf den als Grundlagenteil zu verstehenden ersten Teil soll das Untersuchungsziel – die Entwicklung eines Rahmenkonzeptes für diejenigen Aktivitäten von Steuerabteilungen kapitalmarktorientierter internationaler Unternehmungen, die auf die Steigerung des Shareholder-Value fokussiert sind – anhand der im Folgenden dargestellten Untersuchungsstrategie verwirklicht werden.

Im zweiten Teil der Untersuchung wird zunächst das in früheren Zeiten vorherrschende und in der Unternehmungspraxis oftmals bis in die Gegenwart hinein vornehmlich anzutreffende klassische Aufgabenspektrum von Steuerabteilungen kurz beschrieben.[11] Aufbauend auf dieser Beschreibung des Status quo wird aufgezeigt, dass das traditionelle Verständnis des Tätigkeitsgebietes sowie der strategischen Relevanz von Steuerabteilungen derzeit einem signifikanten Wandel unterliegt. Als Ursachen dieses Paradigmenwechsels werden neben der bereits skizzierten Shareholder-Value-Orientierung der Unternehmungsführung auch die fortschreitende Internationalisierung der Rechnungslegungsvorschriften sowie die zunehmende Relevanz steuerlicher Risiken beleuchtet. Der zweite Teil schließt mit einer Erläuterung der grundsätzlichen Konsequenzen des Paradigmenwechsels für die Steuerabteilungen von kapitalmarktorientierten internationalen Unternehmungen.

Basierend auf der Entwicklung des abstrakten Rahmenkonzeptes für das Tax Management werden in den folgenden Teilen dieser Untersuchung die einzelnen Instrumente des Tax Management in systematisierter Form detailliert analysiert. So werden im dritten Teil der vorliegenden Untersuchung die steuerplanerische Gestaltung (sog. Tax Planning), im vierten Teil das steuerliche Risikomanagement (sog. Tax Risk Management) und im fünften Teil die steuerliche Kommunikation (sog. Tax Communication) jeweils in Bezug auf die drei Kriterien „Funktion", „Aktionsparameter" und „Restriktionen" erforscht.

---

[11] Zu dem klassischen Aufgabenspektrum von Steuerabteilungen vgl. grundlegend ROSE, Steuerberatung, in: Thoma/Zacharias/Niemann (Hrsg.), StbJb 1969/1970, S. 36 ff.

Die Arbeit schließt im sechsten Teil mit einem Fazit der Untersuchung, das neben einer kritischen Würdigung der zentralen Ergebnisse auch einen Ausblick auf zukünftige Entwicklungen umfasst.

Teil II Paradigmenwechsel des steuerlichen Aufgabenspektrums

1. Klassisches Aufgabenspektrum

Entsprechend einer Systematisierung von Rose umfasst das klassische Aufgabenspektrum von Steuerabteilungen kapitalmarktorientierter internationaler Unternehmungen Steuerdeklarations-, Steuerrechtsdurchsetzungs- und Steuergestaltungstätigkeiten.[12]

Unter Steuerdeklarationstätigkeiten sind solche Aktivitäten der Steuerabteilung zu verstehen, die das Erfüllen von steuerlichen Pflichten zum Ziel haben. Beispiele für Steuerdeklarationstätigkeiten sind daher das Erstellen von Steuererklärungen und -anmeldungen, die Betreuung von Betriebsprüfungen und die Begleichung von Steuerschulden. Die Steuerrechtsdurchsetzungstätigkeiten dienen der Steuerabteilung dazu, das auf bereits realisierte Sachverhalte angewendete Steuerrecht etwa durch Einlegung von (außer-)gerichtlichen Rechtsbehelfen zugunsten der Unternehmung durchzusetzen. Bei den Steuergestaltungstätigkeiten betrachtet die Steuerabteilung das Steuerrecht nicht nur als Datum, sondern vielmehr auch als Instrumentalvariable, mittels derer sie unnötige Steuerzahlungen der kapitalmarktorientierten internationalen Unternehmung vermeiden kann.[13]

Das Hauptaugenmerk der Steuergestaltungsmaßnahmen ist auf die Steuerbilanzpolitik gerichtet, in deren Rahmen vornehmlich durch die Ausübung von steuerlichen Wahlrechten (wie z. B. der Inanspruchnahme von nur steuerlich zulässigen degressiven Abschreibungsmöglichkeiten) das zeitliche Vorverlagern von steuerlichen Aufwendungen bzw. das zeitliche Hinausschieben von steuerlichen Erträgen und damit die Erzielung von Zins- und Liquiditätsvorteilen anvisiert werden.[14] In Bezug auf die Steueroptimierungschancen der Unternehmung ist somit zu konstatieren, dass grundsätzlich nur eine Reduzierung der zahlungswirksamen Steuerbelastung und der tatsächlichen Steueraufwendungen bzw. -erträge (sog. *current taxes*) er-

[12] Vgl. ROSE, Steuerberatung, in: Thoma/Zacharias/Niemann (Hrsg.), StbJb 1969/1970, S. 36.
[13] Vgl. ROSE, Steuerberatung, in: Thoma/Zacharias/Niemann (Hrsg.), StbJb 1969/1970, S. 37 ff.
[14] Vgl. z. B. HERZIG/DEMPFLE, Konzernsteuerquote, DB 2002, S. 4 f. sowie HUNDSDOERFER/KIESEWETTER/SURETH, Steuerlehre, ZfB 2008, S. 92 f. m. w. N.

reicht wird.[15] Latente Steuereffekte (sog. *deferred taxes*) werden dagegen regelmäßig nur unzureichend berücksichtigt, weshalb die steuergestalterischen Optimierungspotenziale der Unternehmung hinsichtlich der sich aus *current taxes* und *deferred taxes* zusammensetzenden ergebniswirksamen Steuerbelastung der Unternehmung oftmals nicht genutzt werden.

Aus rein formeller Sicht trägt die Steuerabteilung bereits seit jeher die Verantwortung für sämtliche steuerlichen Angelegenheiten der kapitalmarktorientierten internationalen Unternehmung. Ursächlich hierfür ist, dass in den ausländischen Staaten, in denen die Unternehmung wirtschaftliche Geschäftstätigkeiten entfaltet, in vielen Fällen keine eigenständigen Steuerabteilungen implementiert werden. Aufgrund der gegenüber der deutschen Steuergesetzgebung mitunter sehr stark divergierenden ausländischen Steuersysteme und der dominanten Rolle des Heimatmarktes konzentriert sich die Steuerabteilung traditionell jedoch zumeist auf die inländischen Steueraspekte. In Bezug auf die ausländischen Staaten beschränken sich die Aktivitäten der Steuerabteilung hingegen oftmals auf die Auswahl, Beauftragung und gegebenenfalls die laufende Überwachung externer Steuerberatungsgesellschaften zur Sicherstellung der Pflichterfüllung in den Bereichen Steuerdeklaration und Steuerrechtsdurchsetzung, sodass insbesondere grenzüberschreitende und rein ausländische steuergestalterische Optimierungspotenziale der kapitalmarktorientierten internationalen Unternehmung nur in unzureichendem Maße ausgeschöpft werden.

Die unternehmungsinterne Wahrnehmung der Steuerabteilung wird in erster Linie dadurch geprägt, dass der Themenkomplex „Steuern“ oftmals als reines Spezialistenthema angesehen wird.[16] Folglich finden Interaktionen zwischen der Steuerabteilung und anderen Abteilungen der Unternehmung nur in eingeschränktem Umfang statt, weshalb die Steuerabteilung weitestgehend isoliert tätig ist. Zudem stehen steuerstrategische Themen auf Ebene des Vorstands in den meisten Unternehmungen nur selten auf der Agenda.

Zusammenfassend lässt sich festhalten, dass das klassische Aufgabenspektrum der Steuerabteilung einer kapitalmarktorientierten internationalen Unternehmung tendenziell retrograd ausgerichtet ist, weil sich sowohl die Steuerdeklarations- als auch die Steuerrechtsdurchsetzungstätigkeiten auf bereits vergangene Geschäftsjahre beziehen. Der Fokus der eher prospek-

---

[15] Neben den zahlungswirksamen Steueraufwendungen bzw. -erträgen umfassen die *current taxes* entsprechend dem Periodisierungsprinzip der jeweils anwendbaren Rechnungslegungsvorschriften vorbehaltlich von latenten Steueraufwendungen und -erträgen auch die der jeweiligen Periode zuzuordnenden nicht-zahlungswirksamen Steuereffekte wie z. B. die aus der Bildung von Steuerrückstellungen resultierenden Steueraufwendungen.

[16] Vgl. MINTZ, Taxation, CFO Magazine November 1999, S. 69.

tiv orientierten Steuergestaltungstätigkeiten zielt hauptsächlich auf zahlungswirksame Steuereffekte, weshalb steuerplanerische Optimierungspotenziale in Bezug auf die ergebniswirksame Steuerbelastung der Unternehmung oftmals ungenutzt bleiben. Aufgrund ihrer geringen Vernetzung mit dem Vorstand und anderen Unternehmungsabteilungen kommt der Steuerabteilung der Charakter einer reinen Stabsstelle zu, die keinen signifikanten Beitrag für den Erfolg der Unternehmung leistet und der aus Sicht der gesamten Unternehmung daher nur eine marginale strategische Relevanz beizumessen ist.

2. Ursachen des Paradigmenwechsels

2.1. Fokussierung auf eine Shareholder-orientierte Unternehmungsführung

2.1.1. Interessen der Shareholder

2.1.1.1. Terminus Total Shareholder Return

Seit der Veröffentlichung des Werkes „Creating Shareholder Value" von Alfred Rappaport im Jahre 1986 wird das Unternehmungsziel der Shareholder-Value-Generierung sowohl in der Theorie als auch in der Praxis intensiv diskutiert.[17] Nach der Shareholder-Value-Theorie besteht das oberste Ziel einer Unternehmung darin, die Interessen seiner Anteilseigner, der Shareholder, zu verwirklichen. Demzufolge obliegt der Unternehmungsleitung in erster Linie die Aufgabe, jede ihrer unternehmerischen Aktivitäten auf die Frage hin zu untersuchen, ob sie den Shareholdern Nutzen stiftet.[18]

Die Anteilseigner stellen den Unternehmungen Eigenkapitalmittel zur Verfügung. Ihr primäres Interesse besteht darin, als Gegenleistung für die Kapitalüberlassung eine – in Anbetracht der jeweils übernommenen unternehmungsspezifischen Risiken – angemessene Rendite zu

[17] Vgl. etwa RAPPAPORT, Shareholder, S. 1 ff.; KOLLER/GOEDHARDT/WESSELS, Valuation, S. 3 ff.; BALLWIESER, Ende, WPg 2009, S. I; BRUNE, Shareholder-Value-Ansatz, S. 58 ff.; LEWIS/STELTER/CASATA/REITER, Unternehmenswertes, S. 9 ff.; BREID, Erfolgspotentialrechnung, in: Küpper (Hrsg.), Controlling, S. 127 ff.; HERTER, Management, in: Horváth/Reichmann (Hrsg.), Controlling, S. 13 ff.; BÜHNER, Management, S. 5 ff.; UNZEITIG/KÖTHNER, Analyse, S. 17 ff.; HARDTMANN, Wertsteigerungsanalyse, S. 42 ff.; GOMEZ, Wertmanagement, S. 33 ff.; BISCHOFF, Konzept, S. 1 ff.; GÜNTHER, Controlling, S. 5 ff.; KÜRSTEN, Shareholder Value, ZfB 2000, S. 359 ff.; HACHMEISTER, Shareholder, DBW 1997, S. 823 ff. m. w. N.

[18] Vgl. RAPPAPORT, Shareholder, S. 2 ff.

erwirtschaften. Die Befolgung der Shareholder-Interessen stellt für eine Unternehmung eine notwendige Voraussetzung dar, um den zwecks Stärkung der Wettbewerbsposition regelmäßig erforderlichen nachhaltigen Zugang zu Eigenkapitalmitteln sicherzustellen.[19]

Die von den Anteilseignern erzielten Renditen auf die in die Unternehmung investierten Kapitalbeträge hängen zum einen von der Entwicklung der Aktienkurse in den jeweiligen Anlagezeiträumen und andererseits von der Höhe der ausgeschütteten Dividenden ab.[20] Zur Quantifizierung der Rendite bietet sich vornehmlich die im angloamerikanischen Sprachraum als Total Shareholder Return bezeichnete Eigentümerrendite an, weil diese Kennzahl beide der beschriebenen Einflussfaktoren berücksichtigt.[21] Die Formel zur Berechnung des Total Shareholder Return lautet wie folgt:[22]

$$\text{TSR}\,(e-a) = \frac{(\text{Aktienkurs}_e - \text{Aktienkurs}_a) + \sum_{i=a}^{e} \text{Dividenden}_i}{\text{Aktienkurs}_a}$$

mit: TSR = Total Shareholder Return

e = Endzeitpunkt des Anlagezeitraums (Termin des Verkaufs der Aktie)

a = Anfangszeitpunkt des Anlagezeitraums (Termin des Kaufs der Aktie)

Formel 1: Formale Darstellung des Total Shareholder Return

In Abhängigkeit von dem Verlauf des Börsenkurses im Anlagezeitraum und der Höhe der während dieser Periode kumulierten Dividendenzahlungen kann der Total Shareholder Return Werte zwischen -1 und plus unendlich ($+\infty$) annehmen.

Für die Shareholder einer Unternehmung hat somit die Maximierung des Total Shareholder Return oberste Priorität. Die Aktienkursentwicklung und die Höhe der Dividendenzahlungen werden als unmittelbare Einflussfaktoren hinsichtlich des Total Shareholder

[19] Vgl. GRÄFER/OSTMEIER, Unternehmensbewertung, BBK F. 28 Wirtschaftsprüfung, S. 1241 ff. sowie Teil I 1.

[20] Vgl. RAPPAPORT, Shareholder, S. 32 f.

[21] Vgl. z. B. LOITZ, Konzeption, Betrieb und Wirtschaft 2000, S. 704. Die hohe Praxisrelevanz des Total Shareholder Return zeigt sich bspw. auch an seiner Verwendung von vielen Unternehmensberatungen als Maßgröße dafür, welche Aktien für Anleger Wert schaffen, vgl. HAJEK, Zeichen, WiWo vom 08.09.2008, S. 129 ff.; FRÖNDHOFF, Schleudersitz, Handelsblatt vom 23.05.2006, S. 22.

[22] Vgl. etwa RAPPAPORT, Shareholder, S. 20.

Return (vgl. die nachstehende Abbildung) in den folgenden Kapiteln der vorliegenden Untersuchung näher analysiert.[23]

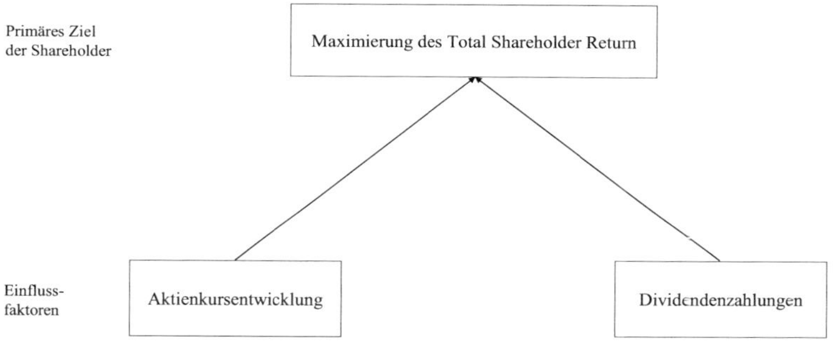

Abbildung 1: Einflussfaktoren bezüglich des Total Shareholder Return

2.1.1.2. Aktienkursentwicklung

2.1.1.2.1. Grundsätzliche Anmerkungen

Anhand der Formel zur Ermittlung des Total Shareholder Return (vgl. Teil II 2.1.1.1.) ist unmittelbar ersichtlich, dass die Entwicklung des Aktienkurses positiv mit jener des Total Shareholder Return korreliert. Der Aktienkurs wird durch das Zusammenspiel von Angebot und Nachfrage hinsichtlich der jeweiligen Aktie determiniert.[24]

Im Regelfall werden Anlageentscheidungen, d. h. der Kauf bzw. der Verkauf von Aktien, auf Basis von Unternehmungsbewertungen getroffen. In der vorliegenden Untersuchung werden nur die in der Praxis am häufigsten verwendeten Verfahren zur Unternehmungsbewertung betrachtet. Es handelt sich hierbei zum einen um das Verfahren der erfolgsorientierten Unternehmungsbewertung und zum anderen um das Verfahren der marktorientierten Unternehmungsbewertung.[25] So greifen institutionelle Investoren, wie z. B. Kreditinstitute, Versiche-

---

[23] Hierbei wird zugleich verdeutlicht, dass die Maximierung des Unternehmungswerts der Anteilseigner (sog. Shareholder-Value) lediglich eines von mehreren Unterzielen des Oberziels „Maximierung des Total Shareholder Return" darstellt.

[24] So führt z. B. ein Anstieg der Nachfrage hinsichtlich einer Aktie grundsätzlich zu einem Anstieg des Aktienkurses, wohingegen eine Erhöhung des Angebots an einer Aktie grundsätzlich ein Sinken des Aktienkurses nach sich zieht.

[25] Im Rahmen von Unternehmungsbewertungen wird generell zwischen erfolgorientierten Bewertungsverfahren (sog. Income Approach), kostenorientierten Bewertungsverfahren (sog. Cost Approach), marktorientierten Bewertungsverfahren (sog. Market Approach) und Realoptionsverfahren differenziert, vgl. für einen Methodenüberblick z. B. SEPPELFRICKE, Unternehmensbewertung, S. 12 ff.

rungen und Investmentfonds, für ihre Anlageentscheidungen regelmäßig auf die hochkomplexen und sehr zeit- und kostenträchtigen erfolgsorientierten Unternehmungsbewertungsverfahren, in erster Linie auf Discounted-Cash-Flow-Verfahren (DCF-Verfahren), zurück.[26] Privatanleger hingegen bedienen sich für ihre Anlageentscheidungen grundsätzlich der marktorientierten Bewertungsverfahren, insbesondere der Multiplikatorverfahren auf Basis des Kurs-Gewinn-Verhältnisses bzw. des Gewinns je Aktie, die einen geringen Komplexitätsgrad aufweisen, schnell durchführbar, intuitiv verständlich und zudem kostengünstig sind.[27]

Die Höhe des Angebots und der Nachfrage bezüglich einer Aktie hängt darüber hinaus allerdings noch von zahlreichen weiteren Faktoren ab. So lassen sich bspw. viele Anleger von Entwicklungen des allgemeinen Marktumfelds beeinflussen, was sich daran zeigt, dass in Zeiten eines zunehmend rauer werdenden allgemeinen Börsenklimas nicht selten auch Aktien von denjenigen Unternehmungen in großem Umfang verkauft werden, die unverändert solide Fundamentaldaten aufweisen.[28] Aktieninvestitionen und -desinvestitionen, die nicht auf Bewertungskalkülen beruhen, sind jedoch nicht Gegenstand der vorliegenden Arbeit, weil ihre Effekte auf die Entwicklung des Aktienkurses bzw. des Total Shareholder Return kaum abschließend messbar sind und daher auch in fast allen Literaturbeiträgen ausgeklammert werden.[29]

Die nachfolgend näher analysierten Einflussfaktoren bezüglich der Aktienkursentwicklung lassen sich somit grafisch wie folgt veranschaulichen.

[26] Zu Details der erfolgsorientierten Unternehmungsbewertung anhand des DCF-Verfahren vgl. Teil II 2.1.1.2.2. Zu der Korrelation zwischen der Höhe des Cash Flow und der Höhe des Börsenkurses vgl. RAWLEY/ LIPSTON, Stock Prices, S. 1 ff.

[27] Vgl. z. B. SCHUERMANN, Grenze, WiWo vom 10.05.2008, S. 123. Privatanleger berücksichtigen zudem oftmals auch die Kauf- bzw. Verkaufsempfehlungen von Analysten, die grundsätzlich ebenfalls aus marktorientierten Bewertungsverfahren abgeleitet werden.

[28] Vgl. z. B. STEIN/VITALE, Steuerplanung, in: Grotherr (Hrsg.), Handbuch, S. 551.

[29] Eine Ausnahme bildet z. B. HAFNER, Zielsetzung, BFuP 1988, S. 495 ff.

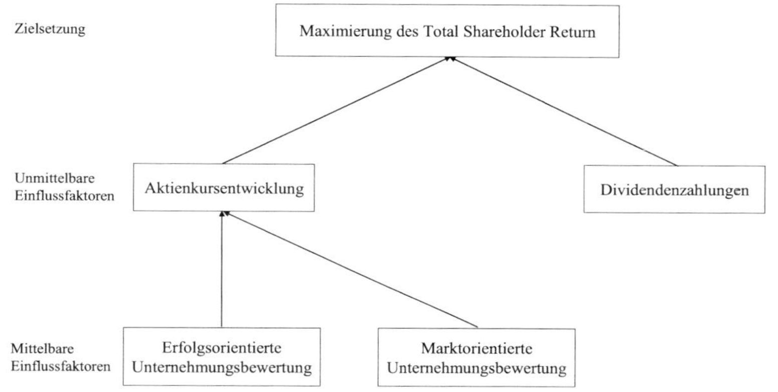

Abbildung 2: Einflussfaktoren bezüglich der Aktienkursentwicklung

2.1.1.2.2. Erfolgsorientierte Unternehmungsbewertung

Verfahren der erfolgsorientierten Unternehmungsbewertung zielen auf die Ermittlung des Werts der Anteilseigner (sog. Shareholder-Value). Dazu wird in einem ersten Schritt prognostiziert, was die Unternehmung in den zukünftigen Perioden voraussichtlich verdienen wird, und anschließend erfolgt unter Rückgriff auf die Renditeerwartungen der Eigen- und Fremdkapitalgeber die Berechnung des Gegenwartswerts der zukünftigen Erfolge. Aufgrund ihrer sehr weiten Verbreitung in der Bewertungspraxis werden in der vorliegenden Untersuchung ausschließlich die Discounted-Cash-Flow-Verfahren betrachtet.[30]

Im Rahmen von Discounted-Cash-Flow-Verfahren ist zwischen Equity- und Entity-Verfahren zu differenzieren.[31] Equity-Verfahren ermitteln den Shareholder-Value auf direktem Weg (Nettoverfahren), indem die den Eigenkapitalgebern zustehenden Zahlungsströme (sog. Flows to Equity) mit dem marktobjektivierten Eigenkapitalkostensatz diskontiert werden.[32] Hingegen wird bei den im Folgenden näher betrachteten Entity-Verfahren zunächst der Unternehmungsgesamtwert berechnet und erst in einem zweiten Schritt durch die Subtraktion des

[30] Vgl. etwa KRAG/KASPERZAK, Unternehmensbewertung, S. 84. Zu den ebenfalls als erfolgsorientierte Unternehmungsbewertungsverfahren klassifizierenden Ertragswertverfahren, die auf andere Erfolgsgrößen als die Discounted-Cash-Flow-Verfahren abstellen, aber im Falle einer Vereinheitlichung der Bewertungsannahmen grundsätzlich zu denselben Ergebnissen führen vgl. z. B. BALLWIESER, Unternehmensbewertung, S. 12 ff. m. w. N.
[31] Vgl. HACHMEISTER, Unternehmenswertsteigerung, S. 94 ff. m. w. N.
[32] Vgl. SEPPELFRICKE, Unternehmensbewertung, S. 21 f.

Marktwerts des Fremdkapitals vom Unternehmungsgesamtwert der Shareholder-Value bestimmt (Bruttoverfahren):[33]

$$V_{EK} = V_{GK} - V_{FK}$$

mit: V_{EK} = Shareholder-Value (Marktwert des Eigenkapitals)

V_{GK} = gesamtkapitalbezogener Unternehmungsgesamtwert

V_{FK} = Marktwert des Fremdkapitals

Formel 2: Entity-Verfahren zur Ermittlung des Shareholder-Value

Gemäß dem Weighted-Average-Cost-of-Capital-Ansatz in der Version des Free-Cash-Flow-Verfahrens setzt sich der Unternehmungsgesamtwert im Wesentlichen aus zwei verschiedenen Komponenten zusammen: aus dem Barwert der während der Prognoseperiode[34] generierten freien Cash Flows (sog. Free Cash Flows) und aus dem Residualwert, der den Barwert der Free Cash Flows für den Zeitraum nach der Prognoseperiode verkörpert.[35] Unter der Annahme einer nach Ablauf der Prognoseperiode konstanten Höhe der Free Cash Flows stellt sich die Berechnung des Unternehmungsgesamtwerts formal wie folgt dar:[36]

---

[33] Vgl. z. B. KRAG/KASPERZAK, Unternehmensbewertung, S. 84 f. Es können zwei praktisch wichtige Entity-Verfahren unterschieden werden. Zum einen handelt es sich hierbei um den sog. Weighted Average-Cost-of-Capital-Ansatz (WACC-Ansatz) in der Version des Free-Cash-Flow-Verfahrens; zum WACC-Ansatz in der Version des Total-Cash-Flow-Verfahrens vgl. z. B. BALLWIESER, Unternehmensbewertung, S. 172 ff. Beim WACC-Ansatz in der Version des Free-Cash-Flow-Verfahrens wird der sowohl zur Befriedigung von Eigen- als auch von Fremdkapitalgebern zur Verfügung stehende Free Cash Flow ermittelt und mit einem gewogenen Durchschnitt der Eigen- und Fremdkapitalkosten diskontiert. Bei der Berechnung der gewichteten Kapitalkosten tritt hierbei ein nur iterativ zu lösender Zirkelschluss auf. Das zweite verbreitete Entity-Verfahren, der sog. Adjusted-Present-Value-Ansatz (APV-Ansatz) löst den Zirkelschluss, indem der Shareholder-Value als Summe des Unternehmungswerts im Falle der fiktiven Eigenkapitalfinanzierung und dem Marktwert der durch die Fremdkapitalfinanzierung verursachten steuerlichen Vorteile errechnet wird, vgl. etwa HACHMEISTER, Finanzierung, ZfbF 1996, S. 256. Vor dem Hintergrund, dass alle Discounted-Cash-Flow-Verfahren grundsätzlich zu denselben Ergebnissen gelangen, wird aus Praktikabilitätserwägungen im Rahmen der vorliegenden Untersuchung lediglich auf den WACC-Ansatz in der Version des Free-Cash-Flow-Verfahrens abgestellt.

[34] Die Prognoseperiode, auch „Detailplanungszeitraum" genannt, umfasst den Zeitraum, für den die zukünftigen Free Cash Flows jeweils periodenspezifisch prognostiziert werden.

[35] Zu Details der Berechnung des Residualwerts (sog. Terminal Value) vgl. z. B. SEPPELFRICKE, Unternehmensbewertung, S. 84 ff. Eine exakte Berechnung des Unternehmungsgesamtswerts erfordert über die aufgezeigten Komponenten hinaus auch noch die Berücksichtigung des Barwerts der aus dem nichtbetriebsnotwendigen Vermögen resultierenden Cash Flows, weil diese mangels Relevanz für das Kerngeschäft der Unternehmung nicht im Free Cash Flow enthalten sind; vgl. RAPPAPORT, Shareholder, S. 33. Für Zwecke dieser Untersuchung werden solche Faktoren aus Vereinfachungsgründen jedoch nicht näher betrachtet.

[36] Ursächlich für die Annahme konstanter Free Cash Flows nach Ablauf der Prognoseperiode ist, dass es für Unternehmungen kaum möglich ist, in Branchen, die sich durch hohe Wettbewerbsdynamiken auszeichnen, auch auf lange Sicht Überrenditen zu generieren, vgl. RAPPAPORT, Shareholder, S. 42.

$$V_{GK} = \sum_{t=1}^{T} \frac{FCF_t}{(1+r_{GK})^t} + \frac{FCF_{T+1}}{r_{GK}} \cdot \frac{1}{(1+r_{GK})^T}$$

mit: FCF_t = Free Cash Flow der Prognoseperiode t

FCF_{T+1} = Free Cash Flow nach Ablauf der Prognoseperiode

r_{GK} = Gesamtkapitalkostensatz

t = Prognoseperiodenindex (t = 1, 2, ..., T)

Formel 3: Unternehmungsgesamtwert nach der Free-Cash-Flow-Methode

Der Free Cash Flow repräsentiert die Verfügbarkeit von Zahlungsmitteln, um die Ansprüche sowohl von Fremd- als auch von Eigenkapitalgebern befriedigen zu können. Er berechnet sich als die Differenz des Saldos der betrieblichen Ein- und Auszahlungen und dem Saldo aus Auszahlungen für Investitionen und Einzahlungen aus Desinvestitionen.[37] Es handelt sich somit um die Cash Flows einer fiktiv rein eigenkapitalfinanzierten Unternehmung. Die aus der Annahme der Eigenkapitalfinanzierung resultierende zu hohe Steuerbelastung wird im Rahmen des Diskontierungssatzes korrigiert, indem der Fremdkapitalkostensatz um die steuermindernde Wirkung der Fremdkapitalzinsaufwendungen reduziert wird.[38]

Die Höhe der Free Cash Flows wird durch verschiedene Werttreiber determiniert.[39] Im Einzelnen handelt es sich hierbei um die Umsatzwachstumsrate[40], die betriebliche Gewinnmarge[41], den Cash-Steuersatz[42] sowie die Zusatzinvestitionen in das Anlagevermögen[43] und das

[37] Vgl. z. B. BALLWIESER, Unternehmensbewertung, S. 117.

[38] Vgl. z. B. LÜBBEHÜSEN, Steuern, S. 87; BALLWIESER, Unternehmensbewertung, S. 117. Zu Details vgl. unten.

[39] Vgl. RAPPAPORT, Shareholder, S. 33 ff.

[40] Quotient von „Veränderung des Umsatzes gegenüber der Vorperiode“ und „Höhe der Umsatzerlöse in der Vorperiode“.

[41] Quotient von „Betriebliches Ergebnis vor Zinsen, steuerlich nicht abzugsfähigen Firmenwertabschreibungen und Steuern“ und „Höhe des Umsatzes der korrespondierenden Periode“.

[42] Der Cash-Steuersatz setzt die Höhe der zahlungswirksamen Steuerbelastung der fiktiv in vollem Umfang mit Eigenkapital finanzierten Unternehmung in Relation zu der Ergebnisgröße „Betriebliches Ergebnis vor Zinsen, steuerlich nicht abzugsfähigen Firmenwertabschreibungen und Steuern“. Die Zählergröße des Cash-Steuersatzes lässt sich bspw. ermitteln, indem der in der Gewinn- und Verlustrechnung der Unternehmung ausgewiesene Steueraufwand bzw. -ertrag um einige Größen modifiziert wird, wie z. B. um die aus der Aufnahme bzw. Vergabe von Fremdkapitalmitteln resultierenden Steuereffekte sowie die nicht zahlungswirksamen latenten Steueraufwendungen und -erträge, vgl. RAPPAPORT, Shareholder, S. 36; KOLLER/GOEDHART/WESSELS, Valuation, S. 176 f. Bei Unternehmungsbewertungen können grundsätzlich auch Steuereffekte auf Anteilseignerebene berücksichtigt werden, weil Cash Flows bewertet werden, die den Shareholdern zufließen, vgl. z. B. KRUSCHWITZ/LÖFFLER, Unternehmensbewertung, WPg 2005, S. 73 ff.; KOHL/SCHULTE, DCF-Verfahren, WPg 2000, S. 1149; LÜBBEHÜSEN, Steuern, S. 33. Wie bei allen Grundversionen der Discounted Cash Flow-Verfahren werden vor dem Hintergrund der Untersuchungsprämissen (vgl. Teil I 2.) jedoch auch für Zwecke der

Nettoumlaufvermögen[44] (sog. Working Capital).[45] Die Berechnung des Free Cash Flow lässt sich daher formal wie folgt darstellen:[46]

$$FCF_t = U_{t-1} \cdot (1+g) \cdot CFoS \cdot (1 - s_{CF}) - U_{t-1} \cdot g \cdot (z_{AV} + z_{WC})$$

mit: U = Umsatz

g = Wachstumsrate des Umsatzes

$CFoS$ = betriebliche Gewinnmarge (sog. Cash Flow on Sales)

s_{CF} = Cash-Steuersatz

z_{AV} = Rate der Zusatzinvestitionen in das Anlagevermögen

z_{WC} = Rate der Zusatzinvestitionen in das Working Capital

Formel 4: Werttreiber des Free Cash Flow

Die für jedes Jahr der Prognoseperiode zu ermittelnden Free Cash Flows sind jeweils auf den Gegenwartszeitpunkt zu diskontieren. Der Diskontierungsfaktor repräsentiert die verdrängte, bestmögliche Alternativanlage der Kapitalgeber.[47] Weil Zahlungsströme diskontiert werden, die zur Befriedigung sowohl der Shareholder als auch der Fremdkapitalgeber benötigt werden, ist ein Kapitalkostensatz zu verwenden, der die Ansprüche beider Gruppen berücksichtigt. Die relative Gewichtung von Fremd- und Eigenkapital ist anhand der von der Unternehmung langfristig angestrebten Kapitalstruktur vorzunehmen. Die Formel zur Berechnung des im Rahmen des Free-Cash-Flow-Verfahrens zur Anwendung kommenden Diskontierungsfaktors lautet dementsprechend:[48]

vorliegenden Untersuchung nur die Steuereffekte auf der Unternehmungsebene berücksichtigt, vgl. z. B. KRAG/KASPERZAK, Unternehmensbewertung, S. 85.

[43] Auf den Mehrumsatz bezogene Rate der Erweiterungsinvestitionen (Investitionen, die den Abschreibungsaufwand übersteigen) in das Anlagevermögen.

[44] Auf den Mehraufwand bezogene Rate der Erweiterungsinvestitionen in das Nettoumlaufvermögen. Es handelt sich hierbei somit um die Nettoinvestitionen in Kreditoren-, Debitoren- und Lagerbestände, die für die Stützung des Umsatzwachstums erforderlich sind.

[45] Detaillierte Erläuterungen zu sämtlichen Werttreibern finden sich bei RAPPAPORT, Shareholder, S. 35 ff.

[46] Vgl. RAPPAPORT, Shareholder, S. 33.

[47] Vgl. MOXTER, Unternehmensbewertung, S. 124. Investitionen, die eine Rendite abwerfen, die den Kapitalkostensatz übersteigen, erhöhen somit den Unternehmungs(gesamt)wert, wohingegen Renditen, die unter dem Kapitalkostensatz liegen, unternehmungs(gesamt)wertvernichtenden Charakter besitzen.

[48] Für eine mathematische Herleitung dieser Formel vgl. z. B. BALLWIESER, Unternehmensbewertung, S. 145 f. Mangels Berücksichtigung der Steuereffekte auf Ebene der Anteilseigner hinsichtlich des Free Cash Flow (vgl. oben) werden derartige Steueraspekte aus Äquivalenzgesichtspunkten auch nicht in die Berechnung der Höhe des Diskontierungszinssatzes einbezogen.

$$r_{GK} = r_{EK} \cdot \frac{EK}{GK} + r_{FK} \cdot (1-s) \cdot \frac{FK}{GK}$$

mit: r_{GK} = Gesamtkapitalkostensatz

r_{EK} = Eigenkapitalkostensatz

r_{FK} = Fremdkapitalkostensatz

s = Grenzsteuersatz[49]

EK = Marktwert des Eigenkapitals

FK = Marktwert des Fremdkapitals

GK = Marktwert des Gesamtkapitals

Formel 5: Gesamtkapitalkostensatz

Der relevante Fremdkapitalkostensatz wird durch die von den Fremdkapitalgebern langfristig verlangte Rendite determiniert.[50] Durch Multiplikation mit dem Faktor (1−s) wird dem Umstand Rechnung getragen, dass Fremdkapitalzinsen durch den Abzug als Betriebsausgaben grundsätzlich steuermindernd geltend gemacht werden können.[51] Der Kostensatz für Eigenkapital ergibt sich aus der langfristigen Rendite, die von Eigenkapitalgebern mindestens verlangt wird, um die Aktie der Unternehmung zu erwerben bzw. nicht zu veräußern. Rationale, risikoscheue Anleger erwarten hierbei eine Rendite, die sie für die Übernahme ihres jeweiligen Investitionsrisikos entschädigt. Infolgedessen erwarten sie über die risikofreie Verzinsung hinaus zusätzlich die Vergütung der unternehmungsspezifischen Risikoprämie. Die Eigenkapitalkosten werden für gewöhnlich auf Basis eines kapitalmarkttheoretischen Modells, des Capital Asset Pricing Model (CAPM), berechnet und ermitteln sich formal wie folgt:[52]

---

[49] Der Grenzsteuersatz verkörpert den Steuersatz, der auf eine zusätzliche Geldeinheit an Zinsaufwand anzuwenden ist. Grundsätzlich entspricht der Grenzsteuersatz dem gesetzlichen Steuersatz, vgl. etwa KOLLER/GOEDHART/WESSELS, Valuation, S. 176 f. u. S. 241. Zu Details vgl. Teil III 1.1.

[50] Als bester Schätzwert fungieren nach einhelliger Meinung im Schrifttum die Renditen laufzeitäquivalenter „quasi-sicherer" Bundesanleihen, vgl. etwa MOXTER, Unternehmensbewertung, S. 146 ff.; LORSON, Shareholder Value, DB 1999, S. 1330 m. w. N.

[51] So wirken z. B. in Deutschland die Fremdkapitalzinsaufwendungen der kapitalmarktorientierten internationalen Unternehmung vorbehaltlich von Spezialnormen, wie z. B. der Zinsschranke (§ 4h EStG i. V. m. § 8a KStG), gemäß § 4 Abs. 4 EStG i. V. m. § 8 Abs. 1 KStG als Betriebsausgaben für Körperschaftsteuerzwecke in vollem Umfang bemessungsgrundlagenmindernd. Für Zwecke der Gewerbesteuer können Fremdkapitalzinsen grundsätzlich nur zu 75 % mindernd geltend gemacht werden, weil entsprechend § 8 Nr. 1a GewStG vorbehaltlich eines Freibetrags i. H. v. 100.000 EUR eine 25%ige Hinzurechnung von Entgelten für Schulden zum Gewinn aus Gewerbebetrieb erfolgt.

[52] Zu Details des Capital Asset Pricing Model vgl. z. B. DRUKARCZYK/SCHÜLER, Unternehmensbewertung, S. 68 ff. m. w. N.

$$r_{EK} = i + (r_M - i) \cdot ß$$

mit: r_{EK} = Eigenkapitalkostensatz

r_M = erwartete Rendite des Marktportefeuilles[53]

i = risikoloser Zinssatz[54]

$ß$ = Maß für die Risikoklasse der Unternehmung (sog. Beta-Faktor)[55]

Formel 6: Eigenkapitalkostensatz

Zusammenfassend lassen sich die einzelnen Komponenten sowie die wesentlichen Werttreiber des nach der Free-Cash-Flow-Methode ermittelten Shareholder-Value grafisch wie folgt veranschaulichen.

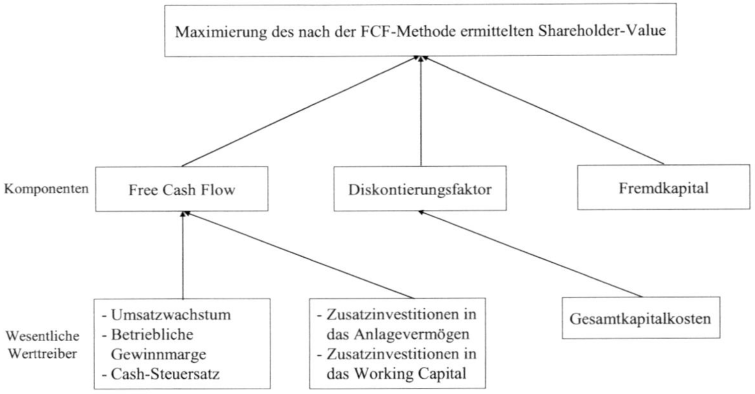

Abbildung 3: Werttreiber des Shareholder-Value nach der Free-Cash-Flow-Methode

2.1.1.2.3. Marktorientierte Unternehmungsbewertung

Grundidee der marktorientierten Unternehmungsbewertung ist, dass aus der Bewertung vergleichbarer Unternehmungen auf den Wert der zu bewertenden Unternehmung geschlossen werden kann. Im Gegensatz zu den erfolgsorientierten Verfahren (vgl. Teil II 2.1.1.2.2.) wird

[53] Das optimal diversifizierte Marktportfolio enthält alle am jeweiligen Markt gehandelten risikobehafteten Wertpapiere.

[54] Analog zur Ermittlung des Fremdkapitalkostensatzes ist nach einhelliger Meinung im Schrifttum auch hinsichtlich des risikofreien Zinssatzes als Schätzwert die Rendite einer laufzeitäquivalenten öffentlichen Anleihe zu verwenden, vgl. z. B. HELBLING, Unternehmensbewertung, S. 433.

[55] Quotient von „Kovarianz zwischen den Renditeerwartungen der jeweiligen Unternehmung und dem Marktportefeuille" und „Renditevarianz des Marktportefeuilles".

eine Unternehmung nicht isoliert bewertet, sondern anhand der Marktbewertungen von Unternehmungen, die ähnliche Charakteristika wie die Unternehmung aufweisen.[56] Diese auch als Multiplikatorverfahren und Comparable-Company-Verfahren bezeichnete Bewertungsmethode wird von wissenschaftlicher Seite eher kritisch beurteilt.[57] Nichtsdestotrotz ist sie insbesondere bei Privatanlegern für Anlageentscheidungen sehr weit verbreitet, weshalb ihr ein signifikanter Einfluss hinsichtlich des Verlaufs des Aktienkurses und damit auch hinsichtlich der Maximierung des Total Shareholder Return zukommt.[58]

Nach der Multiplikatormethode ermittelt sich der Marktpreis einer Unternehmung aus dem Produkt eines Performance-Indikators mit einem Multiplikator, der anhand eines Kennziffernvergleichs mit vergleichbaren Unternehmungen festgestellt wird. Somit ergibt sich die folgende Gleichung:[59]

$$P = I \cdot M$$

mit: P = Marktpreis der Unternehmung

I = Performance-Indikator

M = Multiplikator

Formel 7: Grundsystematik von Multiplikatorverfahren

Der Marktpreis einer Unternehmung kann für verschiedene Aggregate berechnet werden, z. B. für eine einzelne Aktie, für das Eigenkapital oder für die gesamte Unternehmung. Für die Bestimmung des Marktpreises einer einzelnen Aktie stellt das im angloamerikanischen

---

[56] Vgl. etwa KUHNER/MALTRY, Unternehmensbewertung, S. 265; SEPPELFRICKE, Unternehmensbewertung, S. 139; STEFFEN, Bewertungsverfahren, in: Küting/Weber (Hrsg.), Konzernführung, S. 373.

[57] Die Kritik wird im Wesentlichen damit begründet, dass Multiplikatorverfahren auf Marktpreisen basieren, die nicht zur Ermittlung von individuellen Entscheidungswerten geeignet seien, zu Details vgl. z. B. BUCHNER/ENGLERT, Unternehmensvergleich, BB 1994, S. 1580; LÖHNERT/BÖCKMANN, Multiplikatorverfahren, in: Peemöller (Hrsg.), Praxishandbuch, S. 404. Ferner wird angeführt, dass es oftmals kaum möglich sei, die für Zwecke der Ermittlung von Multiplikatoren benötigten geeigneten Vergleichsunternehmungen zu finden. Auch spiegele der Börsenkurs mangels vollständiger Kapitalmarkteffizienz nicht den wirklichen Wert der zu bewertenden Aktie wider; vgl. SEPPELFRICKE, Unternehmensbewertung, S. 140 f. Für eine Auflistung weiterer Kritikpunkte hinsichtlich der Multiplikatorverfahren vgl. BALLWIESER, Unternehmensbewertung, S. 203 f.

[58] Vgl. z. B. DRUKARCZYK/SCHÜLER, Unternehmensbewertung, S. 473; REINHART, Price-Earnings-Ratios, IStR 1998, S. 641; WINDSOR/CURD, Tax, International Tax Review May 2008, S. 46; ursächlich für die starke Verbreitung ist hiernach vornehmlich, dass die Bewertung infolge der Orientierung an Marktpreisen eine hohe Objektivität und Transparenz aufweist und aufgrund des im Vergleich zu erfolgsorientierten Bewertungsverfahren geringeren Komplexitätsgrades intuitiv verständlich ist. Für eine empirische Untersuchung der Verknüpfung von Multiplikatoren und Börsenkursen vgl. LIU/NISSIM/THOMAS, Multiples, JAR 2002, S. 135 ff. Hinsichtlich Auswirkungen von Jahresabschlussinformationen auf die Aktienkursentwicklung vgl. COENENBERG, Aktienkursentwicklung, in: Blum/Steiner (Hrsg.), FS Perridon, S. 307 ff.

[59] Vgl. z. B. SEPPELFRICKE, Unternehmensbewertung, S. 145 f. sowie für ein konkretes Zahlenbeispiel EXLER, Multiplikatorenmethode, BBB 2007, S. 43.

Sprachraum als Earnings per Share (EPS) bezeichnete „Ergebnis je Aktie“ einen sehr beliebten Performance-Indikator dar.[60] Aufgrund seiner sehr starken Verbreitung in der Bewertungspraxis wird in der vorliegenden Untersuchung ausschließlich das marktorientierte Bewertungsverfahren auf Basis des Ergebnisses je Aktie näher betrachtet.

Gemäß IAS 33 berechnet sich das Ergebnis je Aktie, indem der von der Unternehmung erzielte bzw. erwartete Jahresüberschuss durch die durchschnittliche Anzahl der während der jeweiligen Periode ausstehenden Aktien der Unternehmung dividiert wird. Vereinfacht dargestellt ermittelt sich das Ergebnis je Aktie demnach wie folgt:[61]

$$\text{Ergebnis je Aktie} = \frac{\text{Jahresüberschuss}}{\text{Anzahl der Aktien}}$$

Formel 8: Ergebnis je Aktie

Ein hoher Wert der Earnings per Share verdeutlicht, dass eine Aktie vergleichsweise attraktiv ist, weil pro Aktie ein relativ großer Gewinn erzielt wird. Niedrige Earnings per Share signalisieren hingegen eine Ertragsschwäche der Unternehmung, was grundsätzlich zu verstärktem Angebot bzw. reduzierter Nachfrage hinsichtlich der Aktie und damit einem Absinken des Aktienkurses führt. Für Zwecke der Ermittlung des Marktpreises, d. h. einer fairen Kursnotierung der einzelnen Aktie anhand des Performance-Indikators „Ergebnis je Aktie“ wird als Multiplikator grundsätzlich das von vergleichbaren Unternehmungen erzielte Kurs-Gewinn-Verhältnis (KGV) verwendet. Folglich ergibt sich die Gleichung:[62]

$$\text{Marktpreis der einzelnen Aktie} = \text{EPS} \cdot \text{KGV}$$

Formel 9: Marktpreis der einzelnen Aktie

---

[60] Vgl. z. B. NIX, Ausschüttungspolitik, S:R 2009, S. 87; LEIBFRIED, in: Lüdenbach/Hoffmann (Hrsg.), IFRS-Kommentar, § 35 Rz. 1. Geeignete Performance-Indikatoren für die Ermittlung des Gesamtwerts der Unternehmung sind z. B. der Umsatz und das EBIT(DA). Hinsichtlich des Werts des Eigenkapitals bieten sich bspw. der Gewinn, der Cash Flow oder der Buchwert des Eigenkapitals an; vgl. z. B. SEPPELFRICKE, Unternehmensbewertung, S. 145 f.

[61] Zu Details vgl. LEIBFRIED, in: Lüdenbach/Hoffmann (Hrsg.), IFRS-Kommentar, § 35 Rz. 8 ff. m. w. N. Alternativ könnte auch auf die gemeinsame Empfehlung der Deutschen Vereinigung für Finanzanalyse und Asset Management (DVFA) und der Schmalenbach-Gesellschaft (SG) zur Ermittlung eines von Sondereinflüssen bereinigten Ergebnisses je Aktie abgestellt werden; für Details siehe BUSSE VON COLBE u. a. (Hrsg.), DVFA/SG, S. 1 ff.; vgl. auch ARBEITSKREIS DVFA/SCHMALENBACH-GESELLSCHAFT, Empfehlungen, DB 2003, S. 1913 ff.; BARTH u. a. Ergebnisse, FB 2006, S. 423 ff.; KÜTING/BENDER, DVFA/SG, BB 1992 Beilage 16 zu Heft 30, S. 1 ff. Im Folgenden wird auf das entsprechend IAS 33 ermittelte Ergebnis je Aktie abgestellt, weil die derart ermittelten Earnings Per Share gemäß IAS 33.66 ff. eine Pflichtangabe im Rahmen des Jahresabschlusses darstellen.

[62] Vgl. etwa SEPPELFRICKE, Multiplikatorverfahren, FB 1999, S. 301.

Das auch als Price-Earnings-Ratio bezeichnete Kurs-Gewinn-Verhältnis setzt die Börsenkapitalisierung eines Wertpapiers in Relation zu dem für einen spezifischen Vergleichszeitraum erzielten bzw. erwarteten Jahresüberschuss. Ein hohes Kurs-Gewinn-Verhältnis signalisiert, dass eine Aktie relativ teuer ist, weshalb von einem Kauf der Aktie eher abzuraten ist. Niedrige Kurs-Gewinn-Verhältnisse induzieren hingegen bezüglich der Aktie Kaufanreize. Anzumerken ist, dass sich das Price-Earnings-Ratio und die Earnings per Share einer Unternehmung mathematisch streng umgekehrt zueinander verhalten. Dies ergibt sich aus einer einfachen Umformung der Formel zur Ermittlung des Kurs-Gewinn-Verhältnisses:[63]

$$\begin{aligned} KGV &= \frac{\text{Börsenkapitalisierung}}{\text{Jahresüberschuss}} \\ &= \frac{\text{Aktienkurs} \cdot \text{Anzahl der Aktien}}{\text{Jahresüberschuss}} \\ &= \frac{\text{Aktienkurs}}{\frac{\text{Jahresüberschuss}}{\text{Anzahl der Aktien}}} \\ &= \frac{\text{Aktienkurs}}{\text{EPS}} \end{aligned}$$

Formel 10: Zusammenhang zwischen Kurs-Gewinn-Verhältnis und Ergebnis je Aktie

Die zwecks Maximierung des Total Shareholder Return angestrebte Optimierung des Aktienkurses bedingt eine möglichst hohe Bewertung gemäß dem Multiplikatorverfahren auf Basis des Ergebnisses je Aktie. Wie in der nachstehenden Grafik veranschaulicht wird, stellt der Jahresüberschuss den maßgeblichen Werttreiber der Earnings per Share dar. Zu beachten ist, dass eine nur vorübergehende Erhöhung des Jahresüberschusses – wenn überhaupt – lediglich einen kurzfristigen Anstieg des Börsenkurses bewirkt. Eine dauerhafte Optimierung des Aktienkurses erfordert hingegen eine nachhaltige Steigerung des Jahresüberschusses.

[63] Vgl. z. B. LEIBFRIED, in: Lüdenbach/Hoffmann (Hrsg.), IFRS-Kommentar, § 35 Rz. 1.

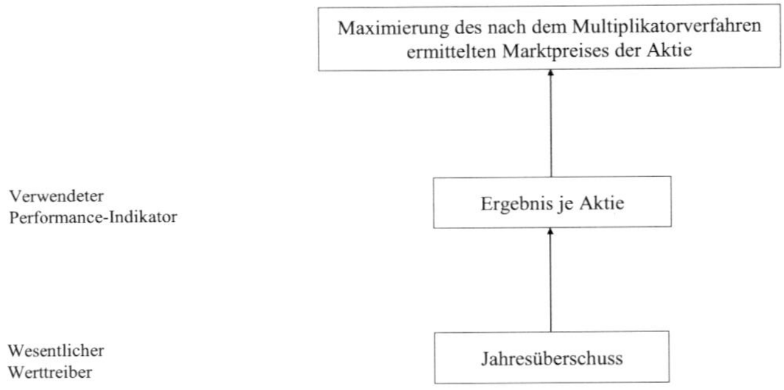

Abbildung 4: Werttreiber des auf Basis der Earnings per Share ermittelten Marktpreises der Aktie

2.1.1.3. Dividendenzahlungen

Die Formel zur Berechnung des Total Shareholder Return (vgl. Teil II 2.1.1.1.) zeigt, dass die Eigentümerrendite nicht nur mit der Entwicklung des Aktienkurses, sondern auch mit der Höhe der Dividendenzahlungen[64] positiv korreliert.[65] Ob Dividendenzahlungen dem Grunde nach überhaupt vorgenommen werden dürfen und wenn ja, wie hoch sie letztlich ausfallen, hängt davon ab, ob und inwieweit die diesbezüglich existierenden rechtlichen und betriebswirtschaftlichen Voraussetzungen erfüllt sind.

Als rechtliche Voraussetzungen greifen insbesondere Vorschriften des Aktiengesetzes. Ausschüttungen aus dem zur Erhaltung des Grundkapitals erforderlichen Vermögen sind gemäß § 57 Abs. 1 AktG verboten.[66] Aus Gründen des Gläubiger- und Aktionärsschutzes setzt die Durchführung von Ausschüttungen das Vorhandensein eines handelsrechtlichen Bilanzge-

---

[64] Vorliegend geht es um die Ausschüttungen der Spitzeneinheit der kapitalmarktorientierten internationalen Unternehmung an ihre Anteilseigner. Von diesen Ausschüttungen an die letztendlichen Anteilseigner sind die sog. unternehmungsinternen Ausschüttungen abzugrenzen, d. h. Ausschüttungen der nachgelagerten Tochter- und Enkelgesellschaften entlang der Beteiligungskette bis hin zur Muttergesellschaft, vgl. hierzu PRINZ, Ausschüttung, in: Kessler/Kröner/Köhler (Hrsg.), Konzernsteuerrecht, S. 924 f.

[65] Sämtliche Dividendenzahlungen, die während des jeweiligen Anlagezeitraums erfolgen, werden in die Berechnung des Total Shareholder Return einbezogen. Weil keine Diskontierung der einzelnen Zahlungsströme erfolgt, ist es für die Höhe der Eigentümerrendite unerheblich, zu welchem Zeitpunkt die Dividendenzahlungen anfallen. Folglich kann der Total Shareholder Return nicht dadurch gesteigert werden, dass Dividendenauszahlungen zeitlich vorgezogen werden. Neben dem direkten Einfluss auf den Total Shareholder Return kommt Dividendenzahlungen auch eine Funktion als Informationsträger zu. So sind Unternehmungen zwecks Vermeidung von negativen Signaleffekten regelmäßig bestrebt, einen zumindest konstanten Dividendenstrom zu gewährleisten, weshalb sie auch in ökonomisch schlechten Zeiten versuchen, von Kürzungen der Dividenden abzusehen, vgl. NIX, Ausschüttungspolitik, S:R 2009, S. 87; PRINZ, Ausschüttung, in: Kessler/Kröner/Köhler (Hrsg.), Konzernsteuerrecht, S. 925 f.

[66] LUTTERMANN/GROßFELD, Bilanzrecht, S. 182 bezeichnen das ausschüttungsgeschützte Grundkapital sehr treffend als „Garantiefonds“ für die Gläubiger der Aktiengesellschaft.

winns voraus; ein Bilanzverlust schließt daher Dividendenzahlungen aus.[67] Hierbei ist auf den für Ausschüttungszwecke einschlägigen, nach den Vorschriften des Handelsgesetzbuches anzufertigenden Einzelabschluss der Mutterunternehmung der kapitalmarktorientierten internationalen Unternehmung abzustellen und nicht auf den eine reine Informationsfunktion besitzenden Konzernabschluss.[68]

Der Bilanzgewinn stimmt nicht mit dem betriebswirtschaftlichen Jahresergebnis überein, sondern ergibt sich vielmehr als Saldo aus dem Jahresüberschuss bzw. -fehlbetrag[69] und den in § 158 Abs. 1 S. 1 Nr. 1 bis 4 AktG genannten Posten.[70] Bei Letzteren handelt es sich um den Gewinn- bzw. Verlustvortrag aus dem Vorjahr,[71] Entnahmen aus der Kapitalrücklage,[72] Entnahmen aus Gewinnrücklagen[73] und Einstellungen in Gewinnrücklagen (vgl. §§ 150, 58 Abs. 2, 2a AktG).[74] Im Ergebnis sind nur die frei verfügbaren Eigenkapitalbestandteile ausschüttbar, also letztlich der Jahresüberschuss, der Gewinnvortrag, die anderen Gewinnrücklagen und die freiwillige Kapitalrücklage i. S. d. § 272 Abs. 2 Nr. 4 HGB.[75]

Zu beachten ist ferner, dass das deutsche Bilanzrecht in verschiedenen Fällen Aktivierungsmöglichkeiten vorsieht, die zwar einen erhöhten Gewinn bewirken, aber aufgrund gesetzlicher

---

[67] Vgl. etwa BFH v. 10.11.1982 – I R 142/79, BStBl II 1983, S. 280.

[68] Zur der allerdings faktischen Relevanz des Konzernergebnisses für Ausschüttungsmaßnahmen vgl. LUTTER, Grenzen, S:R 2009, S. 89; PRINZ, Ausschüttung, in: Kessler/Kröner/Köhler (Hrsg.), Konzernsteuerrecht, S. 932 f.

[69] Das Jahresergebnis ist der Saldo aller in der Gewinn- und Verlustrechnung ausgewiesenen Erträge und Aufwendungen und ist in der Gewinn- und Verlustrechnung entsprechend § 275 Abs. 2 und 3 HGB als „Posten 20" (Gesamtkostenverfahren) bzw. „Posten 19" (Umsatzkostenverfahren) auszuweisen. Ein Jahresüberschluss liegt vor, wenn der Saldo positiv ist. Sind die Aufwendungen des Geschäftsjahres dagegen höher als die Erträge, spricht man von einem Jahresfehlbetrag; vgl. FÖRSCHLE, in: Ellrott/Förschle/Hoyos/Winkeljohann (Hrsg.), Beck Bil-Komm., § 275 HGB Rz. 261 f.

[70] Vgl. KROPFF, in: Kropff/Semler (Hrsg.) Aktiengesetz, § 174 Rz. 6; HÜFFER, Aktiengesetz, § 174 Rz. 2.

[71] Ein Gewinnvortrag entsteht, wenn der Bilanzgewinn auf neue Rechnung vorgetragen wird, d. h. insoweit er nicht ausgeschüttet, in die Gewinnrücklagen eingestellt und durch die Hauptversammlung gemäß § 58 Abs. 3 S. 2 AktG einer anderweitigen Verwendung zugeführt wird, vgl. z. B. FLEISCHER, in: Schmidt/Lutter (Hrsg.), AktG Kommentar, § 58 AktG Rz. 37 ff.; BRÖNNER, in: Hopt/Wiedemann (Hrsg.), AktG Großkommentar, § 174 Rz. 35 f.

[72] Als Kapitalrücklage wird gemäß § 272 Abs. 2 HGB das Eigenkapital der Gesellschaft ausgewiesen, das nicht zum gezeichneten Kapital gehört und nicht aus dem erzielten Ergebnis, sondern aus Kapitaleinzahlungen der Anteilseigner stammt, zu Details vgl. ADLER/DÜRING/SCHMALTZ, ADS, § 272 HGB Rz. 74 ff.

[73] Gewinnrücklagen werden aus dem Ergebnis des laufenden Geschäftsjahres oder den Ergebnissen vorangegangener Geschäftsjahre gebildet (§ 272 Abs. 3 S. 1 HGB). Als Gewinnrücklagen sieht § 272 Abs. 3 S. 2 HGB die gesetzliche Rücklage, die auf der Satzung der Unternehmung beruhende Rücklagen und andere Gewinnrücklagen vor.

[74] Vgl. DRYGALA, in: Schmidt/Lutter (Hrsg.), Aktiengesetz, § 174 Rz. 6.

[75] Entnahmen aus den anderen Gewinnrücklagen und der Kapitalrücklage nach § 272 Abs. 2 Nr. 4 HGB sind keiner Entnahmebeschränkung unterworfen, wohingegen Entnahmen aus der gesetzlichen Rücklage und den Kapitalrücklagen nach § 272 Abs. 2 Nr. 1-3 HGB für Aktiengesellschaften nur unter Beachtung der Restriktionen der § 150 Abs. 3 und 4 AktG möglich sind. Zu Details vgl. PRINZ, Ausschüttung, in: Kessler/Kröner/Köhler (Hrsg.), Konzernsteuerrecht, S. 931 f.

Ausschüttungssperren nicht für Dividendenzahlungen verwendet werden dürfen.[76] Schließlich sind aus rechtlicher Perspektive auch vertragliche Ausschüttungsrestriktionen zu beachten. So wird z. B. in vielen Kreditverträgen die Einhaltung gewisser Mindesteigenkapitalbestände als notwendige Voraussetzung für die Vornahme von Dividendenzahlungen festgelegt.[77]

Die betriebswirtschaftliche Voraussetzung für Dividendenzahlungen besteht darin, dass in ausreichendem Maße liquide Mittel vorhanden sein müssen, d. h. Zahlungsmittel in Form von Bargeld und Sichtguthaben, die sich aus der Saldierung von Ein- und Auszahlungen ergeben. Ohne hinreichende Zahlungsmittel ist eine Unternehmung faktisch nicht in der Lage, die Ausschüttungen zu finanzieren.[78]

Die Einflussfaktoren bezüglich der Höhe der Dividendenzahlungen lassen sich somit grafisch wie folgt veranschaulichen:

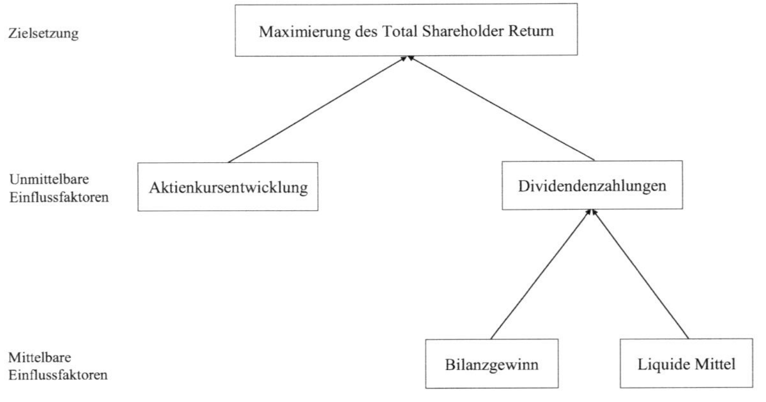

Abbildung 5: Einflussfaktoren bezüglich der Dividendenzahlungen

Die von den Shareholdern anvisierte Maximierung des Total Shareholder Return erfordert auf den ersten Blick eine Maximierung der Dividendenzahlungen. Bei näherer Analyse zeigt sich jedoch, dass dies nicht zwingend der Fall sein muss. Alternativ zur Vornahme von Ausschüt-

[76] Eine gesetzliche Ausschüttungssperre befindet sich bspw. in § 268 HGB bezüglich eines ausgewiesenen Aktivüberhangs an latenten Steuern, vgl. etwa KÜTING/SEEL, Bilanzrecht, DB 2009, S. 925.
[77] Vgl. PRINZ, Ausschüttung, in: Kessler/Kröner/Köhler (Hrsg.), Konzernsteuerrecht, S. 932.
[78] Vgl. LUTTER, Grenzen, S:R 2009, S. 89. PRINZ, Ausschüttung, in: Kessler/Kröner/Köhler (Hrsg.), Konzernsteuerrecht, S. 927 f. weist auf die zentrale Bedeutung der liquiden Mitteln hin, als dass das finanzielle Gleichgewicht einer Unternehmung im Sinne einer jederzeitigen Zahlungsfähigkeit durch Ausschüttungen nicht gestört werden darf.

tungen können der Bilanzgewinn bzw. die ausschüttbaren liquiden Mittel bspw. in der Unternehmung reinvestiert werden.[79] Indem z. B. kapitalintensive hochrentierliche Langzeitprojekte durchgeführt werden, kann ein hieraus resultierender Anstieg des Aktienkurses der Total Shareholder Return unter Umständen stärker erhöhen, als dies bei Unterlassen der Projekte durch die Vornahme einer erhöhten Dividendenzahlung möglich wäre.[80]

Da die Anteilseigner einer Unternehmung in Bezug auf die Mittelverwendung (Reinvestition versus Ausschüttung) meist sehr unterschiedliche Interessen verfolgen – z. B. aufgrund individuell divergierender Risikoneigungen oder im Hinblick auf persönliche steuerliche Gesichtspunkte –, wird der Frage nach der optimalen Ausschüttungsstrategie in der vorliegenden Untersuchung nicht weiter nachgegangen.[81] Weil einige Shareholder den Erhalt von Dividendenzahlungen gegenüber der bloßen Erhöhung des Aktienkurses präferieren dürften, besteht das Ziel „Optimierung der Dividendenzahlungen" unter anderem darin, Dividendenzahlungen zumindest zu ermöglichen.[82]

Das Ziel der Optimierung der Dividendenzahlungen wird hierbei in die zwei Komponenten „Nachhaltige Erhöhung des Ausschüttungspotenzials" und „Temporäre Erhöhung des Ausschüttungspotenzials" untergliedert. Eine nachhaltige Erhöhung des Ausschüttungspotenzials bedeutet, dass eine Unternehmung in der Zukunft stets relativ höhere Dividendenzahlungen vornehmen kann. Im Gegensatz hierzu ergibt sich eine nur temporäre Erhöhung des Ausschüttungspotenzials, wenn die ausschüttbaren liquiden Mittel und der Bilanzgewinn nicht nach-

---

[79] Entsprechend § 58 Abs. 3 AktG i. V. m. § 174 Abs. 1 S. 1 AktG beschließt die Hauptversammlung über die Verwendung des Bilanzgewinns. Gemäß § 174 Abs. 1 S. 2 AktG ist sie hierbei an den festgestellten Jahresabschluss und folglich auch an die Höhe des dort ausgewiesenen Bilanzgewinns gebunden, vgl. BAYER, in: Kropff/Semler (Hrsg.), AktG, § 58 Rz. 81; CAHN/SENGER, in: Spindler/Stilz (Hrsg.), Kommentar AktG, § 58 Rz. 80; KRAFT/HOFFMANN-BECKING, in: Hoffmann-Becking (Hrsg.), Münchener Handbuch, § 46 Rz. 1. Der Gewinnverwendungsvorschlag des Vorstands nach § 170 Abs. 2 AktG ist für die Hauptversammlung hinsichtlich der Entscheidung über die Verwendung des Bilanzgewinns nicht bindend; vgl. BGH v. 28.10.1993 – IX ZR 21/93, BGHZ 124, S. 27; BAYER, in: Goette/Habersack/Kalss (Hrsg.), MünchKommAktG, § 58 Rz. 81; HENZE, in: Hopt/Wiedemann (Hrsg.), AktG Großkommentar, § 58 Rz. 78. Der Hauptversammlung stehen gemäß § 58 Abs. 3 AktG grundsätzlich die Gewinnverwendungsmöglichkeiten „Ausschüttung", „Einstellung in die Gewinnrücklagen", „Gewinnvortrag" und im Falle einer satzungsmäßigen Ermächtigung auch eine „andere Verwendung" zur Verfügung; vgl. FLEISCHER, in: Schmidt/Lutter (Hrsg.), Aktiengesetz, § 58 Rz. 37.

[80] Für einen Überblick über die verschiedenen Determinanten der Ausschüttungspolitik aus Sicht der Unternehmungen vgl. NIX, Ausschüttungspolitik, S:R 2009, S. 88.

[81] Vgl. NIX, Ausschüttungspolitik, S:R 2009, S. 87 für ein Beispiel, dass verschiedene Aktionäre auf einen Ausschüttungs- bzw. Reinvestitionsbeschluss höchst unterschiedlich reagieren können.

[82] Gemäß § 58 Abs. 4 AktG haben die Aktionäre einer Unternehmung Anspruch auf den Bilanzgewinn. Weist der Jahresabschluss einen Bilanzgewinn aus, bewirkt die Feststellung des Jahresabschlusses einen mitgliedschaftlichen Gewinnanspruch, d. h. die Aktionäre können die Herbeiführung eines Gewinnverwendungsbeschlusses verlangen, aus dem dann konkrete Dividendenansprüche erwachsen können, zu Details vgl. DRYGALA, in: Schmidt/Lutter (Hrsg.), Aktiengesetz, § 172 Rz. 9.

haltig, sondern nur vorübergehend erhöht werden, z. B. durch eine steuerplanerische Gestaltungsmaßnahme, die für eine begrenzte Periode eine Reduktion der Steuerlast bewirkt.

Zu beachten ist, dass das in Teil II 2.1.1.2.2. beschriebene Free-Cash-Flow-Verfahren auf die für die Zukunft nachhaltig zu erwartenden Zahlungsmittelüberschüsse abstellt. Im Falle der Verwendung des zukünftig voraussichtlich dauerhaft erzielbaren Ergebnisses je Aktie als Performance-Indikator basiert das in Teil II 2.1.1.2.3. erläuterte Multiplikatorverfahren auf den für die Zukunft nachhaltig zu erwartenden Jahresüberschüssen. Diese beiden Bewertungsverfahren sind daher gute Indikatoren dafür, ob ausschüttbare liquide Mittel und Bilanzgewinne in ausreichendem Maße langfristig dauerhaft vorhanden sein werden. Infolgedessen eignen sich die Bewertungen nach der Free-Cash-Flow-Methode und dem Multiplikatorverfahren auf Basis des Gewinns je Aktie auch als gute Indikatoren hinsichtlich der nachhaltigen Erhöhung des Ausschüttungspotenzials.[83]

Die erarbeiteten Ursache-Wirkungs-Zusammenhänge hinsichtlich des primären Ziels der Anteilseigner der kapitalmarktorientierten internationalen Unternehmung „Maximierung des Total Shareholder Return" lassen sich wie in der nachstehenden Grafik veranschaulicht zusammenfassen:

[83] So lassen hohe Bewertungen nach der Free Cash Flow-Methode bzw. Multiplikatorbewertungen auf Basis zukünftiger Earnings Per Share vermuten, dass nachhaltig hohe ausschüttbare liquide Mittel und hohe Bilanzgewinne vorhanden sein werden; so im Ergebnis auch RAPPAPORT, Shareholder, S. 103 ff.

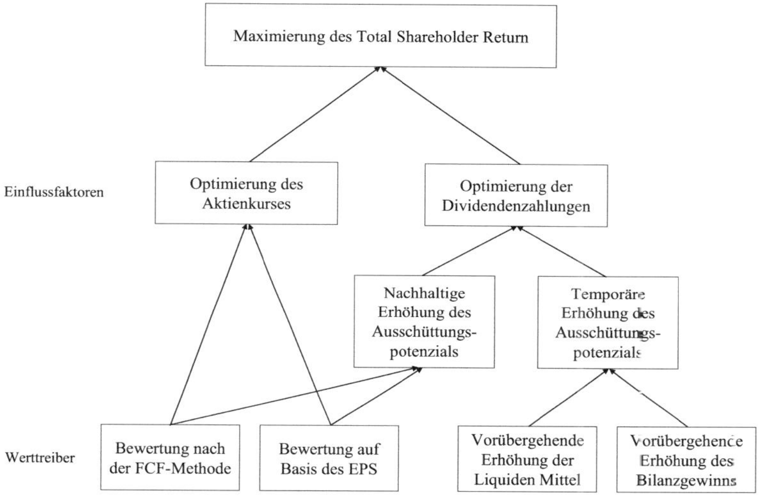

Abbildung 6: Werttreiber der Maximierung des Total Shareholder Return

2.1.2. Interessen der Stakeholder

Die vom Shareholder-Value-Ansatz anvisierte ausschließliche Orientierung an den Interessen der Anteilseigner hat sowohl im Schrifttum als auch in der öffentlichen Wahrnehmung zu bisweilen sehr starker Kritik geführt, die bis zum heutigen Zeitpunkt anhält.[84] Kritisiert wird vornehmlich, dass infolge der singulären Verfolgung der finanziellen Interessen der Shareholder anderweitige Aspekte, wie z. B. soziale und ökologische Fragestellungen, völlig ausgeblendet und daher vernachlässigt würden.[85]

Vor dem Hintergrund dieser Kritik wird das Ziel der Stakeholder-Value-Maximierung proklamiert, nach dem eine Unternehmung die größtmögliche Wertgenerierung für sämtliche ihrer Stakeholder anvisieren sollte.[86] Als Stakeholder werden jedwede Personen bzw. Personengruppen bezeichnet, die einen spezifischen Beitrag zur Unternehmung erbringen und daher als Gegenleistung Ansprüche gegenüber der Unternehmung geltend machen können. Einen Überblick über verschiedene Stakeholder, einschließlich der jeweiligen Beiträge und An-

[84] Vgl. z. B. BLACK/WRIGHT/DAVIES, Shareholder, S. 11 ff.; HACHMEISTER, Unternehmenswertsteigerung, S. 29 ff.; GUERRERA/BAER, Shareholder-Value, FTD vom 13.03.2009, S. 14.

[85] Vgl. HILL, Stakeholder, Die Unternehmung 1996, S. 415 ff.; JANISCH, Anspruchsgruppenmanagement, S. 96 ff.

[86] Vgl. etwa JANISCH, Anspruchsgruppenmanagement, S. 109 ff.

sprüche bezüglich der Unternehmung, bietet – ohne Anspruch auf Vollständigkeit – die folgende Tabelle:[87]

Stakeholder	Beitrag zur Unternehmung	Anspruch gegenüber der Unternehmung
Anteilseigner	Eigenkapital	Angemessene Rendite auf das eingesetzte Kapital
Gläubiger	Fremdkapital	Tilgung und Verzinsung des eingesetzten Kapitals
Arbeitnehmer	Ausführende Arbeit	Entlohnung, Arbeitsplatzsicherheit und Arbeitsbedingungen
Management	Dispositive Arbeit	Gehalt, Einfluss und Macht
Kunden	Kauf von Gütern und Dienstleistungen	Preisgünstige bzw. qualitativ hochwertige Güter
Lieferanten	Verkauf von Gütern und Dienstleistungen	Zuverlässige Bezahlung, langfristige Lieferbeziehungen
Allgemeine Öffentlichkeit	Infrastruktur, Rechtsordnung, Umweltgüter	Steuerzahlungen, Einhaltung der Rechtsvorschriften, schonender Umgang mit Umweltressourcen

Tabelle 1: Beiträge und Ansprüche verschiedener Stakeholder[88]

Aufgrund der Tatsache, dass alle Stakeholder zum Erfolg der Unternehmung beitrügen, seien sämtliche Stakeholder-Interessen gleichrangig zu berücksichtigen. Die ausschließliche Fokussierung auf die Interessen der Anteilseigner berge hingegen bspw. die Gefahr, dass die Belegschaft zu niedrig entlohnt werde und die Kunden eine zu schlechte Produktqualität erhielten. Weil die verschiedenen Anspruchsgruppen mit oftmals divergierenden Interessen ausgestattetet seien, erachten es die Verfechter des Stakeholder-Value-Ansatzes als zentrale Aufgabe der Unternehmungsführung, die Interessensgegensätze der einzelnen Stakeholder auszutarieren.[89]

2.1.3. Verhältnis von Shareholder- zu Stakeholder-Interessen

2.1.3.1. Zielidentität versus -komplementarität versus -konflikt

Hinsichtlich des Streits zwischen Vertretern der Shareholder- und jenen der Stakeholder-Value-Maximierung ist zunächst anzumerken, dass auch die Shareholder eine Stakeholder-Gruppe darstellen (vgl. Teil II 2.1.2.) und einige Ziele von beiden Parteien gemeinsam ver-

---

[87] Vgl. WÖHE/DÖRING, Betriebswirtschaftslehre, S. 55 f.

[88] In Anlehnung an WÖHE/DÖRING, Betriebswirtschaftslehre, S. 56.

[89] Vgl. z. B. HACHMEISTER, Unternehmenswertsteigerung, S. 29.

folgt werden. Ein Beispiel für eine solche Zielidentität ist das Interesse der Lieferanten an einer möglichst zeitnahen Begleichung ihrer Rechnungen. Zwar ergibt sich für die Shareholder auf den ersten Blick kein originärer Anreiz, auf das Anliegen der Lieferanten einzugehen, weil eine vergleichsweise späte Bezahlung für die Unternehmung zu Zins- und Liquiditätsvorteilen führt. Den Lieferantenwünschen wird jedoch trotzdem regelmäßig entsprochen, weil die Anteilseigner verhindern wollen, dass sich die Lieferanten durch das Ergreifen von Gegenmaßnahmen, wie etwa der Lieferung von Produkten minderer Qualität, revanchieren.

Auch insoweit, als keine Zielidentität besteht, konfligieren die Interessen der Shareholder und Stakeholder nicht zwangsläufig, sondern weisen – zumindest bei einem mittel- bis langfristigen Betrachtungshorizont – nicht selten ein komplementäres Verhältnis auf. So spenden Unternehmungen z. B. grundsätzlich nur dann finanzielle Mittel für soziale, kulturelle oder ökologische Zwecke und zahlen nur dann Steuern, wenn sie Gewinne erwirtschaften. Die Maximierung der Shareholder-Interessen schafft somit oftmals erst den Verteilungsspielraum, der zur Befriedigung der Bedürfnisse der anderen Stakeholder benötigt wird.[90]

Insbesondere bei einer kurzfristigen Betrachtung treten jedoch häufig Zielkonflikte zwischen den Shareholder- und Stakeholder-Interessen auf. Ein Paradebeispiel hierfür stellt die von der Deutschen Bank AG zeitgleich mit einem Stellenabbau verkündete Zielvorgabe einer 25%igen Vorsteuer-Eigenkapitalrendite dar.[91]

2.1.3.2. Dominanz der Shareholder-Interessen

Aufgrund der skizzierten Zielkonflikte stellt sich für den Vorstand der Unternehmung die Frage, welche Interessen vorrangig zu befriedigen sind. Ohne ein übergeordnetes Unternehmungsziel droht die Gefahr der Lähmung der Unternehmung, weil ein Ausgleich der Interessen sämtlicher Stakeholder wenn überhaupt nur sehr schwer umsetzbar sein dürfte.

Zwecks Bestimmung des Hauptziels der kapitalmarktorientierten internationalen Unternehmung stellt sich in einem ersten Schritt die Frage, warum Unternehmungen überhaupt existieren und nicht stattdessen alle Transaktionen über den Markt abgewickelt werden. Menschen bedienen sich des Vehikels der Unternehmungen, weil die Ausübung gewisser Aktivitäten innerhalb einer Unternehmung weniger Kosten verursacht, als bei der Inanspruchnahme des

[90] Vgl. z. B. BLACK/WRIGHT/DAVIES, Shareholder, S. 14.
[91] Zu der diesbezüglichen mitunter scharfen Kritik an dem Vorstandsvorsitzenden der Deutschen Bank AG vgl. etwa O. V., Kapitalmärkte, FAZ vom 02.02.2007, S. 17.

Marktmechanismus entstehen würden.[92] Damit sie ihren Vorsprung gegenüber der Nutzung des Marktmechanismus zumindest bewahren und damit ihre Existenz rechtfertigen können, müssen Unternehmungen stets bestrebt sein, effizient sowie profitabel zu operieren und somit einen möglichst hohen Total Shareholder Return zu erwirtschaften.

Des Weiteren sind kapitalmarktorientierte internationale Unternehmungen der Konkurrenz von anderen Unternehmungen ausgesetzt. Anhand der Aktienkurse können die jeweiligen Kapitalmarkt-Performances permanent verglichen werden. Aufgrund ihrer starken Machtposition und ihres originären Interesses an der Maximierung des Total Shareholder Return zwingen die internationalen Kapitalmärkte die Unternehmungen faktisch dazu, den Interessen der Anteilseigner oberste Priorität einzuräumen.[93] Sofern Unternehmungen keinen angemessenen Total Shareholder Return generieren, werden sie von den Kapitalmarktakteuren durch ein Absinken der Aktienkurse bestraft, was sich zumindest mittel- bis langfristig in verschlechterten Zugangsmöglichkeiten zu Kapitalquellen niederschlagen wird. Niedrige Börsenkurse bergen darüber hinaus auch die Gefahr von feindlichen Übernahmen (sog. *hostile takeover*), in deren Rahmen der Vorstand der Unternehmung regelmäßig ausgetauscht wird, um Strukturen zu schaffen, die einen künftigen Anstieg des Total Shareholder Return aussichtsreich erscheinen lassen.

Zusammenfassend kann festgehalten werden, dass die Maximierung des Total Shareholder Return und damit die Befolgung der Interessen der Shareholder – unabhängig davon, ob dies aus moralischer Perspektive als richtig zu erachten ist – das Hauptziel der kapitalmarktorientierten internationalen Unternehmung darstellt.[94] Ursächlich hierfür ist in erster Linie, dass sich derartige Unternehmungen dem faktischen Zwang der internationalen Kapitalmärkte zur Steigerung des Total Shareholder Return im Regelfall nicht dauerhaft entziehen können.

---

[92] Im Umkehrschluss gilt, dass grundsätzlich sämtliche unternehmerischen Aktivitäten über Markttransaktionen abgewickelt werden, bei denen die Kosten der Nutzung des Marktmechanismus die Kosten unterschreiten, die bei der Ausschaltung des Marktmechanismus, d. h. im Falle unternehmungsinterner Transaktionen, entstehen; vgl. grundlegend COASE, Firm, Economica 1937, S. 386 ff.

[93] Die Macht der internationalen Kapitalmärkte resultiert in erster Linie aus der Tatsache, dass im Regelfall nur die Kapitalmärkte den internationalen Unternehmungen die zur Eroberung neuer Absatzgebiete benötigten Finanzmittel bzw. Aktien als Akquisitionswährung zur Verfügung stellen können, vgl. Teil II 2.1.1.1.

[94] Auch empirische Studien zeigen, dass die Steigerung des Shareholder-Value, und damit indirekt zugleich die Steigerung des Total Shareholder Return, in der Unternehmungspraxis als eines der wichtigsten Unternehmungsziele anerkannt ist, vgl. etwa PELLENS/ROCKHOLTZ/STIENEMANN, Konzerncontrolling, DB 1997, S. 1933 ff.

2.1.4. Wertorientierte Unternehmungsführung

Aufgrund der Dominanz der Shareholder-Interessen müssen kapitalmarktorientierte internationale Unternehmungen bestrebt sein, den größtmöglichen Total Shareholder Return zu erwirtschaften. Die zur Verwirklichung dieses Ziels angewandte Unternehmungsführung wird im Folgenden als „wertorientierte Unternehmungsführung“ bezeichnet.[95]

Als Beispiel der sehr hohen Relevanz der wertorientierten Unternehmungsführung lässt sich der Umstrukturierungsprozess der Siemens AG anführen. Während in der Vergangenheit einzelne Unternehmungssparten quersubventioniert wurden, hat der Vorstand im Jahr 2007 für jede strategische Geschäftssparte eigene Renditeziele festgelegt. Sofern einzelne Geschäftssparten die anvisierten Renditeziele nicht erreichen, sollen sie verkauft oder geschlossen werden.[96]

Auch bei der Betrachtung vieler Jahresabschlüsse von kapitalmarktorientierten internationalen Unternehmungen ist zu konstatieren, dass Kennzahlen, die die Wertsteigerungsaktivitäten der Unternehmungen messen bzw. signalisieren sollen, immer größere Bedeutung erlangen. Als Beispiele für derartige wertorientierte Unternehmungssteuerungsgrößen lassen sich die in der Unternehmungspraxis häufig verwendeten Kennzahlen des Economic Value Added (EVA)[97] und des Cash Flow Return on Investment (CFROI)[98] anführen.[99]

---

[95] Vgl. etwa HERTER, Management, in: Horváth/Reichmann (Hrsg.), Controlling, S. 13 f.; WESNER, Unternehmensführung, in: Moxter (Hrsg.), Rechnungslegungskonzeptionen, S. 294 ff.; ZELGER, Unternehmensführung, in: Haarmann Hemmelrath & Partner (Hrsg.), Gestaltung, S. 359.

[96] Vgl. SIEMENS AG, Geschäftsbericht 2007 Buch I, S. 71 ff. u. Buch II S. 78 ff.

[97] Zu dem von der Unternehmensberatungsgesellschaft STERN STEWART & Co. entwickelten Economic Value Added vgl. STERN/SHIELY/ROSS, EVA, S. 15 ff.; STEWART, Quest, S. 118 ff.; MANDL/RABEL, Unternehmensbewertung, S. 379; KÜTING/EIDEL, EVA, WPg 1999, S. 829 ff.; BÖCKING/NOWAK, Konzept, FB 1999, S. 281 ff.

[98] Erläuterungen zum Cash Flow Return on Investment finden sich bei LEWIS/LEHMANN, Investitionsentscheidungen, BFuP 1992, S. 1 ff.

[99] Die ThyssenKrupp AG verwendet bspw. als zentrale wertorientierte Steuerungsgröße den sog. ThyssenKrupp Value Added (TKVA), eine Variante des Economic Valued Added, vgl. THYSSENKRUPP AG, Geschäftsbericht 2008, S. 64 ff. Für eine empirische Untersuchung des Einsatzes von Steuerungskennzahlen in Deutschland, vgl. JANSSEN/SCHEREN, Führungskennziffern, in: Küting/Langenbucher (Hrsg.), FS Weber, S. 608 ff. Zu Erläuterungen der wesentlichen Kennzahlen des Wertsteigerungsmanagement vgl. HAHN, Kennzahlen, in: von Werder/Wiedmann (Hrsg.), Internationalisierung, S. 103 ff.; SCRHÖDER, Kennzahlen, Controller Magazin 1998, S. 81 ff.

2.2. Internationalisierung der Rechnungslegung

2.2.1. Vordringen der IAS/IFRS

Eine weitere Ursache des Paradigmenwechsels für das Aufgabenspektrum von Steuerabteilungen kapitalmarktorientierter internationaler Unternehmungen ist auf dem Gebiet der Entwicklung der Rechnungslegungsvorschriften angesiedelt. Vor dem Hintergrund der zunehmenden internationalen Verflechtung der einzelnen Volkwirtschaften ist in den vergangenen Jahren und insbesondere in Deutschland eine starke Tendenz in Richtung Internationalisierung der Rechnungslegungsvorschriften zu verzeichnen.[100]

So sind die internationalen Rechnungslegungsvorschriften IAS/IFRS entsprechend einer EU-Verordnung grundsätzlich ab dem Jahre 2005 in den Konzernabschlüssen sämtlicher börsennotierter EU-Unternehmungen verpflichtend anzuwenden.[101] Daneben räumt die Verordnung den EU-Mitgliedstaaten ein Wahlrecht ein, nach dem diese die Anwendung der IAS/IFRS auch für die Einzelabschlüsse der kapitalmarktorientierten EU-Unternehmungen vorschreiben oder zumindest zulassen können. Der deutsche Gesetzgeber hat der Internationalisierung der Rechnungslegung insbesondere dadurch Rechnung getragen, dass deutsche Mutterunternehmungen, deren Aktien bzw. Schuldtitel an einer Börse notiert sind und die ihren Konzernabschluss nach den IAS/IFRS vorlegen, entsprechend § 315a HGB von der Pflicht zur Erstellung eines zusätzlichen Konzernabschlusses nach den Vorschriften des Handelsgesetzbuches befreit werden. Die Aufstellung eines IAS/IFRS-Einzelabschlusses bewirkt für deutsche Unternehmungen hingegen keinen Erleichterungseffekt, weil dieser zwar beim elektronischen Bundesanzeiger bekannt gemacht werden kann (§ 325 Abs. 2a HGB), ein HGB-Einzelabschluss aber beim Handelsregister hinterlegt und daher nach wie vor erstellt werden muss.[102]

Aufgrund der in Deutschland traditionell stark ausgeprägten Bankenfinanzierung besteht das Ziel der Vorschriften des Handelsgesetzbuches in der Darstellung eines aus Gläubigerschutzgründen vorsichtig ermittelten ausschüttungsfähigen Gewinns.[103] Erklärter Zweck der

---

[100] Vgl. etwa PELLENS/FÜLBIER/GASSEN/SELLHORN, Rechnungslegung, S. 45 ff.

[101] Siehe Art. 4 der EU-Verordnung Nr. 1602/2002 des Europäischen Parlaments und des Rates vom 19.07.2002, ABl. EG 2002, Nr. L 243, S. 1 ff. Den nach US-GAAP bilanzierenden Unternehmungen wurde ein Aufschub von zwei Jahren gewährt, sodass spätestens ab dem Jahre 2007 alle deutschen kapitalmarktorientierten Unternehmungen zur Erstellung eines Konzernabschlusses nach den Vorschriften IAS/IFRS verpflichtet waren.

[102] Vgl. HOFFMANN, in: Lüdenbach/Hoffmann (Hrsg.), IFRS-Kommentar, § 7 Rz. 8 ff.

[103] Vgl. COENENBERG, Jahresabschluss, S. 14 f.; STREIM, Bilanzierung, S. 9 ff. Zu dem Einfluss der Kapitalmärkte auf die Rechnungslegungskonzepte vgl. BIEG u. a., Rechnungslegung, StB 2006, S. 15.

IAS/IFRS wie auch der US-amerikanischen Rechnungslegungsvorschriften US-GAAP ist hingegen, einem weiten Adressatenkreis (z. B. den Investoren, Kreditgebern und Lieferanten einer Unternehmung) entscheidungsnützliche Informationen für deren jeweilige wirtschaftliche Entscheidungen zur Verfügung zu stellen (sog. *decision usefulness*).[104] Mangels besonderen Schutzbedürfnisses der Gläubiger kommt dem im deutschen Handelsrecht dominierenden Vorsichtsprinzip bei den durch das Leitbild der *fair presentation* geprägten IAS/IFRS nur eine vergleichsweise geringe Bedeutung zu.[105]

Als Basisannahmen der IAS/IFRS fungieren zum einen die *going-concern*-Prämisse, nach der die Bewertung zu Fortführungs- und nicht zu Zerschlagungswerten zu erfolgen hat, und zum anderen der Grundsatz der periodengerechten Abgrenzung des nachhaltigen Gewinns.[106] Letztere Basisannahme kann es z. B. gebieten, den bei der langfristigen Auftragsfertigung entstehenden Gesamtgewinn nicht erst im Zeitpunkt der Umsatzrealisation zu erfassen, sondern bereits schrittweise über die einzelnen Fertigungsperioden hinweg.[107] Wie in der nachstehenden Grafik veranschaulicht ist, werden die Basisannahmen um vier qualitative Anforderungen ergänzt. Nach diesen hat der IAS/IFRS-Abschluss die für die Rechnungslegungsadressaten relevanten und auf verlässlichen Daten beruhenden Informationen in vergleichbarer und verständlicher Form zu präsentieren.[108]

Die zunehmende Bedeutung der IAS/IFRS zeigt sich ferner daran, dass die US-amerikanische Börsen- und Wertpapieraufsichtsbehörde, die Securities and Exchange Commission (SEC), mit Wirkung vom 04.03.2008 die IAS/IFRS-Abschlüsse ausländischer Emittenten (sog. *foreign private issuers*) grundsätzlich anerkennt.[109] Infolgedessen entfällt unter anderem auch für deutsche Unternehmungen, deren Aktien bzw. Schuldtitel an einer US-Börse notiert sind, die Notwendigkeit zur Erstellung eines separaten Abschlusses nach den US-amerikanischen

---

[104] Vgl. IASB, Framework, Par. 9 ff.

[105] Entsprechend IASB, Framework, Par. 37 stellt das Vorsichtsprinzip (sog. Prudence) lediglich eine Konkretisierung der qualitativen Anforderung „Verlässlichkeit" an den IAS/IFRS-Abschluss dar, vgl. nachstehende Grafik.

[106] Vgl. IASB, Framework, Par. 22 f.

[107] Zu Einzelheiten der Bilanzierung von langfristigen Fertigungsaufträgen im IAS/IFRS-Abschluss, die im Vergleich zu den Vorschriften des Handelsgesetzbuches regelmäßig zu einer früheren Gewinnrealisierung führt, vgl. IAS 11 „Construction Contracts".

[108] Vgl. IASB, Framework, Par. 25 ff.

[109] Für einen Überblick über die historischen Meilensteine des Entwicklungsprozesses der IAS/IFRS auf dem Weg zum weltweit anerkannten Rechnungslegungsstandard vgl. ZÜLCH/BURGHARDT, Akzeptanz, PiR 2008, S. 378 f.

Rechnungslegungsvorschriften bzw. zur Anfertigung einer Überleitungsrechnung auf die US-GAAP.[110]

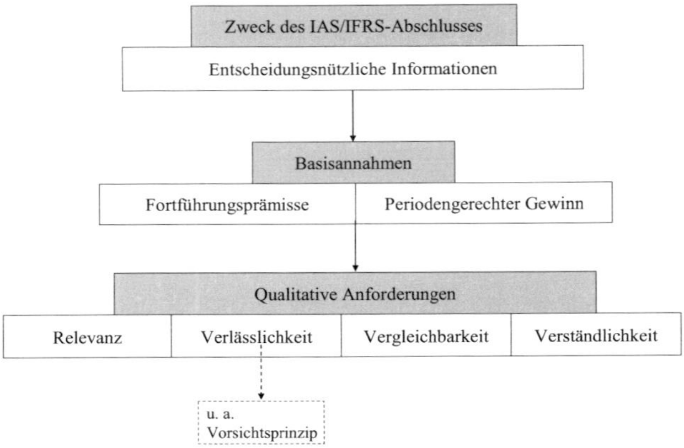

Abbildung 7: Zweck, Annahmen und Anforderungen des IAS/IFRS-Abschlusses

Die Standardsetzer, die für die Entwicklung der Rechnungslegungsstandards der IAS/IFRS bzw. US-GAAP zuständig sind – das International Accounting Standards Board (IASB) bzw. das Financial Accounting Standards Board (FASB) –, streben eine weitgehende Konvergenz der Vorschriften an; daher ist für die Zukunft zu erwarten, dass auch US-Unternehmungen (sog. *domestic issuers*) von der SEC zur Anwendung der IAS/IFRS verpflichtet werden.[111]

Schließlich manifestiert sich die Dominanz der IAS/IFRS auch in ihrer Ausstrahlungswirkung hinsichtlich der Entwicklung nationaler Rechnungslegungsvorschriften. So führt bspw. das Bilanzrechtsmodernisierungsgesetz (BilMoG)[112] vor dem Hintergrund des anvisierten Ziels der Verbesserung der Aussagekraft des handelsrechtlichen Jahresabschlusses dazu, dass erstmals IAS/IFRS-nahe Elemente in das Handelsgesetzbuch Einzug halten, wie z. B. die vermehrte Verwendung von Marktwerten für die Bewertung von Vermögensgegenständen und

---

[110] Vgl. SEC, Acceptance (Internetquelle). Zu beachten ist, dass nur die vom IASB veröffentlichten sog. Original-IAS/IFRS-Standards anerkannt werden. Sofern die von der EU übernommenen IAS/IFRS-Standards von den Original-IAS/IFRS-Standards abweichen, was z. B. beim Hedge Accounting nach IAS 39 der Fall ist, besteht das Erfordernis der Erstellung einer Überleitungsrechnung auf die Original-IAS/IFRS-Standards.

[111] So hat die SEC am 14. November 2008 einen ersten Entwurf veröffentlicht, der einen langfristig ausgelegten Fahrplan für die verpflichtende Anwendung der Rechungslegungsvorschriften der IAS/IFRS für US-Unternehmungen enthält, vgl. SEC, Roadmap (Internetquelle). Zu potenziellen Hindernissen für die Konvergenzbestrebungen vgl. LANFERMANN, Zerreißprobe, DB 2009 Heft 10, S. I.

[112] Gesetz zur Modernisierung des Bilanzrechts vom 25.05.2009 (BGBl. I 2009, S. 1102).

Schulden und die eingeschränkt mögliche Aktivierung von selbst erstellten immateriellen Vermögensgegenständen.[113]

2.2.2. Hohe Bedeutung latenter Steuern

Im Zuge des Vordringens der IAS/IFRS hat der Themenkomplex der latenten Steuern für die kapitalmarktorientierte internationale Unternehmung signifikant an Bedeutung gewonnen.[114] Mit Hilfe von latenten Steuerabgrenzungsposten soll eine Kongruenz zwischen dem tatsächlichen, aus der steuerrechtlichen Erfolgsgröße abgeleiteten Ertragsteuerergebnis und einem dem handelsrechtlichen Erfolg entsprechenden fiktiven Steuerergebnis hergestellt werden, um den Rechnungslegungsadressaten einen möglichst zutreffenden Einblick in die steuerliche Lage der Unternehmung zu ermöglichen.[115]

IAS 12 verwendet für Zwecke der Abgrenzung von latenten Steuern das Temporary Concept, das auf einer bilanzorientierten Sichtweise beruht und infolgedessen vorrangig die wirklichkeitsgetreue Darstellung der Vermögenslage der Unternehmung anvisiert.[116] Hiernach führen vorbehaltlich permanenter Differenzen grundsätzlich sämtliche Bilanzierungs- und Bewertungsdifferenzen zwischen IAS/IFRS-Vermögensgegenständen bzw. -Schulden und den jeweiligen Steuerwerten – unabhängig davon, ob die Bestandsdifferenzen ergebniswirksam oder ergebnisneutral entstanden sind – zu dem zwingenden Ansatz von aktiven oder passiven latenten Steuern.[117] Aktive latente Steuern (sog. *deferred tax assets*) signalisieren künftige

---

[113] Zu einem Überblick über die Neuregelungen des BilMoG vgl. etwa ZÜLCH/HOFFMANN, BilMoG, DB 2009, S. 745 ff.; MEYER, BilMoG, DStR 2009, S. 762 ff. Zu der zunehmenden Bedeutung der IFRS für die Unternehmensbesteuerung vgl. KAHLE/DAHLKE/SCHULZ, IFRS, StuW 2008, S. 266 ff.

[114] Im Rahmen der Rechnungslegung nach den Vorschriften des Handelsgesetzbuches kam den latenten Steuern traditionell nur eine relativ geringe Bedeutung zu. Ursächlich hierfür war zum einen, dass infolge der materiellen und formellen Maßgeblichkeit (§ 5 Abs. 1 S. 1, 2 EStG) eine hohe Übereinstimmung zwischen Handels- und Steuerbilanz zu verzeichnen war. Zum anderen bestand für aktive latente Steuern lediglich ein Aktivierungswahlrecht als Bilanzierungshilfe, das nur in seltenen Ausnahmefällen genutzt wurde, wobei hinsichtlich steuerlicher Verlustvorträge sogar unter keinen Umständen aktive Latenzen gebildet werden durften (§ 274 Abs. 2 HGB); für einen Vergleich der Bilanzierung latenter Steuern nach HGB, IAS und US-GAAP vgl. z. B. DAHLKE, Steuern, KoR 2006, S. 579 ff.; KÜTING/ZWIRNER/REUTER, Vergleich, BuW 2003, S. 441 ff.; APP, Steuern, KoR 2003, S. 209 ff.; KLEIN, Vergleich, DStR 2001, S. 1450 ff. Zu den durch das Bilanzrechtsmodernisierungsgesetz (BilMoG) erfolgten Neuerungen in Bezug auf die Bilanzierung von latenten Steuern nach HGB vgl. LOITZ, BilMoG, DB 2009, S. 913 ff.; ZÜLCH/HOFFMANN, BilMoG, DB 2009, S. 745 f.; ERNST/NAUMANN, Bilanzrecht, S. 147 ff.; KÜTING/SEEL, Latente Steuern, in: Küting/Pfitzer/Weber (Hrsg.), Bilanzrecht, S. 491 ff. Zu der hohen Relevanz von latenten Steuern in den IAS/IFRS-Abschlüssen vgl. die empirischen Untersuchungen von BAETGE/LIENAU, Praxis, WPg 2007, S. 16 ff.; KÜTING/ZWIRNER, Indikationsfunktion, BB 2005, S. 1556 ff.; KÜTING/ZWIRNER, Bilanzpolitik, WPg 2003, S. 306 ff.

[115] Vgl. ADLER/DÜRING/SCHMALTZ, ADS, § 274 HGB Rz. 11 sowie § 306 HGB Rz. 8.

[116] Vgl. etwa FISCHER, IAS 12, BBK 2002, S. 885 ff.

[117] Eine der wenigen Ausnahmen von der Aktivierungs- bzw. Passivierungspflicht ist das Ansatzverbot für temporäre Differenzen, die bei der erstmaligen Bilanzierung eines Geschäfts- oder Firmenwertes entstehen, vgl. IAS 12.15a.

Steuerentlastungen, wohingegen passive latente Steuern (sog. *deferred tax liabilities*) auf zukünftige Steuerbelastungen hinweisen. Unter die Ansatzpflicht für aktive latente Steuern fallen nach IAS 12.24 und IAS 12.34 darüber hinaus auch Steuerlatenzen hinsichtlich noch nicht in Anspruch genommener steuerlicher Verlustvorträge und Steuergutschriften.[118] Die Bilanzierung aktiver latenter Steuern ist jedoch generell nur möglich, insoweit es wahrscheinlich ist, dass in der Zukunft in ausreichendem Maße steuerliche Gewinne vorhanden sein werden, um die gebildeten aktiven Latenzen steuerwirksam nutzen zu können.[119]

Die Bewertung latenter Steuern basiert entsprechend IAS 12.46 ff. auf der Liability-Methode, die korrespondierend zu dem für den Ansatz latenter Steuern einschlägigen Temporary-Concept (vgl. oben) primär auf den zutreffenden Ausweis des Vermögens der bilanzierenden Unternehmung abzielt. Weil latente Steuern erwartete Steuereffekte abbilden, sind für ihre Bewertung diejenigen Steuersätze zu verwenden, die im Umkehrzeitpunkt, d. h. im Zeitpunkt der zukünftigen Realisierung der Steuerforderungen bzw. der Erfüllung der Steuerschulden, gelten werden.[120] Eine Diskontierung latenter Steuern ist trotz ihres oft langfristigen Charakters untersagt (IAS 12.53).[121]

In der Bilanz sind die als langfristige Vermögensgegenstände bzw. Schulden qualifizierenden aktiven bzw. passiven latenten Steuern jeweils getrennt von den tatsächlichen Ertragsteueransprüchen und -schulden auszuweisen. Eine Saldierung aktiver und passiver latenter Steuern ist nur dann möglich, wenn einer der in IAS 12.74 aufgeführten Tatbestände erfüllt ist. So ist der Nettoausweis von latenten Steuern in der Bilanz bspw. möglich, wenn die latenten Steuer-

---

[118] Zu Details der Bilanzierung von aktiven latenten Steuern aus steuerlichen Verlustvorträgen vgl. etwa SCHÄFFELER, Ermittlung, IRZ 2006, S. 153 ff.; GENS/WAHLE, Verlustvorträge, KoR 2003, S. 288 ff. Zu der Kritik an dem diesbezüglichen Ansatz von latenten Steuern vgl. SCHILDBACH, Kuriositäten, WPg 1998, S. 945; MARTEN/WEISER/KÖHLER, Verlustvorträge, BB 2003, S. 2337 f. Zu der Diskussion um den (fünfjährigen) Prognosezeitraum zur Verlustverrechnung vgl. BERGER, Ermessensspielraum, DB 2006, S. 2473 ff. sowie BERGER/HAUCK/PRINZ, Prognosezeitraum, DB 2007, S. 412 ff.

[119] Vgl. IAS 12.24 sowie generell zu dem Ansatz von latenten Steuern nach IAS 12 LIENAU, Latenter Steuern, in: Baetge/Kirsch (Hrsg.), Schriften, S. 40 ff. Vgl. zu einer Erläuterung des Wahrscheinlichkeitsbegriffes etwa LÜDENBACH/HOFFMANN, Wahrscheinlichkeit, KoR 2003, S. 8 f. sowie BÖSSER/PILHOFER, Steuern, KoR 2008, S. 299 f.

[120] Im Regelfall handelt es sich hierbei um den jeweils aktuell gültigen Steuersatz. Steuersatzänderungen sind entsprechend IAS 12.48 zu berücksichtigen, wenn sie im Bilanzierungszeitpunkt mit materieller Wirkung in Kraft gesetzt sind, also mit einem Inkrafttreten der Gesetzesänderung mit an Sicherheit grenzender Wahrscheinlichkeit gerechnet werden kann. Dieses Kriterium des sog. *substantive effect of actual enactment* ist in Deutschland nach h. M. erfüllt, wenn der Deutsche Bundestag das Gesetz beschlossen und der Bundesrat zugestimmt hat, vgl. z. B. VON EITZEN/DAHLKE, Steuerpositionen, S. 36; KRÖNER/BECKENHAUB, Konzernsteuerquote, S. 17 f.

[121] LOITZ/RÖSSEL, Diskontierung, DB 2002, S. 650 f. listen die wesentlichen Argumente für und gegen eine Abzinsung von latenten Steuern auf und sprechen sich im Ergebnis für eine Diskontierung latenter Steuern aus. Vgl. generell zu der Bewertung von latenten Steuern nach IAS 12 LIENAU, Latenter Steuern, in: Baetge/Kirsch (Hrsg.), Schriften, S. 49 ff.

forderungen und -verbindlichkeiten eines Steuersubjektes gegenüber der gleichen Steuerbehörde bestehen.[122] Der Ausweis von latenten Steuern in der Gewinn- und Verlustrechnung erfolgt unter dem Posten des Steueraufwands (*tax expense*) bzw. Steuerertrags (*tax income*), der entsprechend IAS 1.81 im Mindestgliederungsschema der Gewinn- und Verlustrechnung enthalten ist.[123] Eine Aufgliederung des Steueraufwands bzw. Steuerertrags in die Bestandteile der tatsächlichen Steueraufwendungen bzw. -erträge und die latenten Steueraufwendungen bzw. -erträge kann lediglich den steuerlichen Anhangsangaben (vgl. Teil II 2.2.3.) entnommen werden.[124]

2.2.3. Erfordernis mannigfaltiger steuerlicher Anhangsangaben

Im Vergleich zu den Rechnungslegungsvorschriften des Handelsgesetzbuches hat die Anwendung der IAS/IFRS für die kapitalmarktorientierte internationale Unternehmung zu einer sowohl quantitativen als auch qualitativen Ausweitung der Offenlegungspflichten im Anhang geführt. Ursächlich für die hohe Relevanz der Anhangsangaben im Rahmen des IAS/IFRS-Abschlusses ist, dass in der Bilanz und in der Gewinn- und Verlustrechnung in der Regel nur die Hauptposten gezeigt werden müssen und die Aufschlüsselung dieser Hauptposten, die für die Vermittlung entscheidungsnützlicher Informationen erforderlich ist, einschließlich der Erläuterung der Bilanzierungs- und Bewertungsmethoden, erst im Anhang zu erfolgen hat.[125]

Auch in Bezug auf steuerliche Aspekte sind im IAS/IFRS-Anhang zahlreiche Angaben zu machen. Neben der generellen Aussage in IAS 12.79, dass die Hauptbestandteile des Steueraufwands bzw. -ertrags getrennt offenzulegen sind, listet IAS 12 eine Reihe verschiedenartiger steuerlicher Anhangsangaben auf.[126] Hierbei ist zu differenzieren zwischen den gemäß IAS 12.81 f. und IAS 12.88 obligatorischen Anhangsangaben („should be disclosed") und den nach IAS 12.80 lediglich empfohlenen Anhangsangaben („may include").[127]

---

[122] Zu Details vgl. z. B. VON EITZEN/DAHLKE, Steuerpositionen, S. 41 ff.
[123] Vgl. IAS 12.77.
[124] Zu der Bilanzierung von Ertragsteuern in IFRS-Abschlüssen entsprechend ED/2009/2 des IASB vgl. etwa SIMLACHER/SCHURBOHM-EBNETH, Änderungen, KoR 2009, S. 389 ff. m. w. N.
[125] Vgl. etwa COENENBERG, Jahresabschluss, S. 876 f.
[126] Eine synoptische Auflistung der Anhangsangaben nach dem ED/2009/2 des IASB findet sich bei SIMLACHER/SCHURBOHM-EBNETH, Änderungen, KoR 2009, S. 398 f.
[127] Vgl. HOFFMANN, in: Lüdenbach/Hoffmann (Hrsg.), IFRS-Kommentar, § 26 Rz. 113. Für eine Gliederung der steuerlichen Anhangsangaben in Daten, die sich auf die Gewinn- und Verlustrechnung, auf Bilanzpositionen oder auf sonstige Offenlegungspflichten beziehen, vgl. KRÖNER/BECKENHAUB, Konzernsteuerquote, S. 214 f.

Bei den von den IAS/IFRS-Bilanzierern zwingend vorzunehmenden Anhangsangaben handelt es sich im Einzelnen um:[128]

- die Summe der tatsächlichen und latenten Steuerposten, die unmittelbar im Eigenkapital verbucht worden sind (IAS 12.81a);
- die Überleitungsrechnung vom anzuwendenden (nominellen) Steuersatz (oder dem sich daraus fiktiv ergebenden Steueraufwand) zum effektiven Steuersatz (oder effektiven Steueraufwand) (IAS 12.81c), einschließlich Erläuterungen zu Änderungen des anzuwendenden Steuersatzes (IAS 12.81d);
- den Betrag und gegebenenfalls das Verfallsdatum für nicht aktivierte Latenzen aus steuerlichen Verlustvorträgen und abzugsfähige temporäre Differenzen (IAS 12.81e);
- den Gesamtbetrag der temporären Differenzen in Zusammenhang mit Anteilen an Tochtergesellschaften, Zweigniederlassungen, assoziierten und Gemeinschafts-Unternehmungen, für die in der Bilanz wegen unverhältnismäßigem Aufwand keine latenten Steuern angesetzt sind (IAS 12.81f);
- Einzelheiten zu allen temporären Differenzen, die zu aktiven und passiven Steuerlatenzposten geführt haben, sowie der zugehörige Aufwand bzw. Ertrag, soweit diese Beträge nicht aus der Bilanz oder der Gewinn- und Verlustrechnung ersichtlich sind (IAS 12.81g);
- Details zu den Steuereffekten aus der Aufgabe von Unternehmungsbereichen (IAS 12.81h) als auch zu den Steuereffekten von bestimmten Ausschüttungen (IAS 12.82i);
- den Betrag der aktiven Steuerlatenz und eine Begründung für den Ansatz, sofern der Betrag die passiven Latenzen übersteigt (IAS 12.82a) und die Unternehmung in der laufenden oder der vorherigen Periode Verluste erzielt (IAS 12.82b);
- sämtliche steuerlichen Eventualschulden und -forderungen i. S. d. IAS 37 sowie die wesentlichen tatsächlichen und latenten Steuereffekte von Steuergesetzesänderungen, die nach dem Bilanzstichtag in Kraft treten oder angekündigt wurden (IAS 12.88).[129]

---

[128] Zu der für die kapitalmarktorientierte internationale Unternehmung – aufgrund der aus dem Wechsel vom Anrechnungs- zum Halbeinkünfteverfahren resultierenden identischen steuerlichen Behandlung von thesaurierten und ausgeschütteten Gewinnen – in Deutschland momentan nicht einschlägigen Offenlegungspflicht nach IAS 12.82A vgl. VON EITZEN/DAHLKE, Steuerpositionen, S. 66.

[129] Unter den nach IAS 37.86 bzw. IAS 37.89 (nur) im Anhang zu erläuternden Eventualverbindlichkeiten bzw. -forderungen, den sog. *contingent liabilities* bzw. *contingent* assets, sind entsprechend IAS 37.28 und IAS 37.32 Sachverhalte zu verstehen, die einen Mittelabfluss bzw. -zufluss in der Zukunft nicht unwahrscheinlich lassen („remote") und nicht als Verbindlichkeit oder Rückstellung bzw. Forderung in der Bilanz zu berücksichtigen sind; zu Einzelheiten vgl. z. B. VON EITZEN/DAHLKE, Steuerpositionen, S. 66 und S. 129.

Die steuerbezogenen Anhangsangaben, deren Offenlegung den nach IAS/IFRS rechnungslegenden Unternehmungen nicht verpflichtend vorgeschrieben, sondern entsprechend IAS 12.80 nur angeraten wird, beziehen sich auf die Aufgliederung des Postens der Gewinn- und Verlustrechnung „Steueraufwand bzw. -ertrag“. Als diesbezüglich empfohlene Anhangsangaben sind zu nennen:

- der tatsächliche Steueraufwand bzw. -ertrag (IAS 12.80a);
- der sich aus Anpassungen für Vorjahre ergebende tatsächliche Steueraufwand bzw. -ertrag (IAS 12.80b);
- der latente Steueraufwand bzw. -ertrag, der auf die Entstehung oder Umkehrung temporärer Differenzen zurückzuführen ist (IAS 12.80c);
- der latente Steueraufwand bzw. -ertrag aufgrund von Steuersatzänderungen bzw. der Einführung neuer Steuern (IAS 12.80d);
- Minderung des tatsächlichen oder latenten Steueraufwands aufgrund bislang nicht berücksichtigter Verlustvorträge bzw. bislang nicht berücksichtigter temporärer Differenzen (IAS 12.80e, f);
- Aufwand bzw. Ertrag aus Abwertungen von aktiven Latenzen oder deren Rückgängigmachung (IAS 12.80g);
- Steueraufwand bzw. -ertrag aus Änderungen der Bilanzierungs- und Bewertungsmethoden und Fehlern, sofern diese nach IAS 8 ertragswirksam erfasst wurden (IAS 12.80h).

2.3. Relevanz steuerlicher Risiken

2.3.1. Generelle Risikosensibilisierung

Neben der starken Fokussierung auf eine Shareholder-orientierte Unternehmungsführung und der Internationalisierung der Rechnungslegung trägt auch die zunehmende Bedeutung von Steuerrisiken dazu bei, dass die kapitalmarktorientierte internationale Unternehmung in Bezug auf das steuerliche Aufgabenspektrum einem Paradigmenwechsel unterliegt.

Aufgrund der Unsicherheit künftiger Entwicklungen ist jede unternehmerische Betätigung mit Chancen und Risiken verbunden. Unternehmerisches Handeln hat daher das Erkennen und Realisieren von Chancen sowie das Erkennen und Managen der damit verbundenen Risiken zum Ziel. Unter Risiken sind allgemein die Möglichkeiten ungünstiger künftiger Entwicklungen zu verstehen, die das Vermögen, den Erfolg, die Liquidität oder andere Wertpotenziale der Unternehmung, wie z. B. die Reputation, wesentlich beeinträchtigen können. Risiken können die Unternehmung somit daran hindern, ihr primäres Ziel, die Steigerung des Total Shareholder Return, zu erreichen.

Als klassische Unternehmungsrisiken lassen sich diejenigen Risiken bezeichnen, die im Rahmen der operativen Geschäftstätigkeit der Unternehmung auftreten, wie z. B. drohende rezessive Konjunktur- bzw. Branchenentwicklungen oder eine zu erwartende Stärkung der Marktmacht der Lieferanten bzw. Kunden. Auch im Steuerbereich der Unternehmung können sich zahlreiche Risiken ergeben, die mitunter signifikante Ausmaße annehmen. So wird bspw. in Deutschland entsprechend § 162 AO – wie auch in vielen anderen Ländern – von Seiten der Finanzbehörden eine für die Unternehmung nahezu immer sehr nachteilige Schätzung der Besteuerungsgrundlagen vorgenommen, wenn keine Steuererklärung abgegeben wird oder nicht rechtzeitig geeignete Aufzeichnungen über die Festsetzung von innerkonzernlichen Verrechnungspreisen vorgelegt werden können.[130]

Die erhöhte Relevanz von Steuerrisiken resultiert unter anderem aus einer generell verschärften Risikosensibilisierung: Ursache hierfür ist die 2008 ausgebrochene weltweite Banken- und Finanzkrise, die auf die Verbriefung amerikanischer Hypothekenkredite mit niedriger Bonität (sog. subprime loans) zurückzuführen ist.[131] Demnach nehmen Risikogesichtspunkte für nahezu sämtliche Stakeholder bei ihren Beziehungen zu der Unternehmung eine immer wichtigere Rolle ein. So sind bspw. (potenzielle) Investoren oftmals nur noch dann bereit, einer Unternehmung Fremd- oder gar Eigenkapitalmittel zur Verfügung zu stellen, wenn sie ausreichende Kenntnisse über die Art und die Höhe jeglicher wesentlicher Unternehmungsrisiken besitzen, und damit auch über alle relevanten steuerlichen Risiken, wie z. B. die etwaig drohende Abwertung der auf steuerliche Verlustvorträge gebildeten aktiven latenten Steuern.

2.3.2. Risikobericht und -früherkennungssystem

Die generell verstärkte Risikosensibilisierung rückt auch den Risikobericht, der gemäß § 315 Abs. 1 S. 5 HGB einen integralen Bestandteil des Konzernlageberichts darstellt, zunehmend in den Vordergrund. Dem Risikobericht müssen alle wesentlichen Risiken zu entnehmen sein, denen eine Unternehmung ausgesetzt ist bzw. in der Zukunft voraussichtlich ausgesetzt sein

---

[130] Eine Systematisierung von Steuerrisiken wird in Teil IV 2.2.2. vorgenommen.

[131] Vgl. etwa SALZBERGER, Risk, IStR 2008, S. 555.

wird. Hierunter können folglich auch Steuerrisiken fallen. Nach § 322 Abs. 6 HGB ist der Abschlussprüfer verpflichtet, im Bestätigungsvermerk insbesondere auch darauf einzugehen, ob die Risiken der zukünftigen Entwicklung zutreffend dargestellt sind.[132]

Die Relevanz steuerlicher Risiken resultiert des Weiteren aus der gesetzlichen Sorgfaltspflicht des Vorstands der kapitalmarktorientierten internationalen Unternehmung, ein Risikofrüherkennungssystem einzurichten. Durch die Einführung des Gesetzes zur Kontrolle und Transparenz im Unternehmensbereich (KonTraG)[133], das am 01.05.1998 in Kraft getreten ist, wurden die Anforderungen an die Gestaltung, Handhabung, Kontrolle und Prüfung eines derartigen Systems bei Aktiengesellschaften konkretisiert.[134]

Nach § 91 Abs. 2 AktG hat der Vorstand einer Aktiengesellschaft geeignete Maßnahmen zu treffen, insbesondere ein Überwachungssystem einzurichten, damit Entwicklungen, die den Fortbestand der Gesellschaft gefährden, früh erkannt werden (sog. Risikofrüherkennungssystem). Nach der Gesetzesbegründung soll durch diese Vorschrift die dem Vorstand obliegende Verpflichtung verdeutlicht werden, für ein angemessenes Risikomanagement und eine angemessene interne Revision zu sorgen. Die Überwachungs- und Organisationspflicht ist bei Mutterunternehmungen i. S. d. § 290 HGB im Rahmen der bestehenden gesellschaftsrechtlichen Möglichkeiten konzernweit zu verstehen, sofern von Tochterunternehmungen den Fortbestand der Mutterunternehmung gefährdende Entwicklungen ausgehen können.[135]

Bei börsennotierten Aktiengesellschaften findet im Rahmen der Jahresabschlussprüfung eine besondere Prüfung des Risikofrüherkennungssystems statt. Mittels einer Systemprüfung hat der Abschlussprüfer zu beurteilen, ob der Vorstand die nach § 91 Abs. 2 AktG erforderlichen Maßnahmen in geeigneter Form getroffen hat und ob das danach einzurichtende Überwachungssystem seine Aufgaben erfüllen kann (§ 317 Abs. 4 HGB). Das Ergebnis der Prüfung des Risikofrüherkennungssystems ist gemäß § 321 Abs. 4 HGB in einem besonderen Teil des Prüfungsberichts zu dokumentieren. Dabei muss der Abschlussprüfer insbesondere darauf eingehen, ob Maßnahmen erforderlich sind, um das interne Überwachungssystem zu verbessern.[136]

---

[132] Vgl. FÖRSCHLE/KÜSTER, in: Ellrott/Förschle/Hoyos/Winkeljohann (Hrsg.), Beck Bil-Komm., § 322 HGB Rz. 32 ff. GLEIßNER/HEYD, Risikomanagement, IRZ 2006, S. 110 f.

[133] Gesetz zur Kontrolle und Transparenz im Unternehmensbereich vom 27.04.1998 (BGBl. I 1998, S. 786).

[134] Zu einem Überblick über die Anforderungen und gesetzgeberischen Absichten des KonTraG vgl. ZIMMER/SONNEBORN, Anforderungen, in: Lange/Wall (Hrsg.), KonTraG, S. 38 ff.

[135] Vgl. etwa LÜCK, Risikomanagementsystem, DB 1998, S. 1925 ff.

[136] Vgl. ADS, § 321 HGB Rz. 136 ff.

In dem Prüfungsstandard 340 (PS 340) hat das Institut der Wirtschaftsprüfer (IDW) in Bezug auf die Jahresabschlussprüfung den Prüfungsgegenstand der vom Vorstand entsprechend § 91 Abs. 2 AktG durchzuführenden Maßnahmen näher beschrieben und damit die wesentlichen Anforderungen an ein solches Risikofrüherkennungssystem festgelegt, die im Folgenden aufgezeigt werden.[137]

Das Risikofrüherkennungssystem muss gewährleisten, dass alle wesentlichen Risiken erfasst werden. Risiken können grundsätzlich in sämtlichen Unternehmungsbereichen, und damit auch im Steuerbereich, auftreten. Daher sind jegliche betrieblichen Prozesse und Funktionsbereiche kontinuierlich daraufhin zu untersuchen, ob aus ihnen Risiken resultieren können, die einzeln, kumuliert oder in Wechselwirkung mit anderen Risiken den Bestand der Unternehmung gefährden können. Im Rahmen einer Risikoanalyse sind die Eintrittswahrscheinlichkeiten und quantitativen Auswirkungen der identifizierten Risiken zu beurteilen.[138]

Es muss sichergestellt sein, dass dem Vorstand alle als relevant erachteten Risiken zur Kenntnis gelangen. Sofern ein Risiko nicht selbst bewältigt werden kann, hat der jeweilige Unternehmungsbereich daher das Risiko an einen festgelegten Berichtsempfänger – gegebenenfalls bis hin zum Vorstand – zu kommunizieren. Auf jeder Stufe der Risikokommunikation sind Schwellenwerte zu quantifizieren, deren Überschreiten eine Berichtspflicht auslöst. Hierdurch soll auch verhindert werden, dass sich Risiken, die grundsätzlich von untergeordneter Bedeutung sind, im Zusammenspiel mit anderen Risiken zu bestandsgefährdenden Risiken kumulieren. In welchen zeitlichen Abständen über Veränderungen der einzelnen Risiken zu berichten ist und wer genau als Berichtsempfänger fungiert, soll von der jeweiligen Art und Relevanz des Risikos abhängen. Im Falle sehr bedeutender Risiken sind die zuständigen Entscheidungsträger, z. B. der Vorstand, jedoch umgehend im Wege einer Sofortmeldung zu informieren (sog. unternehmungsinterne Ad-hoc-Berichterstattung).[139]

Eine notwendige Voraussetzung für ein funktionierendes Risikofrüherkennungssystems ist ein angemessenes Risikobewusstsein bei allen Mitarbeitern der Unternehmung. Ein derartiges Risikobewusstsein kann z. B. durch interne Schulungen geschaffen bzw. fortentwickelt werden.[140] Um eine kontinuierliche und konsistente Funktionsfähigkeit des Risikofrüherkennungssystems sicherzustellen, bedarf es einer laufenden Überwachung durch systemimmanen-

[137] Vgl. zu den folgenden Ausführungen IDW, PS 340 Rz. 3 ff.
[138] Vgl. IDW, PS 340 Rz. 3.1. f.
[139] Vgl. IDW, PS 340 Rz. 3.3. f.
[140] Vgl. IDW, PS 340 Rz. 4.2.

te Kontrollen. Darüber hinaus sollte die interne Revision der jeweiligen Unternehmung das Risikofrüherkennungssystem regelmäßig in Bezug auf die Konzeption und die konkrete Anwendung prüfen.[141]

Schließlich sind die im Rahmen des Risikofrüherkennungssystems durchgeführten Maßnahmen und erzielten Ergebnisse in angemessener Weise zu dokumentieren. Hierzu wird die Erstellung eines Risikohandbuchs empfohlen, in das die organisatorischen Regelungen und Maßnahmen zur Einrichtung des Systems aufgenommen werden, wie z. B. die Definition der verschiedenen Risikofelder, die zu bestandsgefährdenden Entwicklungen führen können. Die Art und der Umfang der Dokumentation sollen hierbei von der Größe und Komplexität der jeweiligen Unternehmung abhängen. Die Archivierung der Unterlagen über einen ausreichend langen Zeitraum ermöglicht es dem Vorstand, den Nachweis der permanenten sowie personenabhängigen Funktionsfähigkeit des Risikofrüherkennungssystems jederzeit führen zu können.[142]

2.3.3. Internes Kontrollsystem

Das zentrale Ziel der als „Management Assessment of Internal Controls" titulierten Section 404 des Sarbanes-Oxley Act besteht in der Vermeidung von Fehlinformationen der externen Finanzberichterstattung, die durch mangelhafte interne Kontrollen der Unternehmung verursacht werden.[143] Hierzu hat jeder Jahresabschluss einen Bericht über das interne Kontrollsystem der Finanzberichterstattung zu enthalten, der die Verantwortlichkeit der Unternehmungsleitung für die Einrichtung sowie die kontinuierliche Anwendung eines geeigneten Kontrollsystems aufzeigt und eine Einschätzung vonseiten der Unternehmungsleitung über die Funktionsfähigkeit des Systems enthält.[144] Ein Verstoß gegen diese Pflichten kann für den Chief Executive Officer (CEO) und den Chief Financial Officer (CFO) sowohl zivil- als auch strafrechtliche Folgen nach sich ziehen.[145] Die Beurteilung der Effektivität des internen Kontrollsystems ist von dem Abschlussprüfer im Rahmen der Jahresabschlussprüfung gesondert zu testieren.[146]

---

[141] Vgl. IDW, PS 340 Rz. 3.5.
[142] Vgl. IDW, PS 340 Rz. 3.6.
[143] Vgl. etwa O'DONELL/PETERSON/VANDERWOLK, Sarbanes-Oxley, TPI Review 11/2003, S. 3.; QUIMBY/PEARCE, SOX 404, International Tax Review Supplement July 2006, S. 26.
[144] Vgl. Sec. 404 (a) Sarbanes-Oxley Act.
[145] Vgl. Sec. 302 i. V. m. Sec. 906 Sarbanes-Oxley Act.
[146] Vgl. Sec. 404 (b) Sarbanes-Oxley Act; PCAOB, AS2, Par. 200 ff. Zu einer Beschreibung der konkreten Vorgehensweise des Abschlussprüfers vgl. MENZIES (Hrsg.), Sarbanes-Oxley, S. 102 ff

Der Sarbanes-Oxley Act findet für die kapitalmarktorientierte internationale Unternehmung grundsätzlich nur dann Anwendung, wenn ihre Aktien bzw. Schuldtitel an einer US-amerikanischen Börse notiert sind. Vor dem Hintergrund der generell starken Ausstrahlungswirkung dieses Gesetzes und des allgemeinen Trends in Richtung einer steigenden Bedeutung von Corporate-Governance-Aspekten wirken sich die steigenden Anforderungen an die Ausgestaltung von internen Kontrollsystemen in der Unternehmungspraxis aber auf sämtliche kapitalmarktorientierte internationale Unternehmungen aus.[147] So ist z. B. bei Akquisitionen zu beobachten, dass immer mehr Unternehmungen im Rahmen von Due-Diligence-Handlungen – für Zwecke der Beurteilung der Richtigkeit der ihnen zur Verfügung gestellten Informationen – Dokumentationen verlangen, die den durch Section 404 des Sarbanes-Oxley Act auferlegten Pflichten weitestgehend entsprechen.[148]

Dass die oben beschriebenen Anforderungen an das interne Kontrollsystem insbesondere auch hinsichtlich steuerlicher Gesichtspunkte wie z. B. steuerlicher Risiken zu erfüllen sind, ergibt sich bereits aus der Tatsache, dass den Steuerpositionen im Rahmen der externen Finanzberichterstattung im Regelfall eine signifikante Bedeutung zukommt.[149] Dies wird durch eine empirische Untersuchung bestätigt, nach der Schwächen im Steuerbereich eine der Hauptursachen für nicht funktionierende interne Kontrollsysteme darstellen.[150] Beispiele für derartige Defizite sind die mangelnde Überwachung bzw. Dokumentation der Berechnung der tatsächlichen und latenten Steuern und ein nicht adäquater Umgang mit den aus Steuerplanungsmodellen resultierenden Risiken.[151]

Folgende Ziele des internen Kontrollsystems bezüglich steuerlicher Gesichtspunkte können basierend auf dem von der SEC anerkannten COSO-Modell[152] identifiziert werden: die Wirksamkeit und Wirtschaftlichkeit der Hauptaktivitäten der Steuerabteilung, die Ordnungsmäßig-

---

[147] Vgl. LOITZ, Auswirkungen, WPg 2005, S. 829 f.
[148] Vgl. KRÖNER/BECKENHAUB, Konzernsteuerquote, S. 152.
[149] Vgl. Teil II 3. Laut LOITZ, Auswirkungen, WPg 2005, S. 818 werden die Leiter von Steuerabteilungen zunehmend von ihren Finanzvorständen darüber befragt, ob auch aus steuerlicher Sicht ein ordnungsgemäßes internes Kontrollsystem implementiert ist, das effizient operiert. Einer empirischen Studie zufolge erachten es die Leiter von Steuerabteilungen US-amerikanischer Unternehmungen als ihre größte Herausforderung, die Erfordernisse des Sarbanes-Oxley Act zu erfüllen; vgl. CREST, Sarbanes Oxley, International Tax Review April 2005, S. 11 ff.
[150] Von 3.524 analysierten Jahresabschlüssen enthielten 513 eine sog. *adverse opinion*, die in 159 Fällen auf steuerliche Defizite zurückzurühren waren, vgl. AUDIT ANALYTICS, Weakness, S. 1 ff.
[151] Gleich mehrere gravierende steuerliche Mängel, z. B. eine nicht ausreichende steuerliche Expertise sowie eine mangelhafte Abstimmung der Steuerabteilung mit dem Rechnungswesen hinsichtlich der nach SFAS 109 zu bilanzierenden latenten Steuern, offenbart die General Motors Corporation im Rahmen ihres Jahresabschlusses für das Geschäftsjahr 2007, vgl. GENERAL MOTORS CORPORATION, Annual Report 2007, S. 187 ff.
[152] Rahmenwerk für die Definition und Bewertung des internen Kontrollsystems, das vom Committee of the Sponsoring Organisations of the Treadway Commission (COSO) herausgegeben wurde.

keit und Verlässlichkeit der steuerlichen Finanzberichterstattung z. B. hinsichtlich steuerlicher Risikorückstellungen und die Einhaltung der steuerlichen Gesetzesvorschriften wie z. B. die Beachtung der nach Bekanntgabe des Körperschaftsteuerbescheids beginnenden einmonatigen Zahlungsfrist (§ 31 Abs. 1 S. 1 KStG i. V. m. § 36 Abs. 4 S. 1 2. HS EStG).[153]

Zur Erreichung dieser Ziele ist sicherzustellen, dass die fünf Komponenten des COSO-Modells „Kontrollumfeld“ (Control Environment), „Risikoeinschätzung“ (Risk Assessment), „Kontrollaktivitäten“ (Control Activities), „Information und Kommunikation“ (Information and Communication) und „Überwachung des internen Kontrollsystems“ (Monitoring) aus steuerlicher Perspektive abgedeckt werden. Ohne einen Anspruch auf Vollständigkeit zu erheben, können einige Maßnahmen, deren Durchführung zur Abdeckung der Komponenten beiträgt, der folgenden Tabelle entnommen werden:[154]

Komponente	Maßnahmen
Kontrollumfeld	– Dokumentation von Prozessen zum Umgang mit Steuerrisiken – Implementierung eines Risikofrüherkennungssystems
Risiko-einschätzung	– Beurteilung sämtlicher wesentlicher Steuerrisiken in Bezug auf die Kriterien „Eintrittswahrscheinlichkeit“ und „Schadenshöhe“ – Abgleich der identifizierten Steuerrisiken mit den von der Unternehmungsleitung vorgegebenen Unternehmungszielen
Kontroll-aktivitäten	– Aufsetzen von Prozessen zur Steuerung der wesentlichen steuerlichen Risiken – Dokumentation der vorgenommenen Kontrollmaßnahmen
Information und Kommunikation	– Festlegung von Verantwortlichkeiten zur Kommunikation steuerlicher Sachverhalte an die Unternehmungsleitung – Sicherstellen, dass die Steuerabteilung permanent über die wesentlichen Aspekte der Geschäftsentwicklung informiert wird
Überwachung des internen Kontrollsystems	– Installierung von Prozessen zur permanenten Überwachung der Aktivitäten der Steuerabteilung – Dokumentation der Maßnahmen zur Überwachung der Steuerabteilung

Tabelle 2: Steuerliche Maßnahmen bezüglich der COSO-Komponenten[155]

[153] Vgl. COSO (Hrsg.), Control, S. 1 ff. Zu Details des COSO-Modells vgl. auch GLAUM/THOMASCHEWSKI/WEBER, Kontrollsystems, KoR 2006, S. 208 ff. sowie MEYER/LOITZ/QUELLA/ZERWAS, Steuern, S. 226 ff.

[154] Für eine Kategorisierung typischer signifikanter Prozesse und Kontrollaktivitäten in Steuerabteilungen vgl. die detaillierten Ausführungen von LOITZ, Auswirkungen, WPg 2005, S. 824 ff.

[155] In Anlehnung an BÜSSOW/TAETZNER, Finanzberichterstattung, BB 2005, S. 2440 f. und MENZIES (Hrsg.), Compliance, S. 112 f.

2.3.4. FIN 48

Der Bedeutungszuwachs steuerlicher Risikoaspekte ist schließlich auch auf die sich ausweitenden Aktivitäten von Rechnungslegungsregulatoren hinsichtlich der Abbildung von Steuerrisiken im Jahresabschluss zurückzuführen. Die federführende Rolle hat hierbei der US-amerikanische Standardsetter, das für die US-GAAP verantwortliche Financial Accounting Standards Board (FASB), eingenommen, indem dieser nach mehr als zweijährigen Diskussionen die sich auf Ertragsteuern i. S. d. SFAS 109 beziehende FASB Interpretation No. 48 „Accounting for Uncertainty in Income Taxes“ (FIN 48) verabschiedet hat.[156]

Infolge der ab dem Jahre 2008 in Kraft getretenen Anerkennung der IAS/IFRS durch die US-amerikanische Börsen- und Wertpapieraufsichtsbehörde entfällt für die nach IAS/IFRS bilanzierenden Nicht-US-Unternehmungen, die an einer US-amerikanischen Börse gelistet sind, die Verpflichtung zur Erstellung eines separaten Jahresabschlusses nach US-GAAP bzw. einer entsprechenden Überleitungsrechnung.[157] Vor diesem Hintergrund entfaltet FIN 48 für die kapitalmarktorientierte internationale Unternehmung bei erster Betrachtung keine unmittelbare Relevanz. Im Zuge der Harmonisierungsbestrebungen der für die IAS/IFRS und US-GAAP zuständigen Standardsetter steht aber zu erwarten, dass die FIN-48-Regelung auch für die IAS/IFRS-Bilanzierer wegweisend sein wird bzw. zumindest eine gewisse Ausstrahlungswirkung entfaltet,[158] weshalb im Folgenden die wesentlichen Elemente dieser Vorschrift aufgezeigt werden.[159]

FIN 48 regelt die Bilanzierung von unsicheren Steuerpositionen (sog. *tax positions*). Unter Steuerpositionen werden die Rechtsauffassungen verstanden, die eine Unternehmung bezüg-

---

[156] Interpretationen des FASB verpflichten die nach US-GAAP bilanzierenden Unternehmungen auf direktem Wege, vgl. etwa COENENBERG, Jahresabschluss, S. 65 ff.

[157] Vgl. SEC, Acceptance (Internetquelle) sowie zu Details Teil II 2.2.1.

[158] Vgl. ELGOOD/FULTON/SCHUTZMANN, Effecitiveness, § 3.03; REYNOLDS, FIN 48, International Tax Review April 2008, S. 14; KRÖNER/BECKENHAUB, Konzernsteuerquote, S. 132; an der Einführung entsprechender Vorschriften im IAS/IFRS-Rechnungslegungssystem zweifelnd VON EITZEN/DAHLKE, Steuerpositionen, S. 160.

[159] Nach den Rechnungslegungsvorschriften IAS/IFRS sind Steuerrückstellungen nach den allgemeinen Grundsätzen zur Bilanzierung von Schulden (IAS 8.10 f. i. V. m. Framework, Par. 91) zu passivieren. Der Ansatz auf der Passivseite in der Bilanz setzt demnach voraus, dass der Unternehmung aus einem Ereignis in der Vergangenheit eine gegenwärtige Verpflichtung erwachsen ist, der Abfluss von Ressourcen mit wirtschaftlichem Nutzen zur Erfüllung dieser Verpflichtung als wahrscheinlich einzustufen und eine verlässliche Schätzung der Höhe der Verpflichtung möglich ist. Zu Details vgl. Teil IV 3. Zu der Bilanzierung von Steuerrisikorückstellungen gemäß dem Exposure Draft ED/2009/2 des IASB vgl. BENZEL/LINZBACH, Steuerrisikorückstellungen, KoR 2009, S. 400 ff.

lich steuerlicher Sachverhalte in einer Steuererklärung vertritt.[160] Der bilanzielle Ansatz (sog. *recognition*) eines aus einer *tax position* resultierenden Vorteils ist nur dann erlaubt, wenn es wahrscheinlich ist („more likely than not“), dass die Unternehmung die Steuerposition – gegebenenfalls im Wege eines Rechtsstreites vor einem Gericht – dem Grunde nach durchsetzen kann.[161] Für die Beurteilung, ob die 50%ige Wahrscheinlichkeitsgrenze überschritten wird, ist insbesondere die Annahme zugrunde zu legen, dass die Finanzverwaltung über Zugang zu sämtlichen für die Einschätzung der Steuerposition relevanten Informationen verfügt.[162]

Bei Erfüllen des Ansatzkriteriums wird der Vorteil der Steuerposition mit dem höchsten Betrag bewertet, der eine kumulierte Eintrittswahrscheinlichkeit von mehr als 50 % aufweist (vgl. FIN 48.8).[163] Für Zwecke dieser Bewertung (sog. *measurement*) sind in einem ersten Schritt die – sich gegebenenfalls erst nach einem Rechtsstreit ergebenden – potenziellen Steuervorteile, gegliedert in einzelne Szenarien, der Höhe nach abzuschätzen. Anschließend sind den verschiedenen Schadenshöhen Eintrittswahrscheinlichkeiten zuzuordnen. Die Steuervorteile sind entsprechend der Höhe der jeweiligen Beträge in absteigender Reihenfolge zu sortieren und zuletzt ist eine Kumulierung der Eintrittswahrscheinlichkeiten vorzunehmen.[164] Zu beachten ist, dass der Wert „0“ die Untergrenze und der sich bezüglich des jeweiligen Sachverhaltes aus der Steuererklärung ergebende Steuervorteil die Obergrenze für das Bewertungsergebnis darstellen.[165]

Der Unterschiedsbetrag zwischen der Höhe der im Jahresabschluss angesetzten Steuervorteile und dem Wert, der sich aus der Steuererklärung ergibt, führt entsprechend FIN 48.17 grundsätzlich zu einer Erhöhung der Steuerrisikorückstellung (sog. *tax contingency reserve*) oder der Reduzierung der bspw. hinsichtlich steuerlicher Verlustvorträge gebildeten aktiven latenten Steuern.[166] Sofern bereits das Ansatzkriterium nicht erfüllt wird, ist der aus einer Steuer-

---

[160] Vgl. FIN 48.4. Auch die von einer Unternehmung getroffene Entscheidung, keine Steuererklärung abzugeben, z. B. aufgrund von Unklarheiten, ob die Tatbestandsvoraussetzungen für die Begründung einer Betriebsstätte in einem ausländischen Staat verwirklicht werden, stellt eine *tax position* dar.

[161] Vgl. FIN 48.6.

[162] Vgl. FIN 48.7.

[163] Vgl. für detaillierte Beispiele AICPA (Hrsg.), FIN 48, S. 4 f.; SHARMA/EBERLE, FIN 48, International Tax Review December/January 2007, S. 33.

[164] Zu der im Rahmen der Bewertung unter Umständen zulässigen Zusammenfassung von *tax positions* vgl. VON EITZEN/DAHLKE, Steuerpositionen, S. 146 f.

[165] Vgl. FIN 48 Appendix B43.

[166] Im Falle von temporären bzw. quasi-permanenten Steuerrisiken sind die Folgewirkungen im Bereich der latenten Steuern zu beachten, vgl. diesbezüglich die Ausführungen von VON EITZEN/DAHLKE, Steuerpositionen, S. 153.

position möglicherweise resultierende Vorteil daher durch die Bildung einer Steuerrisikorückstellung bzw. die Reduzierung von aktiven latenten Steuern in voller Höhe zu neutralisieren.

Die grundsätzliche Methodik von FIN 48 zur Bilanzierung unsicherer Steuerpositionen im Wege einer zweistufigen Vorgehensweise wird durch die nachstehende Grafik verdeutlicht:

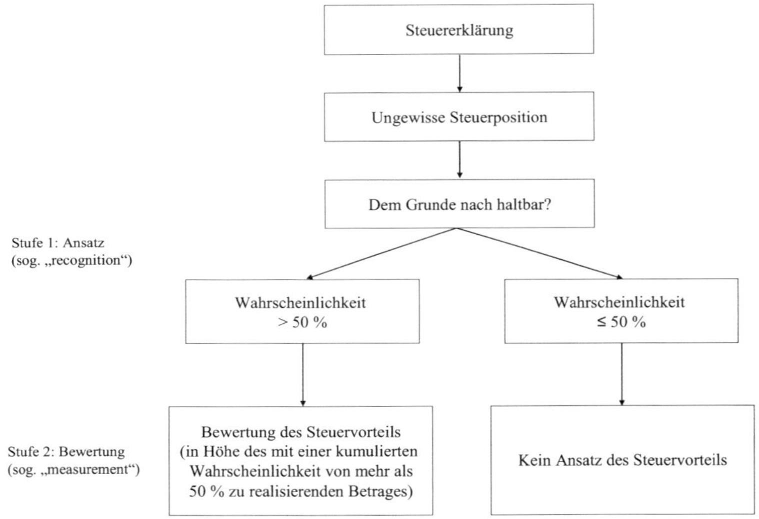

Abbildung 8: Zweistufige Bilanzierungsmethodik von FIN 48

Die sehr hohe Relevanz von FIN 48 folgt nicht zuletzt aus der Tatsache, dass den Unternehmungen durch diese Vorschrift in Bezug auf Steuerrisiken sehr umfangreiche Offenlegungspflichten aufgebürdet werden. So hat bspw. der Anhang des Jahresabschlusses entsprechend FIN 48.21a eine detaillierte Übersicht über die Entwicklung der während des Geschäftsjahres nicht angesetzten Steuervorteile (sog. *unrecognized tax benefits*) zu enthalten.[167]

3. Modernes Tax Management

Die Umfeldfaktoren „Fokussierung einer Shareholder-orientierten Unternehmungsführung“, „Internationalisierung der Rechnungslegung“ und „Relevanz steuerlicher Risiken“ bewirken

[167] Eine vollständige Auflistung der gemäß FIN 48 im Rahmen des Jahresabschlusses hinsichtlich Steuerrisiken zu erfüllenden Anhangsangaben kann FIN 48.21 entnommen werden.

für das klassische Aufgabenspektrum der Steuerabteilungen von kapitalmarktorientierten internationalen Unternehmungen einen signifikanten Paradigmenwechsel.

Die zunehmend stärkere Ausrichtung der Unternehmungsführung an den Interessen der Shareholder (vgl. Teil II 2.1.) wirft die Frage auf, ob und wenn ja, wie die Steuerabteilung zur Verwirklichung des primären Ziels der Unternehmung, der Maximierung des Total Shareholder Return, beitragen kann. So ist bspw. in der Unternehmungspraxis immer öfter zu beobachten, dass Aktionäre auf Hauptversammlungen und Analysten sowie Fondsmanager in Gesprächen mit dem Vorstand Erläuterungen hinsichtlich der steuerlichen Performance der Unternehmung einfordern und steuerperformanceorientierte Kennzahlen im Wege von Tax-Benchmarking-Analysen mit jenen von konkurrierenden Unternehmungen vergleichen.[168]

Während das klassische Aufgabenspektrum der Steuerabteilung durch Steuerdeklarations-, Steuerrechtsdurchsetzungs- und Steuergestaltungstätigkeiten geprägt war (vgl. Teil II 1.), rücken in letzter Zeit immer stärker die Steuergestaltungstätigkeiten sowie weitere neuartige Maßnahmen der Steuerabteilung in den Vordergrund, die aktiv zur Maximierung des Total Shareholder Return beitragen (sog. Tax-Management-Tätigkeiten).[169] Sofern die Steuerabteilung nicht in erster Linie als reine Stabsstelle genutzt wird, sondern analog zu anderen Unternehmungsabteilungen wie z. B. den Abteilungen „Beschaffung", „Produktion" und „Absatz" verstärkt auch als Vehikel zur Steigerung des Total Shareholder Return, ergibt sich unter stark vereinfachenden Annahmen die in der folgenden Grafik grob skizzierte im Zeitablauf variierende Aufteilung der insgesamt verfügbaren Kapazitäten der Steuerabteilung auf Tax-Compliance-[170], Tax-Accounting-[171] und Tax-Management-Tätigkeiten.[172]

---

[168] Vgl. HICKEY, Risk, TNI 2006, S. 609; ELGOOD, Tax-risk, International Tax Review Supplement July 2006, S. 14; LAW, Evolving, TPI Review 02/05, S. 9; VERA, Zielsystem, StuW 2001, S. 315; KEUCHEL, Steuerquote, Handelsblatt vom 07.12.2005, S. 23. Unter dem Druck der Hedge-Fonds in ihrem Aktionärskreis beschloss etwa die Deutsche Börse AG im Jahr 2008 zwecks Kostensparung das Börsengebäude in Frankfurt zugunsten eines Standorts im gewerbesteuerlich günstigeren Vorort Eschborn aufzugeben (vgl. O. V., Frankfurt, Handelsblatt vom 14.01.2008, S. 22). Für ein Beispiel einer Tax Benchmarking-Analyse in Bezug auf die Konzernsteuerquoten verschiedener Sportartikelhersteller vgl. Teil V 2.2.2.

[169] Zu Details der Maßnahmen, durch die die Steuerabteilung aktiv zur Steigerung des Total Shareholder Return beitragen kann, vgl. unten.

[170] Als Tax-Compliance-Tätigkeiten werden im Folgenden diejenigen steuerlichen Aktivitäten der Steuerabteilung bezeichnet, die im klassischen Aufgabenspektrum als Steuerdeklarations- und Steuerrechtsdurchsetzungstätigkeiten definiert wurden.

[171] Im Rahmen des Tax Accounting führt die Steuerabteilung in Zusammenarbeit mit der Rechnungswesenabteilung der Unternehmung die für die Jahres-, Halbjahres- und Quartalsabschlüsse zwingend vorzunehmende Rechnungslegung über Steueraspekte durch. Infolgedessen umfassen Tax-Accounting-Tätigkeiten bspw. die Berechnung und Verbuchung sowohl von tatsächlichen Steueraufwendungen bzw. -erträgen als auch von latenten Steueraufwendungen bzw. -erträgen, die Ermittlung von steuerlichen Bilanzposten wie z. B. der Höhe der aktiven latenten Steuern und die Erstellung von steuerbezogenen Anhangsangaben.

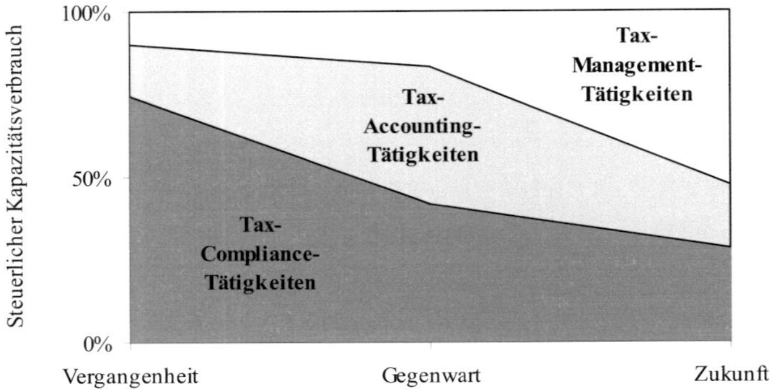

Abbildung 9: Kapazitätsverbrauch der Tätigkeiten der Steuerabteilung im Zeitablauf[173]

Weil Tax-Compliance- und Tax-Accounting-Tätigkeiten das Erfüllen steuerlicher bzw. rechnungslegungsbezogener Pflichten zum Inhalt haben und somit aus rechtlicher Sicht sog. Muss-Aufgaben verkörpern, können deren Kapazitätsbedarfe nicht beliebig zu Lasten der aus rechtlicher Sicht lediglich als Kann-Aufgabe zu qualifizierenden Tax-Management-Tätigkeiten verringert werden. Die Kapazitätsausweitung der i. S. d. Maximierung des Total Shareholder Return als wertschöpfend zu klassifizierenden Tax-Management-Tätigkeiten ist daher nur möglich, wenn bei den als nicht-wertschöpfend einzustufenden Tax-Compliance- und Tax-Accounting-Tätigkeiten Effizienzverbesserungen erzielt werden können, z. B. durch IT-gestützte prozessuale Standardisierungen, fachliche Spezialisierungen oder die Einschaltung unternehmungsexterner Dienstleister.[174]

Die Internationalisierung der Rechnungslegung (vgl. Teil II 2.2.) hat einen generellen Anstieg der Bedeutung des Themenkomplexes „Latente Steuern“ sowie der im Rahmen des Jahresabschlusses zu beachtenden steuerlichen Anhangsangaben nach sich gezogen. Folglich können latente Steuereffekte insbesondere auch im Bereich der Steuergestaltung nicht länger vernach-

---

[172] Zu beachten ist, dass der im Rahmen dieser Untersuchung verwendete Begriff „Tax Management“ neben den Tax-Management-Tätigkeiten grundsätzlich auch die Tax-Compliance- und Tax-Accounting-Tätigkeiten umfasst, vgl. Abbildung 11.

[173] Quelle: Schätzung des Verfassers.

[174] Wie in der obigen Abbildung grob skizziert wird, existieren m. E. Effizienzverbesserungspotenziale insbesondere im Bereich des - vor dem Hintergrund der Internationalisierung der Rechnungslegung gegenwärtig einen vergleichsweise hohen Kapazitätsverbrauch verzeichnenden - Tax Accounting. Diese Annahme gründet darin, dass viele der Tax-Accounting-Tätigkeiten vergleichsweise repetitiver Natur sind und daher durch IT-Systeme unterstützte standardisierte Prozesse implementiert werden können. Zu den Grundlagen des Designs von steuereffizienten Prozessen vgl. FULTON, Processes, International Tax Review Supplement July 2006, S. 18 ff.

lässigt werden. Dies zeigt sich bspw. daran, dass Analysten zur Beurteilung der steuerlichen Performance einer Unternehmung nicht ausschließlich die Cash-Steuerquote, eine Kennzahl zur Messung der Höhe der zahlungswirksamen Steuerbelastung, betrachten, sondern auch die Konzernsteuerquote zurate ziehen, die neben den tatsächlichen auch die latenten Steueraufwendungen bzw. -erträge berücksichtigt und daher eine Kennzahl zur Messung der Höhe der ergebniswirksamen Steuerbelastung der Unternehmung darstellt.[175]

Während steuerlichen Risiken in der Vergangenheit eine vergleichsweise geringe Bedeutung beigemessen wurde und die Unternehmungen infolgedessen Steuerrisikomanagementaktivitäten nur in sehr eingeschränktem Umfang durchführten, hat die Steuerabteilung aufgrund der zunehmenden Relevanz von Steuerrisiken (vgl. Teil II 2.3.) nunmehr geeignete Maßnahmen zu ergreifen, damit sichergestellt werden kann, dass möglichst sämtliche der steuerlichen Risiken, der die Unternehmung ausgesetzt ist, dem Grunde als auch der Höhe nach identifiziert und anschließend in adäquater Form gesteuert werden.[176]

Der vorab beschriebene Wandel des Aufgabenspektrums der Steuerabteilung geht einher mit einer Erhöhung der strategischen Relevanz der Steuerabteilung aus Sicht der gesamten Unternehmung. Der generell große Einfluss von steuerlichen Faktoren zeigt sich bspw. sehr anschaulich bei einer Betrachtung des Jahresabschlusses der General Motors Corporation für das Geschäftsjahr 2007.[177] Anhand der nachfolgend abgebildeten Gewinn- und Verlustrechnung (sog. *income statement*) wird ersichtlich, dass die General Motors Corporation trotz eines operativen Verlustes vor Steuern (sog. *loss from continuing operations before income taxes*) i. H. v. lediglich circa 6 Mrd. US-Dollar einen Konzernjahresfehlbetrag (sog. *net loss*), eine Nachsteuergröße, von beinahe 39 Mrd. US-Dollar ausweisen muss. Verantwortlich hierfür zeichnen im Wesentlichen Steueraufwendungen (sog. *income tax expense*) i. H. v. mehr als 37

[175] Die Cash-Steuerquote, auch „Cash Tax Rate" genannt, bezeichnet im Rahmen der steuerlichen Kennzahlenanalyse grundsätzlich das Verhältnis von der Höhe der zahlungswirksamen Steuerabflüsse bzw. -zuflüsse und dem Ergebnis vor Steuern, vgl. Teil V 2.2.3.2. Im Bereich der Unternehmungsbewertung wird demgegenüber unter der Cash-Steuerquote bisweilen auch die Relation der Höhe der zahlungswirksamen Steuerabflüsse bzw. -zuflüsse zu dem Ergebnis vor Zinsen, steuerlich nicht abzugsfähigen Firmenwertabschreibungen und Steuern verstanden, vgl. z. B. RAPPAPORT, Shareholder, S. 36 sowie Teil II 2.1.1.2.2.

[176] Vgl. HICKEY, Risk, TNI 2006, S. 609 ff.

[177] Die generell hohe Relevanz von steuerlichen Aspekten zeigt sich auch daran, dass deutsche Banken aufgrund ihrer vergleichsweise hohen Steuerquoten überwiegend mit Vorsteuerrenditen argumentieren. International ist es hingegen üblich, auf die für die Kapitalmarktakteure relevantere Nachsteuerrendite abzustellen; die Vorsteuerrendite wird oft nicht einmal kommuniziert; vgl. POTTHOFF, Vorstand, Handelsblatt vom 18.04.2006, S. 12 sowie Teil V 2.2.3.1.

Mrd. US-Dollar, die aus der Abwertung der auf steuerliche Verlustvorträge gebildeten aktiven latenten Steuern resultieren.[178]

GENERAL MOTORS CORPORATION AND SUBSIDIARIES

CONSOLIDATED STATEMENTS OF OPERATIONS
(Dollars in millions, except per share amounts)

Item 8. ***Financial Statements and Supplementary Data***

	Years Ended December 31,		
	2007	2006	2005
Net sales and revenue			
Automotive sales	$ 178,199	$ 171,179	$ 158,623
Financial services and insurance revenue	2,923	34,422	34,427
Total net sales and revenue	181,122	205,601	193,050
Costs and expenses			
Automotive cost of sales	166,259	163,742	158,254
Selling, general and administrative expense	14,412	13,650	13,003
Financial services and insurance expense	2,742	29,794	30,813
Other expenses	2,099	4,238	7,024
Total costs and expenses	185,512	211,424	209,094
Operating loss	(4,390)	(5,823)	(16,044)
Equity in loss of GMAC LLC	(1,245)	(5)	—
Automotive and other interest expense	(2,902)	(2,642)	(2,534)
Automotive interest income and other non-operating income	2,284	2,812	1,349
Loss from continuing operations before income taxes, equity income, minority interests and cumulative effect of a change in accounting principle	(6,253)	(5,658)	(17,229)
Income tax expense (benefit)	37,162	(3,046)	(6,046)
Equity income, net of tax	524	513	610
Minority interests, net of tax	(406)	(324)	(48)
Loss from continuing operations	(43,297)	(2,423)	(10,621)
Discontinued operations (Note 3)			
Income from discontinued operations, net of tax	256	445	313
Gain on sale of discontinued operations, net of tax	4,309	—	—
Income from discontinued operations	4,565	445	313
Loss before cumulative effect of a change in accounting principle	(38,732)	(1,978)	(10,308)
Cumulative effect of a change in accounting principle	—	—	(109)
Net loss	$ (38,732)	$ (1,978)	$ (10,417)
Earnings (loss) per share, basic and diluted			
Continuing operations	$ (76.52)	$ (4.29)	$ (18.78)
Discontinued operations	8.07	0.79	0.55
Cumulative effect of a change in accounting principle	—	—	(0.19)
Total	$ (68.45)	$ (3.50)	$ (18.42)
Weighted average common shares outstanding, basic and diluted (millions)	566	566	565
Cash dividends per share	$ 1.00	$ 1.00	$ 2.00

Abbildung 10: Gewinn- und Verlustrechnung der General Motors Corporation für das Geschäftsjahr 2007[179]

Wie in den folgenden Teilen der vorliegenden Untersuchung gezeigt werden wird, kann die kapitalmarktorientierte internationale Unternehmung das Ziel des Tax Management, die Maximierung des Total Shareholder Return, im Wesentlichen durch drei Instrumente verwirklichen. Es handelt sich hierbei um Maßnahmen der steuerplanerischen Gestaltung (sog. Tax Planning), Maßnahmen des steuerlichen Risikomanagements (sog. Tax Risk Management)

[178] Vgl. GENERAL MOTORS CORPORATION, Annual Report 2007, S. 105.
[179] Quelle: GENERAL MOTORS CORPORATION, Annual Report 2007, S. 105.

und Maßnahmen des Kommunizierens von steuerbezogenen Aspekten (sog. Tax Communication). Die drei Instrumente sind hierbei nicht alternativ, sondern vielmehr kumulativ anwendbar und stehen bisweilen in komplementären Beziehungen zueinander.[180]

Zu beachten ist, dass die das klassische Aufgabenspektrum der Steuerabteilung maßgeblich prägenden Tax-Compliance- und Tax-Accounting-Tätigkeiten im Zuge des Paradigmenwechsels in Richtung des modernen Tax Management nicht an Relevanz verlieren oder gar gänzlich wegfallen, sondern aufgrund ihres Charakters als Muss-Aufgaben auch zukünftig in unverändertem Umfang zu erledigen sein werden. Die Pflichterfüllung in den Bereichen „Tax Compliance" und „Tax Accounting" stellt folglich eine notwendige Voraussetzung für das Tax Management dar und bildet dementsprechend, wie in der folgenden Grafik, dem sog. Haus des Tax Management, veranschaulicht wird, das Fundament für die drei Tax-Management-Instrumente „Tax Planning", „Tax Risk Management" und „Tax Communication". Im Ergebnis verändert bzw. erweitert sich damit das Aufgabenspektrum von Steuerabteilungen kapitalmarktorientierter internationaler Unternehmungen.

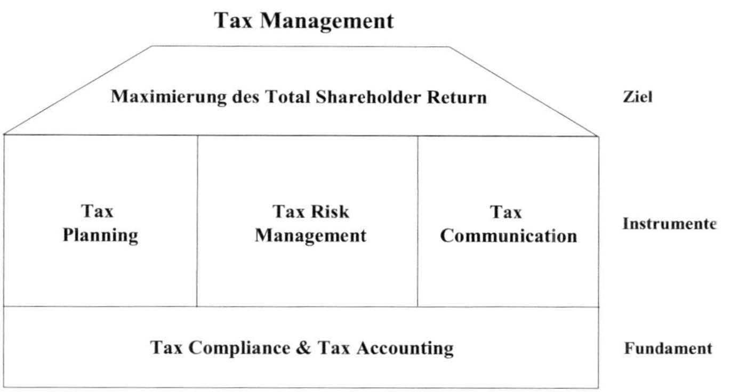

Abbildung 11: Haus des Tax Management

In den folgenden Teilen dieser Arbeit werden die drei Instrumente des Tax Management „Tax Planning" (vgl. Teil III), „Tax Risk Management" (vgl. Teil IV) und „Tax Communication" (vgl. Teil V) detaillierten Analysen hinsichtlich der Kriterien „Funktion", „Aktionsparameter" und „Restriktionen" unterzogen. In einem ersten Schritt wird durch die Analyse der Funktion

[180] Vgl. die Teile III, IV und V.

der jeweiligen Instrumente verdeutlicht, warum die einzelnen Instrumente überhaupt grundsätzlich dazu in der Lage sind, den Total Shareholder Return zu steigern. Anschließend wird durch die Erläuterung der Aktionsparameter aufgezeigt, welche konkreten Maßnahmen die Unternehmung im Rahmen der verschiedenen Instrumente zwecks Steigerung des Total Shareholder Return durchführen kann. Schließlich werden die instrumentenspezifischen Faktoren illustriert, die die Maximierung des Total Shareholder Return beeinträchtigen können und aus diesem Grund als Restriktionen der jeweiligen Instrumente zu bezeichnen sind.

Teil III Tax Planning

1. Funktion

1.1. Optimierung zahlungswirksamer Steuern

Wie in Teil II aufgezeigt wurde, stellt die Maximierung des Total Shareholder Return das Hauptziel der kapitalmarktorientierten internationalen Unternehmung dar. Im Folgenden wird untersucht, wie die Steuerabteilung mittels des Tax-Management-Instrumentes „Tax Planning" zur Optimierung des Aktienkurses und der Dividendenzahlungen und dementsprechend zur Steigerung des Total Shareholder Return beitragen kann.

Ein Ansatzpunkt des Tax Planning besteht darin, die zahlungswirksamen Steuern zu optimieren.[181] Bei den auch als pagatorische Steuern, Cash-Steuern und Cash Taxes bezeichneten zahlungswirksamen Steuern handelt es sich um Steuern, die durch einen tatsächlichen Abfluss von Zahlungsmitteln die Liquidität der Unternehmung reduzieren.[182] Zahlungswirksame Steuern sind strikt von den ergebniswirksamen Steuern zu unterscheiden, weil Letztere auch nicht zahlungswirksame Steuereffekte umfassen wie z. B. latente Steueraufwendungen/-erträge oder solche aus der Bildung bzw. Auflösung von Rückstellungen zur Antizipation bis zum Ende des Geschäftsjahrs zwar dem Grunde nach wirtschaftlich entstandener, der Höhe nach aber noch nicht genau determinierbarer Steuerlasten.

Die Optimierung zahlungswirksamer Steuern würde den Total Shareholder Return durch eine Optimierung des Aktienkurses sowie des nachhaltigen Ausschüttungspotenzials erhöhen, wenn sie zu einem Anstieg des anhand der Free-Cash-Flow-Methode ermittelten Shareholder-Value führen würde.[183] Unter der Annahme, dass der Marktwert des Fremdkapitals durch Steuerplanungsmaßnahmen nicht verändert wird und daher konstant bleibt, ist daher zu analy-

[181] Es geht um die „Optimierung" und nicht um die „Minimierung" zahlungswirksamer Steuern, weil die Minimierung zahlungswirksamer Steuern die Einstellung der Unternehmungstätigkeit erfordern würde. Sofern im Folgenden der Begriff „Minimierung" verwendet wird, geht es mithin nicht um eine absolute, sondern nur um eine relative Reduzierung der Steuerzahllast.

[182] Vgl. FREYGANG, Kapitalallokation, S. 153.

[183] Der Shareholder-Value ermittelt sich gemäß der Free Cash Flow-Methode als Differenz von Unternehmungsgesamtwert und Marktwert des Fremdkapitals, zu Details vgl. Teil II 2.1.1.2.2.

sieren, ob durch eine Reduzierung der zahlungswirksamen Steuern der auf Basis der Free-Cash-Flow-Methode berechnete Unternehmungsgesamtwert gesteigert werden kann.

Der Unternehmungsgesamtwert setzt sich additiv zusammen aus dem Barwert der während der Prognoseperiode generierten Free Cash Flows und dem Residualwert, der den Barwert der Free Cash Flows für den Zeitraum nach der Prognoseperiode darstellt:[184]

$$V_{GK} = \sum_{t=1}^{T} \frac{FCF_t}{(1+r_{GK})^t} + \frac{FCF_{T+1}}{r_{GK}} \cdot \frac{1}{(1+r_{GK})^T}$$

Formel 11: Unternehmungsgesamtwert nach der Free-Cash-Flow-Methode

Steuerliche Aspekte beeinflussen hinsichtlich beider Komponenten des Unternehmungsgesamtwerts sowohl die Zählergröße, die Höhe der Free Cash Flows, als auch die Nennergröße, die Höhe des Gesamtkapitalkostensatzes. Anhand der nachstehenden, in Teil II 2.1.1.2.2. bereits ausführlich erläuterten Formel bezüglich der verschiedenen Werttreiber des Free Cash Flow ist direkt ersichtlich, dass die Höhe der Free Cash Flows unmittelbar durch die Höhe des Cash-Steuersatzes „s_{CF}" beeinflusst wird.[185]

$$FCF_t = U_{t-1} \cdot (1+g) \cdot CFoS \cdot (1-s_{CF}) - U_{t-1} \cdot g \cdot (z_{AV} + z_{WC})$$

Formel 12: Werttreiber des Free Cash Flow

Der Cash-Steuersatz stellt den Quotienten der Höhe der zahlungswirksamen Steuerbelastung der fiktiv ausschließlich mit Eigenkapitalmitteln finanzierten Unternehmung und der Ergebnisgröße „Betriebliches Ergebnis vor Zinsen, steuerlich nicht abzugsfähigen Firmenwertabschreibungen und Steuern" dar.[186] Die Zählergröße des Cash-Steuersatzes, also die Höhe der zahlungswirksamen Steuerbelastung, die die Unternehmung im Falle der vollständigen Eigenkapitalfinanzierung zu entrichten hätte, lässt sich bspw. ermitteln, indem der in der Gewinn- und Verlustrechnung der Unternehmung aufgeführte Steueraufwand/-ertrag aus fortgeführten Aktivitäten um die aus Zinsaufwendungen resultierenden Steuerminderungen erhöht, um die aus Zinserträgen resultierenden Steuerbelastungen reduziert und um die nicht zah-

[184] Zu Details vgl. Teil II 2.1.1.2.2.
[185] Vgl. RAPPAPORT, Shareholder, S. 34; BLACK/WRIGHT/DAVIES, Shareholder, S. 59 f.
[186] Vgl. RAPPAPORT, Shareholder, S. 36; KOLLER/GOEDHART/WESSELS, Valuation, S. 176 f.; HELBLING, Unternehmensbewertung, S. 111 sowie Teil II 2.1.1.2.2.

lungswirksamen Steuereffekte, wie z. B. Aufwendungen infolge der Bildung bzw. Auflösung von Steuerrückstellungen sowie latente Steueraufwendungen und -erträge, korrigiert wird.[187]

Während die Höhe des Cash-Steuersatzes hinsichtlich des Prognosezeitraums grundsätzlich eine periodenspezifische Schätzung erfordert, ist für den Residualwert auf einen konstanten – den für die Zukunft nachhaltig zu erwartenden – Cash-Steuersatz abzustellen.[188] Rappaport geht davon aus, dass für den Residualwert der gesetzlich vorgeschriebene Steuersatz als Cash-Steuersatz zu verwenden ist, weil Unternehmungen aufgrund der nach Ende des Prognosezeitraums regelmäßig sinkenden Investitionsraten über immer weniger steuerliches Gestaltungspotenzial verfügen würden.[189] Wie im Folgenden gezeigt werden wird, ist dies nicht zwangsläufig der Fall, weil sich auch strukturelle Reduzierungen der Cash-Tax-Belastung erzielen lassen.

Aufgrund der Vernachlässigung des aus der grundsätzlichen Abzugsfähigkeit von Fremdkapitalzinsaufwendungen von der Steuerbemessungsgrundlage resultierenden Steuervorteils (sog. Tax Shield) basiert der Free Cash Flow auf „falschen" Steuerzahlungen.[190] Diese bei der Free-Cash-Flow-Prognose erfolgende fiktive Besteuerung von Zinsen auf Unternehmungsebene wird im Rahmen der Nennergröße des Cash-Steuersatzes korrigiert durch die Multiplikation des Fremdkapitalkostensatzes mit dem Faktor „(1–s)", mithin durch eine Reduzierung der Höhe des Gesamtkapitalkostensatzes:[191]

$$r_{GK} = r_{EK} \cdot \frac{EK}{GK} + r_{FK} \cdot (1 - s) \cdot \frac{FK}{GK}$$

Formel 13: Gesamtkapitalkosten

[187] Den aus Zinsaufwendungen entstehenden Steuerentlastungseffekt und den aus Zinserträgen resultierenden Steuerbelastungseffekt erhält man durch Multiplikation des Grenzsteuersatzes mit den entsprechenden Zinsbeträgen. Der Grenzsteuersatz ist der Steuersatz, der auf eine zusätzliche Geldeinheit an Zinsaufwendungen bzw. Zinserträge anzuwenden ist, und entspricht im Regelfall dem gesetzlichen Steuersatz. Zu Details dieser sog. Tax Conversion vgl. KOLLER/GOEDHART/WESSELS, Valuation, S. 176 f.; LÜBBEHÜSEN, Steuern, S. 43 und S. 54 ff.; SEPPELFRICKE, Unternehmensbewertung, S. 233.

[188] Laut WINDSOR/CURD, Tax, International Tax Review May 2008, S. 47 und wohl auch KRÖNER/BECKENHAUB, Konzernsteuerquote, S. 37 wird der für die Zukunft nachhaltig zu erwartende Cash-Steuersatz in der Unternehmungspraxis oftmals durch den zukünftig zu erwartenden Steueraufwand approximiert.

[189] Vgl. RAPPAPORT, Shareholder, S. 48.

[190] Vorbehaltlich von Spezialnormen wie z. B. der Zinsschranke (§ 4h EStG i. V. m. § 8a KStG) wirken sich Fremdkapitalzinsen von Kapitalgesellschaften in Deutschland als Betriebsausgaben gemäß § 4 Abs. 4 EStG i. V. m. § 8 Abs. 1 KStG für Körperschaftsteuerzwecke grundsätzlich bemessungsgrundlagenmindernd aus. Für Zwecke der Gewerbesteuer können Fremdkapitalzinsen hingegen nur zu 75 % mindernd geltend gemacht werden, weil gemäß § 8 Nr. 1a GewStG vorbehaltlich eines Freibetrages i. H. v. 100.000 EUR eine 25%ige Hinzurechnung von Entgelten für Schulden zum Gewinn aus Gewerbebetrieb erfolgt.

[191] Vgl. BALLWIESER, Unternehmensbewertung, S. 117; LÜBBEHÜSEN, Steuern, S. 87.

Die Variable „s“ bezeichnet den Grenzsteuersatz der Unternehmung, der auf eine zusätzliche Geldeinheit an Zinsaufwand anzuwenden ist. Im Regelfall ist dies der gesetzliche Steuersatz. Falls jedoch eine Unternehmung über keine ausreichende Steuerkapazität (sog. Tax Capacity) verfügt, z. B. infolge anhaltend niedriger zu versteuernder Einkommen oder aufgrund von sehr hohen steuerlichen Verlustvorträgen, und daher zu erwarten steht, dass die Steuervorteile der Fremdfinanzierung nicht (vollständig) genutzt werden können, ist ein niedrigerer Steuersatz einschlägig. Wenn mit hoher Wahrscheinlichkeit eine Insolvenz droht, kann der Grenzsteuersatz sogar den Wert „0“ annehmen.[192] Sofern eine Unternehmung jedoch ausreichende Steuerkapazität besitzt, was in der vorliegenden Untersuchung insbesondere vor dem Hintergrund der Existenz von steuerplanerischen Gestaltungsmöglichkeiten zur Kreierung von Tax Capacity angenommen wird, mindern Zinsaufwendungen die Steuerbemessungsgrundlage in Höhe des gesetzlichen Steuersatzes.[193]

Eine durch Tax Planning induzierte Reduzierung von zahlungswirksamen Steuern hat somit folgende Auswirkungen auf den Unternehmungsgesamtwert. Im Regelfall ergibt sich eine Senkung des Cash-Steuersatzes, weil diese Kennzahl eine – geringfügig modifizierte – Maßgröße für die Höhe der zahlungswirksamen Steuern darstellt.[194] Infolgedessen erhöht sich der Free Cash Flow. Der Kapitalkostensatz bleibt hingegen grundsätzlich unverändert, weil annahmegemäß ausreichende Steuerkapazität verfügbar ist und als Grenzsteuersatz demzufolge der gesetzliche Steuersatz Anwendung findet.[195] Im Ergebnis bewirkt die Minderung zahlungswirksamer Steuern somit eine Steigerung des Shareholder-Value, indem der Unternehmungsgesamtwert erhöht wird und der Marktwert des Fremdkapitals konstant bleibt.

---

[192] Vgl. LÜBBEHÜSEN, Steuern, S. 87 und S. 168 f.; KOLLER/GOEDHART/WESSELS, Valuation, S. 241.

[193] In Deutschland ergibt sich für Kapitalgesellschaften bei einem unterstellten Gewerbesteuer-Hebesatz i. H. v. 400 % hinsichtlich der Abzugsfähigkeit von Zinsaufwendungen ein gesetzlicher Steuersatz i. H. v. circa 26 % (15 %-Punkte Körperschaftsteuer, 0,825 %-Punkte Solidaritätszuschlag und infolge der 25%igen Hinzurechnung von Schuldendgelten gemäß § 8 Nr. 1a GewStG 10,5 %-Punkte Gewerbesteuer).

[194] Aus Vereinfachungsgründen wird für Zwecke der vorliegenden Untersuchung unterstellt, dass jede Reduzierung von zahlungswirksamen Steuern eine Senkung des Cash-Steuersatzes nach sich zieht. Für Details der Einflüsse der Unternehmungsbesteuerung auf die verschiedenen Bewertungskalküle der Discounted Cash Flow-Verfahren vgl. grundlegend LÜBBEHÜSEN, Steuern, S. 33 ff.

[195] Zahlreiche Literaturbeiträge (vgl. etwa KÜTING/LORSON, Konzernmanagement, BB 1997 Beilage 8 zu Heft 20, S. 20) verwenden für die Berechnungen sowohl des Free Cash Flow als auch des Kapitalkostensatzes eine einheitliche Variable, die den „Steuersatz eines einfachen Gewinnsteuersystems“ verkörpern soll. Dies könnte zu der Annahme verleiten, dass eine Reduzierung von Cash Taxes zwar den Free Cash Flow, aber zwangsläufig stets auch die Höhe des Gesamtkapitalkostensatzes erhöhen würde. Tax-Planning-Maßnahmen, die eine Optimierung der zahlungswirksamen Steuern nach sich ziehen, würden in diesem Falle nur dann eine Unternehmungswertsteigerung bewirken, wenn – was allerdings den Regelfall darstellen dürfte - der Effekt in der Zählergröße der Free Cash Flow-Formel jenen in der Nennergröße überkompensieren würde. Gemäß obigen Ausführungen sind die Steuersätze bzgl. des Free Cash Flow und des Gesamtkapitalkostensatzes jedoch strikt voneinander zu trennen.

Zusätzlich zur Optimierung des Aktienkurses und des nachhaltigen Ausschüttungspotenzials durch den Anstieg des nach der Free-Cash-Flow-Methode ermittelten Shareholder-Value trägt die Reduzierung zahlungswirksamer Steuern auch durch die temporäre Erhöhung des Ausschüttungspotenzials zu einer Steigerung des Total Shareholder Return bei.[196] Jedwede Reduzierung der Cash-Tax-Belastung führt völlig unabhängig von etwaig auftretenden latenten Steuereffekten dazu, dass die Unternehmung weniger Steuern an den Staat zu zahlen hat. Daher verbleiben mehr liquide Mittel in der Unternehmung, die zu Reinvestitionszwecken oder aber auch für Ausschüttungen an die Shareholder verwendet werden können.

Die Vornahme erhöhter Ausschüttungen setzt neben der Existenz der liquiden Mittel jedoch auch einen ausreichend hohen Bilanzgewinn voraus. Dementsprechend muss eine hinreichende Höhe der frei verfügbaren Eigenkapitalbestandteile gewährleistet sein; die Höhe ergibt sich im Wesentlichen aus der Summe des Jahresüberschusses mit dem Gewinnvortrag, den anderen Gewinnrücklagen und der freiwilligen Kapitalrücklage i. S. d. § 272 Abs. 2 Nr. 4 HGB (vgl. Teil II 2.1.1.3.). Infolgedessen führt die Senkung von zahlungswirksamen Steuern nur dann zu einer temporären Erhöhung des Ausschüttungspotenzials, wenn die Unternehmung entweder unabhängig von der Steuerplanungsmaßnahme bereits über einen ausreichend hohen Bilanzgewinn verfügt oder wenn die Reduzierung der Cash-Steuern zugleich eine Erhöhung des Bilanzgewinns nach sich zieht. Letzteres ist grundsätzlich der Fall, wenn die Steuergestaltungsmaßnahme den Jahresüberschuss erhöht, mithin neben den zahlungswirksamen Steuern auch die ergebniswirksamen Steuern gesenkt werden.[197]

1.2. Optimierung ergebniswirksamer Steuern

Neben der Optimierung zahlungswirksamer Steuern kann durch Tax Planning auch die Optimierung ergebniswirksamer Steuern erreicht werden.[198] Ergebniswirksame Steuern sind solche Steuern, die im Rahmen des Konzernabschlusses in der Gewinn- und Verlustrechnung

---

[196] Für Details der Untergliederung der Optimierung der Dividendenzahlungen in die zwei Komponenten „Nachhaltige Erhöhung des Ausschüttungspotenzials" und „Temporäre Erhöhung des Ausschüttungspotenzials und deren jeweiligen Werttreiber vgl. Teil II 2.1.1.3.

[197] Zu beachten ist, dass für Zwecke der Ermittlung des Jahresüberschusses auf den nach den Rechnungslegungsvorschriften des Handelsgesetzbuches aufzustellenden Einzelabschluss der Mutterunternehmung der kapitalmarktorientierten internationalen Unternehmung abzustellen ist. Folglich kann nur eine Senkung der ergebniswirksamen Steuern i. S. d. Handelsgesetzbuches zu einer Erhöhung des Bilanzgewinns führen.

[198] Analog zu den zahlungswirksamen Steuern geht es auch hier um die „Optimierung" statt die „Minimierung" von ergebniswirksamen Steuern, weil die Minimierung ergebniswirksamer Steuern die Einstellung der Unternehmungstätigkeit erfordern würde. Dementsprechend kennzeichnet der Begriff „Minimierung" ergebniswirksamer Steuern im Folgenden nicht eine absolute, sondern nur eine relative Reduzierung der ergebniswirksamen Steuerbelastung.

unter dem Posten „Steueraufwendungen" bzw. „Steuererträge" (*tax expense* bzw. *tax income*) auszuweisen sind.[199] Ergebniswirksame Steuern umfassen sowohl die tatsächlichen Steueraufwendungen bzw. -erträge (sog. *current tax expense* bzw. *current tax income*) als auch die latenten Steueraufwendungen bzw. -erträge (sog. *deferred tax expense* bzw. *deferred tax income*).[200]

Die Optimierung ergebniswirksamer Steuern trägt durch eine Optimierung des Aktienkurses und des nachhaltigen Ausschüttungspotenzials zu der Maximierung des Total Shareholder Return bei, sofern sie zu einer Erhöhung des anhand des Multiplikatorverfahrens auf Basis des Gewinns je Aktie ermittelten Unternehmungswerts führt. Multiplikatorverfahren auf Basis des Gewinns je Aktie ermitteln die faire Kursnotierung für eine Aktie aus dem Produkt des Earnings per Share und dem aus Daten von vergleichbaren Unternehmungen gewonnenen durchschnittlichen Kurs-Gewinn-Verhältnis. Wie in der nachstehenden Formel veranschaulicht wird, berechnen sich die Earnings per Share entsprechend IAS 33 vereinfacht ausgedrückt als Quotient aus dem Jahresüberschuss und der Anzahl der von der Unternehmung ausgegebenen Aktien:[201]

$$\text{Ergebnis je Aktie} = \frac{\text{Jahresüberschuss}}{\text{Anzahl der Aktien}}$$

Formel 14: Ergebnis je Aktie

Der Jahresüberschuss ist dem IAS/IFRS-Konzernabschluss der kapitalmarktorientierten internationalen Unternehmung zu entnehmen und ermittelt sich als Saldo sämtlicher Ertrags- und Aufwandsposten. Weil auch die Steueraufwendungen einen Aufwandsposten darstellen, handelt es sich bei dem Jahresüberschuss um eine Nachsteuergröße. Die ergebniswirksamen Steuern wirken sich mithin in der Zählergröße des Gewinns je Aktie aus, wobei eine Senkung der ergebniswirksamen Steuern eine Erhöhung des Jahresüberschusses und dementsprechend einen Anstieg des Gewinns je Aktie bewirkt et vice versa.[202] Eine durch das Tax-Management-Instrument „Tax Planning" verursachte Reduzierung der Steueraufwendungen

[199] Vgl. IAS 1.81.
[200] Vgl. IAS 12.5.
[201] Zu Details vgl. Teil II 2.1.1.2.3.
[202] Empirische Studien legen die Vermutung nahe, dass die Kapitalmarktakteure nicht danach differenzieren, ob eine Erhöhung des Gewinns je Aktie auf eine Senkung der Steueraufwendungen oder einen Anstieg des operativen Ergebnisses zurückzuführen ist vgl. WINDSOR/CURD, Tax, International Tax Review May 2008, S. 47.

führt daher durch die Optimierung des Aktienkurses und des nachhaltigen Ausschüttungspotenzials zu einer Erhöhung des Total Shareholder Return.

Das folgende Beispiel verdeutlicht die hohe Effektivität der Senkung ergebniswirksamer Steuern.[203] Bei einem Vorsteuerergebnis i. H. v. 100 Geldeinheiten (GE), einer von der Unternehmung emittierten Aktienanzahl i. H. v. 100 und aufwandswirksamen Steuern von 35 Geldeinheiten führt bereits die Reduzierung des Steueraufwands um nur fünf Geldeinheiten zu einem Anstieg des Gewinns je Aktie von nahezu 8 %.

	Aufwandswirksame Steuern i. H. v. 35 GE	**Aufwandswirksame Steuern i. H. v. 30 GE**
Vorsteuerergebnis	100 GE	100 GE
Steueraufwand	35 GE	30 GE
Gewinn je Aktie	6,5 GE	7,0 GE

Tabelle 3: Einfluss von ergebniswirksamen Steuern auf den Gewinn je Aktie

Aufgrund der Tatsache, dass sich die ergebniswirksamen Steuern aus zwei verschiedenen Komponenten – den tatsächlichen und den latenten Steueraufwendungen bzw. -erträgen – zusammensetzen, kann die Optimierung ergebniswirksamer Steuern auf mehrere Arten erreicht werden. Eine Möglichkeit zur Optimierung der ergebniswirksamen Steuern besteht darin, die tatsächlichen Steueraufwendungen zu reduzieren, ohne dass es zur Bildung bzw. Erhöhung von passiven latenten Steuern oder zur Auflösung bzw. Minderung von aktiven latenten Steuern kommt.

Tatsächliche Steueraufwendungen bzw. -erträge werden in IAS 12.5 definiert als der Betrag der geschuldeten bzw. erstattungsfähigen Ertragsteuern, der aus dem zu versteuernden Einkommen bzw. dem steuerlichen Verlust der jeweiligen Periode resultiert. Im Gegensatz zu den zahlungswirksamen Steuern kommt es nicht auf den Ab- oder Zufluss von liquiden Mitteln an, weil Aufwendungen und Erträge – unabhängig von den Zeitpunkten der entsprechenden Zahlungen – in denjenigen Perioden im Jahresabschluss zu erfassen sind, denen sie wirtschaftlich zuzuordnen sind (sog. *accrual principle*).[204] So umfassen die *current taxes* z. B.

[203] Vgl. WINDSOR/CURD, Tax, International Tax Review May 2008, S. 47.

[204] Vgl. IAS 1.25. Solche Steuerlasten, die bereits in dem Geschäftsjahr ihres Fälligwerdens entrichtet werden, stellen zahlungswirksame Steuern und auch tatsächliche Steueraufwendungen und damit zugleich ergebniswirksame Steuern dar (Buchungssatz: Steueraufwendungen an Geld). Tatsächliche Steueraufwendungen, die nicht zugleich zahlungswirksame Steuern verkörpern, transformieren sich regelmäßig in den Folgeperioden in zah-

auch solche Aufwendungen, die infolge der Passivierung von Steuerschulden für dem Grunde als auch der Höhe nach bereits feststehende, aber noch nicht bezahlte Steuern entstehen.[205] Im Ergebnis handelt es sich bei tatsächlichen Steuern also grundsätzlich um die Steueraufwendungen, die auf Basis der steuerlichen Einkommensermittlung in der jeweiligen Periode entstanden ist.

Eine Optimierung ergebniswirksamer Steuern wird hingegen nicht erreicht, wenn zwar der tatsächliche Steueraufwand vermindert wird, aber ein kompensatorischer latenter Steuereffekt eintritt.[206] Latente Steueraufwendungen bzw. latente Steuererträge ergeben sich infolge der Bildung, Erhöhung, Auflösung und Minderung von aktiven latenten Steuern (*deferred tax assets*) und passiven latenten Steuern (*deferred tax liabilities*).[207]

Die aus abzugsfähigen temporären Differenzen (sog. *deductible temporary differences*), aus noch nicht genutzten steuerlichen Verlusten (sog. *carryforward of unused tax losses*) oder aus noch nicht genutzten steuerlichen Gewinnen (sog. *carryforward of unused tax credits*) resultierenden *deferred tax assets* bilden diejenigen Steuerentlastungen ab, die handelsrechtlich der laufenden Periode zuzuordnen sind, steuerrechtlich aber erst in künftigen Perioden Steuerminderungen bewirken. Bei den auf zu versteuernde temporäre Differenzen (sog. *taxable temporary differences*) zurückzuführenden *deferred tax liabilities* handelt es sich um solche Steuerbelastungen, die handelsrechtlich in der laufenden Periode begründet sind, sich aber wegen abweichender steuerrechtlicher Gewinnermittlungsvorschriften erst in künftigen Perioden in Form von Steuerzahlungen materialisieren werden.[208]

---

lungswirksame Steuern wie z. B. im Falle der Begleichung einer durch eine Rückstellung bereits in früheren Perioden antizipierten Steuerlast, weil sich die Zahlungsmittelüberschüsse und die Periodenergebnisse bei einer Betrachtung über die Totalperiode hinweg grundsätzlich entsprechen. Eine Reduzierung von tatsächlichen Steueraufwendungen führt daher grundsätzlich auch zu einer Minderung von zahlungswirksamen Steuern derselben oder zukünftiger Perioden. Zu den Konsequenzen der Senkung von Cash-Steuern vgl. Teil III 1.1.

[205] Im Rahmen der Rechnungslegungsvorschriften IAS/IFRS wird im Gegensatz zu den Vorschriften des Handelsgesetzbuches nicht zwischen sonstigen (Steuer)Verbindlichkeiten, Steuerrückstellungen und sonstigen Rückstellungen differenziert. Ertragsteuerschulden sind vielmehr entsprechend IAS 1.68m einheitlich unter dem Posten „Liabilities for Current Tax“ auszuweisen; vgl. VON EITZEN/DAHLKE, Steuerpositionen, S. 120 ff.

[206] Zu dem kompensatorischen Effekt latenter Steuern vgl. HERZIG/DEMPFLE, DB 2002, S. 4.

[207] Nach IAS 12 kommt das Temporary-Konzept zur Anwendung, vgl. auch Teil II 2.2.2. Der primäre Zweck der Bilanzierung von latenten Steuern liegt hierbei nicht in der periodengerechten Erfolgsermittlung, sondern in der zutreffenden Darstellung der Vermögenslage der Unternehmung, weshalb sowohl ergebniswirksam als auch ergebnisneutral entstandene temporäre und quasi-permanente Differenzen mit latenten Steuern belegt werden, vgl. z. B. KÜTING/SEEL, Latente Steuern, in: Küting/Pfitzer/Weber (Hrsg.), Bilanzrecht, S. 492. Als temporäre bzw. quasi-permanente Differenzen qualifizieren hierbei die Unterschiedsbeträge zwischen dem Buchwert eines Vermögensgegenstands bzw. einer Schuld in der nach IAS/IFRS aufzustellenden Handelsbilanz und dem jeweiligen Steuerwert. Zu Details des Steuerwerts vgl. IAS 12.7 ff. Nach IAS 12.5 sind zu versteuernde Differenzen solche Differenzen, die zukünftig steuerpflichtige Beträge nach sich ziehen, und abzugsfähige Differenzen solche, die zukünftig zu steuerlich abzugsfähigen Beträgen führen.

[208] Vgl. IAS 12.5; VON EITZEN/DAHLKE, Steuerpositionen, S. 15.

Zu einer Reduzierung der tatsächlichen Steueraufwendungen, die durch einen kompensatorischen latenten Steuereffekt flankiert wird, kommt es oftmals bei Maßnahmen der klassischen Steuerbilanzpolitik, in deren Rahmen durch die Nutzung von steuerlichen Wahlrechten und Ermessensspielräumen steuerliche Aufwendungen zeitlich vorgezogen, steuerliche Erträge in spätere Jahre verlagert und steuerliche Verlustvorträge möglichst frühzeitig genutzt werden.[209] Ein Beispiel hierfür ist die Inanspruchnahme einer nur steuerlich zulässigen degressiven Abschreibungsmethode. In den ersten Jahren ergibt sich – im Vergleich zur Vornahme einer linearen Abschreibung – eine Reduzierung der tatsächlichen Steueraufwendungen. Aufgrund der linearen Abschreibung in der Handelsbilanz entstehen temporäre Bilanzdifferenzen, die die aufwandswirksame Bildung von passiven latenten Steuern nach sich ziehen.[210] Per saldo bleibt die Höhe der ergebniswirksamen Steuerbelastung somit unverändert, weil die Minderung der *current taxes* durch die Erhöhung der *deferred taxes* in voller Höhe neutralisiert wird.[211]

Eine Optimierung der ergebniswirksamen Steuern lässt sich schließlich auch erreichen, indem ein latenter Steuerertrag generiert wird, ohne dass die tatsächlichen Steueraufwendungen erhöht werden. Dieses Ergebnis stellt sich bspw. ein, wenn steuerliche Verlustvorträge, z. B. aufgrund von geeigneten Steuerplanungsmöglichkeiten,[212] hinsichtlich der nächsten Perioden erstmals als wahrscheinlich nutzbar zu klassifizieren sind und infolgedessen aktive latente Steuern ertragswirksam gebildet werden können. Ein weiteres Beispiel für eine derartige Optimierung der ergebniswirksamen Steuerbelastung ist der Ansatz von aktiven Latenzen in Bezug auf bislang noch nicht genutzte Steuergutschriften.[213]

Neben der Optimierung des Aktienkurses und des nachhaltigen Ausschüttungspotenzials durch den Anstieg des nach dem Multiplikatorverfahren auf Basis des Gewinns je Aktie ermittelten Marktpreises der Aktie der Unternehmung kann die Reduzierung von ergebniswirksamen Steuern auch durch die temporäre Erhöhung des Ausschüttungspotenzials eine Steigerung des Total Shareholder Return bewirken. Ein temporärer Anstieg des Ausschüttungspo-

[209] Vgl. Teil II.1.
[210] Der einschlägige Buchungssatz lautet: „Steueraufwand" an „Passive latente Steuern".
[211] Vgl. HERZIG/DEMPFLE, Konzernsteuerquote, DB 2002, S. 4 ff.
[212] Vgl. IAS 12.29b.
[213] Vgl. IAS 12.5c i. V. m. IAS 12.34 ff.

tenzials setzt einen ausreichend hohen Bilanzgewinn sowie das Vorhandensein hinreichender liquider Mittel voraus.[214]

Weil hinsichtlich des Bilanzgewinns nicht der IAS/IFRS-Konzernabschluss der kapitalmarktorientierten internationalen Unternehmung einschlägig ist, sondern der nach den Rechnungslegungsvorschriften des Handelsgesetzbuches aufzustellende Einzelabschluss der Mutterunternehmung, bedarf es zur (vorübergehenden) Erhöhung des Bilanzgewinns einer Reduzierung der ergebniswirksamen Steuern i. S. d. Handelsgesetzbuches. Im Bereich der tatsächlichen Steueraufwendungen bzw. -erträge gibt es grundsätzlich keine signifikanten Unterschiede zwischen den Vorschriften der IAS/IFRS und jenen des Handelsgesetzbuches.[215] Infolge der Reform des Handelsgesetzbuches durch das BilMoG[216] stellt sich nun auch auf dem Gebiet der latenten Steueraufwendungen bzw. -erträge eine immer größere Deckungsgleichheit zwischen den nationalen und internationalen Rechnungslegungsvorschriften ein, weshalb für die Definition der ergebniswirksamen Steuern i. S. d. Handelsgesetzbuches grundsätzlich auf die obigen Ausführungen zu den ergebniswirksamen Steuern i. S. d. IAS/IFRS verwiesen werden kann.[217]

Bei der temporären Erhöhung des Bilanzgewinns durch eine Minderung der ergebniswirksamen Steuern ist die Ausschüttungssperre des § 268 Abs. 8 HGB zu beachten. Der Ausschüttungssperre unterliegen die jeweils um etwaige passive latente Steueraufwandseffekte zu kürzenden Erträge aus dem Ansatz von selbst geschaffenen immateriellen Vermögensgegenständen, Erträge aus der Bewertung von Vermögensgegenständen zur Altersvorsorge zum Zeitwert sowie Erträge aus der Bildung von aktiven Latenzen, die die um einen Verlustvortrag

---

[214] Zu der Differenzierung zwischen der nachhaltigen und der temporären Erhöhung des Ausschüttungspotenzials und den jeweiligen Einflussfaktoren vgl. Teil II 2.1.1.3.

[215] Unterschiede ergeben sich grundsätzlich nur bezüglich der Berücksichtigung von Steuerrisiken. Sofern der Rückstellungsbegriff nach § 249 HGB weiter ausgelegt wird als jener nach IAS 12 i. V. m. IAS 37, können Teile der entsprechend dem Vorsichtsprinzip für HGB-Zwecke passivierungspflichtigen Rückstellungen für IAS/IFRS-Zwecke als nicht bilanzierungsfähige Eventualschulden (sog. *contingent liabilities*) qualifiziert werden, die nur im Konzernanhang anzugeben sind, vgl. VON EITZEN/DAHLKE, Steuerpositionen, S. 130.

[216] Gesetz zur Modernisierung des Bilanzrechts vom 25.05.2009 (BGBl. I 2009, S. 1102).

[217] Durch das BilMoG wurde im Handelsgesetzbuch ein konzeptioneller Wandel von dem Timing-Differences-Konzept zum Temporary-Differences-Konzept vollzogen. Der latenten Steuerabgrenzung wird fortan, insbesondere auch durch die Möglichkeit zur Bildung von aktiven latenten Steuern auf steuerliche Verlustvorträge sowie durch die Aufgabe der umgekehrten Maßgeblichkeit und der daraus resultierenden Auflösung der engen Verknüpfung von Handels- und Steuerbilanz, – wie im Rahmen der IAS/IFRS schon seit jeher – ein sehr hoher Stellenwert beigemessen. Zu den Einzelheiten der Änderungen im Bereich latenter Steuern durch das BilMoG vgl. z. B. ZÜLCH/HOFFMANN, BilMoG, DB 2009, S. 745 f.; KÜTING/SEEL, Latente Steuern, in: Küting/Pfitzer/Weber (Hrsg.), Bilanzrecht, S. 491 ff.

reduzierten und um einen Gewinnvortrag erhöhten frei verfügbaren Rücklagen übersteigen.[218] Eine durch eine Tax-Planning-Maßnahme ermöglichte Bildung von aktiven latenten Steuern auf noch nicht genutzte steuerliche Verlustvorträge führt somit durch eine Reduzierung der ergebniswirksamen Steuern zu einer Erhöhung des Jahresüberschusses und demzufolge grundsätzlich auch zu einem vorübergehenden Anstieg des Bilanzgewinns; aufgrund der Ausschüttungssperre des § 268 Abs. 8 HGB können jedoch keine erhöhten Ausschüttungen vorgenommen werden.

Vorbehaltlich des Falles, dass einer Unternehmung unabhängig von der durchgeführten Steuerplanungsmaßnahme bereits liquide Mittel in ausreichender Höhe zur Verfügung stehen, führt die steuerplanerische Reduzierung von ergebniswirksamen Steuern nur dann zu einer temporären Erhöhung des Ausschüttungspotenzials, wenn zugleich die zahlungswirksame Steuerbelastung gesenkt wird. Ob es zu einer temporären Erhöhung des Ausschüttungspotenzials kommt, hängt somit davon ab, auf welche Ursache die Reduzierung der ergebniswirksamen Steuern zurückzuführen ist.[219]

Die im Rahmen der Analyse der Funktion des Tax Planning vorab aufgezeigten Effekte der Optimierung zahlungs- und ergebniswirksamer Steuern, durch die die Steuerabteilung zur Verwirklichung des primären Ziels der kapitalmarktorientierten internationalen Unternehmung, der Maximierung des Total Shareholder Return, beitragen kann, lassen sich grafisch wie folgt veranschaulichen.

---

[218] So bezieht sich die Ausschüttungssperre z. B. bei selbst erstellten immateriellen Vermögensgegenständen nur auf den Saldo zwischen dem ertragswirksam aktivierten Betrag und den diesbezüglich aufwandswirksam abzugrenzenden passiven latenten Steuern, vgl. KÜTING/SEEL, Latente Steuern, in: Küting/Pfitzer/Weber (Hrsg.), Bilanzrecht, S. 502 f.

[219] Die vorübergehende Erhöhung der liquiden Mittel ist hierbei nur sichergestellt, wenn die zahlungswirksame Komponente des tatsächlichen Steueraufwands, mithin nicht wenn die nicht-zahlungswirksame Komponente des tatsächlichen Steueraufwands oder der stets nicht-zahlungswirksame latente Steueraufwand, für die Reduzierung der ergebniswirksamen Steuern verantwortlich zeichnet.

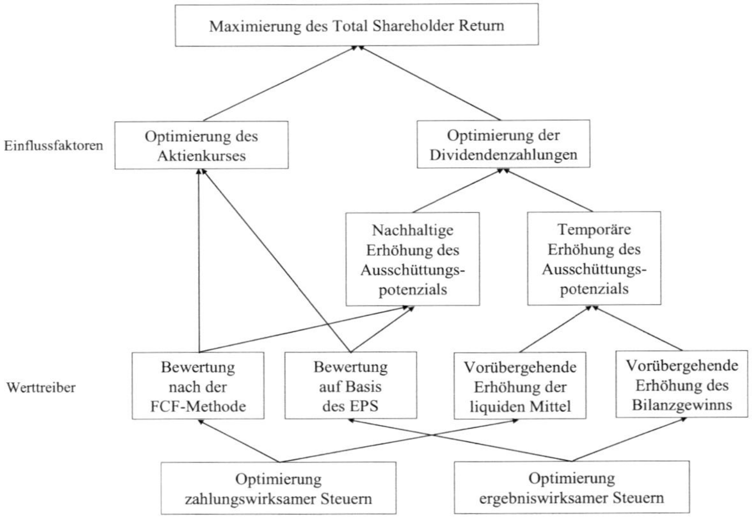

Abbildung 12: Einfluss von Steuern auf die Maximierung des Total Shareholder Return

2. Aktionsparameter

2.1. Standardisierter Steuerplanungsprozess

Um den Total Shareholder Return durch die Optimierung zahlungs- und ergebniswirksamer Steuern nachhaltig steigern zu können, bedarf das Instrument des Tax Management „Tax Planning" eines standardisierten Steuerplanungsprozesses. Falls Steuergestaltungsmaßnahmen hingegen nur in unstrukturierter Form durchgeführt werden – was gegenwärtig in der Unternehmungspraxis eher den Regel- als den Ausnahmefall darstellt –, besteht die große Gefahr, dass steuerliche Optimierungspotenziale nicht bzw. nicht rechtzeitig erkannt und demzufolge steuerplanerische Chancen nicht bzw. nicht in vollem Umfang zugunsten der Unternehmung genutzt werden. So kann bspw. eine infolge von zeitlichen Verlustverrechnungsrestriktionen drohende Abwertung der hinsichtlich noch nicht genutzter steuerlicher Verlustvorträge gebildeten aktiven latenten Steuern nur dann mittels steuerplanerischer Gegenmaßnahmen vermieden werden, wenn die Steuerabteilung der kapitalmarktorientierten internationalen Unternehmung kontinuierlich über die genaue Altersstruktur der jeweiligen Verluste informiert ist.[220]

Grundlegende Voraussetzung des effizienten Tax Planning ist, dass in einem ersten Schritt das unternehmungsspezifische steuerliche Optimierungspotenzial dem Grunde nach identifiziert wird. Auf Basis der entdeckten steuerlichen Ineffizienzen sind zweckadäquate Steuerplanungsmodelle zu entwickeln. Anschließend ist zu entscheiden, welche Modelle für die Unternehmung Erfolg versprechend erscheinen. Im Rahmen der Implementierung erfolgt die konkrete Umsetzung der ausgewählten Steuerplanungsmodelle. Schließlich ist eine Erfolgskontrolle durchzuführen. Der Aktionsparameter des Tax Planning, der standardisierte Steuerplanungsprozess, besteht somit im Wesentlichen aus den in der nachstehenden Grafik dargestellten fünf Teilschritten, die im Folgenden detailliert erläutert werden.

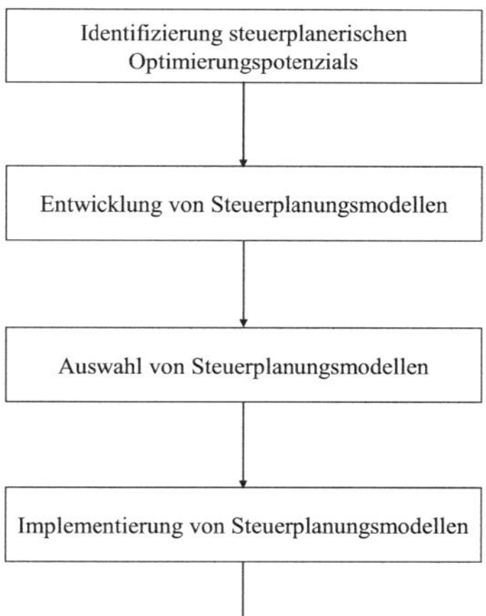

Abbildung 13: Grundzüge des standardisierten Steuerplanungsprozesses

[220] In Deutschland können sowohl die körperschaft- als auch die gewerbesteuerlichen Verlustvorträge grundsätzlich unbegrenzt vorgetragen und im Rahmen der Mindestbesteuerung des § 8 Abs. 1 KStG i. V. m. § 10d Abs. 2 EStG bzw. § 10a S. 1, 2 GewStG (vgl. HERZIG/WAGNER, Mindestbesteuerung, WPg 2004, S. 54 ff.) steuerlich verwertet werden. In zahlreichen ausländischen Staaten bestehen hingegen zeitliche Verlustverrechnungsbeschränkungen, wie z. B. die in Polen nur über einen Zeitraum von fünf Jahren mögliche Vortragsfähigkeit von körperschaftsteuerlichen Verlusten, vgl. ENDRES u. a., in: BDI/PwC (Hrsg.), Verlustberücksichtigung, S. 68. Für eine vergleichende Gegenüberstellung der Verlustverrechnungsrestriktionen in 33 Ländern vgl. ENDRES u. a., in: BDI/PwC (Hrsg.), Verlustberücksichtigung, S. 13 ff.

2.2. Identifizierung steuerplanerischen Optimierungspotenzials

2.2.1. Prozesselemente

Um die steuerplanerischen Chancen der Unternehmung möglichst umfassend zu erkennen, bedient sich der Teilschritt des standardisierten Steuerplanungsprozesses „Identifizierung steuerplanerischen Optimierungspotenzials“ drei verschiedener Prozesselemente, die parallel zueinander durchgeführt werden. Wie in Abbildung 14 veranschaulicht wird, handelt es sich hierbei um die „Analyse der Unternehmungsfunktionen“, das „Tax Controlling“ und die „Analyse der Umfeldänderungen“.

Im Rahmen der Analyse der Unternehmungsfunktionen (vgl. Teil III 2.2.2.) werden die einzelnen Funktionen der kapitalmarktorientierten internationalen Unternehmung hinsichtlich steuerlichen Optimierungspotenzials durchleuchtet. So kann z. B. in Bezug auf die Produktionsfunktion entdeckt werden, dass ein vergleichsweise hoher Anteil der Gewinnmarge in einem Hochsteuerland und nur ein relativ kleiner Anteil in einem Niedrigsteuerland versteuert wird. Durch Tax Controlling (vgl. Teil III 2.2.3.) werden verschiedene steuerliche Attribute auf steuerplanerische Chancen untersucht, sodass die Steuerabteilung der Unternehmung bspw. darüber Kenntnis erlangt, dass die mittels Dividenden vorgenommene Repatriierung von Gewinnen aus einem ausländischen Staat zu vergleichsweise hoher nicht anrechenbarer Quellensteuerbelastung führt. Mittels der Analyse der Umfeldänderungen (vgl. Teil III 2.2.4.) wird z. B. sichergestellt, dass die Steuerabteilung rechtzeitig darüber informiert ist, dass in einem Land, in dem die Unternehmung zahlreiche hoch fremdfinanzierte Tochterkapitalgesellschaften unterhält, ab dem nächsten Geschäftsjahr eine signifikante Verschärfung der Unterkapitalisierungsvorschriften droht.

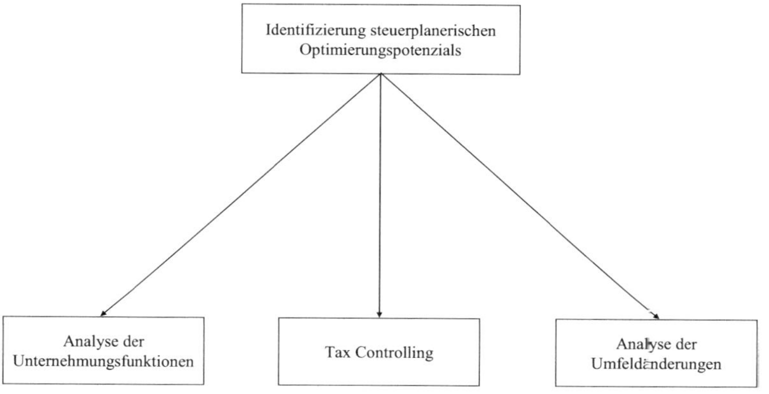

Abbildung 14: Maßnahmen zur Identifizierung steuerplanerischen Optimierungspotenzials

2.2.2. Analyse der Unternehmungsfunktionen

2.2.2.1. Identifizierung der Unternehmungsfunktionen

Um steuerplanerisches Optimierungspotenzial hinsichtlich Unternehmungsfunktionen entdecken zu können, bedarf es in einem ersten Schritt der genauen Identifizierung der einzelnen Funktionen der Unternehmung. Unter Unternehmungsfunktionen sind in der vorliegenden Untersuchung die sich aus der Ausübung von Tätigkeiten, aus dem Einsatz von Vermögensgegenständen und aus der Übernahme von Risiken zusammensetzenden unternehmungsinternen Aufgabenbereiche zu verstehen, die einen Beitrag zum Wertschöpfungsprozess der Unternehmung leisten.[221] Als klassische Unternehmungsfunktionen sind die „Beschaffung", die „Produktion" und der „Absatz" zu nennen.[222] In der nachstehenden Grafik werden diese Funktionen in der Reihenfolge ihres jeweiligen Beitrags zum Wertschöpfungsprozess der Unternehmung abgebildet.[223]

---

[221] Vgl. BÖDENMÜLLER, Funktionsverlagerungen, S. 7; für einen Überblick über verschiedene Definitionsversuche für den Begriff der Funktion vgl. BORSTELL/SCHÄPERCLAUS, Funktion, IStR 2008, S. 275 ff.; WOLTER/PITZAL, Funktion, IStR 2008, S. 793 ff.; zu einer Begriffsabgrenzung anhand konkreter Beispiele vgl. FRISCHMUTH, Funktionsverlagerung, StuB 2008, S. 865 ff.

[222] Zu beachten ist, dass die kapitalmarktorientierte internationale Unternehmung nicht sämtliche der klassischen Unternehmungsfunktionen ausüben muss. So können bspw. die Beschaffungs- und die Produktionsfunktion auf fremde Dritte verlagert werden, um eine vollständige Konzentration auf die Absatzfunktion zu ermöglichen.

[223] Vgl. Koppelmann, Marketing, S. 26.

Abbildung 15: Klassische Unternehmungsfunktionen

Bei der Unternehmungsfunktion „Beschaffung" geht es im Wesentlichen um die Bereitstellung der für den sich anschließenden Produktionsprozess benötigten Werkstoffe, d. h. der Roh-, Hilfs- und Betriebsstoffe sowie der Betriebsmittel wie z. B. der Fertigungsanlagen.[224] Ohne Anspruch auf Vollständigkeit zu erheben, liefert die folgende Tabelle einen Grobüberblick über einige wesentliche im Rahmen der Beschaffungsfunktion auszuübende Tätigkeiten, einzusetzende Vermögensgegenstände und zu tragende Risiken.[225]

Tätigkeiten	Vermögensgegenstände	Risiken
– Lieferantenauswahl – Lieferantenmanagement – Produktauswahl – Einkauf – Lagerhaltung	– Beschaffungs-Know-how – Lieferantenbeziehungen – Lagervorrichtungen	– Beschaffungsrisiko – Währungsrisiko

Tabelle 4: Wesentliche Determinanten der Beschaffungsfunktion

Der wesentliche Inhalt der Produktionsfunktion besteht darin, materielle sowie immaterielle Einsatzgüter, wie z. B. Rohstoffe und Patente, nach bestimmten technischen Verfahrensweisen in Ausbringungsgüter zu transformieren.[226] Hierdurch kommt es in Fertigungsbetrieben zu der Herstellung von Erzeugnissen und in Dienstleistungsbetrieben zu der Ausführung von Dienstleistungen.[227] Einige der relevanten Tätigkeiten, Vermögengensgegenstände und Risiken in Bezug auf die Produktionsfunktion sind der nachstehenden Tabelle zu entnehmen.[228]

[224] Die Beschaffung von Arbeitskräften ist hingegen der in der vorliegenden Untersuchung nicht näher analysierten sonstigen Unternehmungsfunktion „Personalwirtschaft" zuzuordnen.

[225] Vgl. DAVIES/MÜHLEMANN, Procurement, International Tax Review February 2006, S. 31 f.

[226] Vgl. GÜNTHER/TEMPELMEIER, Produktion, S. 6.

[227] Vgl. GUTENBERG, Betriebswirtschaftslehre, S. 1 f.

[228] Vgl. BAUMHOFF, Lohnfertiger, in: Kleineidam (Hrsg.), FS Fischer, S. 495 ff.; FINSTERWALDER, Dokumentationssystemen, IStR 2004, S. 764 f.; JACOBS (Hrsg.), Unternehmensbesteuerung, S. 1034. Vgl. auch das BMF-Schreiben v. 12.04.2005, IV B 4 – S 1341 – 1/05, BStBl. I 2005, S. 570, Tz. 3.4.11.4 b) für die Auflistung von wesentlichen Informationen, die im Rahmen der Geschäftsbeziehungen mit Nahestehenden hinsichtlich der Herstellung von Produkten für die Funktions- und Risikoanalyse erforderlich sind.

Tätigkeiten	Vermögensgegenstände	Risiken
– Fertigung/Montage – Verpackung – Qualitätssicherung – F & E – Beschaffung – Lagerhaltung – Vertrieb	– Fertigungsanlagen – Lizenzen/Markenrechte – Produktions-Know-how – Lagervorrichtungen	– Produktionsrisiko – Produkthaftungsrisiko – Beschaffungsrisiko – Lagerrisiko – Absatzrisiko

Tabelle 5: Wesentliche Determinanten der Produktionsfunktion

Die Absatzfunktion hat im Wesentlichen den Vertrieb der in der Produktion hergestellten Produkte bzw. Dienstleistungen zum Inhalt. Im Rahmen dieser Unternehmungsfunktion sind – ohne eine abschließende Auflistung bieten zu können – insbesondere die in der nachstehenden Tabelle aufgeführten Tätigkeiten auszuüben, Vermögensgegenstände einzusetzen und Risiken zu tragen.[229]

Tätigkeiten	Vermögensgegenstände	Risiken
– Verkauf/Inkasso – Preispolitik/Finanzierung – Marktforschung/Werbung – Transport/Montage – After-Sales-Service – Lagerhaltung – Beschaffung	– Vertriebsrechte – Markenrechte – Kundenstamm – Transportmittel – Lagervorrichtungen	– Absatzrisiko – Währungsrisiko – Transportrisiko – Gewährleistungs-risiko – Kreditrisiko – Lagerrisiko – Beschaffungsrisiko

Tabelle 6: Wesentliche Determinanten der Absatzfunktion

Neben den klassischen Unternehmungsfunktionen „Beschaffung“, „Produktion“ und „Absatz“ ist aus steuerlicher Perspektive insbesondere der Finanzierungsfunktion größte Relevanz bei-

[229] Vgl. BRODERSEN/VON KOLCZYNSKI, Commissionaire, Intertax 1997, S. 204; BAUMHOFF, Verrechnungspreisen, IStR 2003, S. 4 f.; BAUMHOFF/BODENMÜLLER, Funktionen, in: Grotherr (Hrsg.), Handbuch, S. 358 ff.; BORSTELL, Lieferungsbeziehungen, in: Grotherr (Hrsg.), Handbuch, S. 335 f.; JACOBS (Hrsg.), Unternehmensbesteuerung, S. 1031; BORSTELL, Lieferungen, in: Vögele/Borstell/Engler (Hrsg.) Handbuch, S. 1129 ff.; BMF-Schreiben v. 12.04.2005, IV B 4 – S 1341 – 1/05, BStBl. I 2005, S. 570, Tz. 3.4.11.4 c).

zumessen. Die im Rahmen der Unternehmungsfunktion „Finanzierung“ auszuübenden Tätigkeiten, einzusetzenden Vermögensgegenstände und zu tragenden Risiken ergeben sich insbesondere aus den im Folgenden aufgeführten Themenkomplexen:[230]

- Beschaffung von Kapital;
- konzerninterne und -externe Anlage von Kapital;
- Kredit-, Liquiditäts-, Vermögens- und Währungsmanagement;
- Pooling von Finanzmitteln;
- Hedging.

In Abhängigkeit von branchen- und unternehmungsspezifischen Besonderheiten können sich darüber hinaus zahlreiche weitere Unternehmungsfunktionen ergeben. Beispiele hierfür sind die „Forschung & Entwicklung“, das „Factoring“, das „Leasing“, die „Immobilienverwaltung“ und die „Marken-, Lizenz- und Patentverwertung“. Durch die Zusammenfassung der zuletzt genannten Unternehmungsfunktionen zu der Residualgröße „Sonstige Funktionen“ lassen sich die im Rahmen der vorliegenden Arbeit untersuchten Funktionen der kapitalmarktorientierten internationalen Unternehmung grafisch wie folgt veranschaulichen.

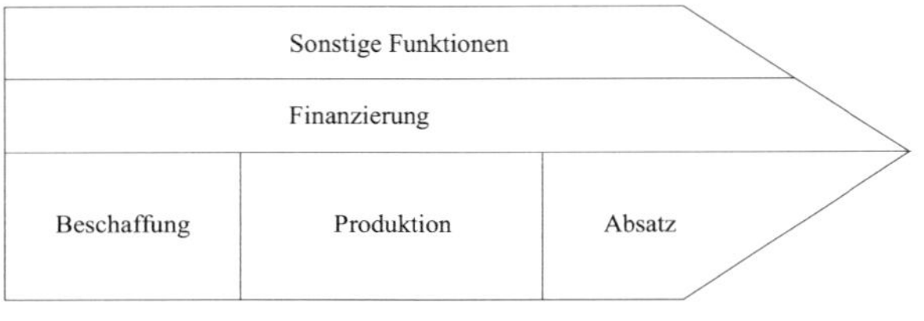

Abbildung 16: Unternehmungsfunktionen

Durch das Prozesselement „Identifizierung der Unternehmungsfunktionen“ wird eruiert, welche konkreten Funktionen von der jeweiligen Unternehmung ausgeübt werden. Auf Basis dieser Erkenntnisse kann durch die „Ermittlung der Funktionsträger“ (vgl. Teil III 2.2.2.2.), die „Quantifizierung der funktionsspezifischen Steuerbelastungen“ (vgl. Teil III 2.2.2.3.) und schließlich die „Untersuchung der funktionsspezifischen Steuerbelastungen“ (vgl. Teil III 2.2.2.4.) steuerplanerisches Optimierungspotenzial entdeckt werden.

[230] Vgl. JACOBS (Hrsg.), Unternehmensbesteuerung, S. 1115 ff.

Im Rahmen der Analyse der Unternehmungsfunktionen werden steuerplanerische Chancen somit durch einen aus vier verschiedenen Elementen bestehenden Prozess erkannt. Die zeitliche Abfolge der einzelnen Prozesselemente lässt sich grafisch wie folgt veranschaulichen.

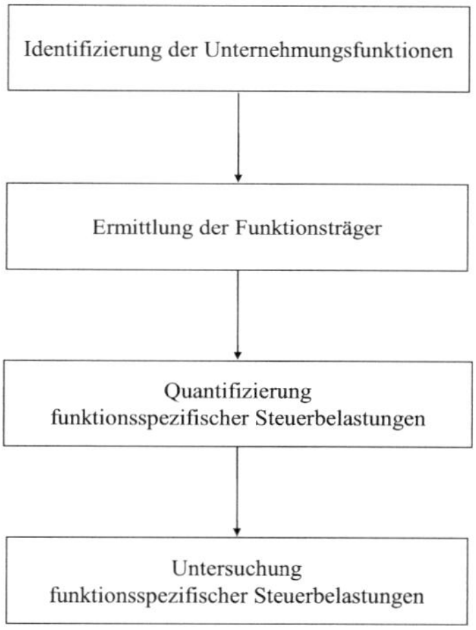

Abbildung 17: Prozess der Analyse der Unternehmungsfunktionen

Die Identifizierung der Unternehmungsfunktionen ist grundsätzlich von dem Leiter der Steuerabteilung durchzuführen, weil dieser aufgrund seiner unternehmungsinternen Vernetzung, z. B. mit dem Finanzvorstand, den aus steuerlicher Perspektive umfassendsten Überblick über die verschiedenen Aktivitätsbereiche der Unternehmung besitzt bzw. am ehesten dazu in der Lage ist, sich einen solchen Überblick zu verschaffen. Da die Unternehmungsfunktionen generell weitgehend konstant bleiben, scheint eine Überprüfung des Status quo alle ein bis zwei Jahre ausreichend und mit geringen personellen und sachlichen Kapazitäten durchführbar zu sein.

2.2.2.2. Ermittlung der Funktionsträger

Um klare personelle Zuständigkeiten zu gewährleisten, ist für jede Unternehmungsfunktion ein Mitarbeiter der Steuerabteilung als sog. Funktionsverantwortlicher zu bestimmen. Der Funktionsverantwortliche ist sowohl für die Ermittlung der Funktionsträger zuständig als auch für die folgenden Prozesselemente „Quantifizierung der funktionsspezifischen Steuerbelastungen“ sowie „Untersuchung der funktionsspezifischen Steuerbelastungen“.

Zur Ermittlung der Funktionsträger hat der Funktionsverantwortliche zu analysieren, von welchen Konzerngesellschaften die im Rahmen der jeweiligen Unternehmungsfunktion anfallenden Tätigkeiten ausgeübt werden, welchen Gesellschaften die für die Funktionsausübung eingesetzten Vermögensgegenstände rechtlich und wirtschaftlich zuzuordnen sind und von welchen Konzerngesellschaften die den jeweiligen Unternehmungsfunktionen inhärenten Risiken getragen werden.[231]

Jeder Unternehmungsfunktion sind entsprechend dem in Tabelle 7 skizzierten Schema alle die Gesellschaften zuzuordnen, die für sie als Funktionsträger qualifizieren. So sind z. B. als Funktionsträger der Produktionsfunktion die Gesellschaften der kapitalmarktorientierten internationalen Unternehmung zu klassifizieren, die Produktionstätigkeiten ausüben, die Eigentum an den in Zusammenhang mit der Produktionsfunktion stehenden Vermögensgegenständen wie z. B. den Fertigungsanlagen besitzen und/oder die Produktionsrisiken tragen, z. B. die aus Fehlinvestitionen, Überkapazitäten oder der Produktion von Ausschussware resultierenden Risiken.

Unternehmungsfunktion / **Funktionsträger**	**Funktion XYZ**		
	ausgeübte Tätigkeiten	eingesetzte Vermögensgegenstände	getragene Risiken
Gesellschaft A			
Gesellschaft B			
Gesellschaft C			

Tabelle 7: Zuordnung der Funktionsträger zu den Unternehmungsfunktionen

Zu beachten ist, dass die Gesellschaften unter Umständen mehreren Unternehmungsfunktionen zuzuordnen sind. Sofern bspw. eine Gesellschaft die von ihr selbst produzierten Erzeugnisse nicht nur an die Vertriebsgesellschaften der Unternehmung weiterreicht, sondern auch eigenständig an Kunden veräußert, ist die Gesellschaft aufgrund ihrer Fertigungsaktivitäten als Funktionsträger der Produktionsfunktion anzusehen und wegen der Vertriebsaktivitäten zugleich auch als Funktionsträger der Absatzfunktion.

Die Zuordnung der Funktionsträger zu den einzelnen Unternehmungsfunktionen offenbart, dass hinsichtlich der einzelnen Unternehmungsfunktionen manche Konzerngesellschaften

[231] Vgl. DAVIES/MÜHLEMANN, Procurement, International Tax Review February 2006, S. 31.

lediglich sehr wenige Tätigkeiten ausüben, keine bzw. kaum Vermögensgegenstände besitzen und nur sehr wenige Risiken tragen, wohingegen andere Gesellschaften für sehr viele Tätigkeiten der Unternehmungsfunktion verantwortlich zeichnen, zahlreiche funktionsspezifische Vermögensgegenstände besitzen und sehr viele der in Zusammenhang mit der Unternehmungsfunktion stehenden Risiken tragen. Letztere Funktionsträger werden im Folgenden als „wesentliche Funktionsträger" bezeichnet, weil sie das Gepräge der Unternehmungsfunktion maßgeblich beeinflussen und sich steuerplanerisches Optimierungspotenzial zuvorderst bei ihnen identifizieren lässt.

So können bspw. hinsichtlich der Produktionsfunktion zwei extreme Grundformen von Funktionsträgern unterschieden werden. Funktionsträger, die sämtliche Produktionsaktivitäten ausüben, denen die Fertigungsanlagen zuzurechnen sind und die auch das Produktionsrisiko der von ihnen gefertigten Erzeugnisse in vollem Umfang tragen, werden als Eigenproduzenten bezeichnet. Diejenigen Funktionsträger, die lediglich partielle Produktionstätigkeiten verrichten und bis auf die Auslastung ihrer Kapazitäten auch keinerlei Risiken tragen, werden als Lohnfertiger tituliert. Eine Gesellschaft, die als Eigenproduzent zu qualifizieren ist, stellt einen wesentlichen Funktionsträger dar, wohingegen eine Gesellschaft, der der Status eines Lohnfertigers beizumessen ist, grundsätzlich keinen wesentlichen Funktionsträger verkörpert.[232]

2.2.2.3. Quantifizierung funktionsspezifischer Steuerbelastungen

Durch die Quantifizierung der funktionsspezifischen Steuerbelastungen wird der steuerliche Status quo der einzelnen Unternehmungsfunktionen untersucht. Diese Analyse ist eine notwendige Voraussetzung für das Entdecken von aus steuerlicher Perspektive suboptimalen Allokationen von Unternehmungsfunktionen und dementsprechend auch für die Identifizierung von steuerplanerischem Optimierungspotenzial.

Die Steuerbelastung der einzelnen Unternehmungsfunktionen ergibt sich aus dem funktionsträgerspezifischen Zusammenspiel der Parameter „Bemessungsgrundlage" und „Steuertarif". Die Höhe der Bemessungsgrundlage der jeweiligen Funktionsträger hängt maßgeblich davon ab, welche der in Zusammenhang mit der Unternehmungsfunktion stehenden Tätigkeiten

[232] Zu Details vgl. Teil III 2.3.2.2.2.

durch den Funktionsträger ausgeübt und welche Risiken durch ihn getragen werden.[233] Ursächlich hierfür ist, dass einem Funktionsträger grundsätzlich eine umso höhere Bemessungsgrundlage zuzuordnen ist, je mehr Tätigkeiten durch ihn verrichtet und je mehr Risiken von ihm übernommen werden. So ist z. B. einer Gesellschaft, die sämtliche Produktionstätigkeiten der kapitalmarktorientierten internationalen Unternehmung erledigt und den kompletten Produktions- sowie Absatzrisiken ausgesetzt ist und daher den Status als wesentlicher Funktionsträger einnimmt, der Unterschiedsbetrag zwischen dem Preis, der für die Beschaffung der Vorprodukte aufzuwenden ist, und dem Preis, für den das erstellte Erzeugnis verkauft wird, in voller Höhe zuzuordnen. Einem Lohnfertiger, dessen einziges Risiko in der Auslastung seiner Kapazitäten besteht, ist hingegen nur ein vergleichsweise geringer Anteil der Gewinnmarge als Bemessungsgrundlage zuzuordnen.[234] Die Höhe der Bemessungsgrundlage wird hierbei im Regelfall durch die Anwendung der Kostenaufschlagsmethode unter Verwendung eines Kostenaufschlagsfaktors i. H. v. 5-10 % ermittelt.[235]

Anschließend sind die Steuertarife festzustellen, die auf die Bemessungsgrundlagen der Funktionsträger anzuwenden sind. Die Höhe des jeweils einschlägigen Effektivsteuersatzes wird durch den Standort der Funktionsträger determiniert. Hierbei sind sämtliche Ertragsteuereffekte zu berücksichtigen, z. B. in den USA neben den Bundessteuern (sog. *federal taxes*) auch die staatenspezifischen Steuern (sog. *state taxes*) sowie die stadtspezifischen lokalen Steuern (sog. *local taxes*). Für die in Deutschland steuerlich ansässigen Funktionsträger ergibt sich somit in Abhängigkeit von der genauen Höhe des Gewerbesteuerhebesatzes regelmäßig eine Gesamtertragsteuerbelastung aus Körperschaftsteuer, Gewerbesteuer und Solidaritätszuschlag i. H. v. circa 30 %.[236]

Die Quantifizierung funktionsspezifischer Steuerbelastungen lässt sich anhand des folgenden Beispiels verdeutlichen:

---

[233] Vgl. etwa BURKERT, Reallokation, in: Kleineidam (Hrsg.), FS Fischer, S. 511. Bemessungsgrundlageneffekte, die auf Unterschiede zwischen den länderspezifischen Gewinn- bzw. Einkommensermittlungsvorschriften zurückzuführen sind, z. B. die sich nach polnischem Steuerrecht im Vergleich zu den deutschen Einkommensermittlungsvorschriften ergebenden relativ langen Abschreibungszeiträume, werden im Rahmen der Quantifizierung der funktionsspezifischen Steuerbelastungen ebenso wenig berücksichtigt wie die Bemessungsgrundlageneffekte, die sich aus Finanzierungs- und Repatriierungsaufwendungen ergeben (vgl. zu diesen KRÖNER/BECKENHAUB, Konzernsteuerquote, S. 76 ff.), weil derartige Effekte im Rahmen des Tax Controlling (vgl. Teil III 2.2.3.) untersucht werden.

[234] Zu Details vgl. Teil III 2.3.2.2.2.

[235] Vgl. BMF-Schreiben v. 24.12.1999, IV B 4 – S 1300 – 111/99, BStBl. I 1999, S. 1076, Tz. 3.1.2.

[236] Nach § 16 Abs. 4 S. 2 GewStG beträgt der Gewerbesteuerhebesatz mindestens 200 %. In diesem Falle ergibt sich eine kumulierte Gesamtertragsteuerbelastung von lediglich 22,825 %.

Als Funktionsträger der Absatzfunktion der kapitalmarktorientierten internationalen Unternehmung wurden die in Deutschland ansässige X GmbH (nominaler Steuersatz i. H. v. 30 %) identifiziert, die in den USA ansässige Y Corp. (nominaler Steuersatz i. H. v. 35 %) und die in China ansässige Z FICE (nominaler chinesischer Steuersatz i. H. v. 25 %; infolge des Ausübens von steuerlich begünstigten High-Tech-Aktivitäten kommt jedoch ein effektiver Steuersatz i. H. v. 15 % zum Tragen). Die Vertriebsgesellschaften Y Corp. und Z FICE handeln in fremdem Namen und auf fremde Rechnung. Das Absatzrisiko wird somit in voller Höhe von der X GmbH getragen, die deshalb einen wesentlichen Funktionsträger darstellt. Dementsprechend ist ein sehr großer Teil der Vertriebsmarge in Deutschland zu 30 % zu versteuern. Weil die Y Corp. und die Z FICE nur als tätigkeits- und risikoschwache Verkaufsagenten fungieren, ist ihnen lediglich ein auf Basis der Kostenaufschlagsmethode zu ermittelnder sehr kleiner Teil der Gewinnmarge zuzuordnen, sodass in dem Hochsteuerland USA und dem Niedrigsteuerland China nur sehr kleine Bemessungsgrundlagen der Besteuerung unterliegen. Im Ergebnis ist somit für die Absatzfunktion eine Steuerbelastung i. H. v. circa 30 % anzusetzen.

2.2.2.4. Untersuchung funktionsspezifischer Steuerbelastungen

Die quantifizierten funktionsspezifischen Steuerbelastungen sind daraufhin zu untersuchen, ob sich hinsichtlich der Allokation von Unternehmungsfunktionen steuerplanerisches Optimierungspotenzial eröffnet. In einem ersten Schritt ist in periodischer Abfolge ein intertemporaler Vergleich der Steuerbelastungen der jeweiligen Unternehmungsfunktionen vorzunehmen. Falls sich die Höhe der Steuerbelastung im Zeitablauf verändert, wird das steuerplanerische Optimierungspotenzial unmittelbar ersichtlich. So indiziert bspw. ein auf die Abschaffung von Steuervergünstigungen für Einkaufsgesellschaften zurückzuführender Anstieg der Steuerbelastung der Beschaffungsfunktion, dass zu eruieren ist, ob durch geeignete Tax-Planning-Modelle (vgl. Teil III 2.3.2.2.1.) dieser für die Steigerung des Total Shareholder Return abträglichen Entwicklung steuerplanerisch entgegengewirkt werden kann.

Im Regelfall sind nicht alle Funktionsträger einer Unternehmungsfunktion in einem einzigen Land, sondern vielmehr in verschiedenen Jurisdiktionen ansässig. So werden z. B. die in Zusammenhang mit der Unternehmungsfunktion „Absatz“ anfallenden Tätigkeiten aufgrund der häufig erforderlichen engen geografischen Anbindung an die Kunden oftmals von zahlreichen weltweit verteilten Verkaufsgesellschaften ausgeübt. Vor diesem Hintergrund ist im Anschluss an die intertemporale Untersuchung der funktionsspezifischen Steuerbelastungen zu analysieren, ob nicht diejenigen Funktionsträger mehr Tätigkeiten der jeweiligen Unternehmungsfunktion verrichten und mehr Risiken tragen können, die in den Ländern steuerlich ansässig sind, die von sämtlichen Funktionsträgern der Unternehmungsfunktion das niedrigste Steuerniveau aufweisen.[237] Wenn bspw. die Funktionsträger der Absatzfunktion in Deutschland (nominaler Steuersatz i. H. v. circa 30 %), Polen (nominaler Steuersatz i. H. v. 19 %) und Singapur (nominaler Steuersatz i. H. v. 20 %) domizilieren, ist darüber nachzudenken, ob von den in Polen und in Singapur ansässigen Vertriebsgesellschaften mehr Absatztätigkeiten ausgeübt und Vertriebsrisiken getragen werden können, damit ein höherer Anteil der von der Absatzfunktion insgesamt erwirtschafteten Gewinnmarge in Ländern versteuert wird, deren Steuerbelastungsniveau jenes von Deutschland signifikant unterschreitet.

Schließlich ist zu untersuchen, ob nicht zumindest gewisse Tätigkeiten bzw. Risiken einer Unternehmungsfunktion in solche Länder verlagert werden können, in denen bislang noch kein Funktionsträger ansässig ist. Wenn bspw. die wesentlichen Funktionsträger der Beschaffungs- und Absatzfunktion aufgrund attraktiver steuerlicher Rahmenbedingungen in der Slowakei angesiedelt sind (nominaler Steuersatz i. H. v. 19 %), sämtliche Produktionstätigkeiten und -risiken hingegen nach wie vor einer deutschen Gesellschaft zuzuordnen sind, ist zu überprüfen, ob sich nicht bestimmte Fertigungstätigkeiten in der Slowakei durchführen lassen, damit die Unternehmung auch hinsichtlich der Produktionsfunktion vom internationalen Steuersatzgefälle profitieren kann.

Die verschiedenen Komponenten der Untersuchung der funktionsspezifischen Steuerbelastungen lassen sich anhand des im Rahmen der Quantifizierung der funktionsspezifischen Steuerbelastungen angeführten Beispiels (vgl. Teil III 2.2.2.3.) verdeutlichen:

Zunächst ist die aktuelle Steuerbelastung der Absatzfunktion mit jener der vergangenen Jahre zu vergleichen. Dabei ist für das Jahr 2008 eine gegenüber dem Jahr 2007 für Deutschland um circa 8 % niedrigere Steuerbelastung und ein für China sowie die USA unverändertes Steuerniveau i. H. v. 15 % bzw. 35 % zu konstatieren.[238] Aufgrund des Status der deutschen

---

[237] Zu steuerlichen als auch außersteuerlichen Restriktionen, die derartigen Überlegungen entgegenstehen können vgl. Teil III 3.

[238] Durch die Unternehmensteuerreform 2008 kam es in Deutschland zu der Reduzierung der kumulierten Ertragsteuerbelastung aus Körperschaftsteuer, Gewerbesteuer und Solidaritätszuschlag von circa 38 % im Jahre 2007 auf circa 30 % ab dem Jahre 2008. Die chinesische Körperschaftsteuerreform (vgl. BECKER/LOOSE, Unternehmenssteuerreform, PIStB 2007, S. 127 ff.) sorgte dafür, dass die für ausländische Investoren bis einschließlich des Jahres 2007 – aufgrund der Gewährung von mannigfaltigen Steuervergünstigungen wie z. B. im Falle der Ansässigkeit in einer steuerlich geförderten Sonderwirtschaftszone – grundsätzlich einschlägige Effektivsteuerbelastung von 15 % (vgl. WANG, China, S. 28 ff.; PFAAR/SALZMANN, China, S. 28 ff.) mit Wir-

X GmbH als wesentlicher Funktionsträger ergab sich für die Absatzfunktion im Jahr 2007 eine Steuerbelastung i. H. v. circa 38 %. Anhand des intertemporalen Vergleichs der Steuerbelastungen lässt sich kein unmittelbares steuerplanerisches Optimierungspotenzial ermitteln, weil sich die Steuerbelastung der Vertriebsfunktion im Zeitablauf reduziert hat (38 % für das Jahr 2007 gegenüber 30 % für das Jahr 2008). Optimierungspotenzial taucht aber insofern auf, als sich die Frage stellt, ob nicht ein höherer Anteil der Gewinnmarge der Vertriebsfunktion in China versteuert werden kann, z. B. durch die Implementierung eines in China ansässigen sog. *full fledged distributor* (vgl. Teil III 2.3.2.2.3.), weil China im Vergleich mit Deutschland und den USA die niedrigste Steuerbelastung aufweist. Schließlich ergibt sich steuerplanerisches Optimierungspotenzial, indem untersucht wird, ob nicht Vertriebsgesellschaften in Ländern angesiedelt werden können, die ein noch niedrigeres Steuerniveau als China aufweisen, was z. B. im Falle von Irland aufgrund eines nominalen Steuersatzes i. H. v. 12,5 % gegeben wäre.

2.2.3. Tax Controlling

2.2.3.1. Gesellschaftsorientierte Betrachtung

Im Rahmen des Tax Controlling[239] erfolgt zur Identifizierung von steuerplanerischem Optimierungspotenzial zunächst die Analyse von steuerlichen Attributen der einzelnen Gesellschaften der kapitalmarktorientierten internationalen Unternehmung. Unter Steuerattributen sind Eckdaten zu verstehen, die die steuerliche Situation der jeweiligen Gesellschaft beleuchten und Rückschlüsse auf diesbezügliche steuerliche Chancen und Risken ermöglichen. Die jeweils zu erhebenden steuerlichen Attribute sind grundsätzlich für jede Gesellschaft separat festzulegen, weil eine einheitliche Bestimmung der Steuerattribute aufgrund von Länder-, Branchen- und Gesellschaftsspezifika, z. B. Sonderbetriebseinnahmen und -ausgaben bei mitunternehmerisch besteuerten Personengesellschaften, nicht zielführend erscheint. Hinsichtlich der in Deutschland ansässigen Kapitalgesellschaften können unter anderem die im Folgenden aufgeführten Steuerattribute verwendet werden:

– Höhe des zu versteuernden Einkommens und des Gewerbeertrags;

---

kung vom Jahr 2008 auf grundsätzlich 25 % anstieg; die im Beispielsfall auch für das Jahr 2008 unterstellte 15%ige Effektivbesteuerung kann nur noch in wenigen Ausnahmefällen erreicht werden.

[239] Vgl. zu einem weiter gefassten Begriffsverständnis des Steuercontrolling, einschließlich der Beschreibung eines derartigen Steuercontrollingsystems, HERZIG/ZIMMERMANN, Steuercontrolling, DB 1998, S. 1141 ff.

- Höhe der nach Steuerarten gegliederten Verlustvorträge unter Angabe der jeweiligen Verlustverrechnungsbeschränkungen;[240]
- Höhe und Altersstrukturinformationen über die hinsichtlich noch nicht genutzter steuerlicher Verlustvorträge gebildeten aktiven latenten Steuern;
- absolute Höhe der zahlungswirksamen Steuern bzw. Höhe der Cash-Steuerquote;[241]
- absolute Höhe der ergebniswirksamen Steuern bzw. Angaben zum Verlauf der Konzernsteuerquote;[242]
- Höhe der nichtabzugsfähigen Betriebsausgaben unter Angabe der wesentlichen Gründe (z. B. Zinsschranke entsprechend § 4h EStG i. V. m. § 8a KStG);
- Höhe der steuerlichen Eigen- bzw. Fremdkapitalquote;
- sonstige steuerrelevante Faktoren, wie z. B. signifikante Quellensteuerbelastung hinsichtlich Dividenden-, Zins- und/oder Lizenzzahlungen.

Die Steuerattribute sind periodisch bei den einzelnen Gesellschaften zu erheben. Aufgrund der Tatsache, dass sich viele Steuerattribute aus Daten ergeben, die jährlich per Steuerbescheid festgesetzt bzw. festgestellt werden, bietet sich grundsätzlich ein jährlicher Erhebungszyklus an. Um steuerlichen Fehlentwicklungen frühzeitig steuerplanerisch entgegenwirken zu können, sollte aber zumindest die steuerliche Ertragslage der Gesellschaften mittels Vorausberechnungen (sog. *forecasts*) hinsichtlich des zu versteuernden Einkommens und des Gewerbeertrags monatlich evaluiert werden. Zu beachten ist, dass die Datenaufnahme nicht zwangsläufig auf der Ebene der einzelnen Gesellschaften zu erfolgen hat. Sofern bspw. eine körperschaft- und gewerbesteuerliche Organschaft besteht, sind die Höhe des zu versteuernden Einkommens und des Gewerbeertrags auf Ebene des Organträgers hinsichtlich des gesamten Organkreises zu erheben.[243]

---

[240] Für körperschaftsteuerliche Verluste besteht gemäß § 8 Abs. 1 KStG i. V. m. § 10d Abs. 1 EStG eine Option zum Verlustrücktrag in den unmittelbar vorangegangenen Veranlagungszeitraum i. H. v. 511.500 EUR. Der Verlustvortrag ist grundsätzlich zeitlich unbegrenzt möglich, es greift allerdings nach § 8 Abs. 1 KStG i. V. m. § 10d Abs. 2 EStG eine Mindestbesteuerung. Hinsichtlich gewerbesteuerlicher Verluste ist hingegen keine Rücktragsmöglichkeit eröffnet; § 10a S. 1 und 2 GewStG sehen nämlich ausschließlich einen zeitlich unbegrenzten Verlustvortrag unter Anwendung einer Mindestbesteuerung vor.

[241] Zur Cash-Steuerquote vgl. Teil V 2.2.3.2.

[242] Zur Konzernsteuerquote vgl. Teil V 2.2.3.2.

[243] Um die Ursachen von steuerlichen Fehlentwicklungen erkennen und einzelnen Gesellschaften zuordnen zu können, sind die im Rahmen der Organschaft von den Organgesellschaften zuzurechnenden Einkommen bzw. Gewerbeerträge ebenfalls zusammenzustellen.

Für jede Konzerngesellschaft ist ein Mitarbeiter der Steuerabteilung als sog. Gesellschaftsverantwortlicher zu bestimmen, der für die Datenerhebung als auch für die sich daran anschließende Datenanalyse zuständig ist. Hinsichtlich ausländischer Konzerngesellschaften bietet es sich zwecks Erzielung von Skaleneffekten oftmals an, für sämtliche Gesellschaften eines Landes bzw. einer Region einen einheitlichen Gesellschaftsverantwortlichen auszuwählen.[244]

Im Anschluss an die Datenerhebung werden die Daten ausgewertet. Zum einen ist in Bezug auf die einzelnen Gesellschaften ein intertemporaler Vergleich der Ausprägungen der jeweiligen Steuerattribute vorzunehmen, um aus sprunghaften Veränderungen steuerplanerisches Optimierungspotenzial ableiten zu können. Sofern z. B. im Vergleich zur Vorperiode ein signifikanter Anstieg der Höhe der nicht abzugsfähigen Betriebsausgaben zu konstatieren ist, kann erforscht werden, ob sich die Ursachen dieser für die Gesellschaft nachteiligen Entwicklung für die Zukunft steuerplanerisch eliminieren lassen. Zum anderen ist im Rahmen der Datenauswertung zu analysieren, ob sich aus den Ausprägungen der Steuerattribute unmittelbar steuerplanerisches Optimierungspotenzial ergibt. Sofern z. B. eine ausländische Tochtergesellschaft über signifikante steuerliche Verlustvorträge verfügt, die infolge gesetzlicher Verlustverrechnungsrestriktionen in den nächsten Jahren zu verfallen drohen, ist der Bedarf an Tax-Planning-Maßnahmen direkt ersichtlich.

2.2.3.2. Länderorientierte Betrachtung

Auf Basis des gesellschaftsorientierten Tax Controlling ist eine länderspezifische Betrachtung vorzunehmen. Hierzu sind die im Rahmen der gesellschaftsorientierten Betrachtung ermittelten Daten von den Gesellschaften miteinander zu vergleichen, die in denselben Ländern ansässig sind. Sofern sich in einem Land bei verschiedenen Gesellschaften stark divergierende Ausprägungen der Steuerattribute ergeben, ist die genaue Ursache zu ermitteln, um gegebenenfalls steuerplanerische Maßnahmen einleiten zu können. Wenn bspw. eine Gesellschaft eine relativ höhere Steuerzahllast aufweist als eine in demselben Land ansässige Schwestergesellschaft, kann im Wege des länderorientierten Tax Controlling herausgefunden werden, dass eine Gesellschaft von einer steuerfreien Investitionszulage profitiert hat, deren Existenz bzw. Nutzbarkeit der anderen Gesellschaft nicht bekannt war. Steuerplanerisches Optimierungspotenzial wird entdeckt, weil die andere Gesellschaft einen Antrag auf nachträgliche bzw. zu-

---

[244] In Abhängigkeit von dem Grad der Internationalisierung der Unternehmung sowie der personellen Kapazitäten der Steuerabteilung können z. B. für einzelne asiatische Länder separate Gesellschaftsverantwortliche oder alternativ ein Gesellschaftsverantwortlicher für die gesamte Region Asien bestimmt werden.

künftige Gewährung der steuerfreien Zulage stellen kann. Durch das länderorientierte Tax Controlling wird somit auch die Voraussetzung dafür geschaffen, dass alle Gesellschaften von Steuerplanungsmodellen profitieren können, die von in demselben Land ansässigen Gesellschaften bereits erfolgreich umgesetzt wurden.

Des Weiteren sind für jedes Land die steuerlichen Attribute der jeweiligen Gesellschaften im Wege einer aggregierten Betrachtung hinsichtlich steuerplanerischer Chancen und Risiken zu durchleuchten. Sofern bspw. im Rahmen des gesellschaftsorientierten Tax Controlling ermittelt wird, dass zahlreiche Gesellschaften eines Landes stetig steuerliche Verluste erleiden und eine in demselben Staat ansässige Gesellschaft kontinuierlich hohe steuerliche Gewinne generiert, liegt das steuerliche Optimierungspotenzial unmittelbar auf der Hand. Obwohl in dem Land aus Sicht der gesamten Unternehmung per saldo eventuell gar kein steuerlicher Gewinn erwirtschaftet wird, befindet sich die Unternehmung mangels Konsolidierung der Ergebnisse der einzelnen Gesellschaften in einer Steuerzahlungsposition. Diese nachteilige Situation kann durch Steuergestaltungsmaßnahmen problemlos beseitigt werden, z. B. indem die Unternehmung in dem Land eine Organschaft bzw. eine Steuergruppe begründet, die eine Verrechnung der steuerlichen Gewinne mit den steuerlichen Verlusten ermöglicht.

2.2.3.3. Konzernorientierte Betrachtung

Schließlich ist eine gesellschafts- und länderübergreifende Betrachtung aus dem Blickwinkel der gesamten Unternehmung (sog. konzernorientierte Betrachtung) vorzunehmen. Hierzu sind die steuerlichen Attribute sämtlicher Konzerngesellschaften im Wege einer aggregierten Betrachtung bezüglich Steuerchancen und -risiken zu analysieren. Sofern bspw. in zahlreichen Ländern steuerliche Verluste erwirtschaftet werden und in einem anderen Land hingegen eine Gesellschaft sehr profitabel operiert, offenbart sich steuerplanerisches Optimierungspotenzial, weil die Verluste steuerlich nicht verwertet werden. Als wirksame Tax-Planning-Maßnahme bietet sich die Begründung einer grenzüberschreitenden Steuergruppe an, wie z. B. der österreichischen Gruppenbesteuerung, mittels derer die steuerlichen Gewinne der hochprofitablen Gesellschaft zumindest temporär mit den Verlusten der in den anderen Staaten domizilierenden Gesellschaften verrechnet werden können.[245]

Zusammenfassend lässt sich die zeitliche Abfolge der einzelnen Maßnahmen des Tax Controlling grafisch wie folgt veranschaulichen.

---

[245] Zu Details der österreichischen Gruppenbesteuerung vgl. Teil III 2.3.3.4.

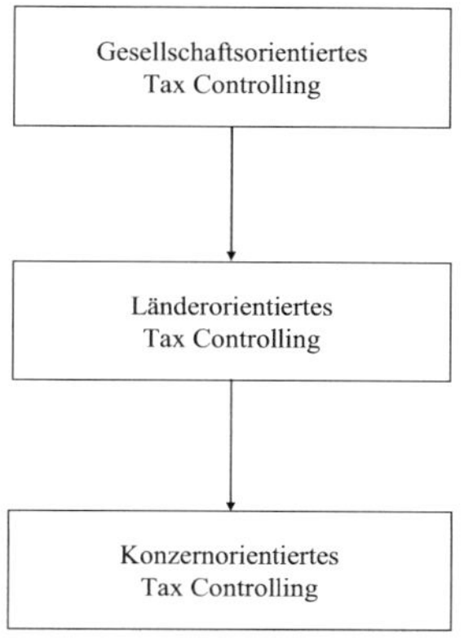

Abbildung 18: Tax Controlling

2.2.4. Analyse der Umfeldänderungen

2.2.4.1. Grundsätzliche Anmerkungen

Auch durch die Analyse der Umfeldänderungen der kapitalmarktorientierten internationalen Unternehmung kann steuerplanerisches Optimierungspotenzial identifiziert werden.[246] Die Ermittlung der steuerlichen Auswirkungen sowohl von Änderungen des unternehmungsexternen Umfelds als auch von Änderungen des unternehmungsinternen Umfelds ist eine notwendige Voraussetzung dafür, dass die Steuerabteilung durch das Ergreifen geeigneter Tax-Planning-Maßnahmen die aus den Umfeldänderungen resultierenden steuerlichen Chancen zugunsten der Unternehmung nutzen und etwaig drohende steuerlich nachteilige Entwicklungen vermeiden bzw. zumindest abmildern kann.

Unter unternehmungsexternen Umfeldänderungen sind Faktoren bzw. Entwicklungen zu verstehen, die von der jeweiligen Unternehmung grundsätzlich nicht beeinflusst werden können. Ein Beispiel hierfür ist die Ankündigung der signifikanten Senkung des Körperschaftsteuersatzes in einem Land, das sich bislang durch eine vergleichsweise hohe Steuerbelastung auszeichnet. Sofern die Steuerabteilung rechtzeitig über die Tarifsenkung informiert ist, kann sie z. B. analysieren, dass sich der aus der steuerlichen Abzugsfähigkeit von Fremdkapitalzinsen resultierende Steuerminderungseffekt infolge der Steuersatzsenkung abschwächt und daher

[246] Vgl. FAITH, Policy, International Tax Review September 2008, S. 23 f.

eine Umfinanzierung von einer Fremd- zu einer Eigenkapitalfinanzierung steuerlich vorteilhaft sein könnte.

Die von einer Unternehmung initiierten bzw. geplanten Maßnahmen und Projekte werden als unternehmungsinterne Umfeldänderungen bezeichnet. Ein Beispiel hierfür ist die Absicht einer Unternehmung, in ein neues Land zu expandieren. Sofern die Steuerabteilung der Unternehmung frühzeitig über diese Pläne informiert ist, kann bspw. hinsichtlich der Investitionsform (Gründung einer Kapitalgesellschaft versus Gründung einer Personengesellschaft versus Begründung einer rechtlich unselbständigen Betriebsstätte) steuerplanerisches Optimierungspotenzial identifiziert und genutzt werden.[247]

Unabdingbare Voraussetzung für die Identifizierung derartigen steuerplanerischen Optimierungspotenzials ist, dass die Steuerabteilung zur rechten Zeit möglichst umfassende Kenntnisse über unternehmungsexterne und -interne Umfeldänderungen erlangt. Zunächst ist daher durch eine standardisierte Informationsbeschaffung (vgl. Teil III 2.2.4.2.) sicherzustellen, dass sämtliche Umfeldänderungen, die zumindest potenziell steuerliche Relevanz entfalten können, erfasst werden. Anschließend ist durch die im Rahmen der Informationsverarbeitung (vgl. Teil III 2.2.4.3.) erfolgende Untersuchung der steuerlichen Auswirkungen der Umfeldänderungen das steuerplanerische Optimierungspotenzial für die Unternehmung zu identifizieren.

2.2.4.2. Informationsbeschaffung

2.2.4.2.1. Unternehmungsexterne Umfeldänderungen

Das Steuerrecht zahlreicher Länder, nicht zuletzt jenes von Deutschland, ist infolge der hohen Frequenz neuer Gesetze, Steuerrechtsprechung und Verlautbarungen der Finanzverwaltung durch eine sehr hohe Änderungsgeschwindigkeit geprägt. Die kapitalmarktorientierte internationale Unternehmung wird daher mit einer quantitativen Zunahme an steuerlich relevanten Informationen konfrontiert, die sich zudem durch immer höhere Komplexitätsgrade auszeichnen.

Um eine möglichst lückenlose Erfassung steuerrelevanter unternehmungsexterner Umfeldänderungen zu gewährleisten, sind diese in verschiedene Themengebiete zu unterglie-

---

[247] Zu Details der steueroptimierten Rechtsformwahl vgl. Teil III 2.3.3.2.

dern. Neben Themengebieten, die sich aufgrund von branchen- und unternehmungsspezifischen Besonderheiten ergeben, sollte die Unternehmung zumindest die im Folgenden aufgeführten generellen Schwerpunktgebiete abdecken:[248]

- Ertragsteuern Inland (Körperschaftsteuer, Gewerbesteuer);
- Ertragsteuern Ausland (Unterteilung in einzelne Länder);
- Abgabenordnung/Verfahrensrecht Inland;
- Abgabenordnung/Verfahrensrecht Ausland (Unterteilung in einzelne Länder);
- Verrechnungspreise Inland;
- Verrechnungspreise Ausland (Unterteilung in einzelne Länder);
- Außensteuerrecht Inland (Außensteuergesetz, Internationales Steuerrecht, Doppelbesteuerungsabkommen);
- Außensteuerrecht Ausland (Unterteilung in einzelne Länder);
- EU-Rechtsprechung;
- steuerrelevante Aspekte der IAS/IFRS (insbesondere IAS 12);
- rechtliche Aspekte mit Steuerbezug (z. B. Inkrafttreten des MoMiG[249] bezüglich des Übergangs von der Sitz- zur Gründungstheorie).

Vor dem Hintergrund der Interdisziplinarität der beiden zuletzt angeführten Themengebiete „Steuerrelevante Aspekte der IAS/IFRS" und „Rechtliche Aspekte mit Steuerbezug" sollten die diesbezüglichen Themenverantwortlichen (vgl. unten) einen institutionalisierten Austausch mit den Unternehmungsabteilungen „Rechnungswesen" und „Recht" pflegen, z. B. im Wege quartalsweiser Treffen mit den jeweiligen Abteilungsleitern.[250]

Eine konsistente, klar voneinander abgrenzbare Gruppierung von unternehmungsexternen Umfeldänderungen zu den einzelnen Themengebieten ergibt sich hierbei durch Anwendung des Subsidiaritätsprinzips, nach dem die Zuordnung zu einem spezielleren Themengebiet der

[248] Themengebiete, die mangels ertragsteuerlicher Anknüpfungspunkte im Rahmen dieser Arbeit nicht weiter untersucht werden (vgl. Teil I 2.), sollten in der Unternehmungspraxis selbstverständlich ebenfalls abgedeckt werden. Als Beispiele können die Themenkomplexe „Immobilien" (Grunderwerbsteuer, Grundsteuer, erweiterte Kürzung gemäß § 9 Nr. 1 S. 2 ff. GewStG, REITG), „Umsatzsteuer" und „Zölle/Verbrauchsteuern" angeführt werden.

[249] Gesetz zur Modernisierung des GmbH-Rechts und zur Bekämpfung von Missbräuchen vom 23.10.2008 (BGBl. I 2008, S. 2026).

[250] Zu Details der unternehmungsinternen Vernetzung der Steuerabteilung vgl. Teil V 2.5.

Zuordnung zu einem allgemeineren Themengebiet vorgeht. So kann bspw. eine neuartige BFH-Rechtsprechung in Bezug auf § 50d Abs. 9 EStG zwar grundsätzlich dem Themenschwerpunkt „Ertragsteuern Inland" zugerechnet werden, aufgrund der Charakteristik von § 50d Abs. 9 EStG als Treaty-Override- bzw. Subject-to-Tax-Norm dominiert jedoch die Zuordnung zu dem spezielleren Themengebiet „Außensteuerrecht Inland".[251]

Für jedes dieser Themengebiete ist zwecks Festlegung klarer personeller Zuständigkeiten ein Mitarbeiter der Steuerabteilung als sog. Themenverantwortlicher zu bestimmen. Die Themenverantwortlichen haben die Aufgabe, den Prozess der Informationsbeschaffung und -verarbeitung hinsichtlich ihres jeweiligen Themengebietes selbständig zu organisieren.[252] Sie haben folglich unter anderem dafür Sorge zu tragen, dass sämtliche Informationen über die jeweiligen themengebietsspezifischen steuerrelevanten Änderungen des unternehmungsexternen Umfelds beschafft werden. Hierzu haben sie Informationsquellen festzulegen und hinsichtlich steuerrelevanter Aspekte periodisch auszuwerten. Als mögliche Informationsquellen kommen bspw. in Betracht:

- amtliche Dokumente (z. B. BGBl, BStBl, Verlautbarungen des IASB);
- Fachzeitschriften (z.B. DB, BB, DStR, IStR, WPg, Intertax, TNI);
- Seminare;
- themenspezifisch erstellte Newsletter von externen Beratern.

2.2.4.2.2. Unternehmungsinterne Umfeldänderungen

Die rechtzeitige Beschaffung von Informationen über unternehmungsinterne Umfeldänderungen ist nur möglich, wenn die Steuerabteilung eine enge Vernetzung innerhalb der Unternehmung aufweist. Die unternehmungsinterne Vernetzung ist durch die permanente Kommunikation mit dem Vorstand und den fortdauernden Austausch mit den einzelnen Gesellschaften der Unternehmung sicherzustellen.

---

[251] Grundlegend zu § 50d Abs. 9 EStG vgl. LOOSE/HÖLSCHER/ALTHAUS, Freistellungsmethode, BB 2006, S. 2724 ff.

[252] Dies umfasst die Option, externe Berater in den Informationsbeschaffungsprozess einzubinden. Weil viele Unternehmungen in ausländischen Staaten oftmals keine eigenständigen Steuerabteilungen unterhalten, bietet sich insbesondere diesbezüglich der Einsatz von externen Beratern an. Hierbei ist allerdings zu beachten, dass externe Berater mangels Kenntnis unternehmungsspezifischer Besonderheiten oftmals nicht abschließend entscheiden können, ob einzelne Änderungen des unternehmungsexternen Umfelds für die jeweilige Unternehmung relevant sind.

Die Kommunikation mit dem Vorstand bezweckt, dass die Steuerabteilung rechtzeitig über die strategischen Projekte der Unternehmung informiert wird. Die frühzeitige Einbindung der Steuerabteilung ist sehr zu empfehlen, weil strategische Projekte gravierende Steuerfolgen nach sich ziehen können und sich steuerplanerisches Optimierungspotenzial insbesondere in der Konzeptionsphase von Projekten eröffnet. Infolgedessen sollte die Steuerabteilung über sämtliche Projekte der Unternehmung informiert werden, die vom Vorstand vor ihrer Umsetzung zu genehmigen sind. Vor dem Hintergrund der im Regelfall zeitlich sehr knappen Kapazitäten des Vorstands kann für Zwecke des Austauschs zwischen der Steuerabteilung und dem Vorstand auch auf die Vorstandsassistenten zurückgegriffen werden. So können die Assistenten des Vorstands etwa dazu verpflichtet werden, dem Leiter der Steuerabteilung permanent über genehmigungspflichtige Projekte Meldung zu erstatten.

Durch eine periodische Abfrage der für die nahe Zukunft geplanten Projekte bei sämtlichen Gesellschaften der Unternehmung kann sichergestellt werden, dass die Steuerabteilung unabhängig von der Genehmigungspflicht des Vorstands bereits in der Konzeptionsphase in die Planung von bestimmten Projekten einbezogen wird. Hierfür ist den einzelnen Gesellschaften z. B. im Rahmen der grundsätzlich jährlich stattfindenden unternehmungsinternen Budgetplanung die Pflicht aufzuerlegen, der Steuerabteilung eine kurze Beschreibung der Projekte zu übermitteln, die innerhalb des nächsten Geschäftsjahrs umgesetzt werden sollen und einen der folgenden Punkte beinhalten:

- grenzüberschreitender Bezug;
- Übertragung von materiellen oder immateriellen Vermögensgegenständen bzw. Wirtschaftsgütern, wie z. B. von geistigen Eigentumsrechten (sog. Intellectual Property), zwischen einzelnen Gesellschaften;
- Akquisitionen, Desinvestitionen oder sonstige Veränderungen der Gesellschaftsstruktur;
- wesentliche Eigenkapitalmaßnahmen, z. B. Kapitalerhöhungen, Kapitalherabsetzungen oder Forderungsverzichte;
- wesentliche Fremdkapitalmaßnahmen, z. B. konzernexterne Refinanzierungen;
- Verlegung des Sitzes oder des Ortes der Geschäftsleitung einer Gesellschaft in ein anderes Land;
- Projekte, die für die Unternehmung ungewöhnlich sind.

2.2.4.3. Informationsverarbeitung

2.2.4.3.1. Unternehmungsexterne Umfeldänderungen

Die Informationsverarbeitung hinsichtlich unternehmungsexterner Umfeldänderungen vollzieht sich durch drei verschiedene Maßnahmen. Zum einen haben die Funktionsverantwortlichen (vgl. Teil III 2.2.2.) zu untersuchen, ob und wenn ja in welcher Form die jeweiligen Unternehmungsfunktionen von der externen Umfeldänderung betroffen sind. Auf Basis dieser Ergebnisse können die Funktionsverantwortlichen analysieren, ob sich in Bezug auf die Allokation der einzelnen Tätigkeiten und Risiken der Unternehmungsfunktionen steuerplanerisches Optimierungspotenzial eröffnet. Eine Steuersatzsenkung in dem Land, in dem die Unternehmung ihre wesentlichen Produktionstätigkeiten unterhält, führt z. B. zu einer niedrigeren Steuerbelastung des der Produktionsfunktion steuerlich zuzuordnenden Anteils der Gewinnmarge. Steuerplanerisch ist daher zu überlegen, ob sich der in diesem Land zu versteuernde Anteil der Gewinnmarge nicht ausweiten lässt, z. B. indem die in dem Land ansässigen Gesellschaften auch Absatzrisiken übernehmen.

Zum anderen haben die Gesellschaftsverantwortlichen (vgl. Teil III 2.2.3.) zu überprüfen, auf welche Steuerattribute der einzelnen Gesellschaften sich die Umfeldänderungen auswirken und welche steuerplanerischen Konsequenzen daraus gezogen werden können.[253] So zeigt bspw. die Analyse einer für das nächste Kalenderjahr angekündigten Verschärfung der Unterkapitalisierungsvorschriften, dass die Höhe der steuerlich nicht abzugsfähigen Betriebsausgaben bei vielen Gesellschaften ansteigen wird. Steuerplanerische Abhilfe kann z. B. dadurch erreicht werden, dass die betroffenen Gesellschaften ihre bislang grundsätzlich fremdfinanzierten Anschaffungen von Vermögensgegenständen durch Leasing-Vereinbarungen substituieren oder sonstige Adjustierungen ihrer Finanzierungsstrukturen vornehmen.

Schließlich ist im Rahmen der Informationsverarbeitung darüber nachzudenken, ob die unternehmungsexternen Umfeldänderungen weitere Tax-Planning-Potenziale eröffnen. Sofern bspw. – wie es in der Volksrepublik China im Jahre 2008 der Fall war – ausländische Investoren in einem Land erstmals auch die Rechtsform der Personengesellschaft nutzen können, ist zu eruieren, ob sich etwa durch grenzüberschreitende hybride Finanzierungskonstruktionen

[253] Für Zwecke der Identifizierung von steuerplanerischem Optimierungspotenzial ist hierbei analog zum Tax Controlling (vgl. Teil III 2.2.3.) nicht nur eine gesellschaftsorientierte Betrachtung, sondern zusätzlich auch eine länder- und konzernorientierte Betrachtung anzustellen.

gezielt Qualifikationskonflikte[254] herbeiführen lassen, die in einer Jurisdiktion einen Zinsabzug ermöglichen, ohne dass es in dem Kapitalgeberland zu einer korrespondierenden Besteuerung von Zinserträgen kommt.[255]

2.2.4.3.2. Unternehmungsinterne Umfeldänderungen

Im Rahmen der Verarbeitung von Informationen über unternehmungsinterne Umfeldänderungen ist zuvorderst die steueroptimierte Umsetzung der jeweiligen Umfeldänderung sicherzustellen. Wenn die Steuerabteilung durch den Austausch mit dem Vorstand z. B. darüber in Kenntnis gesetzt wird, dass die Unternehmung die Akquisition einer ausländischen Gesellschaft anvisiert, hat die Steuerabteilung steueroptimierte Akquisitionsmodelle zu entwickeln. So ermöglicht etwa die Einschaltung eines fremdkapitalfinanzierten Akquisitionsvehikels mit anschließender Begründung einer Steuergruppe zwischen dem Akquisitionsvehikel und der Zielgesellschaft, dass die infolge der Fremdkapitalzinsaufwendungen entstehenden Verluste des Akquisitionsvehikels mit den operativen Gewinnen der Zielgesellschaft steuerlich verrechnet werden.[256]

Des Weiteren haben die Funktionsverantwortlichen herauszufinden, welche Unternehmungsfunktionen von den internen Umfeldänderungen tangiert werden und auf welche Art und Weise sich hieraus steuerplanerisches Optimierungspotenzial hinsichtlich der Allokation der Unternehmungsfunktionen generieren lässt. Wenn die interne Umfeldänderung bspw. darin besteht, dass die Unternehmung gegebenenfalls in ein neues Land expandieren wird, ist zunächst zu klären, welche Unternehmungsfunktionen aus operativen Erwägungen in dem Zielland angesiedelt werden müssen. Auf Basis der Ermittlung der hinsichtlich des Ziellandes zu erwartenden Steuerbelastung ist zu untersuchen, in welchem Umfang die einzelnen Tätigkeiten der Unternehmungsfunktion ausgeübt bzw. die Risiken der Unternehmungsfunktion getragen werden sollen. Ferner ist zu prüfen, ob es aus Steueroptimierungsgründen vorteilhaft ist, dort weitere Funktionen anzusiedeln. Im Falle der Expansion in ein Niedrigsteuerland bietet es sich bspw. an, die Unternehmungsfunktionen in sehr breitem Umfang auszugestalten,

---

[254] Zu der internationalen Steuerplanung durch Ausnutzung von Qualifikationskonflikten vgl. etwa DJANANI/BRÄHLER, Qualifikationskonflikten, StuW 2007, S. 53 ff.; SCHADEN/FRANZ, Qualifikationskonflikte, Ubg 2008, S. 452 ff.

[255] Für Details der Steueroptimierung der Strukturbeziehung „Finanzierung" in Bezug auf verschiedene Investitions- bzw. Rechtsformen vgl. Teil III 2.3.4.2.

[256] Sofern hingegen eine Holding-Gesellschaft das Darlehen für Zwecke des Beteiligungserwerbs aufnimmt, laufen die regelmäßig sehr hohen Fremdkapitalzinsaufwendungen steuerlich ins Leere, weil die Einnahmen der Holding-Gesellschaft im Wesentlichen aus zu 95 % steuerbefreiten Dividenden und Veräußerungsgewinnen bestehen (§ 8b Abs. 1, 5 KStG bzw. § 8b Abs. 2, 3 KStG). Zum steueroptimierten Unternehmenserwerb vgl. Teil III 2.3.3.5.1.

d. h. Verrichtung vieler Tätigkeiten und Übernahme vieler Risiken, um von dem geringen Steuerbelastungsniveau zu profitieren.[257]

Die Gesellschaftsverantwortlichen haben zu prüfen, wie sich die jeweilige Umfeldänderung auf die Steuerattribute der einzelnen Gesellschaften auswirkt und ob hieraus auf Gesellschafts-, Länder- oder Konzernebene steuerplanerische Konsequenzen zu ziehen sind. Sofern z. B. aus operativen Erwägungen die Verschmelzung zweier in einem Mutter-Tochter-Verhältnis zueinander stehender Gesellschaften geplant ist, sind die Steuerattribute der betroffenen Gesellschaften auf steuerplanerische Chancen und Risiken zu untersuchen.[258] Falls eine der an der Verschmelzung beteiligten Gesellschaften signifikante steuerliche Verlustvorträge aufweist, ist steuerplanerisch zu überlegen, wie die Umstrukturierung abgewickelt werden kann, ohne dass die noch nicht genutzten steuerlichen Verlustvorträge verfallen.[259]

Schließlich ist zu eruieren, ob die internen Umfeldänderungen weitere steuerplanerische Optimierungspotenziale eröffnen. Die einzelnen Steuerplanungsmodelle aus den Kategorien „Steueroptimierter gesellschaftsrechtlicher Unternehmungsaufbau“ (vgl. Teil III 2.3.3.) und „Steueroptimierte Strukturbeziehungen“ (vgl. Teil III 2.3.4.) können hierfür gute Anknüpfungspunkte bieten. So führt bspw. die geplante Expansion in ein neues Land auch insofern zu steuerplanerischen Chancen, als das Zielland gegebenenfalls über günstige Doppelbesteuerungsabkommen mit Ländern verfügt, in denen die Unternehmung bereits operativ tätig ist. Durch eine Steueroptimierung des gesellschaftsrechtlichen Unternehmungsaufbaus kann in diesem Falle die Quellensteuerbelastung reduziert werden.[260]

2.3. Entwicklung von Steuerplanungsmodellen

2.3.1. Prozesselemente

Auf Basis des identifizierten steuerplanerischen Optimierungspotenzials sind geeignete Steuergestaltungsmodelle zu entwickeln. Die Prozesselemente der Entwicklung von Steuerpla-

[257] Vor dem Hintergrund der niedrigen Steuerbelastung könnten in dieses Land auch weitere Funktionen der Unternehmung alloziert werden.

[258] Zu beachten ist, dass neben den an der Verschmelzung unmittelbar beteiligten Gesellschaften auch weitere Gesellschaften von dem Umstrukturierungsvorgang betroffen sein können. So kommt es entsprechend § 8c Abs. 1 KStG (i. V. m. § 10a S. 9 GewStG) auch dann zu einem vollständigen Untergang der körperschaftsteuerlichen als auch der gewerbesteuerlichen Verlustvorträge von deutschen Kapitalgesellschaften, wenn eine nur mittelbare Übertragung von mehr als 50 % ihrer Anteile erfolgt.

[259] So kann bspw. in einigen Ländern schon allein durch die Wahl der Verschmelzungsrichtung (sog. Up-Stream-Merger versus Down-Stream-Merger) der Verfall der Verlustvorträge vermieden werden.

[260] Vgl. Teil III 2.3.3.3.

nungsmodellen ergeben sich aus einer Systematisierung des steuerplanerischen Gestaltungsinstrumentariums. Wie in der nachstehenden Grafik veranschaulicht wird, lassen sich Tax-Planning-Modelle untergliedern in die Kategorien „Steueroptimierte Allokation von Unternehmungsfunktionen“ (vgl. Teil III 2.3.2.), „Steueroptimierter gesellschaftsrechtlicher Unternehmungsaufbau“ (vgl. Teil III 2.3.3.) und „Steueroptimierte Strukturbeziehungen“ (vgl. Teil III 2.3.4.).

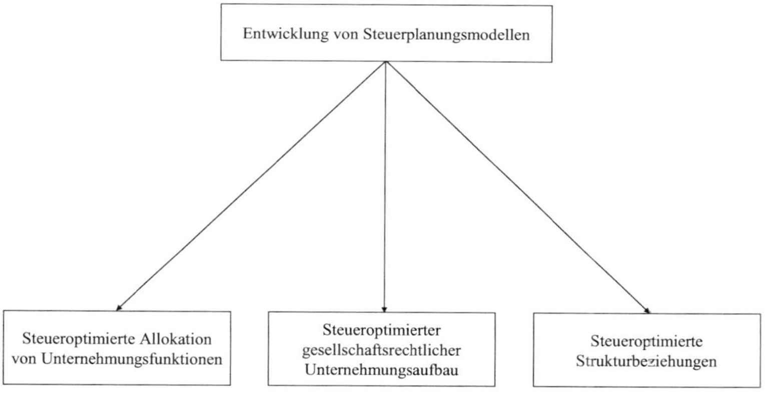

Abbildung 19: Maßnahmen zur Entwicklung von Steuerplanungsmodellen

Die steueroptimierte Allokation von Unternehmungsfunktionen basiert auf den Erkenntnissen der Analyse der Unternehmungsfunktionen.[261] So kann die Analyse der Unternehmungsfunktionen bspw. zutage fördern, dass die Beschaffungsfunktion der kapitalmarktorientierten internationalen Unternehmung einer vergleichsweise hohen Steuerbelastung unterliegt. Sofern diese aus steuerlicher Perspektive suboptimale Allokation der Beschaffungsfunktion darauf zurückzuführen ist, dass die überwiegende Anzahl der Einkaufsgesellschaften in Hochsteuerländern wie etwa in Deutschland ansässig ist, bedarf es der Entwicklung von adäquaten Steuerplanungsmodellen, die z. B. durch die Ansiedlung von Einkaufsgesellschaften in Niedrigsteuerländern zumindest eine partielle Verlagerung von Steuersubstrat und damit eine Reduzierung der Steuerbelastung bewirken.[262]

Im Rahmen der steuerplanerischen Optimierung des gesellschaftsrechtlichen Unternehmungsaufbaus wird versucht, die als nicht veränderbar angesehene Allokation der Unternehmungs-

[261] Zur Analyse der Unternehmungsfunktionen vgl. Teil III 2.2.2.
[262] Zu Details der steueroptimierten Allokation der Beschaffungsfunktion vgl. Teil III 2.3.2.2.1.

funktionen in einen steueroptimierten gesellschaftsrechtlichen Rahmen einzukleiden, um steuerliche Ineffizienzen wie z. B. Doppelbesteuerungen und Quellensteuerbelastungen auszuschließen bzw. abzumildern.[263] Die Steueroptimierung der Strukturbeziehungen zielt darauf ab, die jeweiligen Lieferungs- und Leistungsbeziehungen, z. B. im Bereich der Finanzierung, der einzelnen Gesellschaften der Unternehmung steuerlich bestmöglich auszugestalten.[264]

Steuerplanerisches Optimierungspotenzial hinsichtlich des gesellschaftsrechtlichen Unternehmungsaufbaus und der Strukturbeziehungen wird in erster Linie durch das Tax Controlling und die Analyse der unternehmungsexternen und -internen Umfeldänderungen identifiziert.[265] Das Tax Controlling kann z. B. offenbaren, dass die Gewinnausschüttungen von zahlreichen in verschiedenen asiatischen Staaten ansässigen Gesellschaften an ihre deutsche Muttergesellschaft einer jeweils hohen ausländischen Quellensteuerbelastung unterliegen, die infolge der Steuerfreistellung entsprechend § 8b Abs. 1 KStG auch nicht in Deutschland angerechnet bzw. abgezogen werden kann und daher eine steuerliche Definitivbelastung darstellt.[266] Diese Quellensteuerbelastung kann zum einen durch eine Optimierung des gesellschaftsrechtlichen Unternehmungsaufbaus reduziert werden, z. B. durch Gründung einer Regionalholding in einem Land, das ein günstiges Netz an Doppelbesteuerungsabkommen aufweist, wie es etwa in Hongkong der Fall ist.[267] Zum anderen kann die Quellensteuerbelastung auch durch eine steuerliche Optimierung der Strukturbeziehungen gemindert werden, z. B. indem die Gewinne nicht im Wege von Dividendenausschüttungen, sondern durch gegebenenfalls quellensteuerfreie Zins- und Lizenzzahlungen repatriiert werden.

Unabhängig von der jeweiligen Risikoneigung der Unternehmung sollten hinsichtlich der Nutzung von Steuerplanungsmodellen gewisse Ausschlusskriterien existieren. Insbesondere vor dem Hintergrund potenzieller strafrechtlicher Sanktionen ist daher eine Negativliste mit verbotenen steuerplanerischen Maßnahmen anzufertigen.[268] Tax-Planning-Modelle, die unter

---

[263] Zu Details vgl. Teil III 2.3.3.
[264] Zu Details vgl. Teil III 2.3.4.
[265] Vgl. Teil III 2.2.3. hinsichtlich des Tax Controlling sowie Teil III 2.2.4. in Bezug auf die Analyse der unternehmungsexternen und -internen Umfeldänderungen.
[266] Die Anrechnung bzw. der Abzug von Quellensteuern ist auch nicht hinsichtlich des Betrages möglich, der nach § 8b Abs. 5 KStG i. H. v. 5 % der Dividendenbezüge als nicht abzugsfähige Betriebsausgabe fingiert wird und dementsprechend steuerpflichtig ist, vgl. DÖTSCH/PUNG, in: Dötsch/Jost/Pung/Witt (Hrsg.), KStG-Kommentar, § 8b Rz. 226.
[267] Zur steuerplanerischen Nutzung von Holdinggesellschaften vgl. Teil III 2.3.3.3.
[268] Zu beachten sind diesbezüglich etwa auch die von dem Gesetz zur Bekämpfung der Steuerhinterziehung vom 29.07.2009 (BGBl. I 2009, S. 2302) vorgesehenen Maßnahmen, wie etwa die Versagung von Steuerbefreiungsnormen oder die Einschränkung der Abzugsmöglichkeit von Betriebsausgaben.

die Negativliste subsumiert werden können, sollten erst gar nicht entwickelt werden. Die Negativliste hat zumindest die im Folgenden aufgeführten Aspekte zu umfassen:

- Steuerplanungsmodelle, die sich in der Grauzone der Steuerhinterziehung, leichtfertigen Steuerverkürzung bzw. der sonstigen Ordnungswidrigkeiten bewegen;
- Steuerplanungsmodelle, deren Erfolg auf einer nicht vollständigen Offenlegung des Sachverhalts gegenüber den Finanzbehörden beruht.

Zwecks Entwicklung von Steuerplanungsmaßnahmen kann sich die kapitalmarktorientierte internationale Unternehmung verschiedenster Quellen bedienen. Neben der selbständigen Entwicklung von Tax-Planning-Modellen kommt auch die Beauftragung externer Modelllieferanten, z. B. Steuerberatungsgesellschaften oder Banken, in Betracht. Im Falle der Einschaltung von Modelllieferanten hat die Unternehmung durch geeignete Maßnahmen, wie bspw. eine enge Kommunikation, die Gefahr zu reduzieren, dass die Modelllieferanten Steuerplanungsmodelle entwickeln, die von der Unternehmung nicht genutzt werden können. Die Ursachen der Nichtnutzbarkeit können in branchen- oder unternehmungsspezifischen Faktoren bestehen, z. B. wenn ein Modell in einer Jurisdiktion hohe steuerliche Gewinne erfordert, die Unternehmung dort aber stetig steuerliche Verluste erleidet. Des Weiteren kann auf Steuerplanungsmodelle zurückgegriffen werden, die in steuerlichen Fachzeitschriften beschrieben oder im Rahmen von Seminaren vorgestellt werden. Schließlich kann sich die Unternehmung – unter Umständen geringfügig zu modifizierender – Steuerplanungsmodelle bedienen, die in der Vergangenheit von der Unternehmung bereits entwickelt oder sogar von einzelnen Gesellschaften schon erfolgreich implementiert wurden.

2.3.2. Steueroptimierte Allokation von Unternehmungsfunktionen

2.3.2.1. Generelle Effekte

2.3.2.1.1. Periodische Besteuerung

Eine Kategorie von Steuerplanungsmodellen, die mittels der Optimierung zahlungs- bzw. ergebniswirksamer Steuern zum Hauptziel der kapitalmarktorientierten internationalen Unternehmung, der Maximierung des Total Shareholder Return, beitragen kann, stellt die steueroptimierte Allokation der Unternehmungsfunktionen dar. Aus steuerplanerischer Perspektive sind die einzelnen Funktionen der Unternehmung an den Standorten anzusiedeln, wo sie der geringsten Steuerbelastung unterliegen.

Hinsichtlich der Steueroptimierung der Allokation von Unternehmungsfunktionen ist zwischen aperiodischen und periodischen Steueraspekten zu differenzieren. Die aperiodische Besteuerung bildet die steuerlichen Konsequenzen ab, die aus dem Vorgang der Steueroptimierung an sich resultieren.[269] Unter der periodischen bzw. laufenden Besteuerung sind hingegen die Steuerfolgen zu verstehen, die sich für die Unternehmung in dem Zeitraum nach dem Steueroptimierungsvorgang Jahr für Jahr durch die Anwendung des Steuertarifs auf die im jeweiligen Veranlagungszeitraum maßgebende Bemessungsgrundlage ergeben.

Für die Optimierung der periodischen Steuerbelastung bildet das internationale Steuersatzgefälle den Ausgangspunkt, weil die Unternehmung die Höhe des anzuwendenden Steuersatzes durch die Wahl des Standorts der wesentlichen Funktionsträger maßgeblich beeinflussen kann. Der in Deutschland einschlägige Ertragsteuersatz ergibt sich – wie in der nachstehenden Formel dargestellt wird – aus dem Zusammenspiel der drei Komponenten „Körperschaftsteuersatz“, „Solidaritätszuschlagssatz“ und dem „Gewerbesteuersatz“, der durch Multiplikation des Gewerbesteuerhebesatzes mit der Gewerbesteuermesszahl ermittelt wird:[270]

$$s_{Inland} = s_{KSt}(1 + s_{Solz}) + s_{GewSt}$$

mit: s_{Inland} = inländischer Ertragsteuersatz

s_{KSt} = Körperschaftsteuersatz

s_{SolZ} = Solidaritätszuschlagssatz

s_{GewSt} = Gewerbesteuersatz (= Hebesatz · Steuermesszahl)

Formel 15: Ertragsteuerbelastung in Deutschland

Unter der Annahme, dass der Gewerbesteuerhebesatz 405 % beträgt, ergibt sich ein Gewerbesteuersatz i. H. v. 14,175 % und damit eine gesamte inländische Ertragsteuerbelastung von 30 %:[271]

---

[269] Zur aperiodischen Besteuerung vgl. Teil III 2.3.2.1.2.

[270] Vor dem Hintergrund der gewählten Untersuchungsprämissen (vgl. Teil I 2.) werden die Gewinne auf Ebene der deutschen Mutterkapitalgesellschaft der kapitalmarktorientierten internationalen Unternehmung annahmegemäß thesauriert. Die Berücksichtigung von Steuereffekten auf Ebene der Anteilseigner der Mutterkapitalgesellschaft würde zudem zu keinen abweichenden Vorteilhaftigkeitsaussagen führen, weil die Besteuerung auf der Anteilseignerebene unabhängig davon ist, ob die Dividenden aus in- oder ausländischen Einkunftsquellen stammen.

[271] Entsprechend § 11 Abs. 2 GewStG beträgt die Steuermesszahl 3,5 %.

$$s_{Inland} = 15\,\% \cdot (1 + 0{,}055) + 14{,}175\,\% = 30{,}00\,\%$$

Formel 16: Inländische Ertragsteuerbelastung unter Annahme eines Hebesatzes von 405 %

Für die in den folgenden Kapiteln konkret aufzuzeigenden Tax-Planning-Maßnahmen zur Steueroptimierung der Allokation der Unternehmungsfunktionen (vgl. Teil III 2.3.2.2.) wird aus Vereinfachungsgründen unterstellt, dass die Unternehmungsfunktionen entweder von der deutschen Mutterkapitalgesellschaft oder von ausländischen Tochterkapitalgesellschaften der kapitalmarktorientierten internationalen Unternehmung ausgeübt werden können. Ferner wird angenommen, dass die von den ausländischen Tochterkapitalgesellschaften generierten Gewinne stets sofort an die deutsche Mutterkapitalgesellschaft im Wege von Dividendenausschüttungen weitergeleitet werden.

Die Höhe der Ertragsteuerbelastung der im Ausland generierten Gewinne setzt sich zusammen aus dem ausländischen Körperschaftsteuersatz,[272] dem im Ausland auf Dividendenausschüttungen erhobenen Quellensteuersatz sowie dem inländischen Ertragsteuersatz (Dividendenbesteuerung in Deutschland gemäß § 8b Abs. 1, 5 KStG i. H. v. effektiv 5 %):

$$s_{Ausland} = s_{KSt\ Ausland} + (1 - s_{KSt\ Ausland}) \cdot s_{QSt} + (1 - s_{KSt\ Ausland}) \cdot 0{,}05 \cdot s_{Inland}$$

mit: $s_{Ausland}$ = Ertragsteuersatz hinsichtlich ausländischer Gewinne

$s_{KSt\ Ausland}$ = ausländischer Körperschaftsteuersatz

s_{QSt} = ausländischer Quellensteuersatz

s_{Inland} = inländischer Ertragsteuersatz

Formel 17: Ausländische Ertragsteuerbelastung

Durch die Ansiedlung von Unternehmungsfunktionen im Ausland ergibt sich bezüglich der periodischen Steuerbelastung ein Steuersatzeffekt in Höhe des Faktors „$(s_{Inland} - s_{Ausland})$“. Für die in Deutschland ansässige kapitalmarktorientierte internationale Unternehmung ist eine Verlagerung von Unternehmungsfunktionen ins Ausland vorbehaltlich der aperiodischen

[272] Sofern neben der Körperschaftsteuer (sog. *corporate income tax*) in ausländischen Staaten weitere Ertragsteuerarten existieren, wie z. B. ausländische Pendants zu der deutschen Gewerbesteuer, sind derartige Belastungen annahmegemäß ebenfalls bei der Höhe des ausländischen Körperschaftsteuersatzes zu berücksichtigen. Eine Quellensteuerbelastung wird bei der Ermittlung der Höhe der ausländischen Ertragsteuerbelastung hingegen als separater Belastungsfaktor aufgeführt, weshalb sie nicht in die Höhe des ausländischen Körperschaftsteuersatzes einzubeziehen ist.

Steuereffekte grundsätzlich dann anzustreben, wenn der für die im Ausland erzielten Gewinne anzuwendende Ertragsteuersatz „$s_{Ausland}$“ den inländischen Ertragsteuersatz „s_{Inland}“ unterschreitet et vice versa. Die folgende Grafik verdeutlicht die Chancen der als Steuersatzarbitrage[273] zu bezeichnenden steuerplanerischen Nutzung der mitunter sehr großen Varianz der weltweiten Steuersätze durch die Verlagerung einzelner Tätigkeiten und Risiken bzw. ganzer Unternehmungsfunktionen, die sich vor dem Hintergrund des vergleichsweise hohen deutschen Steuerbelastungsniveaus offerieren.

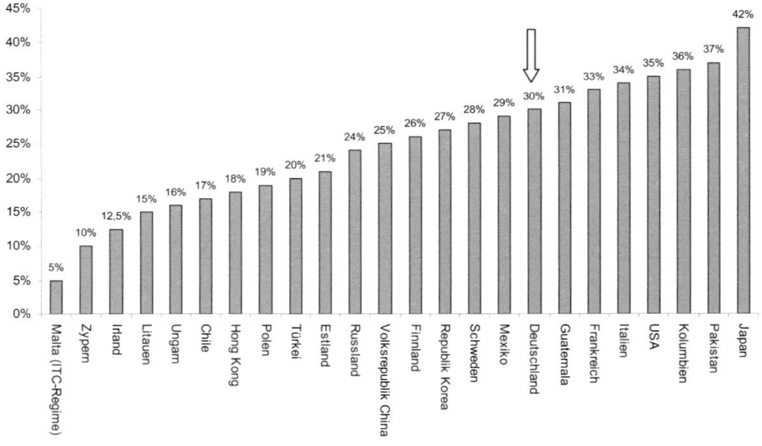

Abbildung 20: Ertragsteuersätze ausgewählter Länder für das Jahr 2008

Für Zwecke der Steuersatzarbitrage sollte ein möglichst großer Anteil der Gewinnmarge, der einer Unternehmungsfunktion insgesamt zuzuordnen ist, in denjenigen Ländern anfallen, in denen sehr niedrige Steuersätze anzutreffen sind.[274] Weil die Allokation der in Zusammenhang mit einer Unternehmungsfunktion stehenden Tätigkeiten und Risiken auf die Funktionsträger die Allokation der damit in Zusammenhang stehenden Betriebseinnahmen und -ausgaben impliziert, fallen die den Unternehmungsfunktionen zuzuordnenden Gewinne bzw. zu versteuernden Einkommen hauptsächlich in den Ansässigkeitsstaaten der wesentli-

[273] Zu dem Begriff „Steuerarbitrage“ vgl. HERZIG, Globalisierung, WPg 1998, S. 282.

[274] Flankierend ist eine Optimierung der länderspezifischen Bemessungsgrundlagen anzustreben, z. B. durch die Nutzung der nach nationalen Gewinn- bzw. Einkommensermittlungsvorschriften eröffneten Wahlrechte und Ermessensspielräume (sog. *local base erosion*).

chen Funktionsträger an.[275] Infolgedessen besteht für die kapitalmarktorientierte internationale Unternehmung durch die Festlegung, welche funktionsspezifischen Tätigkeiten und Risiken von welchen Funktionsträgern ausgeübt bzw. getragen werden, die Möglichkeit, die periodische Steuerbelastung signifikant zu beeinflussen. So erzielt z. B. eine Vertriebsgesellschaft, die am Markt in eigenem Namen auftritt und für eigene Rechnung handelt und daher sämtliche Absatzrisiken trägt, grundsätzlich ein höheres zu versteuerndes Einkommen als der in fremdem Namen und für fremde Rechnung wirtschaftende Handelsvertreter, weil Letzterer keinerlei Absatzrisiken trägt.[276]

Der durch die Verlagerung einer Unternehmungsfunktion bzw. einzelner ihrer Tätigkeiten und Risiken ins Ausland erzielbare Effekt hinsichtlich der laufenden Steuerbelastung (sog. periodischer Steuereffekt) ergibt sich aus der Multiplikation des beschriebenen Steuersatzeffektes mit der Höhe des periodenspezifisch zu ermittelnden zu versteuernden Einkommens. Durch die Berücksichtigung von Zinseffekten lässt sich der Barwert des periodischen Steuereffektes berechnen. Unter der Annahme, dass das Steuerniveau im In- und Ausland in der Zukunft unverändert bleibt, stellt sich der Barwert des periodischen Steuereffektes formal wie folgt dar:[277]

$$\text{Barwert des periodischen Steuereffektes} = \sum_{t=1}^{T} \frac{\left(s_{\text{Inland}} - s_{\text{Ausland}}\right) \cdot zvE_t}{\left(1 + i_{\text{NKZ}}\right)^t}$$

mit: zvE = Höhe des zu versteuernden Einkommens[278]

t = Periodenindex ($t = 1, 2, ..., T$)

i_{NKZ} = Nettokalkulationszinssatz[279]

s_{Inland} = inländischer Ertragsteuersatz

s_{Ausland} = Ertragsteuersatz hinsichtlich ausländischer Gewinne

Formel 18: Barwert des periodischen Steuereffektes

---

[275] Der Gewinn bzw. das zu versteuernde Einkommen kann zutreffend als eine Funktionsprämie betrachtet werden; vgl. KRÖNER/BECKENHAUB, Konzernsteuerquote, S. 77 f. sowie Teil III 2.2.2 4.

[276] Zu Details der Steueroptimierung der Absatzfunktion vgl. Teil III 2.3.2.2.3.

[277] Vgl. SCHEFFLER/EICKHORST, Funktionsverlagerung, BB 2004, S. 821.

[278] Es handelt sich hierbei um das zu versteuernde Einkommen, das durch die Verlagerung der Unternehmungsfunktion fortan nicht mehr in einem Hoch-, sondern in einem Niedrigsteuerland periodisch zu versteuern ist

[279] Unter der Annahme der Wiederanlage von freien Mitteln in Deutschland berechnet sich der Nettokalkulationszinssatz durch die Multiplikation des jeweils einschlägigen Bruttokalkulationszinssatzes mit dem Faktor „$(1 - s_{\text{Inland}})$“.

2.3.2.1.2. Aperiodische Besteuerung

Neben den periodischen Steuervorteilen kann die Steueroptimierung der Allokation von Unternehmungsfunktionen auch aperiodische Steuerwirkungen entfalten. Die Ansiedlung von Unternehmungsfunktionen in niedrig besteuernden Staaten löst grundsätzlich nur dann keine aperiodische Steuerbelastung aus, wenn es sich um die erstmalige Ausübung einer Unternehmungsfunktion handelt. Ein Beispiel hierfür stellt der Entschluss einer Unternehmung dar, die bisher auf einen unternehmungsexternen Dienstleister ausgelagerten Produktionstätigkeiten fortan selbst auszuüben, indem sie in Niedrigsteuerländern Produktionsgesellschaften gründet.

Der Regelfall der steueroptimierten Allokation von Unternehmungsfunktionen dürfte aber darin bestehen, dass solche Funktionen bzw. deren Tätigkeiten und Risiken, die von der Unternehmung in der Vergangenheit bereits ausgeübt worden sind, in steuerlich attraktive Staaten verlagert werden. Weil der Verlagerungsvorgang für den jeweiligen Fiskus die letztmalige Zugriffsmöglichkeit auf die stillen Reserven der transferierten materiellen und immateriellen Wirtschaftsgüter darstellt, kommt es sehr häufig zu einer aperiodischen Steuerbelastung. Im Falle der vollumfänglichen Verlagerung einer Unternehmungsfunktion von der deutschen Mutterkapitalgesellschaft der kapitalmarktorientierten internationalen Unternehmung auf eine ihrer ausländischen Tochterkapitalgesellschaften ergibt sich aufgrund der Modifizierung des § 1 AStG durch das Unternehmensteuerreformgesetz 2008 neben der Aufdeckung der stillen Reserven in den übergehenden materiellen und immateriellen Wirtschaftsgütern auch eine Besteuerung von zukünftigen Gewinnerwartungen sowie ausländischen Standortvorteilen.[280]

Formal dargestellt führt die steueroptimierte Allokation von Unternehmungsfunktionen zu der folgenden aperiodischen Steuerbelastung:

$$\text{Aperiodische Steuerbelastung} = StR \cdot s_{Inland}$$

mit: StR = Höhe der aufzudeckenden stillen Reserven[281]

[280] Im Rahmen des hypothetischen Fremdvergleichs (§ 1 Abs. 3 S. 5 ff. AStG) ist im Falle der Verlagerung einer Funktion einschließlich der dazugehörigen Chancen, Risiken, Wirtschaftsgüter und sonstigen Vorteile (nach § 1 Abs. 3 S. 9 AStG als sog. Funktionsverlagerung bezeichnet) anhand eines Transferpaketes erstmalig eine Gesamt- statt einer Einzelbewertung vorzunehmen. Sofern kein anderer Wert glaubhaft gemacht wird, ist als Verrechnungspreis gemäß § 1 Abs. 3 S. 7 2. HS AStG der Mittelwert des sich aus dem Mindestpreis des Leistenden und dem Höchstpreis des Leistungsempfängers zusammensetzenden Einigungsbereichs zugrunde zu legen, was in Deutschland zu einer hälftigen Versteuerung von ausländischen Standortvorteilen und Synergieeffekten führt; zur diesbezüglichen Kritik vgl. z. B. das Beispiel von HAAS, Funktionsverlagerungen, Ubg 2008, S. 519 f.

[281] Dieser Betrag umfasst neben den stillen Reserven in den übergehenden materiellen und immateriellen Wirtschaftsgütern auch sämtliche anderen Faktoren, die im Rahmen der Verlagerung der Unternehmungsfunktion zu versteuern sind, wie z. B. zukünftige Gewinnerwartungen und ausländische Standortvorteile.

s_{Inland} = inländischer Ertragsteuersatz

Formel 19: Aperiodischer Steuerbelastungseffekt

Die im Rahmen des Verlagerungsvorgangs von der deutschen Mutterkapitalgesellschaft übergehenden materiellen und immateriellen Wirtschaftsgüter sind auf Ebene der empfangenden ausländischen Tochterkapitalgesellschaft regelmäßig mit den jeweiligen Anschaffungskosten anzusetzen. Durch die Aufstockung von abschreibungsfähigen Wirtschaftsgütern kommt es somit grundsätzlich zur Schaffung von zusätzlichem Abschreibungssubstrat (sog *step-up*) in Höhe der auf Ebene der Mutterkapitalgesellschaft aufzulösenden stillen Reserven.[282] Die aktivierten abschreibungsfähigen Wirtschaftsgüter sind über den Zeitraum ihrer jeweiligen betriebsgewöhnlichen Restnutzungsdauer abzuschreiben. Im Zeitraum der betriebsgewöhnlichen Restnutzungsdauer ergibt sich somit für jedes Jahr ein zusätzlicher Abschreibungsbetrag in Höhe des Quotienten des Betrags der aufgedeckten stillen Reserven und der Anzahl der Jahre der Restnutzungsdauer. Weil die Abschreibungen das zu versteuernde Einkommen der ausländischen Tochterkapitalgesellschaft mindern, ist der zusätzliche Abschreibungsbetrag mit dem Ertragsteuersatz hinsichtlich der im Ausland generierten Gewinne zu multiplizieren. Unter der Annahme der Verwendung einer linearen Abschreibungsmethode kann der Barwert der Steuerentlastungen mithilfe des Barwertfaktors für eine nachschüssige Rente wie folgt berechnet werden:[283]

[282] Aus Vereinfachungsgründen wird angenommen, dass die Höhe der auf Ebene der verlagernden Gesellschaft zu versteuernden stillen Reserven mit der Höhe des zusätzlichen Aufstockungsbetrages auf Ebene der empfangenen Gesellschaft übereinstimmt. Zu beachten ist, dass es nach ausländischem Steuerrecht nicht zwangsläufig zu einer Aufstockung genau in Höhe des Betrages kommen muss, der in Deutschland zu versteuern ist. Differenzen ergeben sich insbesondere im Falle einer Verlagerung einer gesamten Unternehmungsfunktion (Funktionsverlagerung i. S. d. § 1 Abs. 3 .S. 9 AStG), weil etwa die Versteuerung von Synergieeffekten und reinen Gewinnaussichten oftmals keine entsprechende Aufstockung im Ausland nach sich ziehen. Durch die Verlagerung von Unternehmungsfunktionen auf eine ausländische Betriebsstätte der deutschen Mutterkapitalgesellschaft statt auf ein rechtlich selbständiges Steuersubjekt lassen sich die Rechtsfolgen der Einkünfteberichtigung nach § 1 AStG vermeiden, weil in diesem Falle die Tatbestandsvoraussetzung „Geschäftsbeziehung mit einer nahe stehenden Person" nicht erfüllt ist (vgl. KAMINSKI/STRUNK, Funktionsverlagerungen, DB 2008, S. 2501 ff. sowie KAMINSKI, Einkünftekorrektur, StuW 2008, S. 337 ff. m. w. N.); es greift stattdessen § 12 Abs. 1 KStG mit der Folge des Ansatzes des gemeinen Wertes, welcher grundsätzlich auch für die Bewertung des Aufstockungsbetrages nach dem jeweiligen ausländischen Steuerrecht Anwendung findet und somit zu einer weitgehenden Kongruenz von Versteuerungs- und Aufstockungsbetrag führt.

[283] Vgl. SCHEFFLER/EICKHORST, Funktionsverlagerung, BB 2004, S. 819. Die Verlagerung der Unternehmungsfunktion erfolgt annahmegemäß zum Ende des Jahres, was dazu führt, dass die zusätzlichen Abschreibungsbeträge erst ab dem darauffolgenden Jahr steuerlich mindernde Wirkung entfalten.

$$\text{Barwert der Steuerentlastungen} = \text{AfA} \cdot s_{\text{Ausland}} \cdot \text{BWF}$$

$$= \frac{\text{StR}}{\text{RND}} \cdot s_{\text{Ausland}} \cdot \frac{\left[(1+i_{\text{NKZ}})^{\text{RND}} - 1\right]}{(1+i_{\text{NKZ}})^{\text{RND}} \cdot i_{\text{NKZ}}}$$

mit: AfA = Höhe des zusätzlichen Abschreibungsbetrags

BWF = Barwertfaktor für eine nachschüssige Rente

StR = Höhe der aufzudeckenden stillen Reserven[284]

RND = Anzahl der Jahre der betriebsgewöhnlichen Restnutzungsdauer

s_{Ausland} = Ertragsteuersatz hinsichtlich ausländischer Gewinne

i_{NKZ} = Nettokalkulationszinssatz[285]

Formel 20: Barwert der Steuerentlastungen

Der Barwert des aperiodischen Steuereffektes einer Funktionsverlagerung berechnet sich durch die Aggregation des (einmaligen) aperiodischen Steuerbelastungseffektes mit dem Barwert der Steuerentlastungseffekte, die sich im Zeitraum der betriebsgewöhnlichen Restnutzungsdauer der aufgestockten Wirtschaftsgüter ergeben:[286]

$$\text{Barwert des aperiodischen Steuereffektes} = \text{StR} \cdot s_{\text{Inland}} - \frac{\text{StR}}{\text{RND}} \cdot s_{\text{Ausland}} \cdot \text{BWF}$$

$$= \text{StR} \cdot \left(s_{\text{Inland}} - \frac{s_{\text{Ausland}} \cdot \text{BWF}}{\text{RND}} \right)$$

mit: StR = Höhe der aufzudeckenden stillen Reserven[287]

RND = Anzahl der Jahre der betriebsgewöhnlichen Restnutzungsdauer

BWF = Barwertfaktor für eine nachschüssige Rente[288]

s_{Inland} = inländischer Ertragsteuersatz

---

[284] Dieser Betrag umfasst neben den stillen Reserven in den übergehenden materiellen und immateriellen Wirtschaftsgütern auch sämtliche anderen Faktoren, die im Rahmen der Verlagerung der Unternehmungsfunktion zu versteuern sind, wie z. B. zukünftige Gewinnerwartungen und ausländische Standortvorteile.

[285] Unter der Annahme der Wiederanlage von freien Mitteln in Deutschland berechnet sich der Nettokalkulationszinssatz durch die Multiplikation des jeweils einschlägigen Bruttokalkulationszinssatzes mit dem Faktor „$(1-s_{\text{Inland}})$".

[286] Vgl. SCHEFFLER/EICKHORST, Funktionsverlagerung, BB 2004, S. 820.

[287] Dieser Betrag umfasst neben den stillen Reserven in den übergehenden materiellen und immateriellen Wirtschaftsgütern auch sämtliche anderen Faktoren, die im Rahmen der Verlagerung der Unternehmungsfunktion zu versteuern sind, wie z. B. zukünftige Gewinnerwartungen und ausländische Standortvorteile.

[288] Für eine formalisierte Darstellung des Barwertfaktors vgl. die obige Formel 20 zur Berechnung des Barwertes der Steuerentlastungen.

$s_{Ausland}$ = Ertragsteuersatz hinsichtlich ausländischer Gewinne

Formel 21: Barwert des aperiodischen Steuereffektes

2.3.2.1.3. Fazit

Bei der Analyse der Frage, welchen Beitrag die steueroptimierte Allokation von Unternehmungsfunktionen für das Primärziel der kapitalmarktorientierten internationalen Unternehmung, die Maximierung des Total Shareholder Return, leistet, ist zwischen den beiden Funktionen des Tax Planning „Optimierung zahlungswirksamer Steuern“ und „Optimierung ergebniswirksamer Steuern“ zu differenzieren.

In dem Zeitpunkt der Verlagerung einer Unternehmungsfunktion bzw. einzelner Tätigkeiten und Risiken einer Unternehmungsfunktion von Deutschland in ein Niedrigsteuerland kommt es aufgrund der Aufdeckung der in den übergehenden materiellen und immateriellen Wirtschaftsgütern gebundenen stillen Reserven zu einer einmaligen zahlungswirksamen Steuerbelastung im Inland.[289]

Im Zeitraum nach der Funktionsverlagerung ergibt sich auf Ebene der ausländischen Tochterkapitalgesellschaft eine Minderung der Cash Taxes, weil im Zuge der Funktionsverlagerung neues Abschreibungssubstrat entstanden ist. Zu beachten ist hierbei, dass die kumulierten zusätzlichen Abschreibungsbeträge zwar der Höhe nach grundsätzlich dem Betrag der zu versteuernden stillen Reserven entsprechen, aber erst in Folgeperioden, verteilt über den Zeitraum der betriebsgewöhnlichen Restnutzungsdauer der aufgestockten abschreibungsfähigen Wirtschaftsgüter, zu einer Minderung der steuerlichen Bemessungsgrundlage und damit der zahlungswirksamen Steuern führen. Zusätzlich zu diesem negativen Zins- und Liquiditätseffekt ergibt sich hinsichtlich der Cash-Steuer-Entlastung des Abschreibungssubstrats noch ein negativer Steuersatzeffekt, weil die zusätzlichen Abschreibungsbeträge das zu versteuernde Einkommen der ausländischen Tochtergesellschaft verringern, die einer im Vergleich zur deutschen Muttergesellschaft niedrigeren Ertragsteuerbelastung unterliegt. Folglich unterschreitet der Barwert der sich infolge des zusätzlichen Abschreibungssubstrats ergebenden

[289] Wie in Teil III 2.3.2.1.2. erläutert wurde, kann es entsprechend § 1 Abs. 3 S. 5 ff. AStG im Falle einer Verlagerung einer gesamten Unternehmungsfunktion (Funktionsverlagerung i. S. d. § 1 Abs. 3 S. 9 AStG) darüber hinaus z. B. auch noch zu der Besteuerung von zukünftigen Gewinnerwartungen und ausländischen Standortvorteilen kommen.

Minderung von zahlungswirksamen Steuern im Regelfall die Höhe der im Zeitpunkt der Verlagerung der Unternehmungsfunktion entstehenden Cash-Tax-Belastung.[290]

Neben der temporären Steuerentlastung durch zusätzliches Abschreibungssubstrat stellt sich im Zeitraum nach der Funktionsverlagerung auf Ebene der ausländischen Tochterkapitalgesellschaft auch dadurch eine Reduzierung der zahlungswirksamen Steuern ein, weil der laufende Gewinn der Unternehmung infolge des Steuersatzgefälles zwischen In- und Ausland fortan einer niedrigen Steuerbelastung unterliegt. Vorbehaltlich von Steuersatzänderungen ist dieser Cash-Tax-Entlastungseffekt zudem von permanenter Natur.

Der gesamte zahlungswirksame Steuereffekt einer Funktionsverlagerung von Deutschland in ein Niedrigsteuerland ergibt sich somit aus der Zusammenfassung der periodischen Steuerersparnis, d. h. des Barwertes des periodischen Steuereffektes (vgl. Formel 18), und der aperiodischen Steuerbelastung, d. h. des Barwertes des aperiodischen Steuereffektes (vgl. Formel 21). Formal stellt sich der zahlungswirksame Gesamtsteuereffekt der Funktionsverlagerung dementsprechend wie folgt dar:[291]

$$\text{Gesamtsteuereffekt} = \sum_{t=1}^{T} \frac{\left(s_{\text{Inland}} - s_{\text{Ausland}}\right) \cdot zvE_t}{\left(1 + i_{\text{NKZ}}\right)^t} - StR \cdot \left(s_{\text{Inland}} - \frac{s_{\text{Ausland}} \cdot BWF}{RND}\right)$$

Formel 22: Zahlungswirksamer Gesamtsteuereffekt der Funktionsverlagerung

Die Verlagerung einer Unternehmungsfunktion bewirkt somit eine Optimierung zahlungswirksamer Steuern, wenn der Barwert des periodischen Steuereffektes einen größeren Wert annimmt als der Barwert des aperiodischen Steuereffektes.

In Bezug auf die Analyse der ergebniswirksamen Steuereffekte der Verlagerung von Unternehmungsfunktionen ins niedrig besteuernde Ausland ist zwischen den tatsächlichen und den latenten Steueraufwendungen bzw. -erträgen zu unterscheiden. Für die Effekte bezüglich der tatsächlichen Steueraufwendungen bzw. -erträge kann vollumfänglich auf die obigen Ausfüh-

---

[290] Vgl. SCHEFFLER/EICKHORST, Funktionsverlagerung, BB 2004, S. 821. Der aperiodische Steuereffekt der Funktionsverlagerung stellt also im Regelfall eine zahlungswirksame Steuerbelastung dar, weil die Aufdeckung stiller Reserven im Verlagerungszeitpunkt zu einer sofortigen Steuerzahllast führt und das der Höhe nach zwar grundsätzlich betragsgleiche zusätzliche Abschreibungssubstrat nur in der Zukunft und nur im niedriger besteuerten Ausland steuerlich mindernd geltend gemacht werden kann. Das für Zwecke der vorliegenden Untersuchung nicht näher betrachtete Szenario eines steuerentlastenden aperiodischen Steuereffektes kann sich nur in Ausnahmefällen ergeben, z. B. wenn infolge einer signifikanten Erhöhung der ausländischen Steuersätze die Vorteile von zukünftigen Abschreibungsmöglichkeiten den Effekt der einmaligen Steuerbelastung überkompensieren.

[291] Vgl. SCHEFFLER/EICKHORST, Funktionsverlagerung, BB 2004, S. 822.

rungen zu den zahlungswirksamen Steuern verwiesen werden. Durch Ergänzung um etwaige latente Steuereffekte kann somit von den zahlungswirksamen Steuereffekten auf die ergebniswirksamen Steuereffekte übergeleitet werden. Entsprechend IAS 12 führen sämtliche ergebniswirksam entstandenen, nicht permanenten Bilanzierungs- und Bewertungsdifferenzen zwischen IAS/IFRS-Vermögensgegenständen bzw. -Schulden und den jeweiligen Steuerwerten zu latenten Steuererträgen bzw. -aufwendungen.[292]

Aus IAS/IFRS-Perspektive stellt die Verlagerung der Unternehmungsfunktion einen ergebnisneutralen rein innerkonzernlichen Vorgang dar, der im Konzernabschluss keine Veränderung der Bewertung von Vermögensgegenständen oder Schulden nach sich zieht. Aufgrund der hierzu erfolgenden Zwischengewinneliminierung bleibt der handelsbilanzielle Wertansatz sämtlicher Vermögensgegenstände und Schulden im Ergebnis unverändert.[293] Aus steuerlicher Perspektive kommt es hingegen hinsichtlich der Wirtschaftsgüter, die im Rahmen der Verlagerung der Unternehmungsfunktion auf die ausländische Tochterkapitalgesellschaft übergehen, auf Ebene der übertragenen deutschen Muttergesellschaft grundsätzlich zu einer Aufdeckung der stillen Reserven und auf Ebene der ausländischen Tochtergesellschaft zu einer korrespondierenden Aufstockung. Folglich ergeben sich in Höhe der jeweiligen Unterschiedsbeträge zwischen handels- und steuerbilanziellen Wertansätzen Bilanzdifferenzen. Diese Bilanzdifferenzen sind temporärer bzw. quasi-permanenter Natur, weil sie sich zukünftig entweder durch erhöhte steuerliche Abschreibungen oder durch den Verkauf der Wirtschaftsgüter umkehren werden, mit der Folge der verpflichtenden Bilanzierung von aktiven latenten Steuern.[294]

Aufgrund der Tatsache, dass sich die Bilanzunterschiede auf Ebene der ausländischen Tochtergesellschaft umkehren werden, richtet sich die Bewertung der *deferred tax assets* nach der Höhe des ausländischen Körperschaftsteuersatzes. Unter der vereinfachenden Annahme, dass die übergehenden Wirtschaftsgüter genau in Höhe des Betrags der zu versteuernden stillen

---

[292] Zu Details vgl. Teil II 2.2.2.

[293] Vgl. IAS 27.24. Für Einzelheiten der Zwischengewinneliminierung vgl. LÜDENBACH, in: Lüdenbach/Hoffmann (Hrsg.), IFRS-Kommentar, § 32 Rz. 135 ff. Der Begriff „handelsbilanzieller Wertansatz" bezeichnet vorliegend den Ansatz von Vermögensgegenständen bzw. Schulden in den nach IAS/IFRS erstellten Einzel- bzw. Konzernabschlüssen.

[294] Vgl. SCHEFFLER/EICKHORST, Funktionsverlagerung, BB 2004, S. 820. Es sind aktive latente Steuern zu bilden, weil die handelsbilanziellen Ansätze jene in der Steuerbilanz unterschreiten. Der Buchungssatz lautet: „Aktive latente Steuern" an „Latente Steuererträge".

Reserven aufgestockt werden, lässt sich die Höhe der ertragswirksam zu bilanzierenden aktiven Latenz formal wie folgt darstellen:[295]

$$\text{Höhe der aktiven latenten Steuern} = \text{StR} \cdot s_{\text{KSt Ausland}}$$

mit: StR = Höhe der aufzudeckenden stillen Reserven[296]

$s_{\text{KSt Ausland}}$ = ausländischer Körperschaftsteuersatz

Formel 23: Höhe der zu aktivierenden latenten Steuern

Im Zeitpunkt der Verlagerung der Unternehmungsfunktion ergibt sich somit durch die Aufdeckung stiller Reserven ein tatsächlicher Steueraufwand und infolge der Bildung der aktiven Latenz zugleich ein latenter Steuerertrag. Aufgrund der Steuersatzdifferenz zwischen In- und Ausland kommt es jedoch nicht zu einer vollständigen Kompensation des tatsächlichen Steueraufwands, sodass im Zeitpunkt der Funktionsverlagerung per saldo eine ergebniswirksame Steuerbelastung entsteht.[297]

In den Folgeperioden ergeben sich durch die steuerlichen Mehrabschreibungen geringere tatsächliche Steueraufwendungen. Durch die korrespondierende Auflösung der aktiven latenten Steuern wird die Verringerung der tatsächlichen Steueraufwendungen jedoch in voller Höhe durch latente Steueraufwendungen kompensiert.[298] Im Zeitraum nach der Funktionsverlagerung stellt sich demzufolge nur dadurch eine Reduzierung von ergebniswirksamen Steuern ein, dass Unternehmungsgewinne infolge des Steuersatzgefälles zwischen In- und Ausland verringerte tatsächliche Steueraufwendungen nach sich ziehen.

Zusammenfassend kann hinsichtlich der zahlungs- und ergebniswirksamen Steuereffekte von Funktionsverlagerungen festgehalten werden, dass sich Funktionsverlagerungen für die kapitalmarktorientierte internationale Unternehmung grundsätzlich umso stärker rentieren bzw.

---

[295] Sofern hingegen nach ausländischem Steuerrecht eine Aufstockung der Wirtschaftsgüter um einen Betrag erfolgt, der nicht mit der Höhe der zu versteuernden stillen Reserven korrespondiert, ermittelt sich der Betrag der aktiven latenten Steuern durch die Multiplikation des jeweils einschlägigen Aufstockungsbetrages mit dem ausländischen Körperschaftsteuersatz.

[296] Aus Vereinfachungsgründen (vgl. Teil III 2.3.2.1.2.) umfasst dieser Betrag neben den stillen Reserven in den übergehenden materiellen und immateriellen Wirtschaftsgütern auch sämtliche anderen Faktoren, die im Rahmen der Verlagerung der Unternehmungsfunktion zu versteuern sind, wie z. B. zukünftige Gewinnerwartungen und ausländische Standortvorteile.

[297] So im Ergebnis auch SCHEFFLER/EICKHORST, Funktionsverlagerung, BB 2004, S. 820. Aufgrund der nach IAS 12.53 verbotenen Abzinsung von latenten Steuern wird der Zinsnachteil aus der zeitlichen Differenz zwischen Be- und Entlastung bei der Betrachtung der ergebniswirksamen Steuerbelastung nicht erfasst.

[298] Vgl. SCHEFFLER/EICKHORST, Funktionsverlagerung, BB 2004, S. 820.

umso schneller amortisieren, je steiler das Steuersatzgefälle zwischen den zwei beteiligten Staaten und je geringer der Umfang der im Verlagerungszeitpunkt aufzudeckenden stillen Reserven ist.[299]

2.3.2.2. Konkrete Maßnahmen

2.3.2.2.1. Beschaffung

Für Zwecke der steuerplanerischen Optimierung der Allokation der Unternehmungsfunktion „Beschaffung" hat die kapitalmarktorientierte internationale Unternehmung Einkaufsgesellschaften in niedrig besteuernde ausländischen Staaten anzusiedeln.[300] Ursächlich hierfür ist, dass die Unternehmung dadurch vermeiden kann, dass die der Beschaffungsfunktion zuzuordnende Gewinnmarge in voller Höhe der vergleichsweise hohen deutschen Ertragsteuerbelastung unterworfen wird.[301] Hinsichtlich der Einkaufsgesellschaften lassen sich die drei Grundformen „voll ausgestattete Einkaufsgesellschaft", „Einkaufskommissionär" und „Einkaufsagent" unterscheiden.

Eine voll ausgestattete Einkaufsgesellschaft (sog. *full fledged buying company*) kauft die für die Produktion benötigten Waren und Güter in eigenem Namen und auf eigene Rechnung. Sie erwirbt daher das Eigentum an den zu beschaffenden Produkten und trägt sämtliche der in Zusammenhang mit der Beschaffungsfunktion stehenden Risiken in vollem Umfang, wie z. B. die Gefahr der Beschädigung der Produkte in ihrem Lager oder das Risiko des zufälligen Untergangs. Einkaufskommissionäre treten zwar ebenfalls in eigenem Namen auf, handeln aber auf Rechnung des jeweiligen Kommittenten. Aufgrund des Handelns auf fremde Rechnung erwerben sie somit nicht das Eigentum an den von ihnen beschafften Produkten. Ein Einkaufsagent (sog. *risk-free negotiation agent*) wiederum verhandelt grundsätzlich lediglich die generellen Rahmenvertragsbedingungen für den von anderen Gesellschaften der Unter-

---

[299] Zu einer ausführlichen Beschreibung der Einflussfaktoren hinsichtlich der Rentabilität bzw. der Amortisationsdauer sowie zu detaillierten Sensitivitätsanalysen vgl. SCHEFFLER/EICKHORST, Funktionsverlagerung, BB 2004, S. 821 ff.

[300] Aus außersteuerlichen Gründen, z. B. um von Skaleneffekten (sog. *economies of scale*) und Verbundvorteilen (sog. *economies of scope*) profitieren zu können, wird in der Unternehmungspraxis oftmals eine Zentralisierung der Beschaffungsaktivitäten angestrebt, vgl. DAVIES/MÜHLEMANN, Procurement, International Tax Review February 2008, S. 30.

[301] Die Hinzurechnungsbesteuerung gemäß §§ 7 ff. AStG findet keine Anwendung, weil die Einkaufsgesellschaften annahmegemäß aktive Einkünfte i. S. d. § 8 Abs. 1 Nr. 4, 5 AStG ausüben bzw. im EU- oder EWR-Gebiet einer tatsächlichen wirtschaftlichen Tätigkeit i. S. d. § 8 Abs. 2 AStG nachgehen. Zur Hinzurechnungsbesteuerung vgl. auch Teil III 3.1.1.

nehmung vorzunehmenden Kauf von Gütern bzw. Waren, weshalb das einzige Risiko des Einkaufsagenten in der Auslastung seiner Kapazitäten besteht.

Hinsichtlich der periodischen Besteuerung werden die von einer voll ausgestatteten Einkaufsgesellschaft ausgeübten Tätigkeiten und getragenen Risiken im Regelfall durch den vollen Unterschiedsbetrag zwischen dem Einkaufs- und dem unternehmungsinternen Weiterlieferungs- bzw. Verkaufspreis der beschafften Produkte vergütet. Durch Einschaltung einer ausländischen *full fledged buying company* kann daher die gesamte der Beschaffungsfunktion zuzuordnende Gewinnmarge der vergleichsweise niedrigen Besteuerung im Ausland unterzogen werden. Der fremdübliche Weiterlieferungs- bzw. Verkaufspreis ist grundsätzlich nach der Preisvergleichsmethode (sog. *comparable uncontrolled price method*) zu ermitteln.[302] Aufgrund ihres Dienstleistungscharakters sind sowohl die Tätigkeit des Einkaufskommissionärs als auch jene des Einkaufsagenten grundsätzlich durch die Kostenaufschlagsmethode (sog. *cost plus method*) zu vergüten.[303] Weil der Einkaufskommissionär im Vergleich zum reinen Einkaufsagenten mehr Tätigkeiten der Beschaffungsfunktion ausübt und je nach vertraglicher Ausgestaltung oftmals auch höhere Risiken trägt, ist für den Kostenaufschlagssatz des Kommissionärs ein höherer Wert anzusetzen als für den Agenten.[304]

Auch die aperiodische Besteuerung wird maßgeblich dadurch beeinflusst, welche der aufgezeigten Grundformen für die jeweilige Einkaufsgesellschaft ausgewählt wird. Sofern in dem Niedrigsteuerland eine voll ausgestattete Einkaufsgesellschaft angesiedelt wird, ergibt sich eine relativ hohe zahlungs- bzw. ergebniswirksame aperiodische Steuerbelastung, weil in diesem Falle die große Gefahr besteht, dass der deutsche Fiskus vor dem Hintergrund seiner letztmaligen Zugriffsmöglichkeit auf das der Beschaffungsfunktion zuzuordnende Steuersubstrat eine flächendeckende Aufdeckung von stillen Reserven vorsieht.[305] Bei Einschaltung

302 Bei der Preisvergleichsmethode sind die Preise zugrunde zu legen, die bei vergleichbaren Geschäften zwischen Fremden vereinbart worden sind. Es besteht die Möglichkeit des äußeren Preisvergleichs als auch des inneren Preisvergleichs; zu Details vgl. BMF-Schreiben v. 23.02.1983, IV C 5 – S 1341 – 4/83, BStBl. I 1983, S. 218, Tz. 2.2.2.

303 Im Rahmen der Kostenaufschlagsmethode wird auf die mit einem betriebs- oder branchenüblichen Zuschlagssatz zu multiplizierenden Kosten abgestellt, die der Leistende auch für seine Preispolitik gegenüber fremden Dritten verwendet oder – wenn keine Leistungen gegenüber fremden Dritten erbracht werden – die betriebswirtschaftlichen Grundlagen entsprechen. Zu Details der Kostenaufschlagsmethode vgl. BMF-Schreiben v. 23.02.1983, IV C 5 – S 1341 – 4/83, BStBl. I 1983, S. 218, Tz. 2.2.4.

304 Vgl. DAVIES/MÜHLEMANN, Procurement, International Tax Review February 2008, S. 30. Als generellen Anhaltspunkt für die Festlegung der Höhe des Kostenaufschlagssatzes im Rahmen der cost plus method nennt das BMF-Schreiben v. 24.12.1999, IV B 4 – S 1300 – 111/99, BStBl. I 1999, S. 1076, Tz. 3.1.2. einen Wert zwischen 5 % und 10 %.

305 Unter der Annahme der Verlagerung der gesamten Beschaffungsfunktion (Funktionsverlagerung i. S. d. § 1 Abs. 3 S. 9 AStG) kommt es zusätzlich zur Aufdeckung der in den übergehenden materiellen und immateriellen

eines Einkaufskommissionärs bzw. eines Einkaufsagenten kommt es hingegen grundsätzlich zu einer wenn überhaupt nur relativ geringen aperiodischen Steuerbelastung, weil insbesondere die relevanten immateriellen Wirtschaftsgüter, wie z. B. das Beschaffungs-Know-how und die Lieferantenbeziehungen, weiterhin der deutschen Muttergesellschaft zuzuordnen sind

Sofern auf der Abszisse eines Koordinatensystems der Umfang der in Zusammenhang mit der Beschaffungsfunktion ausgeübten Tätigkeiten und getragenen Risiken abgebildet wird und die Ordinate die Höhe des sowohl in Bezug auf die periodische als auch die aperiodische Besteuerung verlagerbaren Steuersubstrats indiziert, lassen sich die drei erläuterten Grundformen von Einkaufsgesellschaften – stark vereinfachend – grafisch wie folgt veranschaulichen:[306]

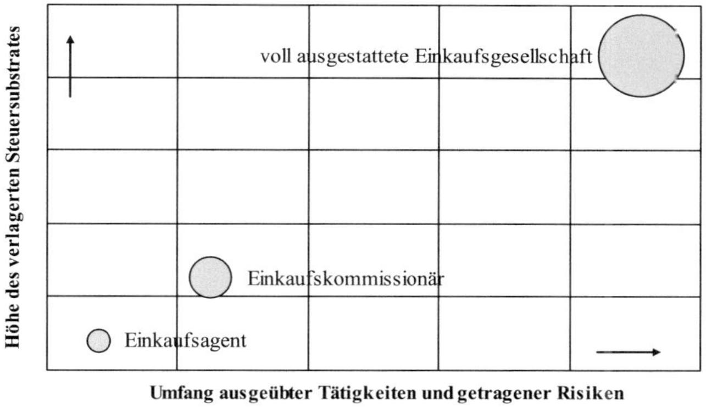

Abbildung 21: Grundformen von Einkaufsgesellschaften

Neben diesen Grundformen von Einkaufsgesellschaften lassen sich beliebig viele Zwischenformen kreieren. So führt z. B. die geringfügige Reduzierung des von einer voll ausgestatteten Einkaufsgesellschaft ausgeübten Tätigkeitsspektrums nicht gleich zu einer Klassifizierung der Einkaufsgesellschaft als Einkaufskommissionär oder gar als Einkaufsagent. Es handelt sich vielmehr um eine Variante der *full fledged buying company*, die in der Unternehmungspraxis

---

Wirtschaftsgütern ruhenden stillen Reserven unter Umständen auch noch zur Besteuerung von reinen Gewinnerwartungen sowie von ausländischen Synergieeffekten und Standortvorteilen (vgl. Teil III 2.3.2.1.2.).

306 In Abhängigkeit von den jeweiligen Vertragsgestaltungen können sich andere grafische Darstellungen ergeben. Sofern bspw. in dem Kommissionsvertrag das Tätigkeitsspektrum des Einkaufskommissionärs stark eingeschränkt wird und dieser auch nahezu keine Risiken der Beschaffungsfunktion trägt, nähert sich der Einkaufskommissionär stark dem Einkaufsagenten (sehr geringer Umfang ausgeübter Tätigkeiten und getragener Risiken mit der Folge eines lediglich marginalen periodischen Steuervorteils und einer lediglich marginalen aperiodischen Steuerbelastung) an.

mitunter auch als *stripped buying company* bezeichnet wird. Je mehr Beschaffungstätigkeiten und -risiken von der deutschen Muttergesellschaft auf eine solche in einem niedrig besteuernden ausländischen Land angesiedelte *stripped buying company* übertragen werden, desto höher sind tendenziell der generierte periodische Steuervorteil und die aperiodische Steuerbelastung.

2.3.2.2.2. Produktion

Vor dem Hintergrund des vergleichsweise hohen deutschen Steuerbelastungsniveaus zielt die steueroptimierte Allokation der Unternehmungsfunktion „Produktion" darauf ab, dass ein möglichst hoher Anteil der Gewinnmarge der Produktionsfunktion in Niedrigsteuerländern versteuert wird.[307] In Abhängigkeit von dem Ausmaß des Verlagerns der Produktionsfunktion lassen sich im Wesentlichen zwei Grundformen von Produktionsgesellschaften unterscheiden. Es handelt sich hierbei zum einen um den auch als *full fledged manufacturer* bezeichneten Eigenfertiger und zum anderen um den Lohnfertiger (sog. *contract manufacturer*).

Der Eigenfertiger nimmt sämtliche der im Rahmen der Produktionsfunktion anfallenden Tätigkeiten selbständig war. Er setzt materielle und immaterielle Vermögensgegenstände ein, z. B. Fertigungsanlagen und Herstellungs-Know-how, und trifft eigenständig die unternehmerischen Entscheidungen hinsichtlich der zu fertigenden Produkte und der jeweiligen Produktionsverfahren. Zusätzlich zeichnet der *full fledged manufacturer* für die Beschaffung, die Lagerhaltung, Forschungs- und Entwicklungstätigkeiten sowie den Vertrieb verantwortlich, sodass er auch sämtliche Risiken der Produktionsfunktion in voller Höhe trägt.[308]

Aufgrund von außersteuerlichen betriebswirtschaftlichen Erwägungen kann die durch die Einschaltung eines Eigenfertigers in einem niedrig besteuernden ausländischen Staat induzierte sehr weit reichende Verlagerung der Produktionsfunktion jedoch nur selten erreicht werden. Als Gründe sind bspw. zu nennen, dass im Ausland keine ausreichende Anzahl adäquat qualifizierter Arbeitnehmer verfügbar ist oder dass hohe Transportkosten die vollständige Zentrali-

---

[307] Weil Produktionsgesellschaften grundsätzlich aktive Einkünfte i. S. d. § 8 Abs. 1 Nr. 2 AStG ausüben, kommt es im Falle der Verlagerung von Produktionsaktivitäten auf eine i. S. d. § 8 Abs. 3 AStG niedrig besteuerte ausländische Tochterkapitalgesellschaft grundsätzlich nicht zu einer Hinzurechnungsbesteuerung gemäß §§ 7 ff. AStG. Im Falle der Verlagerung innerhalb der EU bzw. unter der Voraussetzung der gegenseitigen Amtshilfe auch innerhalb des EWR greift die Hinzurechnungsbesteuerung entsprechend § 8 Abs. 2 AStG ohnehin nicht, sofern die Produktionsgesellschaft einer tatsächlichen wirtschaftlichen Tätigkeit nachgeht. Zur Hinzurechnungsbesteuerung vgl. auch Teil III 3.1.1. Neben dem steuerplanerischen Motiv existieren in der Unternehmungspraxis zahlreiche weitere Anreize für die Verlagerung der Produktionsfunktion, wie z. B. die hohe Attraktivität niedriger ausländischer Lohnniveaus.

[308] Vgl. JACOBS (Hrsg.), Unternehmensbesteuerung, S. 1037.

sierung der Produktionstätigkeiten verhindern. Vor diesem Hintergrund bedienen sich zahlreiche deutsche Unternehmungen ausländischer Lohnfertiger, wodurch es lediglich zu einer Verlagerung von sehr wenigen in Zusammenhang mit der Produktionsfunktion stehenden Tätigkeiten und Risiken kommt. Ein Lohnfertiger stellt nach den genau spezifizierten Vorgaben eines Auftraggebers einzelne Abschnitte aus dessen Produktionsprogramm her und übernimmt dabei grundsätzlich keine Beschaffungs-, Forschungs- und Entwicklungs-, Lagerhaltungs- und Vertriebstätigkeiten. Aufgrund seiner im Vergleich zum Eigenfertiger sehr eingeschränkten Fertigungstiefe wird der Lohnfertiger mitunter auch als „verlängerte Werkbank" des Auftraggebers tituliert. Der Auftraggeber stellt dem Lohnfertiger die für die Fertigung benötigte Technologie sowie die Rohstoffe zur Verfügung und nimmt das Ergebnis der Produktion langfristig ab, weshalb der Lohnfertiger auch weder Beschaffungs- noch Absatzrisiken ausgesetzt ist.[309]

Im Rahmen der laufenden Besteuerung ist dem Eigenfertiger die gesamte Differenz zwischen den für die Herstellung der Waren aufgewendeten Kosten und den bei Verkauf bzw. Weiterlieferung der Produkte zu erzielenden Erlösen zuzurechnen, weil er sämtliche Tätigkeiten ausübt und Risiken trägt, die mit Beschaffung, Herstellung und Absatz der Produkte verbunden sind. Zur Bestimmung des Verrechnungspreises für den Verkauf der Produkte an nahestehende Unternehmungen ist grundsätzlich die Preisvergleichsmethode anzuwenden. Der Verrechnungspreis kann bei einer Lieferung an eine konzerneigene Vertriebsgesellschaft auch durch Rückgriff auf die Wiederverkaufspreismethode (sog. *resale price method*) aus dem Preis abgeleitet werden, den die Vertriebsgesellschaft bei der Weiterveräußerung auf dem Markt durchsetzt.[310] Für Lohnfertiger findet die Kostenaufschlagsmethode Anwendung. Ursächlich hierfür ist, dass im Regelfall keine vergleichbaren Markttransaktionen verfügbar sind und der Beitrag von Lohnfertigern zur Wertschöpfung der Unternehmung aufgrund der nur sehr eingeschränkten Fertigungstiefe und des Tragens von wenn überhaupt nur sehr wenigen

[309] Die Gestellung der Technologie an den Lohnfertiger erfolgt oftmals unter der Bedingung, dass Verbesserungen sowie Erfahrungen, die der contract manufacturer während seiner Produktionstätigkeiten generiert, unentgeltlich an den Auftraggeber zu überlassen sind, vgl. JACOBS (Hrsg.), Unternehmensbesteuerung, S. 1034.

[310] Vgl. JACOBS (Hrsg.), Unternehmensbesteuerung, S. 1037. Bei der resale price method wird der Preis zugrunde gelegt, zu dem ein bei einer nahe stehenden Person gekauftes Produkt an einen fremden Dritten weiterveräußert wird. Von diesem Wiederverkaufspreis ist auf den Preis zurückzurechnen, der für die Lieferung zwischen den Nahestehenden anzusetzen ist. Hierzu wird der Wiederverkaufspreis um marktübliche Abschläge korrigiert, die dem Umfang der von dem Wiederverkäufer ausgeübten Tätigkeiten und getragenen Risiken entsprechen; zu Details vgl. BMF-Schreiben v. 23.02.1983, IV C 5 – S 1341 – 4/83, BStBl. I 193, S. 218, Tz. 2.2.3.

Risiken, z. B. lediglich von Gewährleistungsrisiken für selbst verursachte Fehler und von Lagerrisiken, als Dienstleistung zu qualifizieren ist.[311]

Auch die Höhe der aperiodischen Steuerbelastung hängt signifikant davon ab, ob die Produktionsgesellschaft dem Typus des Eigen- oder des Lohnfertigers entspricht. Sofern im Ausland ein Eigenfertiger eingeschaltet wird, ist grundsätzlich von einer Verlagerung der gesamten Produktionsfunktion (Funktionsverlagerung i. S. d. § 1 Abs. 3 S. 9 AStG) auszugehen. In diesem Falle sind sämtliche stillen Reserven in den übergehenden materiellen und immateriellen Wirtschaftsgütern der Produktionsfunktion aufzudecken, die z. B. das Produktions-Know-how betreffen, das die Muttergesellschaft dem full fledged manufacturer zur Verfügung stellt. Darüber hinaus müssen oftmals noch zukünftige Gewinnpotenziale und ausländische Standortvorteile versteuert werden.[312] Falls hingegen im Ausland ein Lohnfertiger implementiert wird, sind lediglich vergleichsweise wenige bzw. bisweilen gar keine stille Reserven aufzudecken, weil insbesondere die relevanten immateriellen Wirtschaftsgüter weiterhin der deutschen Muttergesellschaft zuzuordnen sind.[313]

Abbildung 22: Grundformen von Produktionsgesellschaften

---

[311] Vgl. JACOBS (Hrsg.), Unternehmensbesteuerung, S. 1034 f. Als grober Richtwert für die Höhe des Kostenaufschlagssatzes gilt ein Wert zwischen 5 % und 10 %, vgl. BMF-Schreiben v. 24.12.1999, IV B 4 – S 1300 – 111/99, BStBl. I 1999, S. 1076, Tz. 3.1.2.

[312] Vgl. Teil III 2.3.2.1.2.

[313] Die Steuerfolgen der Verlagerung von Produktionsaktivitäten einer in Deutschland ansässigen Unternehmung auf eine ausländische verbundene Unternehmung erläutern anhand eines Praxisbeispiels DITZ/JUST, Produktionsverlagerung, DB 2009, S. 141 ff.

Analog zu der Beschaffungsfunktion können auch die Grundformen von Produktionsgesellschaften in einem Koordinatensystem grafisch veranschaulicht werden (vgl. vorstehende Grafik).[314] Aufgrund des Verlagerns von sehr vielen Produktionstätigkeiten und -risiken bewirkt die Einschaltung eines Eigenfertigers sowohl hinsichtlich der periodischen als auch der aperiodischen Besteuerung die Verlagerung einer großen Menge an Steuersubstrat. Bei dem nur wenige Tätigkeiten und Risiken übernehmenden Lohnfertiger stellen sich hingegen nur geringe laufende Steuerersparnisse und aperiodische Steuerbelastungen ein.

Innerhalb des Spektrums des Ausmaßes der Verlagerung der Produktionsfunktion, das durch die zwei Extrempunkte „Eigenfertiger“ und „Lohnfertiger“ begrenzt wird, können beliebig viele weitere Formen von Produktionsgesellschaften kreiert werden. Als ein Beispiel ist der Lizenzfertiger zu nennen, der sich nur insofern von einem Eigenfertiger unterscheidet, als er seine Produktionstätigkeiten auf Basis eines mit dem Inhaber einer Marke bzw. eines Patents geschlossenen Lizenzvertrags ausübt und daher nicht völlig freie Entscheidungsgewalt besitzt. Die analog zu dem Eigenfertiger anhand der Preisvergleichs- bzw. der Wiederverkaufspreismethode zu ermittelnde steuerliche Bemessungsgrundlage des Lizenzfertigers ist daher um die Gebühren zu mindern, die der Lizenzgeber für die Inanspruchnahme der Marke bzw. des Patents aufwenden muss. Ein anderes Beispiel für einen in der Unternehmungspraxis oft benutzten Typ von Produktionsgesellschaften ist der Auftragsfertiger. Dieser weist grundsätzlich dieselben Merkmale auf wie ein Lohnfertiger. Weil der Auftragsfertiger im Vergleich zum Lohnfertiger jedoch ein etwas größeres Spektrum an Produktionstätigkeiten ausfüllt, z. B. durch das Verrichten auch von Beschaffungs-, Lagerhaltungs- bzw. Forschungs- und Entwicklungsaktivitäten, führt ein Auftragsfertiger zu einer etwas stärkeren Verlagerung von Steuersubstrat.[315]

2.3.2.2.3. Absatz

Der Hauptansatzpunkt der steuerplanerischen Optimierung der Allokation der Absatzfunktion besteht darin, Vertriebsgesellschaften in niedrig besteuernden ausländischen Staaten anzusiedeln.[316] Ursächlich hierfür ist, dass die von der Absatzfunktion erwirtschaftete Gewinnmarge zumindest nicht in voller Höhe der vergleichsweise hohen deutschen Steuerbelastung unter-

[314] Zur grafischen Veranschaulichung der Grundformen von Einkaufsgesellschaften vgl. Teil III 2.3.2.2.1.

[315] Vgl. JACOBS (Hrsg.), Unternehmensbesteuerung, S. 1038 f.

[316] Die Tochtervertriebsgesellschaften erzielen annahmegemäß aktive Einkünfte i. S. d. § 8 Abs. 1 Nr. 4, 5 AStG bzw. gehen im EU-/EWR-Raum einer tatsächlichen wirtschaftlichen Tätigkeit i. S. d. § 8 Abs. 2 AStG nach, sodass die Hinzurechnungsbesteuerung entsprechend §§ 7 ff. AStG nicht greift. Zur Hinzurechnungsbesteuerung vgl. auch Teil III 3.1.1.

worfen werden sollte. Vertriebsgesellschaften lassen sich im Wesentlichen einer der drei im Folgenden dargestellten Grundformen zuordnen. Es handelt sich hierbei um den Eigenhändler, den Verkaufskommissionär und den Handelsvertreter.

Ein Eigenhändler tritt am Markt in eigenem Namen auf und handelt auch auf eigene Rechnung. Infolgedessen erwirbt er das Eigentum an den von ihm abzusetzenden Produkten und trägt das Absatzrisiko in voller Höhe. Ein Verkaufskommissionär tritt ebenfalls in eigenem Namen auf, handelt aber auf Rechnung des jeweiligen Kommittenten. Folglich verbleibt das Eigentum an den vom Kommissionär zu vertreibenden Waren bzw. Gütern bis zum Verkaufszeitpunkt beim Kommittenten. Im Vergleich zum Eigenhändler trägt der Verkaufskommissionär somit ein geringeres Absatzrisiko. Seine Tätigkeiten beschränken sich grundsätzlich auf die Auftragsbearbeitung, Werbemaßnahmen, die Kundenakquisition sowie After-Sales-Services.[317] Ein Handelsvertreter wiederum wirtschaftet nicht nur auf fremde Rechnung, sondern tritt auch noch in fremdem Namen auf. Seine einzigen Tätigkeiten sind die Auftragsvermittlung und -bearbeitung sowie die Akquisition neuer Kunden, und sein einziges Risiko besteht in der Auslastung seiner Kapazitäten.[318]

Für Zwecke der periodischen Besteuerung ist dem Eigenhändler aufgrund der von ihm ausgeübten Vertriebstätigkeiten und der von ihm getragenen Absatzrisiken im Regelfall der volle Unterschiedsbetrag zwischen dem Einkaufs- und dem Verkaufspreis zuzuordnen. Der fremdübliche Einkaufspreis ist grundsätzlich nach der Preisvergleichsmethode zu ermitteln. Sofern die Preisvergleichsmethode mangels vergleichbarer Transaktionen nicht in Betracht kommt, findet die Wiederverkaufspreismethode Anwendung.[319] In Bezug auf den Verkaufskommissionär ist die Wiederverkaufspreismethode als primäre Verrechnungspreismethode anzusehen. Die Höhe des vom Wiederverkaufspreis vorzunehmenden Abschlags orientiert sich an den fremdüblichen Gebühren für vergleichbare Kommissionsgeschäfte.[320] Aufgrund des Ausübens von weniger Vertriebstätigkeiten und des Tragens von geringeren Absatzrisiken ist die Marge des Verkaufskommissionärs kleiner als jene des Eigenhändlers. Wegen des Dienstleistungscharakters der Tätigkeit des Kommissionärs wird alternativ die Anwendung der

---

[317] Bisweilen übernimmt der Kommissionär auch noch das Inkasso von Forderungen und das damit verbundenes Kreditrisiko.

[318] Vgl. JACOBS (Hrsg.), Unternehmensbesteuerung, S. 1031 ff.

[319] Die Marge des Eigenhändlers ist im Rahmen der resale price method unter Berücksichtigung der jeweils konkret ausgeübten Tätigkeiten und getragenen Risiken aus den Margen abzuleiten, die der Eigenhändler bei vergleichbaren Fremdgeschäften erzielt.

[320] Als Kriterien für die Vergleichbarkeit von Kommissionsgeschäften können z. B. die Art der von dem Kommissionär abzusetzenden Produkte, die Struktur des Absatzmarktes sowie die jeweilige Handelsstufe herangezogen werden.

Kostenaufschlagsmethode für zulässig erachtet. Auch die Tätigkeit des Handelsvertreters ist gemäß der Wiederverkaufspreis- bzw. der Kostenaufschlagsmethode zu vergüten. Die Marge bzw. der Kostenaufschlagssatz des Handelsvertreters sind infolge des geringen Umfangs der von dem Handelsvertreter ausgeübten Vertriebstätigkeiten und getragenen Absatzrisiken allerdings niedriger als die des Verkaufskommissionärs.[321]

Sofern ein Eigenhändler eingeschaltet wird, stellt sich eine sehr hohe aperiodische Steuerbelastung ein, weil dieser Vorgang grundsätzlich als eine Verlagerung der gesamten Absatzfunktion zu klassifizieren ist.[322] So droht bspw. die Aufdeckung der oftmals signifikanten stillen Reserven, die in dem Kundenstamm der Unternehmung gebunden sind. Im Falle der Ansiedlung eines Verkaufskommissionärs bzw. eines Handelsvertreters in einem niedrig besteuernden ausländischen Staat ergibt sich hingegen grundsätzlich eine wenn überhaupt nur relativ geringe aperiodische Steuerbelastung, weil insbesondere die relevanten immateriellen Vermögensgegenstände, wie z. B. die Vertriebs- und Markenrechte, weiterhin der deutschen Muttergesellschaft zuzuordnen sind und daher keine Aufdeckung der diesbezüglichen stillen Reserven erfolgt.

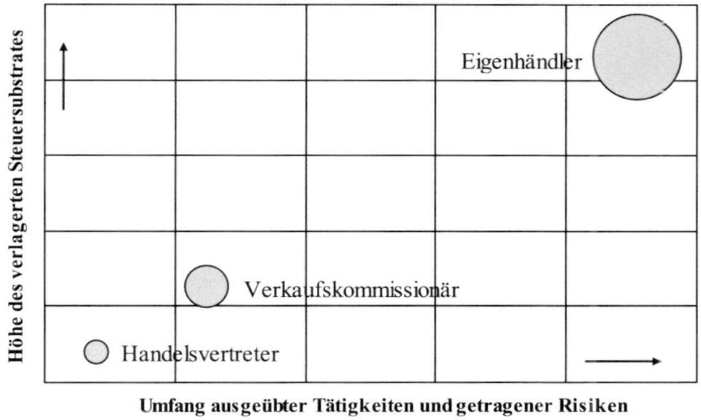

Abbildung 23: Grundformen von Vertriebsgesellschaften

[321] Vgl. JACOBS (Hrsg.), Unternehmensbesteuerung, S. 1032 f.

[322] Nach § 1 Abs. 3 S. 9 AStG ergibt sich im Falle der Verlagerung einer gesamten Unternehmungsfunktion nicht nur die Aufdeckung der stillen Reserven in den übergehenden materiellen und immateriellen Wirtschaftsgütern, sondern darüber hinaus auch noch die Besteuerung von zukünftigen Gewinnerwartungen und ausländischen Standortvorteilen. Zu Details vgl. Teil III 2.3.2.1.2.

Entsprechend den Ausführungen zu den Unternehmungsfunktionen „Beschaffung" und „Produktion" lassen sich auch die Grundformen der Vertriebsgesellschaften in einem Koordinatensystem grafisch veranschaulichen.[323] So kommt es bspw. bei der Einschaltung eines reinen Handelsvertreters in einem niedrig besteuernden ausländischen Land nur zu einer Verlagerung von sehr wenigen Vertriebstätigkeiten und -risiken mit der Folge, dass nur relativ wenig Steuersubstrat der deutschen Besteuerung entzogen wird. Mithin ergibt sich nur ein geringer periodischer Steuervorteil, zugleich aber auch nur eine niedrige aperiodische Steuerbelastung.

In Abhängigkeit von dem jeweiligen Umfang des Verlagerns von Vertriebstätigkeiten und Absatzrisiken lassen sich beliebig viele Varianten bzw. Unterformen der drei beschriebenen Absatztypen bilden. In der Unternehmungspraxis wird insbesondere hinsichtlich des Eigenhändlers zwischen den Unterformen „Vertriebsgesellschaft" (*full fledged distributor*), „Vertreibergesellschaft" und „funktionsarme Vertreibergesellschaft" (*stripped buy and sell distributor*) unterschieden. Zur Erläuterung des Vertriebsgesellschaftstyps „*full fledged distributor*" kann vollumfänglich auf die obigen Ausführungen zum Eigenhändler verwiesen werden. Eine Vertreibergesellschaft übt geringfügig weniger Absatztätigkeiten aus als die Vertriebsgesellschaft, z. B. indem sie keine Verantwortung für die Marketingaktivitäten trägt. Durch eine weitere Reduzierung der Absatztätigkeiten und -risiken, z. B. um die Lagerhaltung, den Warentransport, die Warenauslieferung sowie After-Sales-Services, entsteht ein *stripped buy and sell distributor*.[324]

2.3.2.2.4. Finanzierung

Die steuerplanerische Optimierung der Allokation der Unternehmungsfunktion „Finanzierung" kann durch die Einschaltung von niedrig besteuerten Finanzierungsgesellschaften erreicht werden. Die Verlagerung der gesamten Finanzierungsfunktion ist hierbei zwar theoretisch möglich, stellt aber in der Unternehmungspraxis einen höchst selten anzutreffenden Ausnahmefall dar.[325] Üblicher ist es hingegen, nur einzelne Elemente der Finanzierungsfunk-

---

[323] Zur grafischen Veranschaulichung der Grundformen von Einkaufs- bzw. Produktionsgesellschaften vgl. Teil III 2.3.2.2.1. bzw. Teil III 2.3.2.2.2.

[324] Zu Details vgl. JACOBS (Hrsg.), Unternehmensbesteuerung, S. 1031.

[325] Die rein steuerinduzierte Verlagerung der vollständigen Finanzierungsfunktion würde bspw. den Umzug des Finanzvorstandes sowie der Mitarbeiter der Finanzabteilung der Unternehmung in ein anderes Land erfordern, was viele Unternehmungen aufgrund der sich in diesem Falle ergebenden örtlichen Distanzen zu dem Vorstandsvorsitzenden und den anderen Unternehmungsabteilungen abschreckt.

tion, insbesondere die im Folgenden ausschließlich thematisierte Kapitalausleihtätigkeit, auf die Finanzierungsgesellschaft zu übertragen.[326]

Der Ausgangspunkt der steuerplanerischen Nutzung einer Finanzierungsgesellschaften besteht darin, dass die ausländischen Tochterkapitalgesellschaften der kapitalmarktorientierten internationalen Unternehmung Kapitalbedarf aufweisen. Im Idealfall hat der Kapitalbedarf der Tochtergesellschaften operative Gründe, z. B. für Zwecke der geplanten Expansion der Geschäftstätigkeit. Alternativ kann der Kapitalbedarf aber auch durch Tax-Planning-Maßnahmen kreiert werden, bspw. indem die Tochtergesellschaft Dividenden ausschüttet, die Anteile an einer Schwestergesellschaft erwirbt oder eigene Anteile zurückkauft.

Durch die Einschaltung einer Finanzierungsgesellschaft wird der Kapitalbedarf der ausländischen Tochtergesellschaften nicht mehr wie bislang durch Fremdkapitalüberlassungen der deutschen Mutterkapitalgesellschaft gedeckt, sondern durch Darlehen der ausländischen Finanzierungsgesellschaft.[327] Aus Vereinfachungsgründen wird bezüglich der Darlehensgewährung angenommen, dass der Muttergesellschaft liquide Mittel in ausreichender Höhe zur Verfügung stehen und diese der Finanzierungsgesellschaft im Wege von steuerneutralen Einlagen weitergereicht werden.

Aufgrund der entstehenden Zinsaufwendungen führt die Darlehensvergabe in den Ansässigkeitsstaaten der ausländischen Tochtergesellschaften im Rahmen der jeweils einschlägigen Unterkapitalisierungsregeln zu einer Minderung der Bemessungsgrundlagen (sog. *local base erosion*). Die korrespondierenden Zinserträge werden in dem Land besteuert, in dem sich der Ort der Geschäftsleitung der Finanzierungsgesellschaft befindet.[328] Vorbehaltlich einer etwaigen ausländischen Quellensteuerbelastung sowie der inländischen 5%igen Besteuerung der – für den Transfer der Zinseinkünfte auf die Ebene der deutschen Muttergesellschaft erforderlichen – Dividendenausschüttungen (§ 8b Abs. 1, 5 KStG) bewirkt die Nutzung einer niedrig besteuerten Finanzierungsgesellschaft im Vergleich zu der Darlehensvergabe durch die deut-

[326] Vgl. BURMESTER, Finanzierung, in: Klein u. a. (Hrsg.), FS Flick, S. 676. Durch niedrig besteuerte ausländische Finanzierungsgesellschaften lassen sich neben den im Folgenden aufzuzeigenden steuerlichen Vorteilen oftmals auch eine Reihe weiterer nicht-steuerlicher Vorteile erzielen, wie z. B. geringere Emissionskosten und regulatorische Restriktionen hinsichtlich der Ausgabe von Anleihen. Für eine Auflistung verschiedener betriebswirtschaftlicher außersteuerlicher Vorteile von ausländischen Finanzierungsgesellschaften vgl. AMMELUNG/SCHNEIDER, Finanzierungsgesellschaften, IStR 1996, S. 502; GUNDEL, Finanzierungsgestaltungen, IStR 1994, S. 211.

[327] Die Steuereffekte der Überlassung von Eigen- statt von Fremdkapitalmitteln durch die deutsche Mutterkapitalgesellschaft an ausländische Tochterkapitalgesellschaften werden in Teil III 2.3.4.2. beleuchtet.

[328] Vgl. SHEPPARD, Interest, TNI 2008, S. 363.

sche Muttergesellschaft in Bezug auf die periodische Besteuerung somit einen Steuervorteil in Höhe des Unterschieds zwischen dem deutschen Steuerbelastungsniveau von Zinserträgen und jenem des Ansässigkeitsstaates der Finanzierungsgesellschaft.[329]

Bei der Standortwahl für die Finanzierungsgesellschaft sind zahlreiche Aspekte zu berücksichtigen. Aufgrund des vorab erläuterten periodischen Steuereffektes ist der niedrigen Besteuerung von Zinserträgen hierbei eine zentrale Bedeutung beizumessen. Zu differenzieren ist zwischen Ländern, die per se einen geringen Nominalsteuersatz aufweisen, und solchen, in denen speziell für Finanzierungsgesellschaften eine effektiv niedrige Besteuerung erhältlich ist. Als Beispiele für die erste Kategorie können etwa Zypern und Irland mit einem nominalen Körperschaftsteuersatz i. H. v. 10 % bzw. 12,5 % angeführt werden. Zur zweiten Kategorie gehören z. B. Belgien[330], die Niederlande[331] sowie bei entsprechender Gestaltung auch Malta (vgl. unten). In manchen Staaten können darüber hinaus durch Absprachen (sog. Rulings) mit den zuständigen Finanzbehörden besonders günstige steuerliche Konditionen erzielt werden.[332]

Der Ansässigkeitsstaat der Finanzierungsgesellschaft sollte ferner ein umfassendes Netz an vorteilhaften Doppelbesteuerungsabkommen aufweisen, um zu verhindern, dass die Zinszahlungen der ausländischen Tochtergesellschaften einer hohen Quellensteuerlast unterliegen. Aufgrund der anvisierten sehr moderaten Besteuerung der Zinserträge steht nämlich kaum Anrechnungssubstrat zur Verfügung, sodass die Quellensteuerbelastung oftmals einen An-

---

[329] Für eine formale Darstellung der generellen periodischen Steuereffekte der Verlagerung von Unternehmungsfunktionen in Niedrigsteuerländer vgl. Teil III 2.3.2.1.1. Durch die Übertragung zusätzlicher in Zusammenhang mit der Finanzierungsfunktion stehender Tätigkeiten auf die Finanzierungsgesellschaft könnte der periodische Steuervorteil weiter erhöht werden. Verlagerungsfähige Aktivitäten bestehen etwa in den Bereichen des Liquiditäts-, Vermögens-, Kredit- und Währungsmanagement.

[330] Der reguläre belgische Körperschaftsteuersatz für das Jahr 2009 beträgt 33 %. Unter Berücksichtigung des Krisenzuschlagssatzes i. H. v. 3 % ergibt sich in Belgien eine Gesamtertragbesteuerbelastung i. H. v. 33,99 %. Entsprechend der seit dem Jahre 2007 (d. h. für Geschäftsjahre, die am 31.12.2006 oder später enden) offerierten sog. *notional interest deduction*, die die steuerliche Gleichstellung von Eigen- und Fremdkapital anvisiert, kann ein fiktiver von der Bemessungsgrundlage abzugsfähiger Zinsaufwand auf die Höhe des geringfügig modifizierten handelsbilanziellen Eigenkapitals des letzten Geschäftsjahres geltend gemacht werden. Der Zinssatz entspricht im Wesentlichen dem durchschnittlichen Zinssatz von 10-jährigen belgischen Staatsanleihen (jährliche Schwankung von maximal 1 %; Kappung bei 6,5 %) und beträgt für das Jahr 2009 4,307 %; vgl. WEINER, Leverage, TNI 2008, S. 365. Für konkrete Berechnungsbeispiele vgl. VERBIST/WEIHMANN, IWB F. 5 Gr. 2, S. 260 f.

[331] Der nominale Körperschaftsteuersatz in den Niederlanden beträgt für das Jahr 2009 25,5 %. Durch das Regime der sog. *interest box* werden Finanzierungsgesellschaften hinsichtlich ihrer Zinserträge aus konzerninternen Darlehen insofern begünstigt, als dass ein Betrag von circa 80 % der um die Zinsaufwendungen reduzierten Zinserträge von der steuerlichen Bemessungsgrundlage ausgenommen wird. Der verbleibende 20 %-Anteil unterliegt der regulären 25,5%igen Besteuerung, sodass sich im Ergebnis eine effektive Besteuerung der Zinserträge i. H. v. lediglich 5 % ergibt. Zu beachten ist, dass die Nutzung der interest box noch unter dem Vorbehalt der Genehmigung durch die Europäische Kommission steht; vgl. SPIERTS, Niederlanden, IWB F. 5 Gr. 2, S. 462.

[332] Vgl. JACOBS (Hrsg.), Unternehmensbesteuerung, S. 1118.

rechnungsüberhang nach sich zieht und infolgedessen eine definitive Steuerbelastung darstellen würde. Schließlich sollte der Standort der Finanzierungsgesellschaft auch Schutz vor der Hinzurechnungsbesteuerung nach §§ 7 ff. AStG bieten, weil die Zinserträge der Finanzierungsgesellschaft andernfalls auf das inländische Steuerniveau hochgeschleust würden.[333] Insofern weisen Standorte außerhalb der Europäischen Union und des Europäischen Wirtschaftsraums, wie z. B. die Schweiz, signifikante Standortnachteile gegenüber EU- und EWR-Staaten auf.[334]

Eine aperiodische Steuerbelastung lässt sich bei der steuerplanerischen Optimierung der Allokation der Unternehmungsfunktion „Finanzierung" regelmäßig vermeiden. Ursächlich hierfür ist, dass die ausländische Finanzierungsgesellschaft lediglich für die Vergabe von Darlehen verantwortlich zeichnet und die in Zusammenhang mit der Finanzierungsfunktion stehenden materiellen und immateriellen Wirtschaftsgüter dementsprechend regelmäßig weiterhin der deutschen Muttergesellschaft zuzuordnen sind.

Im Ergebnis führt die Einschaltung einer ausländischen Finanzierungsgesellschaft infolge der durch die niedrig besteuerten Zinserträge eröffneten Steuersatzarbitrage zu einer periodischen Reduzierung sowohl von zahlungs- als auch von ergebniswirksamen Steuern, ohne dass es zu nachteiligen aperiodischen Steuereffekten kommt. Die hohe Wirksamkeit des steuerplanerischen Einsatzes von Finanzierungsgesellschaften lässt sich zusammenfassend am Beispiel einer maltesischen Finanzierungsgesellschaft verdeutlichen:

Die deutsche Mutterkapitalgesellschaft (D-AG) der kapitalmarktorientierten internationalen Unternehmung gründet eine maltesische Tochterkapitalgesellschaft (Malta 1), die unter das maltesische International Trading Company-Regime fällt,[335] sowie eine maltesische Enkelkapitalgesellschaft (Malta 2). Die D-AG kapitalisiert Malta 1 mit Eigenkapital. Malta 1 reicht die Eigenkapitalmittel im Wege steuerneutraler Einlagen an Malta 2 weiter, die wiederum die

---

333 Weitere steuerliche Standortfaktoren sind z. B. eine etwaig erfolgende Erhebung von Stempelabgaben bzw. -steuern auf Kapitalzuführungen sowie mögliche Vermögens- und Verkehrssteuern in Bezug auf Finanzierungsumsätze.

334 Finanzierungsgesellschaften generieren grundsätzlich i. S. d. § 8 Abs. 3 AStG niedrig besteuerte passive Einkünfte, weil die Tatbestandsvoraussetzung des § 8 Abs. 1 Nr. 7 AStG, der die aktiven und damit AStG-unschädlichen Kapitaleinkünfte definiert, „Aufnahme von Kapital ausschließlich auf ausländischen Kapitalmärkten" nur in sehr seltenen Fällen erfüllt wird. Aufgrund der Tatsache, dass die Finanzierungsgesellschaft eine 100%ige Tochtergesellschaft der deutschen Muttergesellschaft ist, liegt auch eine Inlandsbeherrschung i. S. d. § 7 Abs. 1 AStG vor. Die Hinzurechnungsbesteuerung kann daher grundsätzlich nur ausgeschlossen werden, indem die Finanzierungsgesellschaft in der EU bzw. im EWR-Raum angesiedelt wird und dort einer tatsächlichen wirtschaftlichen Tätigkeit i. S. d. § 8 Abs. 2 AStG nachgeht. Vgl. aber auch die nachfolgenden Ausführungen zu der steuergestalterischen AStG-Vermeidung mittels einer maltesischen Finanzierungsgesellschaft.

335 Malta 1 qualifiziert annahmegemäß als eine International Trading Company i. S. d. § 2 Income Tax Act.

Mittel für die Vergabe von Darlehen an ihre Schwesterkapitalgesellschaften in den USA, Japan und Frankreich verwendet. Die Höhe der vereinbarten Darlehenszinssätze soll annahmegemäß dem Fremdvergleichsgrundsatz entsprechen. Das Organigramm einschließlich der jeweiligen Leistungsbeziehungen wird in der nachstehenden Abbildung grafisch veranschaulicht.[336]

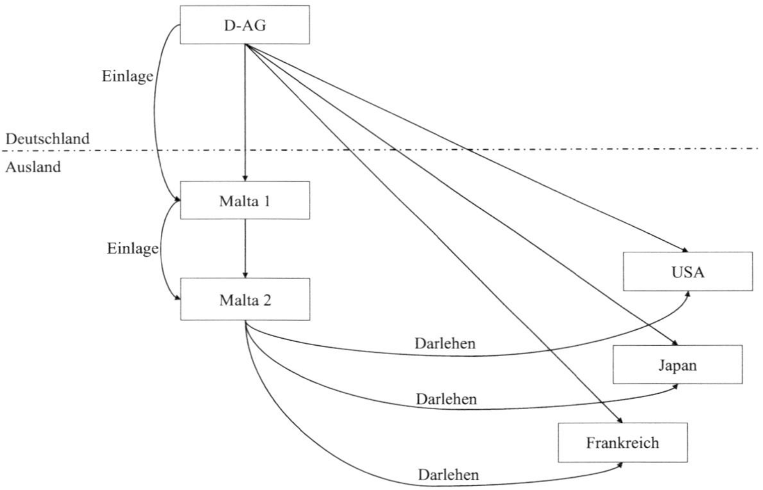

Abbildung 24: Maltesische Finanzierungsgesellschaft

Die Zinsaufwendungen mindern im Rahmen der jeweiligen Unterkapitalisierungsvorschriften die amerikanische (Körperschaftsteuersatz: 35 %), japanische (Körperschaftsteuersatz: 42 %) und französische Bemessungsgrundlage (Körperschaftsteuersatz: 33 %). Die korrespondierenden Zinserträge unterliegen auf Ebene von Malta 2 dem regulären maltesischen Körperschaftsteuersatz i. H. v. 35 %. Die Dividenden von Malta 2 an Malta 1 sind in Malta i. H. v. 27,5 % zu versteuern.[337] Aufgrund des International Trading Company-Regime gewährt der maltesische Staat Malta 1 jedoch eine Körperschaftsteuergutschrift i. H. v. zwei Drittel der von Malta 2 gezahlten Steuer.[338] Unter Berücksichtigung des Umstands, dass für Zwecke der Besteuerung von Malta 1 zusätzlich die von Malta 2 gezahlte Steuer in voller Höhe angerech-

---

[336] Vgl. JACOBS (Hrsg.), Unternehmensbesteuerung, S. 983; ZIELKE, Steuerplanung, DB 2006, S. 2592.

[337] Vgl. § 56 Abs. 8 Income Tax Act. Zu beachten ist hierbei, dass die Bruttodividende, d. h. die um die 35 %-Steuerlast auf Ebene von Malta 1 erhöhte tatsächlich zugeflossene Nettodividende, als Bemessungsgrundlage für die 27,5 %-Besteuerung fungiert.

[338] Vgl. § 48 Abs. 4 Income Tax Act.

net bzw. erstattet wird, beträgt die effektive Besteuerung der Zinserträge in Malta nur knapp 5 %. Dividenden von Malta 1 an die D-AG unterliegen keiner maltesischen Quellenbesteuerung und sind in Deutschland zu 95 % steuerbefreit (§ 8b Abs. 1, 5 KStG), sodass die Zinserträge bei Einschaltung dieser maltesischen Finanzierungsgesellschaftskonstruktion im Ergebnis nur zu circa 6 % besteuert werden.[339]

2.3.2.2.5. Sonstige Funktionen

Neben der Verlagerung der drei klassischen Unternehmungsfunktionen „Beschaffung", „Produktion", und „Absatz" sowie der Finanzierungsfunktion kann die steuerplanerische Optimierung der Allokation von Unternehmungsfunktionen auch die Übertragung von zahlreichen weiteren Unternehmungsfunktionen auf niedrig besteuerte ausländische Tochtergesellschaften zum Inhalt haben.[340]

In der Unternehmungspraxis ist zu beobachten, dass vorrangig einzelne Tätigkeiten und Risiken dieser sonstigen Funktionen verlagert werden. So scheitert bspw. die vollständige Verlagerung der Unternehmungsleitungsfunktion in vielen Fällen bereits an außersteuerlichen Gründen wie etwa der Furcht vor potenziellen Reputationsschäden, weshalb es zielführender ist, nur einzelne Managementleistungen von ausländischen niedrig besteuerten Tochtergesellschaften ausführen zu lassen, z. B. unternehmungsinterne Beratungsleistungen hinsichtlich der zukünftigen Investitionsplanung. Weitere Beispiele für verlagerungsfähige Elemente von sonstigen Unternehmungsfunktionen ergeben sich in den Bereichen Forschung und Entwicklung, Factoring, Leasing, Immobilienverwaltung sowie Marken-, Lizenz- und Patentverwertung.[341]

---

[339] Die Hinzurechnungsbesteuerung nach §§ 7 ff. AStG findet unabhängig von dem Erfüllen der Tatbestandsvoraussetzungen des § 8 Abs. 2 AStG („tatsächliche wirtschaftliche Tätigkeit im EU-/EWR-Gebiet") schon allein deshalb keine Anwendung, weil Malta 2 aufgrund der 35%igen Besteuerung seiner Zinserträge keiner niedrigen Besteuerung i. S. d. § 8 Abs. 3 AStG unterliegt und Malta 1 ausschließlich Dividendeneinkünfte erzielt, die gemäß § 8 Abs. 1 Nr. 8 AStG als aktiv und damit als AStG-unschädlich zu qualifizieren sind.

[340] Vgl. Teil III 2.2.2.1. für einen Überblick über die verschiedenen Funktionen der kapitalmarktorientierten internationalen Unternehmung.

[341] Vgl. etwa O. V., Schweiz, Handelsblatt vom 14.07.2009, S. 15 für einen Bericht über die von zahlreichen Großkonzernen vorgenommene steuerinduzierte Verlagerung von Markengesellschaften in die Schweiz. Vgl. auch JACOBS (Hrsg.), Unternehmensbesteuerung, S. 1129 ff.; ENDRES, Ausland, RIW 2003, S. 731 f. Die Höhe der laufenden sowie der aperiodischen Steuereffekte hängt auch bei den sonstigen Unternehmungsfunktionen von dem Umfang der jeweils verlagerten Tätigkeiten und Risiken ab. Zu den generellen Steuereffekten von Funktionsverlagerungen vgl. Teil III 2.3.2.1.

2.3.3. Steueroptimierter gesellschaftsrechtlicher Unternehmungsaufbau

2.3.3.1. Grundsätzliche Anmerkungen

Die Steueroptimierung des gesellschaftsrechtlichen Unternehmungsaufbaus der kapitalmarktorientierten internationalen Unternehmung zielt darauf ab, die als nicht veränderbar angesehene Allokation der Unternehmungsfunktionen in den aus steuerplanerischer Perspektive bestmöglichen gesellschaftsrechtlichen Rahmen einzubetten, um steuerliche Störeffekte, wie z. B. die aus einer ausländischen Quellensteuerbelastung resultierenden Anrechnungsüberhänge oder das Entstehen von steuerlich nicht genutzten Verlusten, zu eliminieren bzw. zumindest zu entschärfen.[342] In den folgenden Kapiteln werden verschiedene Tax-Planning-Maßnahmen bezüglich der Steueroptimierung des gesellschaftsrechtlichen Unternehmungsaufbaus aufgezeigt, indem zunächst die Grundstrukturen der einzelnen Steuergestaltungsmodelle erläutert werden und anschließend, differenziert nach der periodischen und der aperiodischen Besteuerung, die jeweiligen Effekte hinsichtlich der zahlungs- und ergebniswirksamen Steuerbelastung der Unternehmung analysiert werden.

Bei den untersuchten Steuerplanungsmaßnahmen handelt es sich – wie in der Abbildung veranschaulicht wird – um die Wahl der steuerlich vorteilhaftesten Rechtsform, die Einschaltung von Holdinggesellschaften, die Nutzung von Gruppenbesteuerungssystemen sowie die steueroptimierte Strukturierung des Erwerbs und der Veräußerung von Unternehmungen.

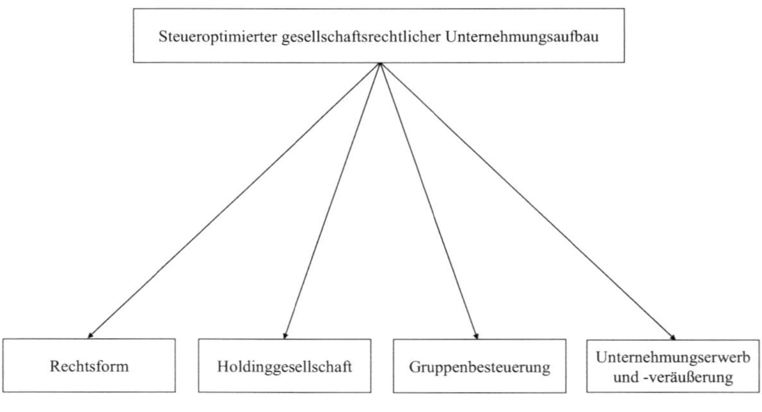

Abbildung 25: Maßnahmen der Steueroptimierung des gesellschaftsrechtlichen Unternehmungsaufbaus

---

342 Zu der Steueroptimierung der Allokation von Unternehmungsfunktionen vgl. Teil III 2.3.2.

2.3.3.2. Rechtsform

2.3.3.2.1. Investitionsalternativen

Die Nutzung der aus steuerlicher Sicht optimalen Rechtsform ist sowohl von den inländischen als auch von den ausländischen Gesellschaften der kapitalmarktorientierten internationalen Unternehmung anzustreben.[343] Zu beachten ist jedoch, dass für die Rechtsformwahl nicht nur steuerliche Gesichtspunkte entscheidend sind, sondern auch zahlreiche außersteuerliche Aspekte nicht vernachlässigt werden dürfen, wie z. B. die im Regelfall anvisierte Haftungsbeschränkung und die Reputation der jeweiligen Rechtsform am Markt.[344]

Im Rahmen der vorliegenden Untersuchung wird aus Vereinfachungsgründen ausschließlich die steuerliche Optimierung der Rechtsformwahl im Ausland thematisiert.[345] Wie in der nachstehenden Abbildung veranschaulicht wird, stehen der Spitzeneinheit der kapitalmarktorientierten internationalen Unternehmung, der deutschen Aktiengesellschaft (AG), für ihre Investitionen in ausländischen Staaten grundsätzlich die Alternativen der Begründung einer Betriebsstätte, der Gründung einer Personengesellschaft (PersGes)[346] und der Gründung einer Kapitalgesellschaft (KapGes) zur Verfügung.[347] Zwecks Komplexitätsreduktion wird jedoch unterstellt, dass Personengesellschaften nicht nur aus deutscher steuerlicher Perspektive, sondern auch aus Sicht ihres Sitzstaates transparent besteuert werden, wie es etwa in Österreich der Fall ist, und dass keine Sonderbetriebsergebnisse vorhanden sind, sodass im Folgenden

[343] Die Spitzeneinheit der Unternehmung hat aufgrund der Börsennotierung ihrer Anteile zwangsweise die Rechtsform einer Kapitalgesellschaft aufzuweisen (vgl. Teil I 2.). Die in- und ausländischen Tochtergesellschaften unterliegen hingegen keiner derartigen Restriktion, weshalb für sie die steueroptimierte Wahl der Rechtsform anzustreben ist.

[344] So werden etwa in vielen osteuropäischen Staaten Personengesellschaftsrechtsformen nahezu ausschließlich von Kleinunternehmungen genutzt, weshalb die Wahl der aus rein steuerlicher Perspektive für die kapitalmarktorientierte internationale Unternehmung grundsätzlich sehr attraktiven Rechtsform einer Personengesellschaft die Gefahr von Reputationsschäden nach sich ziehen würde und daher in der Unternehmungspraxis im Regelfall unterlassen wird.

[345] In Bezug auf die Rechtsformwahl im Inland vgl. für einen Überblick über die verschiedenen Rechtsformen sowie die jeweiligen Besteuerungskonsequenzen RISSE, Rechtsformen, in: Kessler/Kröner/Köhler (Hrsg.), Konzernsteuerrecht, S. 87 ff.

[346] Aus deutscher steuerlicher Sicht handelt es sich annahmegemäß um ein als gewerblich tätige Personengesellschaft zu klassifizierendes Rechtsgebilde. Zu Details des zweistufigen Rechtstypenvergleichs vgl. BMF-Schreiben v. 19.03.2004, IV B 4 – S 1301 USA – 22/04, BStBl. I 2004, S. 411 sowie SCHNITTKER/LEMAITRE, Steuersubjektqualifikation, GmbHR 2003, S. 1314 ff. Eine Übersicht über die verschiedenen Rechtsformen in zahlreichen Ländern bietet BMF-Schreiben v. 24.12.1999, IV B 4 – S 1300 – 111/99, BStBl. I 1999, S. 1076, Tabelle 1 und 2.

[347] Die Investitionsform der „Vornahme von Direktgeschäften" wird im Folgenden nicht näher betrachtet, weil sie für die großen Investitionsvolumina von kapitalmarktorientierten internationalen Unternehmungen grundsätzlich nicht geeignet ist.

nicht zwischen der Besteuerung von Betriebsstätten und Personengesellschaften differenziert werden muss.[348]

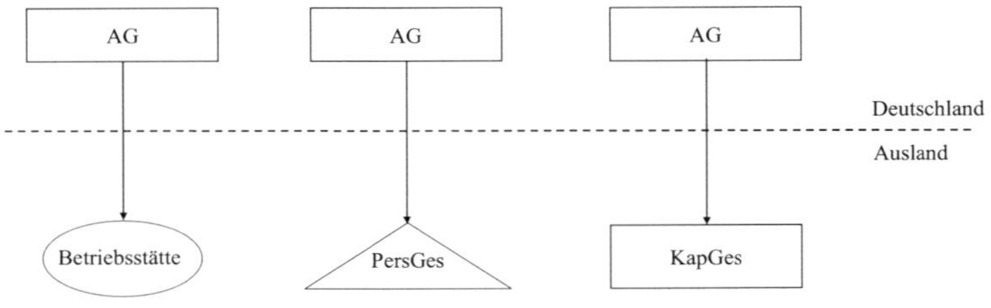

Abbildung 26: Investitionsalternativen

Aus rein steuerlicher Perspektive sollte immer diejenige Rechtsform gewählt werden, die für die Unternehmung zu der geringsten Belastung mit zahlungs- und ergebniswirksamen Steuern führt. Hinsichtlich der Besteuerungskonsequenzen wird differenziert zwischen Investitionen in Ländern, mit denen ein Doppelbesteuerungsabkommen abgeschlossen wurde (sog. DBA-Staaten), und solchen in Nicht-DBA-Staaten. Zunächst wird die periodische bzw. laufende Besteuerung (sog. *ongoing taxation*) und anschließend die aperiodische Besteuerung analysiert. Die aperiodische Besteuerung umfasst dabei sowohl die Steuerfolgen der Errichtung der Investitionsstruktur (sog. *entry taxation*) als auch die Steuerfolgen der Auflösung der Investitionsstruktur (sog. *exit taxation*).

2.3.3.2.2. Periodische Besteuerung

Sofern die deutsche Spitzeneinheit für ihr Auslandsinvestment eine Betriebsstätte bzw. eine Personengesellschaft einschaltet, unterliegen die Gewinne, die der ausländischen Betriebsstätte steuerlich zuzuordnen sind, infolge der beschränkten Steuerpflicht der deutschen Mutterkapitalgesellschaft im Ausland einer Belastung i. H. d. ausländischen Körperschaftsteuersatzes.[349] Nach nationalem deutschem Steuerrecht werden die Gewinne grundsätzlich von der unbeschränkten Körperschaftsteuerpflicht der deutschen Muttergesellschaft umfasst; eine Gewerbesteuerbelastung scheidet hingegen aufgrund der Kürzungsvorschrift des § 9 Nr. 2

[348] Zu der generellen Qualifikationsproblematik von ausländischen Personengesellschaften sowie den Steuerwirkungen im Falle der Klassifizierung einer Personengesellschaft in ihrem Sitzstaat als körperschaftsteuerpflichtiges Rechtsgebilde vgl. JACOBS (Hrsg.), Unternehmensbesteuerung, S. 515 ff.

[349] Für Zwecke des Rechtsformvergleichs wird eine vollständige Eigenkapitalfinanzierung der jeweiligen Auslandsinvestments unterstellt. Die Steuereffekte von verschiedenen Finanzierungsarten werden in Teil III 2.3.4.2. analysiert.

bzw. 3 GewStG aus. Bei Bestehen eines Doppelbesteuerungsabkommens mit dem Investitionszielland werden die Gewinne der ausländischen Betriebsstätte jedoch gemäß dem Betriebsstättenprinzip des Art. 7 i. V. m. Art. 23 A Abs. 1 OECD-MA regelmäßig in Deutschland freigestellt, sodass auch keine deutsche Körperschaftsteuerbelastung anfällt. Im Falle von Investitionen in Nicht-DBA-Staaten wird die ausländische Körperschaftsteuer gemäß § 26 KStG i. V. m. § 34c EStG auf die deutsche Körperschaftsteuer angerechnet.[350] Infolgedessen unterliegen die von Nicht-DBA-Betriebsstätten generierten Gewinne einer Belastung in Höhe des größeren Wertes von dem ausländischen Körperschaftsteuersatz und dem um den Solidaritätszuschlag erhöhten inländischen Körperschaftsteuersatz.[351]

Wenn die von der Betriebsstätte generierten Einkünfte einen negativen Wert annehmen, können die Verluste nach Maßgabe der jeweiligen ausländischen Steuerrechtsvorschriften mit positiven ausländischen Einkünften aus vergangenen und zukünftigen Jahren verrechnet werden.[352] In Deutschland können die Verluste von DBA-Betriebsstätten aufgrund des Betriebsstättenprinzips grundsätzlich nicht berücksichtigt werden (sog. Symmetriethese).[353] Hingegen können die negativen Einkünfte von Betriebsstätten, die in Nicht-DBA-Ländern belegen sind, vorbehaltlich des § 2a EStG in die Bemessungsgrundlage der deutschen Mutterkapitalgesellschaft einbezogen werden.[354]

Bei Einschaltung einer ausländischen Kapitalgesellschaft unterliegen die im Ausland erwirtschafteten Gewinne unabhängig von dem Bestehen eines Doppelbesteuerungsabkommens der ausländischen Körperschaftsteuer sowie in Bezug auf die Gewinnausschüttungen an die deutsche Muttergesellschaft auch der ausländischen Quellenbesteuerung.[355] In Deutschland sind

---

[350] Die aus dem Anrechnungshöchstbetrag (§ 26 Abs. 6 KStG i. V. m. § 34c Abs. 1 S. 2 ff. EStG) etwaig resultierenden Restriktionen werden aus Vereinfachungsgründen nicht näher betrachtet, sodass die ausländischen Steuern annahmegemäß in voller Höhe angerechnet werden können. Statt der Anrechnung der ausländischen Steuern kann gegebenenfalls auch ein Steuerabzug nach § 34c Abs. 2, 3 EStG bzw. eine Steuerpauschalierung (§ 34c Abs. 5 EStG) erfolgen.

[351] Dieselben Steuerfolgen stellen sich bei Investitionen in DBA-Staaten ein, wenn bei diesen ausnahmsweise, z. B. infolge eines Aktivitätsvorbehalts, die Anrechnungsmethode (Art. 23 B OECD-MA) zur Anwendung kommt.

[352] Für eine Auflistung der Verlustverrechnungsmöglichkeiten in zahlreichen Ländern vgl. ENDRES u. a., in: BDI/PwC (Hrsg.), Verlustberücksichtigung, S. 13 ff.

[353] Zu der zunehmend vorteilhafteren EuGH-Rechtsprechung hinsichtlich des steuerlichen Imports von EU-Betriebsstätten-Verlusten vgl. Teil III 2.3.3.2.4.

[354] Selbiges gilt für die Verluste von DBA-Betriebsstätten, bezüglich derer die Anrechnungsmethode Anwendung findet. Zu der Neufassung des § 2a EStG durch das Jahressteuergesetz 2009 vgl. WITTKOWSKI/LINDSCHEID, Betriebsstättenverluste, IStR 2009, S. 225 ff.; NACKE, Jahressteuergesetz 2009, DB 2008, S. 2792.

[355] Entsprechend Art. 10 Abs. 2 OECD-MA sehen nahezu sämtliche der von der Bundesrepublik Deutschland abgeschlossenen Doppelbesteuerungsabkommen eine Absenkung, mitunter bis auf 0 % (vgl. z. B. DBA BRD-USA Art. 10 Nr. 3), der nach nationalen Steuerrechtsvorschriften vorgesehenen Höhe der Quellensteuerbelas-

die Dividendenzahlungen sowohl im DBA-Fall als auch im Nicht-DBA-Fall entsprechend § 8b Abs. 1 KStG und § 9 Nr. 7 GewStG von der Körperschaft- und der Gewerbesteuer befreit. Durch das gemäß § 8b Abs. 5 KStG erfolgende Fingieren von nicht abzugsfähigen Betriebsausgaben kommt es jedoch zu einer 5%igen Besteuerung der Dividenden mit deutscher Körperschaftsteuer zuzüglich Solidaritätszuschlag und Gewerbesteuer, ohne dass die Anrechnung etwaiger ausländischer Quellensteuern möglich ist.

Etwaige Verluste der Kapitalgesellschaften können im Ausland nach den jeweils einschlägigen länderspezifischen Verlustverrechnungsmöglichkeiten mit früheren oder späteren ausländischen Gewinnen verrechnet werden.[356] Aufgrund der rechtlichen Selbständigkeit der Tochterkapitalgesellschaft ist eine unmittelbare Berücksichtigung der Verluste auf Ebene der deutschen Muttergesellschaft ausgeschlossen. Bei voraussichtlich dauernder Wertminderung ist lediglich eine Teilwertabschreibung auf die Beteiligung an der Tochtergesellschaft zulässig, die aber gemäß § 8b Abs. 3 S. 3 KStG keine steuermindernde Wirkung entfaltet und im Falle einer späteren Wertaufholung sogar eine 5%ige Belastung mit Körperschaft- und Gewerbesteuer auslöst (§ 8b Abs. 2, 3 S. 1 KStG).

2.3.3.2.3. Aperiodische Besteuerung

Bezüglich der Steuerfolgen der Errichtung der Investitionsstruktur ist zwischen der steueroptimierten Strukturierung von Neuinvestitionen und der Steueroptimierung bereits bestehender Investitionsstrukturen zu differenzieren. Im Falle von Neuinvestitionen, z. B. im Rahmen der Expansion in ein neues Land, ergeben sich grundsätzlich weder bei der Einschaltung von Betriebsstätten bzw. Personengesellschaften noch bei der Gründung von Kapitalgesellschaften steuerliche Belastungseffekte. Sofern die kapitalmarktorientierte internationale Unternehmung hingegen in dem ausländischen Zielland bereits seit vielen Jahren – wie es in der Unternehmungspraxis oft zu beobachten ist – durch Kapitalgesellschaftstöchter investiert ist, kann sie von den periodischen Steuervorteilen einer Betriebsstätte bzw. Personengesellschaft (vgl. Teil III 2.3.3.2.4.) nur profitieren, wenn eine Umstrukturierung vorgenommen wird. Der Formwechsel einer ausländischen Kapital- in eine Personengesellschaft führt grundsätzlich zu

tung vor. Nach der gemäß § 43b EStG in nationales deutsches Steuerrecht transformierten EU-Mutter-Tochter-Richtlinie (Richtlinie 90/435/EWG des Rates vom 23.07.1990 über das gemeinsame Steuersystem der Mutter- und Tochtergesellschaften verschiedener Mitgliedstaaten, Abl. EG 1990, Nr. L 225, S. 6) wird die Quellensteuerbelastung hinsichtlich Gewinnausschüttungen von EU-Tochterkapitalgesellschaften an ihre EU-Mutterkapitalgesellschaften bei Erfüllen gewisser Voraussetzungen auf 0 % reduziert.

[356] Für eine Auflistung der Verlustverrechnungsmöglichkeiten in zahlreichen Ländern vgl. ENDRES u. a., in: BDI/PwC (Hrsg.), Verlustberücksichtigung, S. 13 ff.

einer aperiodischen Steuerbelastung, weil sowohl im Domizilstaat der Kapitalgesellschaft als auch Inland nachteilige Steuerfolgen drohen.[357] Die genaue Höhe dieser zahlungs- und ergebniswirksamen *entry taxation* kann nur durch eine Einzelfallanalyse ermittelt werden, da sie von zahlreichen und zudem sehr komplexen Faktoren abhängt, wie z. B. der länderspezifischen Besteuerungstechnik des Formwechsels im Ausland und der Anwendbarkeit des deutschen Umwandlungssteuergesetzes.[358]

Die Steuerfolgen der Auflösung der Investitionsstruktur hängen maßgeblich davon ab, ob eine Betriebsstätte bzw. Personengesellschaft oder eine Kapitalgesellschaftsbeteiligung veräußert wird. Die Veräußerung von Betriebsstätten bzw. Personengesellschaften, die in DBA-Staaten belegen sind, führt im Regelfall zu einer Besteuerung der stillen Reserven im Betriebsstättenstaat und einer Freistellung des Veräußerungsgewinns im Inland (Art. 13 Abs. 2 i. V. m. Art. 23 A Abs. 1 OECD-MA). Im Nicht-DBA-Fall kommt es hingegen auch in Deutschland zu einer Besteuerung des Veräußerungsgewinns, der mangels gewerbesteuerlicher Kürzungsvorschrift nicht nur die Körperschaftsteuer und den Solidaritätszuschlag umfasst, sondern auch die Gewerbesteuer.[359] Der Verkauf von Kapitalgesellschaftsanteilen führt im Abkommensfall grundsätzlich dazu, dass der Ansässigkeitsstaat kein Besteuerungsrecht besitzt (Art. 13 Abs. 5 OECD-MA), weshalb lediglich eine 5%ige Besteuerung des Veräußerungsgewinns im Inland anfällt (§ 8b Abs. 2, 3 KStG).[360] Auch die Veräußerung von Beteiligungen an Kapitalgesellschaften, die in Nicht-DBA-Staaten domizilieren, zieht nur die 5%-

---

[357] Sofern bspw. angenommen wird, dass der Anwendungsbereich des deutschen Umwandlungssteuergesetzes eröffnet ist, führt der kreuzende Formwechsel im Ausland entsprechend § 7 UmwStG zu einer fiktiven Totalausschüttung sämtlicher Gewinnrücklagen, die auf Ebene der deutschen Muttergesellschaft gemäß § 8b Abs. 1, 5 KStG i. H. v. 5 % zu versteuern sind. Die aperiodische Steuerbelastung eines Formwechsels lässt sich bezüglich EU-/EWR-Gesellschaften unter Umständen dadurch vermeiden, dass die ausländische Kapitalgesellschaft ihren gesamten Geschäftsbetrieb auf eine Tochterpersonengesellschaft auslagert (sog. *business drop down*), was nach ausländischem Steuerrecht oftmals steuerneutral möglich ist, und die Kapitalgesellschaft anschließend seitwärts auf eine deutsche Tochterkapitalgesellschaft der deutschen Muttergesellschaft verschmolzen wird, weil § 12 Abs. 2 S. 2 UmwStG die Anwendbarkeit des § 8b KStG ausschließen und damit die Entstehung der 5 %-Besteuerung verhindern dürfte. Alternativ kann darüber nachgedacht werden, dass sich die deutsche Muttergesellschaft atypisch still an der ausländischen Tochterkapitalgesellschaft beteiligt; zu dem durch atypisch stille Gesellschaften eröffneten Steuergestaltungsspielraum hinsichtlich Outbound-Investitionen vgl. BECKER, Atypisch, S. 183 ff.

[358] Zu der höchst umstrittenen Frage, wann ein ausländischer Formwechsel einer Kapital- in eine Personengesellschaft einen vergleichbaren Vorgang i. S. d. § 1 Abs. 1 Nr. 2 UmwStG darstellt, was eine notwendige Voraussetzung für die Anwendbarkeit des deutschen Umwandlungssteuergesetztes ist, vgl. HAHN, Allgemeiner Teil, in: PwC (Hrsg.), Umwandlungssteuerrechts, S. 131 f.

[359] Die erhobenen ausländischen Steuern werden hierbei gemäß § 26 KStG i. V. m. § 34c EStG auf die deutsche Körperschaftsteuer angerechnet.

[360] Doppelbesteuerungsabkommen, die vom OECD-MA insofern abweichen, als dass bei dem Verkauf von Kapitalgesellschaftsanteilen auch dem Ansässigkeitsstaat ein Besteuerungsrecht gewährt wird, hat die Bundesrepublik Deutschland z. B. mit Tschechien bzw. der Slowakei (vgl. Art. 13 Abs. 3 DBA BRD-Tschechoslowakei) und der Volksrepublik China (vgl. Art. 13 Abs. 4 DBA BRD-China) abgeschlossen.

Besteuerung gemäß § 8b Abs. 2, 3 KStG in Deutschland nach sich. Zusätzlich kann die deutsche Mutterkapitalgesellschaft durch die Anteilsveräußerung im Ausland beschränkt steuerpflichtig werden, wobei die entstehende ausländische Steuerbelastung nicht auf die inländische 5 %-Besteuerung angerechnet werden kann.

2.3.3.2.4. Fazit

Weil die periodischen Steuerbelastungen der verschiedenen Investitionsalternativen keine latenten Steuereffekte nach sich ziehen und die zahlungswirksamen Steuerlasten mit den tatsächlichen Steueraufwendungen korrespondieren, gelten die folgenden Vorteilhaftigkeitsaussagen sowohl für die zahlungs- als auch die ergebniswirksamen Steuern.

Bei Investitionen in DBA-Staaten, bezüglich derer – wie es nach herrschender deutscher Abkommenspraxis der Fall ist – die Freistellungsmethode Anwendung findet, ergibt sich für Betriebsstätten bzw. Personengesellschaften die laufende Steuerbelastung „$s_{\text{BS/PersGes; DBA}}$“ und für Kapitalgesellschaften die laufende Steuerbelastung „$s_{\text{KapGes; DBA}}$“, die sich formal wie folgt darstellen:

$$s_{\text{BS/PersGes; DBA}} = s_{\text{KSt Ausland}}$$

$$s_{\text{KapGes; DBA}} = s_{\text{KSt Ausland}} + \left(1 - s_{\text{KSt Ausland}}\right) \cdot s_{\text{QSt}} + \left(1 - s_{\text{KSt Ausland}}\right) \cdot 0{,}05 \cdot s_{\text{Inland}}$$

mit: $s_{\text{KSt Ausland}}$ = ausländischer Körperschaftsteuersatz

s_{QSt} = ausländischer Quellensteuersatz

s_{Inland} = inländischer Ertragsteuersatz[361]

Formel 24: Periodische Steuerbelastung im DBA-Fall bei Anwendung der Freistellungsmethode

Die Investitionsform der Betriebsstätte bzw. Personengesellschaft ist vorteilhafter als diejenige der Kapitalgesellschaft, weil die periodische Steuerbelastung von Kapitalgesellschaften jene von Betriebsstätten bzw. Personengesellschaften um die ausländischen Quellensteuern und die inländische 5%ige Dividendenbesteuerung übersteigt. Auch die Analyse des Verlustfalls ändert nichts an dieser Vorteilhaftigkeitsaussage, da die Verluste von Betriebsstätten wie auch jene von Kapitalgesellschaften im Domizilstaat nach den jeweiligen Verlustverrech-

[361] Der inländische Ertragsteuersatz ergibt sich aus der Summe der um den Solidaritätszuschlag erhöhten Körperschaftsteuerbelastung und der Gewerbesteuerbelastung; zu Details vgl. Teil III 2.3.2.1.1.

nungsrestriktionen mit vergangenen und zukünftigen Gewinnen verrechnet und im Inland aufgrund der Symmetriethese bzw. des Trennungsprinzips nicht berücksichtigt werden können.[362]

Für Investitionen in Nicht-DBA-Staaten stellt sich für Betriebsstätten bzw. Personengesellschaften die laufende Steuerbelastung „$s_{BS/PersGes;\,Nicht\text{-}DBA}$" und für Kapitalgesellschaften die laufende Steuerbelastung „$s_{KapGes;\,Nicht\text{-}DBA}$" ein. Formal gilt folglich:

$$s_{BS/PersGes;\,Nicht\text{-}DBA} = \max\left[s_{KSt\,Ausland};\, s_{KSt}\cdot\left(1+s_{SolZ}\right)\right]$$

$$s_{KapGes;\,Nicht-DBA} = s_{KSt\,Ausland} + \left(1-s_{KSt\,Ausland}\right)\cdot s_{QSt} + \left(1-s_{KSt\,Ausland}\right)\cdot 0{,}05\cdot s_{Inland}$$

mit: $s_{KSt\,Ausland}$ = ausländischer Körperschaftsteuersatz

s_{KSt} = inländischer Körperschaftsteuersatz

s_{SolZ} = Solidaritätszuschlagssatz

s_{QSt} = ausländischer Quellensteuersatz

s_{Inland} = inländischer Ertragsteuersatz[363]

Formel 25: Periodische Steuerbelastung im Nicht-DBA-Fall

Der Faktor „$\max\left[s_{KSt\,Ausland};\, s_{KSt}\cdot\left(1+s_{SolZ}\right)\right]$" nimmt nur in sehr seltenen Fällen, nämlich wenn in Nicht-DBA-Staaten ein Körperschaftsteuersatz von weniger als 15,825 % greift, einen höheren Wert an als der Faktor „$s_{KSt\,Ausland}$", weshalb die periodische Steuerbelastung der Kapitalgesellschaft grundsätzlich um die ausländischen Quellensteuern sowie die 5%ige Inlandsbesteuerung höher ist als die laufende Besteuerung von Betriebsstätten bzw. Personengesellschaften. Auch in Bezug auf etwaige Verluste ist die Betriebsstätte gegenüber der Kapitalgesellschaft vorzuziehen, weil Betriebsstätten-Verluste, nicht aber die Verluste von Kapitalge-

[362] Hinsichtlich EU-Betriebsstätten ergibt sich im Verlustfall darüber hinaus noch insofern ein Vorteil, als dass durch diverse EuGH-Rechtsprechungen zunehmend mehr Optionen für einen steuerlichen Verlustimport von ausländischen Betriebsstätten-Verluste eröffnet werden, z. B. wenn sämtliche Möglichkeiten zur Verwertung der steuerlichen Verluste im Ausland ausgeschöpft sind und die Verluste daher als definitiv zu klassifizieren sind; vgl. EuGH-Urteil v. 13.12.2005, RS. C-446/03, Marks & Spencer Plc., Slg. 2005, S. I-10837; EuGH-Urteil v. 15.05.2008, RS. C-414/06, Lidl Belgium GmbH & Co. KG, IStR 2008, S. 400 ff.; EuGH-Urteil v. 29.03.2007, RS. C-347/04, Rewe Zentralfinanz eG, Slg. 2007, S. I-2647; EuGH-Urteil v. 28.02.2008, RS. C-293/06, Deutsche Shell GmbH, Slg. 2008, S. I-1129 ff.

[363] Der inländische Ertragsteuersatz ergibt sich aus der Summe der um den Solidaritätszuschlag erhöhten Körperschaftsteuerbelastung und der Gewerbesteuerbelastung; zu Details vgl. Teil III 2.3.2.1.1.

sellschaften, vorbehaltlich der Restriktionen des § 2a EStG im Inland steuermindernd berücksichtigt werden können.

Die Analyse der aperiodischen Steuereffekte zeigt, dass die Errichtung der gewünschten Investitionsstruktur grundsätzlich nur im Falle von Neuinvestitionen zu keiner zahlungs- und ergebniswirksamen Steuerbelastung führt. Bezüglich der Auflösung der Investitionsstruktur ist eine Kapitalgesellschaft gegenüber einer Betriebsstätte zu favorisieren, weil § 8b Abs. 2, 3 KStG eine weitgehende Steuerbefreiung des aus der Anteilsveräußerung resultierenden Gewinns vorsieht.

Zusammenfassend lässt sich festhalten, dass die Investitionsform der Betriebsstätte bzw. Personengesellschaft im Rahmen der periodischen Besteuerung tendenziell zu einer geringeren zahlungs- und ergebniswirksamen Steuerbelastung führt als die Rechtsform der Kapitalgesellschaft. Vor dem Hintergrund von potenziellen aperiodischen Steuereffekten sollte die kapitalmarktorientierte internationale Unternehmung Betriebsstätten bzw. Personengesellschaften insbesondere dann nutzen, wenn aufgrund des Eintritts in einen neuen Markt keine *entry taxation* anfällt und keine rasche Beendigung des Auslandsinvestment anvisiert wird.[364]

2.3.3.3. Holdinggesellschaft

2.3.3.3.1. Einsatzbereich

Die kapitalmarktorientierte internationale Unternehmung kann die in Teil III 2.3.3.2. für Auslandsinvestitionen aufgezeigte steueroptimierte Einschaltung von Betriebsstätten bzw. Personengesellschaften vornehmlich aufgrund von außersteuerlichen Aspekten nicht in jedem Land verwirklichen. So besteht für die Unternehmung bspw. ein faktischer Zwang zur Nutzung der Rechtsform der Kapitalgesellschaft, wenn sie in einem Land z. B. zwecks Anmietens von Grundstücken und Einstellung von Arbeitnehmern ein eigenständiges Rechtssubjekt benötigt und Personengesellschaften in diesem Land keine hohe Reputation genießen oder keine Beschränkung der Haftung ermöglichen.

Für die ausländischen Tochtergesellschaften der kapitalmarktorientierten internationalen Unternehmung, die die Rechtsform der Kapitalgesellschaft aufweisen, lässt sich durch die Nutzung von Holdinggesellschaften eine Steueroptimierung des gesellschaftsrechtlichen Unter-

---

[364] Diese Aussage bedingt, dass der Investitionsform der Betriebsstätte bzw. Personengesellschaft keine außersteuerlichen Gründe entgegenstehen.

nehmungsaufbaus erzielen.[365] Die Einschaltung von Holdinggesellschaften kann hierbei auf die verschiedensten Gründe zurückzuführen sein, was sich auch im Schrifttum in einer sehr weiten Begriffstypologie niedergeschlagen hat.[366] Je nach Erscheinungsform und Einsatzbereich wird bspw. von vermögensverwaltenden bzw. geschäftsleitenden Holdinggesellschaften, Regional- bzw. Landesholdinggesellschaften oder Zwischen- bzw. Dachholdinggesellschaften gesprochen, um nur einige der zahlreichen Typisierungen aufzugreifen.[367] Aus steuerplanerischer Perspektive dient die Nutzung von Holdinggesellschaften unter anderem den im Folgenden aufgeführten Aspekten:[368]

- Reduzierung der aus einer Quellensteuerbelastung auf grenzüberschreitende Dividenden-, Zins- und Lizenzzahlungen resultierenden Repatriierungskosten von ausländischen Gewinnen;
- Minimierung der Steuerpflicht von vereinnahmten Dividenden und erzielten Veräußerungsgewinnen;
- Konsolidierung der positiven und negativen steuerlichen Ergebnisse von in- und ausländischen Gesellschaften;[369]
- Nutzung von steuerwirksamen Teilwertabschreibungen.

Welches Land im jeweiligen Einzelfall die idealen Standortfaktoren offeriert, ist maßgeblich von der mit der Holdingstruktur verknüpften steuerplanerischen Zielsetzung abhängig. Aus Vereinfachungsgründen wird im Folgenden angenommen, dass die Einschaltung der Holdinggesellschaft in erster Linie der Minimierung der Quellensteuerbelastung auf Gewinnausschüttungen von ausländischen Tochterkapitalgesellschaften, mithin der Reduktion von Repatriierungskosten, dienen soll. Die sich durch die Zwischenschaltung einer ausländischen Holdingkapitalgesellschaft (sog. HoldCo-KapGes) ergebende Gesellschaftsstruktur, mittels derer dieses Ziel verwirklicht werden soll, ist in der nachstehenden Abbildung grafisch veranschaulicht.

[365] Zu dem Begriff „Holdinggesellschaft" vgl. LUTTER, in: Lutter (Hrsg.), Holding-Handbuch, § 1 Rz. 11 ff.; KELLER, Holdingkonzepte, S. 32; KESSLER, Euro-Holding, S. 10.

[366] Vgl. die Aufstellungen von GROTHERR, Holdinggesellschaften, BB 1995, S. 1510 ff.; KESSLER, Euro-Holding, S. 11; LETTL, Holding-Konzept, DStR 1996, S. 1016 ff.

[367] Vgl. ENDRES/DORFMÜLLER, Holdingstandort, S:R 2008, S. 255.

[368] Vgl. etwa DORFMÜLLER, Tax Planning, S. 39 ff. Zu der Systematisierung des steuerplanerisches Einsatzes von Holdinggesellschaften in die „Umleitung von Einkünften", die „Umformung von Einkünften" sowie die „Temporäre Abschirmung von Einkünften" vgl. KESSLER, Euro-Holding, S. 83 ff.

[369] Vgl. diesbezüglich den in Teil III 2.3.3.4. erläuterten steueroptimierten Einsatz von Gruppenbesteuerungssystemen.

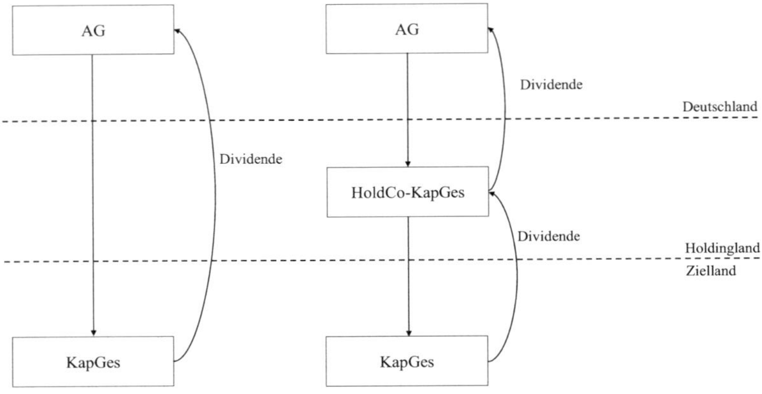

Abbildung 27: Einschaltung einer Holdinggesellschaft

2.3.3.3.2. Periodische Besteuerung

Im Ausgangsszenario der unmittelbaren Beteiligung der deutschen Mutterkapitalgesellschaft der kapitalmarktorientierten internationalen Unternehmung an der ausländischen Tochterkapitalgesellschaft setzt sich die laufende Steuerbelastung aus drei verschiedenen Bestandteilen zusammen. Die erste Komponente besteht darin, dass die von der ausländischen Kapitalgesellschaft erzielten Gewinne der ausländischen Körperschaftsteuer unterliegen. Aufgrund der annahmegemäß unmittelbar nach Erzielen der Einkünfte erfolgenden Dividendenzahlungen wird die deutsche Muttergesellschaft im Ansässigkeitsstaat der ausländischen Kapitalgesellschaft beschränkt steuerpflichtig, wodurch sich im Ausland als zweite Komponente eine Belastung mit Quellensteuern ergibt.[370] Das dritte Element der periodischen Steuerbelastung ist die 5%ige Besteuerung der Gewinnausschüttungen in Deutschland mit Körperschaftsteuer, Solidaritätszuschlag sowie Gewerbesteuer (§ 8b Abs. 1, 5 KStG). Formal ergibt sich somit die folgende Gleichung:

$$s_U = s_{KSt\,ZL} + (1 - s_{KSt\,ZL}) \cdot s_{QSt\,ZL\text{-}Inland} + (1 - s_{KSt\,ZL}) \cdot 0{,}05 \cdot s_{Inland}$$

mit: s_U = laufende Steuerbelastung bei unmittelbarer Beteiligung

[370] Die nach nationalen ausländischen Steuerrechtsvorschriften grundsätzlich vorgesehene Höhe der Quellensteuerbelastung wird gegebenenfalls durch ein Doppelbesteuerungsabkommen mit der Bundesrepublik Deutschland bzw. durch sonstige Vorschriften, wie z. B. die EU-Mutter-Tochter-Richtlinie (Richtlinie 90/435/EWG des Rates vom 23.07.1990 über das gemeinsame Steuersystem der Mutter- und Tochtergesellschaften verschiedener Mitgliedstaaten, Abl. EG 1990, Nr. L 225, S. 6) reduziert.

$s_{KSt\ ZL}$ = Körperschaftsteuersatz im Zielland

$s_{QSt\ ZL-Inland}$ = Quellensteuersatz auf Dividenden aus dem Ziel- in das Inland

s_{Inland} = inländischer Ertragsteuersatz[371]

Formel 26: Periodische Besteuerung bei unmittelbarer Beteiligung an der Tochtergesellschaft

Durch die Zwischenschaltung einer Holdingkapitalgesellschaft entsteht eine zusätzliche Besteuerungsebene, weshalb sich die periodische Steuerbelastung der Holdingstruktur grundsätzlich aus mehr Faktoren zusammensetzt als die laufende Steuerbelastung im Falle der direkten Beteiligung der deutschen Spitzeneinheit an der ausländischen Tochtergesellschaft. Auf Ebene der ausländischen Kapitalgesellschaft fällt weiterhin die ausländische Körperschaftsteuer an, weil der Anteilseignerwechsel hierauf keinen Einfluss hat. Die Dividendenzahlungen der ausländischen Tochtergesellschaft an die Holdinggesellschaft können in dem Investitionszielland eine Quellensteuerbelastung und in dem Holdingland eine Dividendenbesteuerung nach sich ziehen.[372] Des Weiteren besteht die Gefahr, dass die Gewinnausschüttungen der Holdinggesellschaft an die deutsche Spitzeneinheit in dem Holdingland Quellensteuern auslösen. Schließlich unterliegen diese Dividenden gemäß § 8b Abs. 1, 5 KStG in Deutschland einer 5%igen Besteuerung mit Körperschaftsteuer, Solidaritätszuschlag sowie mit Gewerbesteuer.

Unter der Annahme, dass ein Holdingstandort gewählt wird, in dem vereinnahmte Dividenden von der Besteuerung ausgenommen werden und in dem auf die Gewinnausschüttungen der Holdinggesellschaft an ihre deutsche Muttergesellschaft keine Quellensteuern erhoben werden, stellt sich die laufende Steuerbelastung der Nutzung der Holdingstruktur im Ergebnis formal wie folgt dar:[373]

[371] Der inländische Ertragsteuersatz ergibt sich aus der Summe der um den Solidaritätszuschlag erhöhten Körperschaftsteuerbelastung und der Gewerbesteuerbelastung; zu Details vgl. Teil III 2.3.2.1 1.

[372] Aus Vereinfachungsgründen wird unterstellt, dass die Tatbestandsvoraussetzungen der in dem Ansässigkeitsstaat der Holdinggesellschaft zwecks Vermeidung der missbräuchlichen Nutzung von Vergünstigungen von Doppelbesteuerungsabkommen bzw. Richtlinien, wie etwa der EU-Mutter-Tochter-Richtlinie (Richtlinie 90/435/EWG des Rates vom 23.07.1990 über das gemeinsame Steuersystem der Mutter- und Tochtergesellschaften verschiedener Mitgliedstaaten, Abl. EG 1990, Nr. L 225, S. 6), etwaig existierenden Pendants zu § 50d Abs. 3 EStG (sog. *anti-treaty shopping rules* bzw. *anti-directive shopping rules*) nicht erfüllt sind, was sich an den klassischen Holdingstandorten durch die Ausstattung der ausländischen Holdinggesellschaft mit einer gewissen wirtschaftlichen Substanz im Regelfall leicht erreichen lässt.

[373] So unterliegen erzielte Dividenden wie auch Veräußerungsgewinne in nahezu sämtlichen der traditionell attraktiven Holdingstandorte, wie z. B. Luxemburg, Niederlande oder der Schweiz, grundsätzlich keiner Besteuerung. Die Nichterhebung von Quellensteuern auf Dividendenausschüttungen der Holdinggesellschaft kann verschiedene Ursachen haben. So wird etwa in Hongkong und Singapur bereits nach den jeweiligen nationalen Steuervorschriften auf grenzüberschreitende Dividendenzahlungen keine Quellenbesteuerung vorgenommen.

$$s_H = s_{KSt\,ZL} + (1 - s_{KSt\,ZL}) \cdot s_{QSt\,ZL\text{-}HL} + \left[\ (1 - s_{KSt\,ZL}) - (1 - s_{KSt\,ZL}) \cdot s_{QSt\,ZL-HL}\ \right] \cdot 0{,}05 \cdot s_{Inland}$$

mit: s_H = laufende Steuerbelastung bei Nutzung der Holdingstruktur

$s_{KSt\,ZL}$ = Körperschaftsteuersatz im Zielland

$s_{QSt\,ZL-HL}$ = Quellensteuersatz auf Dividenden aus dem Ziel- in das Holdingland

s_{Inland} = inländischer Ertragsteuersatz[374]

Formel 27: Periodische Besteuerung bei Nutzung der Holdingstruktur

2.3.3.3.3. Aperiodische Besteuerung

Im Rahmen der Expansion in ein neues Land führt die Implementierung der Holdingstruktur grundsätzlich weder zu zahlungs- noch zu ergebniswirksamen aperiodischen Steuereffekten, weil die Gründung der Holdinggesellschaft durch die deutsche Muttergesellschaft und die anschließende Gründung der Kapitalgesellschaft in dem Investitionszielland durch die Holdinggesellschaft im Regelfall steuerneutral vorgenommen werden können.[375] Falls hingegen die deutsche Muttergesellschaft bereits Anteilseignerin der Kapitalgesellschaft in dem Zielland ist, bedarf es zwecks Nutzung der Holdingstruktur einer Umstrukturierung, die oftmals zahlungs- und ergebniswirksame Steuerbelastungen nach sich zieht.

Die Umstrukturierung kann zum einen dadurch erfolgen, dass die deutsche Muttergesellschaft in einem ersten Schritt die Holdinggesellschaft gründet und anschließend die Anteile an der ausländischen Kapitalgesellschaft an die Holdinggesellschaft verkauft. Der resultierende Veräußerungsgewinn wird auf Ebene der deutschen Gesellschaft entsprechend § 8b Abs. 2 KStG in voller Höhe steuerbefreit. Gemäß § 8b Abs. 3 S. 1 KStG wird jedoch ein Betrag i. H. v. 5 % des Veräußerungsgewinns als nicht abzugsfähige Betriebsausgaben fingiert, wodurch sich in Deutschland eine zahlungswirksame Steuerbelastung mit Körperschaftsteuer, Solidari-

---

Des Weiteren kann die EU-Mutter-Tochter-Richtlinie (Richtlinie 90/435/EWG des Rates vom 23.07.1990 über das gemeinsame Steuersystem der Mutter- und Tochtergesellschaften verschiedener Mitgliedstaaten, Abl. EG 1990, Nr. L 225, S. 6), Doppelbesteuerungsabkommen oder sonstige Vorschriften, wie z. B. das Zinsbesteuerungsabkommen zwischen der Europäischen Gemeinschaft und der Schweiz (Abkommen vom 29.12.2004 zwischen der Europäischen Gemeinschaft und der Schweizerischen Eidgenossenschaft über Regelungen, die den in der Richtlinie 2003/48/EG des Rates im Bereich der Besteuerung von Zinserträgen festgelegten Regelungen gleichwertig sind, Abl. EU 2004, Nr. L 385, S. 30-49) eine vollständige Eliminierung der Quellensteuerbelastung bewirken.

[374] Der inländische Ertragsteuersatz ergibt sich aus der Summe der um den Solidaritätszuschlag erhöhten Körperschaftsteuerbelastung und der Gewerbesteuerbelastung; zu Details vgl. Teil III 2.3.2.1.1.

[375] Vereinzelt werden in ausländischen Ländern jedoch auf Kapitaleinzahlungen sog. *capital duties* oder auch Stempelsteuern erhoben. So führt bspw. die Ausstattung einer österreichischen Kapitalgesellschaft mit Eigenkapital grundsätzlich zum Anfall der österreichischen Gesellschaftssteuer.

tätszuschlag und Gewerbesteuer i. H. v. effektiv circa 1,5 %. einstellt. Nach den jeweiligen nationalen Steuerrechtsvorschriften ist der Veräußerungsgewinn zwar oftmals auch im Ausland steuerpflichtig, aber dem Ansässigkeitsstaat der Zielgesellschaft steht im Abkommensfall nach Art. 13 Abs. 5 OECD-MA regelmäßig kein Besteuerungsrecht zu, weshalb sich im Ergebnis keine zusätzliche ausländische zahlungswirksame Steuerbelastung ergibt.[376]

Hinsichtlich der ergebniswirksamen Steuereffekte gelten die obigen Ausführungen zu den zahlungswirksamen Steuerbelastungen für die tatsächlichen Steueraufwendungen entsprechend. Fraglich ist daher nur, ob der Verkaufsvorgang zu latenten Steuererträgen bzw. -aufwendungen führt. Aus IAS/IFRS-Sicht stellt die Veräußerung einen ergebnisneutralen konzerninternen Vorgang dar, der sich im Konzernabschluss entsprechend der Einheitsfiktion nicht auswirken kann und daher keine Veränderung der Bewertung von Vermögensgegenständen oder Schulden nach sich zieht.[377] Aus steuerlicher Perspektive kommt es hingegen durch die verpflichtende Bewertung des Anschaffungsvorgangs auf Ebene der Holdinggesellschaft zu Anschaffungskosten regelmäßig zu einer Aufstockung (sog. *step-up*) des Beteiligungswertes an der ausländischen Kapitalgesellschaft.

Aufgrund des aus der divergierenden Behandlung des Veräußerungs- bzw. Anschaffungsvorgangs im IAS/IFRS-Konzernabschluss und in der Steuerbilanz resultierenden relativ höheren steuerlichen Buchwertes könnte über die Bildung einer aktiven Latenz nachgedacht werden.[378] Unter der Annahme, dass ein Holdingstandort gewählt wird, der die Veräußerung von Kapitalgesellschaftsanteilen in voller Höhe von der Besteuerung ausnimmt und dessen Dop-

---

[376] Eine Ausnahme stellt bspw. das von der Bundesrepublik Deutschland mit der Volksrepublik China abgeschlossene Doppelbesteuerungsabkommen dar, weil entsprechend Art. 13 Abs. 4 auch dem Ansässigkeitsstaat der Zielgesellschaft, vorliegend China, ein Besteuerungsrecht für den Veräußerungsgewinn zusteht. Zu der 10%igen Quellenbesteuerung in China hinsichtlich des Verkaufs von Anteilen an chinesischen Kapitalgesellschaften vgl. BECKER/LOOSE, Unternehmenssteuerreform, PIStB 2007, S. 131 f. Auch bei der Veräußerung von Anteilen an Kapitalgesellschaften, die in Nicht-DBA-Staaten ansässig sind, kommt es im Ausland regelmäßig zu der Entstehung von Steuerbelastungen, vgl. Teil III 2.3.3.2.3.

[377] Gemäß IFRS 3.3b ist IFRS 3 („Business combinations" bzw. „Unternehmenszusammenschlüsse") für diese unternehmungsinterne Verkaufstransaktion nicht unmittelbar anwendbar. Auch den anderen IAS/IFRS-Standards ist keine Regelung für diesen Vorgang zu entnehmen. Nach IAS 8.10 f. sollte IFRS 3.21 jedoch analog anwendbar sein, wodurch es zu einer Buchwertfortführung kommt, vgl. LÜDENBACH, in: Lüdenbach/Hoffmann (Hrsg.), IFRS-Kommentar, § 31 Rz. 163 ff. Zu beachten ist, dass sich im Konzernabschluss aufgrund der Zwischengewinneliminierung (IAS 27.24) ohnehin keine Wertaufstockung ergeben kann.

[378] Bei der Latenz würde es sich um eine sog. *outside basis difference* handeln, die die Unterschiede des in der Konzernbilanz erfassten Nettovermögens der ausländischen Tochtergesellschaft und dem Beteiligungsbuchwert, mit dem die Tochtergesellschaft in der Steuerbilanz der Muttergesellschaft erfasst wird, abbildet. Für eine generelle Erläuterung des Begriffs „*outside basis differences*" sowie der Unterschiede zu sog. *inside basis differences* vgl. HOFFMANN, in: Lüdenbach/Hoffmann (Hrsg.), IFRS-Kommentar, § 26 Rz. 65 ff.; LOITZ, Fragen, Ubg 2008, S. 464 f.; LOITZ, Differences, WPg 2008, S. 1110 ff. Aus Vereinfachungsgründen wird angenommen, dass das Nettovermögen der ausländischen Tochtergesellschaft nicht durch sonstige Faktoren, wie z. B. thesaurierte Gewinne, von dem steuerlichen Buchwert abweicht.

pelbesteuerungsabkommen mit dem Ansässigkeitsstaat der ausländischen Kapitalgesellschaft auch eine Besteuerung des Veräußerungsgewinns im Zielland ausschließt, ist jedoch keine latente Steuer zu aktivieren. Ursächlich hierfür ist, dass der für Zwecke der Abgrenzung latenter Steuern nach IAS 12 zu ermittelnde Steuerwert der Beteiligung an der ausländischen Kapitalgesellschaft in Ermangelung zukünftiger steuerlicher Auswirkungen gemäß IAS 12.7 dem IAS/IFRS-Wert der Beteiligung an der ausländischen Kapitalgesellschaft entspricht und es somit erst gar nicht zu der Entstehung einer (abzugsfähigen) Differenz kommt.[379]

Alternativ zu dem unternehmungsinternen Anteilsverkauf lässt sich die anvisierte Holdingstruktur zum anderen auch implementieren, indem die deutsche Gesellschaft ihre 100%-Beteiligung an der ausländischen Tochterkapitalgesellschaft gegen Gewährung neuer Gesellschaftsanteile in die neu zu gründende Holdinggesellschaft einbringt. Für ausländische Steuerzwecke kann der Einbringungsvorgang oftmals steuerneutral vollzogen werden, weshalb im Folgenden ausschließlich die deutschen steuerlichen Konsequenzen dieses Anteilstausches analysiert werden.

Für den Einbringungsvorgang ist der Anwendungsbereich des Umwandlungssteuergesetzes eröffnet, wenn der übernehmende Rechtsträger, mithin die Holdinggesellschaft, in einem EU- bzw. EWR-Staat domiziliert.[380] Weil es sich um einen qualifizierten Anteilstausch handelt und das Besteuerungsrecht Deutschlands an den von der Holdinggesellschaft ausgegebenen Anteilen regelmäßig nicht ausgeschlossen oder beschränkt wird, lassen sich eine Aufdeckung der in den Anteilen an der ausländischen Kapitalgesellschaft ruhenden stillen Reserven und damit auch eine zahlungs- und ergebniswirksame aperiodische Steuerbelastung in Deutschland vermeiden.[381] Sofern der Einbringungsvorgang hingegen nicht unter das Umwandlungssteuergesetz zu subsumieren ist, z. B. im Falle der Einbringung von Anteilen in eine in Singapur ansässige Asien-Holding,[382] liegt ein Tausch vor, der nach den allgemeinen steuerlichen

[379] Vgl. VON EITZEN/DAHLKE, Steuerpositionen S. 49 f. Selbst wenn die Steuervorschriften des Ansässigkeitsstaats der Holdinggesellschaft analog zu § 8b Abs. 3 KStG eine Fiktion von nicht abzugsfähigen Betriebsausgaben vorsehen, kommt es mangels konkreter Veräußerungsabsicht und des daher in absehbarer Zeit nicht erfolgenden Umkehreffektes gemäß IAS 12.24 i. V. m. IAS 12.44 nicht zum Ansatz von aktiven Latenzen.

[380] Vgl. § 1 Abs. 3 Nr. 5, Abs. 4 Nr. 1 UmwStG.

[381] Vgl. § 21 Abs. 2 S. 3 Nr. 1 UmwStG i. V. m. Art. 13 Abs. 5 OECD-MA. Eine schädliche Einschränkung des deutschen Besteuerungsrechts i. S. d. § 21 Abs. 2 S. 3 Nr. 1 UmwStG ergibt sich z. B. im Falle der Einbringung von Anteilen in eine in Zypern ansässige Holdinggesellschaft, weil Art. 13 Abs. 3 DBA BRD-Zypern auch dem Ansässigkeitsstaat des übernehmenden Rechtsträgers, vorliegend Zypern, ein Besteuerungsrecht gewährt. In derartigen Fällen kann die Aufdeckung der stillen Reserven im EU- bzw. EWR-Raum aber grundsätzlich durch Anwendung des § 21 Abs. 2 S. 3 Nr. 2 UmwStG vermieden werden.

[382] Für eine Übersicht über die Vor- und Nachteile von typischen Standorten für Asien-Holdinggesellschaften vgl. BECKER/LOOSE, Holdingstandorte, PIStB 2006, S. 311.

Grundsätzen zur Aufdeckung der stillen Reserven und gemäß § 8b Abs. 2, 3 KStG zu einer 5%igen zahlungs- und ergebniswirksamen Besteuerung des Tauschgewinns mit Körperschaftsteuer, Solidaritätszuschlag und Gewerbesteuer führt.[383]

2.3.3.3.4. Fazit

In Bezug auf die Zielsetzung der Minimierung der Quellensteuerbelastung auf Gewinnausschüttungen ausländischer Tochterkapitalgesellschaften sind als wichtigste Standortkriterien für Holdinggesellschaften das Innehaben eines sehr dichten Netzes an Doppelbesteuerungsabkommen mit attraktiven Quellensteuersätzen sowie die vollständige Steuerbefreiung von vereinnahmten Gewinnausschüttungen und erzielten Veräußerungsgewinnen anzuführen.[384]

Der Vergleich der periodischen Steuerbelastungen zeigt, dass sowohl bei Nutzung der Holdinggesellschaft als auch bei der unmittelbaren Beteiligung der deutschen Spitzeneinheit an der ausländischen Tochterkapitalgesellschaft die Gewinne in dem Zielland der Körperschaftsteuer unterliegen und die Dividendenzahlungen eine ausländische Quellenbesteuerung sowie die 5%ige Inlandsbesteuerung nach sich ziehen. Die Attraktivität der Holdingstruktur ist im Wesentlichen darauf zurückzuführen, dass das Doppelbesteuerungsabkommen zwischen dem Ziel- und dem Holdingland eine geringere Quellenbesteuerung bewirkt als das Doppelbesteuerungsabkommen zwischen Deutschland und dem Zielland.[385] So unterliegen bspw. die Dividendenzahlungen einer chinesischen Tochterkapitalgesellschaft an ihre deutsche Mutterkapitalgesellschaft einer nationalen chinesischen Quellensteuerbelastung i. H. v. 10 %, ohne dass das DBA BRD-China zu einer Reduzierung der Repatriierungskosten führt.[386] Sofern die Anteile an der chinesischen Kapitalgesellschaft hingegen von einer Hongkong-Holding gehalten werden, kommt es nach dem DBA Hongkong-China zu einer Reduzierung der chinesi-

---

[383] Vgl. § 8 Abs. 1 KStG i. V. m. § 6 Abs. 6 S. 1 EStG. Weil der in der Zukunft etwaig erfolgende Verkauf der Anteile an der ausländischen Kapitalgesellschaft in dem Holdingland annahmegemäß in vollem Umfang steuerbefreit ist, entstehen wie vorab erläutert wurde keine latenten Steuererträge bzw. -aufwendungen, sodass die Ausführungen zu den zahlungswirksamen Steuereffekten hinsichtlich der ergebniswirksamen Steuereffekte entsprechend gelten; vgl. VON EITZEN/DAHLKE, Steuerpositionen, S. 55.

[384] Für einen Überblick über die wesentlichen Charakteristika zahlreicher Holdingstandorte vgl. JACOBS (Hrsg.), Unternehmensbesteuerung, S. 995 ff. sowie ENDRES/SCHREIBER/DORFMÜLLER, Holding, International Tax Review December/January 2006, S. 46 ff.

[385] Vgl. etwa ZIELKE, Steuerplanung, DB 2006, S. 2592. Sofern die Dividendenzahlungen an die Holdinggesellschaft einer Quellenbesteuerung von mehr als 0 % unterliegen, ergibt sich insofern ein weiterer periodischer Steuervorteil der Holdingstruktur, als dass die Quellensteuerbelastung die Bemessungsgrundlage für die inländische 5%ige Dividendenbesteuerung mindert.

[386] Art. 10 Abs. 2 DBA BRD-China legt bei Erfüllen gewisser Voraussetzungen als Höchstsatz für die Quellensteuerbelastung von Dividendenzahlungen einen Wert von 10 % fest, der sich faktisch nicht auswirkt, weil momentan nach nationalem chinesischem Steuerrecht ohnehin nur eine 10%ige Quellenbesteuerung vorgenommen wird.

schen Quellensteuerbelastung auf 5 % und mangels Erhebung von Quellensteuern auf die Dividenden der Hongkong-Holding an ihre deutsche Muttergesellschaft zu einem periodischen zahlungs- und ergebniswirksamen Quellensteuervorteil i. H. v. 5 Prozentpunkten.[387]

Die aperiodischen zahlungs- und ergebniswirksamen Steuereffekte hängen maßgeblich von den steuerlichen Spezifika der Ansässigkeitsstaaten der ausländischen Kapitalgesellschaft und der Holdinggesellschaft ab und können daher nur im Wege von Einzelfallanalysen ermittelt werden.[388] Bei der Expansion in neue Märkte sowie bei der Einschaltung einer Holdinggesellschaft, die im EU-/EWR-Gebiet ansässig ist, können jedoch oftmals zumindest in Deutschland Steuerbelastungen vollständig vermieden werden. Aperiodische latente Steuereffekte treten nur in Ausnahmefällen auf, sodass es regelmäßig zu einem Gleichlauf von zahlungs- und ergebniswirksamen Steuereffekten kommt.

Zusammenfassend lässt sich festhalten, dass die kapitalmarktorientierte internationale Unternehmung Holdinggesellschaften insbesondere dann nutzen sollte, wenn hierdurch die Höhe der Quellensteuerbelastung auf die Gewinnausschüttungen aus dem Zielland signifikant gesenkt werden kann und die Errichtung der Holdingstruktur keine allzu hohen aperiodischen zahlungs- und ergebniswirksamen Steuerbelastungen auslöst.

2.3.3.4. Gruppenbesteuerung

2.3.3.4.1. Verlustverrechnungssysteme

Entsprechend der Einheitstheorie des IAS/IFRS-Konzernabschlusses bilden die einzelnen Gesellschaften der kapitalmarktorientierten internationalen Unternehmung ein einheitliches wirtschaftliches Gebilde („Konzern“). Für Ertragsteuerzwecke hingegen sind die Gesellschaften aufgrund ihrer eigenständigen Rechtssubjektivität grundsätzlich strikt voneinander zu trennen. Dies begründet die Gefahr, dass der von dem gesamten Konzern erwirtschaftete Gewinn mehrfach besteuert wird. Zur Milderung dieser Problematik tragen Verlustverrechnungssysteme bei, die zu einer Saldierung der steuerlichen Ergebnisse der an diesem System

[387] Zu Details vgl. BECKER/LOOSE, China, PIStB 2008, S. 37 ff.

[388] So kann es bspw. im Falle des unternehmungsinternen Anteilsverkaufs bzw. des Anteilstausches nach ausländischen Pendants des § 8c KStG zu einem Untergang der steuerlichen Verlustvorträge und einer daraus resultierenden aufwandswirksamen Auflösung von aktiven Latenzen, die unter Umständen hinsichtlich der noch nicht genutzten Verlustvorträge gebildet wurden, kommen.

partizipierenden Gesellschaften führen.[389] So wird es bspw. den in Deutschland ansässigen Gesellschaften durch das Rechtsinstitut der Organschaft ermöglicht, die von den Mitgliedern des Organkreises erwirtschafteten Gewinne und erlittenen Verluste sowohl für Körperschaft- (§§ 14 ff. KStG) als auch für Gewerbesteuerzwecke (sog. Betriebsstättenfiktion des § 2 Abs. 2 S. 2 GewStG) miteinander zu verrechnen.[390]

Die kapitalmarktorientierte internationale Unternehmung sollte neben Verlustverrechnungssystemen, deren jeweilige Anwendungsbereiche nur auf ein einzelnes Land beschränkt sind, insbesondere auch transnationale Systeme nutzen, um einen möglichst weitgehenden Ausgleich der positiven und negativen steuerlichen Ergebnisse sicherzustellen.[391] In ausländischen Rechtskreisen werden derartige Möglichkeiten zur grenzüberschreitenden Verlustverrechnung zunehmend offeriert. So existieren z. B. in Frankreich, Dänemark und den USA bereits seit vielen Jahren entsprechende Regelungen zum steuerlichen Import von ausländischen Verlusten,[392] Italien hat ein internationales Gruppenbesteuerungssystem im Jahre 2004 eingeführt und Österreich im Jahre 2005.[393] Als Reaktion auf das am 13. Dezember 2005 ergangene Urteil des EuGH in der RS. *Marks & Spencer* erlaubt seit Neuestem auch Großbritannien, allerdings nur unter sehr restriktiven Bedingungen, einen grenzüberschreitenden sog. *loss relief*.[394]

---

[389] Für eine Erläuterung der länderspezifischen Techniken, durch die die Verlustverrechnung jeweils ermöglicht wird, z. B. „Konzerninterner Verlustübertrag“, „Zusammenfassung der Einzelergebnisse der Gesellschaften“ und „Steuerliche Vollkonsolidierung“, vgl. ENDRES u. a., in: BDI/PwC (Hrsg.), Verlustberücksichtigung, S. 18 ff.; HIRSCHLER/SCHINDLER, Gruppenbesteuerung, IStR 2004, S. 506 ff.

[390] Vgl. allgemein zur ertragsteuerlichen Organschaft HERZIG, Einführung, in: Herzig (Hrsg.), Organschaft, S. 8 ff.

[391] Einen Überblick über die Möglichkeiten zur Verlustrechnung in ausgewählten Staaten bietet JACOBS (Hrsg.), Unternehmensbesteuerung, S. 975 ff. Das Erfordernis einer länderübergreifenden Verlustverrechnung zeigt sich auch daran, dass die nationalen Steuerrechtsvorschriften von zahlreichen Staaten mitunter sehr strikte Verlustausgleichs- und Verlustverrechnungsrestriktionen vorsehen. So ist bspw. in den für deutsche Investoren traditionell wichtigen Exportländern Polen, Italien, Tschechien, Slowakei, Türkei, Griechenland, Japan und der Volksrepublik China ein Verlustvortrag nur für einen Zeitraum von fünf Jahren möglich, vgl. ENDRES u. a., in: BDI/PwC (Hrsg.), Verlustberücksichtigung, S. 15.

[392] Zu den Grundzügen des dänischen Verlustverrechnungsregimes vgl. KESSLER, Dänemark, IStR 1993, S. 304. Das US-Steuerrecht gestattet einerseits die Berücksichtigung von Verlusten ausländischer Tochtergesellschaften, wenn diese zu einer transparenten Besteuerung optiert haben. Zum anderen können US-Gesellschaften hinsichtlich der beiden NAFTA-Staaten Mexiko und Kanada durch eine sog. *consolidated tax group* unter bestimmten Bedingungen ein regionales Gewinn- und Verlustpooling erreichen; vgl. BECKER/STEIN/LOITZ, Verlustnutzung, S. 182 u. S. 189 ff. Für Details der französischen Gruppenbesteuerung vgl. SCHMIDT/HEINZ, Gruppenbesteuerung, Stbg 2006, S. 65.

[393] Zu den Grundzügen der italienischen grenzüberschreitenden Ergebniskonsolidierung vgl. HIRSCHLER/ SCHINDLER, Gruppenbesteuerung, IStR 2004, S. 507 f. Zur österreichischen Gruppenbesteuerung vgl. die folgenden Ausführungen.

[394] Vgl. EuGH-Urteil v. 13.12.2005, RS. C-446/03, Marks & Spencer Plc., Slg. 2005, S. I-10837; EuGH-Urteil v. 15.05.2008, RS. C-414/06. Für Erläuterungen von Details des *loss relief* vgl. SEDLACZEK, Großbritannien, IWB 2006 F. 5 Gr. 2, S. 434 f.

Vor allem die österreichische internationale Gruppenbesteuerung hat sich in der Gestaltungspraxis durchgesetzt und wird daher auch von zahlreichen deutschen Unternehmungen genutzt. Vor dem Hintergrund ihrer besonderen Praxisbedeutung wird in der vorliegenden Untersuchung ausschließlich die österreichische Gruppenbesteuerung näher analysiert, weswegen zunächst deren wesentliche Tatbestandsvoraussetzungen und Rechtsfolgen erläutert werden.

Als Gruppenträger einer österreichischen Steuergruppe kommen insbesondere in Österreich unbeschränkt steuerpflichtige Kapitalgesellschaften in Betracht.[395] Gruppenmitglieder können neben in Österreich unbeschränkt steuerpflichtigen Kapitalgesellschaften auch ausländische, mithin nicht in Österreich unbeschränkt steuerpflichtige Kapitalgesellschaften sein. Der Gruppenträger muss zu mindestens 50 % an den Gruppenmitgliedern beteiligt sein („finanzielle Eingliederung"), wobei eine nur mittelbare Beteiligung hinsichtlich ausländischer Gruppenmitglieder ausscheidet. Die finanzielle Eingliederung hat während des gesamten Wirtschaftsjahres zu bestehen, für das die Gruppenbesteuerung in Anspruch genommen wird. Zu beachten ist, dass finanziell eingegliederte Tochtergesellschaften nicht zwangsweise an der Gruppenbesteuerung teilnehmen müssen. Durch den zumindest für einen Zeitraum von drei Jahren bindenden, von allen Gruppenmitgliedern zu unterzeichnenden Gruppenantrag besteht vielmehr für jede Tochtergesellschaft ein Wahlrecht zum Einbezug in die Steuergruppe.[396]

Durch die Gruppenbesteuerung werden die steuerlichen Ergebnisse sämtlicher österreichischer Gruppenmitglieder bei dem Gruppenträger saldiert besteuert. Während die von ausländischen Gruppenmitgliedern generierten Gewinne dem österreichischen Gruppenträger steuerlich nicht zugerechnet werden, können die nach österreichischen Gewinnermittlungsvorschriften zu ermittelnden steuerlichen Verluste von ausländischen Gruppenmitgliedern unmittelbar gegen österreichische steuerpflichtige Einkünfte verrechnet werden.[397] Sobald jedoch die in Österreich verrechneten Auslandsverluste im Rahmen der jeweiligen ausländischen Verlust-

---

[395] Als Gruppenträger können bspw. auch Konzernholdinggesellschaften ohne aktiven Geschäftsbetrieb fungieren sowie EU-/EWR-Kapitalgesellschaften, die über eine im Firmenbuch eingetragene österreichische Zweigniederlassung verfügen, sofern die Beteiligungen an den einzelnen Gruppengesellschaften der Zweigniederlassung zuzurechnen sind. Zusätzlich besteht die Möglichkeit, eine Mehrmüttergruppe zu bilden, was insbesondere für Joint Ventures von höchster Relevanz ist; vgl. SCHMIDT/HEINZ, Gruppenbesteuerung, Stbg 2006, S. 65.

[396] Vgl. HIRSCHLER/SCHINDLER, Gruppenbesteuerung, IStR 2004, S. 508 ff. m. w. N.

[397] Die steuerlichen Verluste können in prozentualer Höhe der direkten Beteiligung des Gruppenträgers an der ausländischen Tochterkapitalgesellschaft nach Österreich importiert werden. Die positiven bzw. negativen steuerlichen Ergebnisse von österreichischen Gruppenmitgliedern werden hingegen unabhängig von der Beteiligungshöhe zu 100 % dem Gruppenträger zugerechnet. Auswirkungen auf Minderheitsgesellschafter werden durch die Verrechnung von Steuerumlagen neutralisiert. Zu Details vgl. GAHLEITNER/RATZINGER, Austria, ET 2005, S. 510 ff.

verrechnungsrestriktionen auch in dem ausländischen Staat verwertet werden, kommt es in Österreich zu einer Nachversteuerung.[398]

2.3.3.4.2. Periodische Besteuerung

Zur Analyse der periodischen Steuereffekte der Nutzung des österreichischen Gruppenbesteuerungssystems werden die beiden in der nachstehenden Grafik veranschaulichten Szenarien miteinander verglichen. Im ersten Szenario besitzt die Spitzeneinheit der kapitalmarktorientierten internationalen Unternehmung, die deutsche Aktiengesellschaft (D-AG), sämtliche Anteile einer profitablen österreichischen Kapitalgesellschaft (Ö-KapGes) und einer in Land X ansässigen verlustträchtigen Tochterkapitalgesellschaft (X-KapGes). Beim zweiten Szenario besitzt die D-AG eine 100 %-Beteiligung an der Ö-KapGes, die wiederum zu 100 % an der X-KapGes beteiligt ist und mit dieser zu einer österreichischen Gruppenbesteuerung optiert hat. Aus Vereinfachungsgründen wird unterstellt, dass die Höhe des positiven zu versteuernden Einkommens der Ö-KapGes mit der Höhe des negativen zu versteuernden Einkommens der X-KapGes betragsmäßig übereinstimmt.[399]

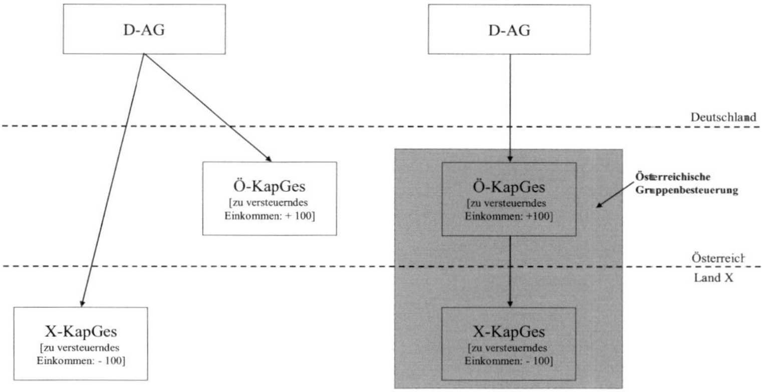

Abbildung 28: Österreichische Gruppenbesteuerung

---

[398] Die auch als „recapture" titulierte Nachversteuerung in Österreich stellt sich auch dann ein, wenn das ausländische Gruppenmitglied aus der österreichischen Steuergruppe ausscheidet oder wenn es zu einer Liquidation bzw. Insolvenz des ausländischen Gruppenmitglieds kommt.

[399] Bezüglich der Höhe des negativen zu versteuernden Einkommens der X-KapGes ergeben sich zwischen den österreichischen Gewinnermittlungsvorschriften und jenen von Land X annahmegemäß keine Divergenzen, sodass die Betragsidentität mit dem positiven zu versteuernden Einkommen der Ö-KapGes stets gegeben ist.

Ohne die Nutzung eines transnationalen Verlustverrechnungssystems (Szenario 1) kommt es zu einer periodischen zahlungs- und ergebniswirksamen Besteuerung der in Österreich erzielten Einkünfte mit dem österreichischen Körperschaftsteuersatz i. H. v. 25 %. Die Gewinnausschüttungen der Ö-KapGes führen zu einer beschränkten Steuerpflicht der D-AG in Österreich; aufgrund der EU-Mutter-Tochter-Richtlinie wird der Quellensteuersatz jedoch auf 0 % reduziert, weshalb sich keine österreichische Quellensteuerbelastung einstellt.[400] In Deutschland ergibt sich gemäß § 8b Abs. 1, 5 KStG eine 5%ige Besteuerung der Dividendenzahlungen mit Körperschaftsteuer, Solidaritätszuschlag und Gewerbesteuer.[401]

Die in Land X erlittenen Verluste sind im Rahmen der Verlustverrechnungsrestriktionen von Land X mit früheren bzw. späteren Gewinnen der X-KapGes zu verrechnen. Annahmegemäß können die Verluste der X-KapGes vorgetragen und in naher Zukunft aufgrund mit hoher Wahrscheinlichkeit bald zu erwartender operativer Gewinne auch genutzt werden. Infolgedessen hat entsprechend IAS 12.24 i. V. m. IAS 12.34 ff. ein ertragswirksamer Ansatz von aktiven latenten Steuern zu erfolgen, die gemäß IAS 12.47 mit dem in Land X anzutreffenden Ertragsteuersatz zu bewerten sind.[402] Sobald die X-KapGes die Gewinnzone erreicht, kommt es wegen der Nutzung des Verlustvortrags zwar zu keiner zahlungswirksamen Steuerbelastung, aber infolge der Auflösung der aktiven Steuerlatenz zu einem latenten Steueraufwand und damit zu einem ergebniswirksamen Steuereffekt. Auf Ebene der D-AG können die Verluste der X-KapGes infolge des Trennungsprinzips nicht unmittelbar berücksichtigt werden. Allenfalls kommt eine mittelbare Verlustberücksichtigung im Wege einer Teilwertabschreibung in Betracht, die aber gemäß § 8b Abs. 3 S. 3 KStG keine steuermindernde Wirkung entfaltet und im Falle einer späteren Wertaufholung sogar gemäß § 8b Abs. 2, 3 S. 1 KStG zu einer 5%igen Besteuerung führt.

Falls eine österreichische Gruppenbesteuerung implementiert wird (Szenario 2), entsteht durch die Verrechnung der österreichischen Gewinne mit den Verlusten der X-KapGes weder in Österreich noch in Land X eine zahlungswirksame Steuerbelastung und demzufolge auch kein tatsächlicher Steueraufwand. Auf Ebene der X-KapGes kommt es analog zu Szenario 1 zu der ertragswirksamen Bildung einer mit dem Steuersatz von Land X zu bewertenden akti-

400 Vgl. EU-Mutter-Tochter-Richtlinie (Richtlinie 90/435/EWG des Rates vom 23.07.1990 über das gemeinsame Steuersystem der Mutter- und Tochtergesellschaften verschiedener Mitgliedstaaten, Abl. EG 1990, Nr. L 225, S. 6).

401 Unter der Annahme einer kumulierten deutschen Ertragsteuerbelastung von 30 % kommt es somit zu einer inländischen Dividendenbesteuerung i. H. v. effektiv 1,5 %.

402 Im Falle eines Verlustrücktrags wäre gemäß IAS 12.13 f. in der Periode der Verlustentstehung ein Vermögenswert anzusetzen.

ven Latenz, weil das zukünftige Verlustverrechnungspotenzial in Land X einen wirtschaftlichen Vorteil verkörpert.[403] Die Verpflichtung zur zukünftigen Nachversteuerung stellt für die Ö-KapGes eine wirtschaftliche Belastung dar, die die aufwandswirksame Bildung einer mit dem österreichischen Körperschaftsteuersatz zu bewertenden passiven latenten Steuer nach sich zieht.[404]

Sobald die X-KapGes wieder profitabel wirtschaftet und infolgedessen ein positives zu versteuerndes Einkommen generiert, wird durch die Nutzung des steuerlichen Verlustvortrags in Land X das Entstehen einer zahlungswirksamen Steuerbelastung vermieden. Die Auflösung der aktiven Latenz führt allerdings zu einem latenten Steuerertrag und damit einer ergebniswirksamen Steuerbelastung. In Österreich löst die Nachversteuerung eine zahlungswirksame Steuerbelastung aus. In gleicher Höhe kommt es aber zu der Auflösung der passiven Latenz, sodass sich der tatsächliche Steueraufwand und der latente Steuerertrag per saldo vollständig neutralisieren.

2.3.3.4.3. Aperiodische Besteuerung

Im Zuge der Expansion in ein neues Land führt die Implementierung eines österreichischen Gruppenbesteuerungssystems weder zu zahlungs- noch zu ergebniswirksamen aperiodischen Steuerbelastungen,[405] weil die von dem österreichischen Gruppenträger vorzunehmende Gründung einer Tochterkapitalgesellschaft in einem neuen Markt regelmäßig steuerneutral erfolgen kann.[406]

---

[403] Vgl. WINKELJOHANN/FUHRMANN, Losses, International Tax Review Supplement July 2006, S. 25; a. A. HOFFMANN, in: Lüdenbach/Hoffmann (Hrsg.), IFRS-Kommentar, § 26 Rz. 91, der aufgrund der Einheitstheorie des Konzernabschlusses einen Verlustvortrag aus Konzernsicht negiert und sich daher für eine Stornierung der im IAS/IFRS-Einzelabschluss gebildeten aktiven Latenz ausspricht.

[404] Zwar regelt IAS 12 die Behandlung eines Nachversteuerungsbetrages nicht explizit, seinem Sinn und Zweck folgernd sollte IAS 12 m. E. aber zwecks Berücksichtigung der wirtschaftlich bereits verursachten zukünftigen Steuerbelastung analog anwendbar sein. Die Passivierung einer Eventualschuld (sog *contingent liability*) scheidet m. E. aus, weil IAS 37 nur anwendbar ist, wenn der Sachverhalt unter keinen anderen Standard subsumiert werden kann. IAS 37.5b verweist aber ausdrücklich auf IAS 12, sodass IAS 12 die speziellere Regelung darstellt und folglich Anwendung finden sollte; so auch WINKELJOHANN/FUHRMANN, Losses, International Tax Review Supplement July 2006, S. 24 f. Hoffmann thematisiert die Frage der Bildung einer passiven Steuerlatenz hinsichtlich des Nachversteuerungsbetrages nicht explizit (vgl. HOFFMANN, in: Lüdenbach/Hoffmann (Hrsg.), IFRS-Kommentar, § 26 Rz. 91), nach dem von ihm geforderten Abstellen auf die Einheitstheorie des IAS/IFRS-Konzernabschlusses dürfte aber der aus der etwaigen Bildung einer passiven Latenz im IAS/IFRS-Einzelabschluss resultierende latente Steueraufwand ebenfalls zu eliminieren sein, wodurch es im Ergebnis in allen Zeitpunkten zu einem Gleichlauf von zahlungs- und ergebniswirksamen Steuereffekten käme.

[405] Aus Steuergestaltungssicht bietet es sich daher insbesondere an, solche Gesellschaften in die Gruppenbesteuerung einzubeziehen, mittels derer sehr risikoreiche bzw. sich durch hohe Anlaufverluste auszeichnende Investitionen realisiert werden sollen; vgl. STEIN/BECKER, Steuerplanung, PIStB 2004, S. 310.

[406] Die für Zwecke des Beteiligungserwerbs gegebenenfalls erforderliche Ausstattung der österreichischen Gesellschaft mit Kapital führt in Österreich im Falle einer Eigenkapitalzuführung grundsätzlich zum Anfall der sog. Gesellschaftssteuer bzw. im Falle der Fremdkapitalzuführung zum Anfall der sog. Vertragssteuer, welche aber

Falls jedoch die steuerlichen Verluste von bereits bestehenden Tochtergesellschaften der deutschen Mutterkapitalgesellschaft grenzüberschreitend verrechnet werden sollen, ist eine Änderung der gesellschaftsrechtlichen Beteiligungsstruktur erforderlich, die gegebenenfalls nachteilige zahlungs- und ergebniswirksame Steuereffekte bewirkt. Weil die aperiodischen Steuerbelastungen des Umhängens von Anteilen an ausländischen Kapitalgesellschaften auf ausländische Schwesterkapitalgesellschaften mittels Veräußerung oder Einbringung bereits im Rahmen der steueroptimierten Nutzung von Holdinggesellschaften erläutert wurden (vgl. Teil III 2.3.3.3.3.), kann auf diese Ausführungen verwiesen werden.[407] Von besonderer Relevanz ist hierbei die Frage, ob der Verkauf bzw. die Einbringung der Anteile entsprechend eines ausländischen Pendants zu § 8c KStG (sog. Change-of-Control-Normen) zu einem Untergang der steuerlichen Verlustvorträge der veräußerten bzw. eingebrachten Kapitalgesellschaft führt.[408] Der Untergang der Verlustvorträge zieht nämlich die Auflösung von latenten Steuern, die hinsichtlich der steuerlichen Verlustvorträge gebildet wurden, und demzufolge das Entstehen von mitunter sehr hohen latenten Steueraufwendungen nach sich.

2.3.3.4.4. Fazit

Sofern keine grenzüberschreitende Verlustverrechnung erfolgt, unterliegen die österreichischen Gewinne einer 25%igen zahlungswirksamen Steuerbelastung. Neben diesem tatsächlichen Steueraufwand kommt es in Land X bei Erfüllen der Voraussetzungen des IAS 12 zu der Bildung einer aktiven Latenz und damit zu einem latenten Steuerertrag. Die Höhe des gesamten ergebniswirksamen Steuereffektes hängt folglich von der Höhe des Ertragsteuersatzes in Land X ab. Wenn die aktive Latenz bspw. in Japan gebildet wird (Steuersatz: circa 42 %), übersteigt der latente Steuerertrag den tatsächlichen Steueraufwand um 17 Prozentpunkte, sodass sich per saldo ein Steuerertrag ergibt. Sobald in Land X wieder Gewinne erwirtschaftet werden, verhindert der Verlustvortrag der X-KapGes zwar die Entstehung eines tatsächlichen Steueraufwands, aus der Auflösung der aktiven Latenz resultiert jedoch ein latenter Steueraufwand, sodass es zwar nicht zu einer zahlungs-, aber zu einer ergebniswirksamen Steuerbelastung kommt.

---

steuerplanerisch vermieden werden können, z. B. indem die Eigenkapitalzuführung durch einen nur mittelbar beteiligten Anteilseigner (sog. Großmutterzuschuss) vorgenommen wird.

[407] Hinsichtlich der Einbringung der Anteile an der X-KapGes durch die D-AG in die Ö-KapGes gegen Gewährung von neuen Gesellschaftsanteilen ist zu beachten, dass der Anwendungsbereich des deutschen Umwandlungssteuergesetzes stets eröffnet ist, weil der übernehmende Rechtsträger, die Ö-KapGes, eine EU-/EWR-Gesellschaft i. S. d. § 1 Abs. 3 Nr. 5, Abs. 4 Nr. 1 UmwStG darstellt. Folglich kann der Einbringungsvorgang zumindest in Deutschland grundsätzlich steuerneutral abgewickelt werden, zu Details vgl. Teil III 2.3.3.3.3.

[408] Analog zu § 8c KStG kann der Verlustuntergang in einigen Ländern gegebenenfalls auch die steuerlichen Verluste umfassen, die im laufenden Wirtschaftsjahr bis zum Veräußerungszeitpunkt erlitten wurden.

Bei Nutzung der österreichischen Gruppenbesteuerung ergibt sich im Zeitpunkt der Verlustentstehung weder in Österreich noch in Land X eine zahlungswirksame Steuerbelastung und damit auch kein tatsächlicher Steueraufwand. Für die Verluste der X-KapGes ist eine Steuerlatenz ertragswirksam zu aktivieren. Die aktive latente Steuer ist mit dem Ertragsteuersatz zu bewerten, der im Zeitpunkt der Nutzung der Verluste durch die X-KapGes in Land X voraussichtlich gültig sein wird. Des Weiteren ist infolge der zukünftigen Nachversteuerungspflicht der Ö-KapGes eine mit dem österreichischen Körperschaftsteuersatz zu bewertende passive Latenz aufwandswirksam zu bilden. Der gesamte ergebniswirksame Steuereffekt hängt somit von der Höhe des Ertragsteuerniveaus in Land X ab. Wenn etwa der Körperschaftsteuersatz in Land X weniger als die in Österreich einschlägigen 25 % beträgt, wird der latente Steuerertrag auf Ebene der X-KapGes durch den latenten Steueraufwand auf Ebene der Ö-KapGes überkompensiert, sodass per saldo ein Steueraufwand entsteht. Im Zeitpunkt der Nachversteuerung kommt es in Österreich zu einer zahlungswirksamen Steuerbelastung. Der resultierende tatsächliche Steueraufwand wird jedoch durch den latenten Steuerertrag aus der Auflösung der passiven Latenz in voller Höhe kompensiert. Aufgrund der aufwandswirksamen Auflösung der aktiven Latenz der X-KapGes stellt sich somit im Ergebnis ein Steueraufwand ein.

Der Vergleich der periodischen Steuereffekte zeigt, dass die grenzüberschreitende Verlustverrechnung der österreichischen Gruppenbesteuerung in Bezug auf die in Österreich erwirtschafteten Gewinne zu einer Verschiebung des zeitlichen Anfalls der zahlungswirksamen Steuerbelastung führt – von dem Zeitpunkt der originären Verlustentstehung auf den Zeitpunkt der Nachversteuerung –, wodurch die kapitalmarktorientierte internationale Unternehmung Zins- und Liquiditätsvorteile erzielen kann. Hinsichtlich der ergebniswirksamen Steuereffekte entfaltet die transnationale Verlustverrechnung hingegen grundsätzlich keine Auswirkung.[409] Ursächlich hierfür ist, dass die aus dem Gewinn- und Verlustpooling resultierende zeitliche Verlagerung des tatsächlichen Steueraufwands auf einen späteren Zeitpunkt durch diametral entgegengesetzte latente Steuereffekte (aufwandswirksame Bildung und ertragswirksame Auflösung einer passiven Latenz hinsichtlich des Nachversteuerungsbetrags) vollumfänglich neutralisiert wird.[410]

[409] In Bezug auf die ergebniswirksamen Steuern ist der österreichischen Gruppenbesteuerung aber insfoern eine hohe Bedeutung beizumessen, als dass eine effektive Verlustnutzung das Risiko der Abwertung aktiver latenter Steuerposten verringert, vgl. KRÖNER, Konzernsteuerquote, in: Herzig (Hrsg.), Organschaft, S. 568 f.

[410] Zu einer vollständigen Kompensation der tatsächlichen Steuereffekte durch latente Steuereffekte kommt es nur, weil latente Steueransprüche und -schulden gemäß IAS 12.53 nicht abgezinst werden. Zu der Kritik an der nicht erfolgenden Abzinsung vgl. LOITZ/RÖSSEL, Diskontierung, DB 2002, S. 650 f.

Die aperiodischen zahlungs- und ergebniswirksamen Steuereffekte können nur bei genauer Kenntnis der Steuerspezifika des Verlustentstehungslandes analysiert werden. Festgehalten werden kann jedoch, dass sich Steuerbelastungen zumindest in Deutschland oftmals vermeiden lassen. Größte Aufmerksamkeit ist den Change-of-control-Normen des Ansässigkeitsstaates der defizitären Tochterkapitalgesellschaft zu widmen, um den Untergang bestehender steuerlicher Verlustvorträge und latente Steueraufwendungen, die aus der Auflösung diesbezüglich gebildeter aktiver Latenzen drohen, zu vermeiden.

2.3.3.5. Unternehmungserwerb und -veräußerung

2.3.3.5.1. Akquisition

Akquisitionen spielen für die kapitalmarktorientierte internationale Unternehmung insbesondere im Rahmen der Expansion in neue Märkte eine große Rolle. Ursächlich hierfür ist im Wesentlichen, dass durch den Kauf bereits etablierter Unternehmungen sehr schnell eine starke Wettbewerbsposition gewonnen werden kann, die als Basis für das Erzielen zukünftiger Skalen- und Synergieeffekte dient. Die wesentlichen ertragsteuerlichen Ziele von erwerbenden Unternehmungen bestehen in der möglichst schnellen Transformation des Kaufpreises in steuerwirksame Betriebsausgaben, der Vermeidung des Untergangs etwaiger steuerlicher Verlustvorträge der erworbenen Gesellschaft sowie der steuerlichen Verrechnung von Zinsaufwendungen, die aus der für Zwecke des Unternehmungserwerbs oftmals erforderlichen Fremdkapitalaufnahme resultieren, mit steuerpflichtigen Einkünften.[411] Weil im Rahmen der vorliegenden Arbeit nicht sämtliche denkbaren nationalen und grenzüberschreitenden Akquisitionsgestaltungen analysiert werden können, wird im Folgenden ausschließlich der Anteilserwerb (sog. *share deal*) bezüglich ausländischer Kapitalgesellschaften untersucht.[412]

Wenn die deutsche Mutterkapitalgesellschaft der kapitalmarktorientierten internationalen Unternehmung die Anteile an der ausländischen Zielkapitalgesellschaft unmittelbar erwirbt, kommt es aufgrund der eigenständigen Rechtssubjektivität der ausländischen Kapitalgesell-

---

[411] Vgl. z. B. BLUMERS, Steuerplanungsüberlegungen, in: Grotherr (Hrsg.), Handbuch, S. 218; STEIN/BECKER, Erwerb, GmbHR 2003, S. 85; ECKERT, Kauf, in: Grotherr (Hrsg.), Handbuch, S. 821. In der Unternehmungspraxis sind insbesondere auch Aspekte der Grunderwerbsteuer von höchster Bedeutung, die aber mangels Ertragsteuercharakters (vgl. Teil I 2.) im Rahmen der vorliegenden Untersuchung nicht thematisiert werden.

[412] Aus Vereinfachungsgründen wird unterstellt, dass der Anteilserwerb im Ansässigkeitsstaat der Zielgesellschaft keine Steuerfolgen auslöst. Alternativ zu dem vorliegend analysierten Anteilserwerb könnte die Akquisition der ausländischen Kapitalgesellschaft auch durch den Kauf der einzelnen Vermögensgegenstände und Schulden (sog. *asset deal*) vollzogen werden, was aber in der Mergers & Acquisitions-Praxis hinsichtlich größerer Transaktionen eher selten der Fall ist.

schaft auf Ebene der erworbenen Gesellschaft für steuerliche Zwecke nicht zu einer Aufstockung der einzelnen Wirtschaftsgüter. Weil darüber hinaus auch etwaige Teilwertabschreibungen auf die erworbene Kapitalgesellschaftsbeteiligung gemäß § 8b Abs. 3 S. 3 KStG keine Steuerminderung bewirken, erfolgt keine Transformation des Kaufpreises in steuerwirksame Betriebsausgaben. Ob etwaige steuerliche Verlustvorträge von der erworbenen Kapitalgesellschaft weiterhin genutzt werden können, richtet sich nach den jeweiligen ausländischen Change-of-control-Normen. Die bei einem fremdfinanzierten Anteilserwerb entstehenden Zinsaufwendungen der deutschen Gesellschaft können im Rahmen der Zinsschranke (§ 4h EStG i. V. m. § 8a KStG) mit steuerpflichtigen Einkünften bzw. mit den Einkünften organschaftlich verbundener Unternehmungen verrechnet werden.[413] Im Vergleich zu einem *asset deal* weist die Akquisitionsvariante des *share deal* somit den wesentlichen Nachteil auf, dass der Kaufpreis nicht in Abschreibungssubstrat umgewandelt wird.

Sofern der Erwerb allerdings durch eine spezielle spanische Kapitalgesellschaft vollzogen wird, lässt sich auch bei einem *share deal* zumindest partiell eine Transformation des Kaufpreises in Abschreibungssubstrat realisieren. Durch Nutzung des sog. ETVE-Regimes können spanische Kapitalgesellschaften nämlich bei Erfüllen bestimmter Voraussetzungen auf erworbene Kapitalgesellschaftsbeteiligungen steuerwirksame Goodwillabschreibungen geltend machen.[414] Der über einen Zeitraum von 20 Jahren planmäßig abzuschreibende Geschäfts- oder Firmenwert ermittelt sich hierbei als Unterschiedsbetrag zwischen den Anschaffungskosten und den Buchwerten der materiellen und immateriellen Wirtschaftsgüter auf Ebene der erworbenen Kapitalgesellschaft, die sich nach Aufdeckung sämtlicher stiller Reserven ergeben würden.[415]

---

[413] Sofern die Zinsaufwendungen mangels steuerpflichtiger Einkünfte auf Ebene der deutschen Mutterkapitalgesellschaft nicht verrechnet werden können, z. B. wenn diese aufgrund des Ausübens einer reinen Holdingtätigkeit ausschließlich steuerbefreite Dividendeneinkünfte erzielt, bietet es sich steuerplanerisch an, in dem Ansässigkeitsstaat der ausländischen Kapitalgesellschaft zunächst eine Tochterkapitalgesellschaft als Akquisitionsvehikel zu gründen, um durch anschließendes Optieren zu einer Steuergruppe die Zinsaufwendungen des Akquisitionsvehikels mit den steuerpflichtigen operativen Einkünften der Zielgesellschaft konsolidieren zu können; vgl. zur steueroptimalen Finanzierung des Beteiligungserwerbs STEIN/BECKER, Erwerb, GmbHR 2003, S. 85 ff.

[414] Zu den Voraussetzungen des ETVE-Regimes vgl. MULLERAT/KOLFF, Goodwill, Intertax 2002, S. 252 ff.; CUSÍ, ETVE, TNI 2001, S. 1493 ff.; LUCAS-MAS, Holding, TNI 2007, S. 359 f. Für einen Überblick über verschiedene Gestaltungsmöglichkeiten mit spanischen Holdinggesellschaften vgl. HERZIG/WAGNER, Holdinggesellschaften, IStR 2003, S. 227 f.

[415] Vgl. DE ANDRÉS, Spain, TNI 2002, S. 837. Zu beachten ist, dass die Buchwerte der Wirtschaftsgüter aufgrund der eigenständigen Rechtssubjektivität der erworbenen Kapitalgesellschaft nicht tatsächlich, sondern nur für Zwecke der Ermittlung der Höhe des steuerlich abschreibbaren Goodwill aufgestockt werden und dass es bei einem späteren Verkauf der erworbenen Gesellschaftsanteile zu einer Nachversteuerung in Höhe der vorgenommenen Goodwillabschreibungen kommt; vgl. EN-DRES, Holdingstrukturen, WPg-Sonderheft 2003, S 62.

Für Zwecke der IAS/IFRS ist der Kaufpreis für die Kapitalgesellschaftsanteile im Rahmen der Erstkonsolidierung gemäß IAS 12.66 i. V. m. IAS 12.19, 12.21 und 12.26c zunächst den Buchwerten der erworbenen Vermögensgegenstände und Schulden gegenüberzustellen, anschließend sind die stillen Reserven und Lasten in den bilanzierten und den nicht bilanzierten Vermögenswerten und Schulden aufzudecken und schließlich ist ein etwaig verbleibender Betrag als Geschäfts- oder Firmenwert anzusetzen. Der Geschäfts- oder Firmenwert ist gemäß IAS 36 in der Folgezeit nicht planmäßig, sondern nur im Falle einer Wertminderung (sog. *impairment*), also außerplanmäßig, abzuschreiben.[416]

Unabhängig davon, ob die deutsche Gesellschaft oder die spanische ETVE-Gesellschaft als Käuferin der Kapitalgesellschaftsanteile auftritt, entsteht im Erwerbszeitpunkt keine zahlungswirksame Steuerbelastung und damit auch kein tatsächlicher Steueraufwand. Weil die Vermögensgegenstände und Schulden der erworbenen Gesellschaft im IAS/IFRS-Konzernabschluss mit ihren beizulegenden Zeitwerten bewertet werden, sie für steuerliche Zwecke aber wegen der eigenständigen Rechtssubjektivität der erworbenen Gesellschaft keine Wertänderung erfahren, entstehen zu versteuernde bzw. abzuziehende temporäre Differenzen, die die aufwands- bzw. ertragswirksame Bildung von Steuerlatenzen nach sich ziehen.

Bei dem Erwerb durch die deutsche Muttergesellschaft ist zwar im IAS/IFRS-Konzernabschluss abweichend von der Behandlung in der Steuerbilanz ein Goodwill zu aktivieren, die Bildung einer diesbezüglichen passiven Steuerlatenz wird aber gemäß IAS 12.66 i. V. m. IAS 12.19, 12.21 und 12.26c explizit ausgeschlossen.[417] Wenn hingegen die spanische ETVE-Gesellschaft als Erwerberin auftritt, entsteht auch aus steuerlicher Perspektive ein Goodwill, sodass in diesem Szenario im Erwerbszeitpunkt bezüglich des Geschäfts- oder Firmenwertes grundsätzlich ebenfalls keine latente Steuer zu bilden ist.[418]

---

[416] Entsprechend IAS 36 ist eine außerplanmäßige Abschreibung wegen einer Wertminderung zwingend vorzunehmen, wenn der Buchwert eines Vermögenswertes den Betrag überschreitet, der durch die Nutzung oder den Verkauf des Vermögenswertes erzielt werden könnte. Für den Geschäfts- oder Firmenwert ergibt sich gemäß IAS 36.80 ff. die Besonderheit, dass er für Zwecke der Überprüfung hinsichtlich eines *impairment* auf zahlungsmittelgenerierende Einheiten (sog. *cash generating units*) der erwerbenden Unternehmung zu verteilen ist; vgl. FÜLBIER, Abschreibungsbedarf, S:R 2009, S. 54 f. Zu der Kritik an dem *impairment only approach* vgl. etwa VELTE, Abnutzbarkeit, StuW 2008, S. 284 f.

[417] Die Bildung einer passiven Latenz in Bezug auf den positiven Goodwill würde zu einer nur iterativ lösbaren Erhöhung des Goodwill führen; vgl. HOFFMANN, in: Lüdenbach/Hoffmann (Hrsg.), IFRS-Kommentar, § 26 Rz. 62.

[418] Diese Aussage bedingt, dass die Höhe des für IAS/IFRS-Zwecke zu ermittelnden Geschäfts- oder Firmenwertes mit der Höhe des steuerlichen Goodwill übereinstimmt. Die Höhe des IAS/IFRS-Goodwill kann von der Höhe des für Steuerzwecke maßgeblichen Goodwill insbesondere deshalb abweichen, weil die latenten Steuern, die hinsichtlich der Vermögensgegenstände bzw. Schulden auf Ebene der erworbenen Gesellschaft zu bilden sind, die Höhe des IAS/IFRS-Goodwill verändern. So führt z. B. die im Rahmen des IAS/IFRS-

In den Folgeperioden kommt es bei der Nutzung des ETVE-Regimes im Vergleich zum Erwerb durch die deutsche Muttergesellschaft infolge der steuerwirksamen Abschreibung des Geschäfts- oder Firmenwertes zu einer Reduzierung der zahlungswirksamen Steuerbelastung und mithin auch der tatsächlichen Steueraufwendungen. In Abhängigkeit von der Folgebewertung des Goodwill im IAS/IFRS-Konzernabschluss ergeben sich zudem latente Steueraufwendungen bzw. -erträge. Insoweit die planmäßigen steuerlichen Goodwillabschreibungen für IAS/IFRS-Zwecke mangels *impairment* nicht nachvollzogen werden, ist eine passive latente Steuer aufwandswirksam zu bilden, die die Reduzierung des tatsächlichen Steueraufwands per saldo vollständig kompensiert.[419] Sofern der Geschäfts- oder Firmenwert hingegen gemäß IAS 36 um einen Betrag wertgemindert wird, der über die bis zu dem jeweiligen Zeitpunkt vorzunehmende steuerliche Abschreibung hinausgeht, kommt es zu einem ertragswirksamen Ansatz einer aktiven Steuerlatenz. Infolgedessen wird in diesem Falle die ergebniswirksame Steuerbelastung reduziert.[420] Genaue Aussagen über die Höhe des ergebniswirksamen Steuereffektes des ETVE-Regimes können somit nur nach detaillierten Einzelfallanalysen getroffen werden.

Die soeben dargestellten zahlungs- und ergebniswirksamen Steuereffekte der Nutzung des ETVE-Regimes lassen sich anhand eines Beispiels verdeutlichen, dem aus Vereinfachungsgründen die folgenden Annahmen zugrunde liegen:

- Höhe des Goodwill beträgt nach IAS/IFRS als auch für Steuerzwecke im Erwerbszeitpunkt (Ende der Periode 00 bzw. Anfang der Periode 01) 100 GE;
- Goodwill wird steuerlich planmäßig über 2 Jahre linear abgeschrieben;
- in Periode 3 erfolgt eine Wertminderung i. S. d. IAS 36 i. H. v. 100 GE;
- die Höhe des spanischen steuerpflichtigen Einkommens vor steuerlicher Goodwillabschreibung beträgt in allen Perioden 100 GE;
- der spanische Ertragsteuersatz beträgt in allen Perioden 50 %.

Konzernabschlusses zwingend erfolgende Aufdeckung der stillen Reserven eines Vermögenswertes zu der Bildung einer passiven Steuerlatenz, weil die Aufstockung aufgrund der eigenständigen Rechtssubjektivität der erworbenen Kapitalgesellschaft für steuerliche Zwecke nicht nachvollzogen wird, wodurch sich eine Erhöhung des Geschäfts- oder Firmenwertes ergibt.

[419] Insoweit eine außerplanmäßige Abschreibung gemäß IAS 36 die steuerliche Abschreibung betragsmäßig nachvollzieht, führt die ertragswirksame Auflösung der passiven Latenz zu einer Reduzierung der ergebniswirksamen Steuerbelastung.

[420] Insoweit in den darauffolgenden Perioden die IAS/IFRS-Goodwillabschreibung durch die planmäßige steuerliche Abschreibung betragsmäßig nachvollzogen wird, ist die aktive Latenz aufzulösen, sodass sich eine ergebniswirksame Steuerbelastung ergibt.

Im Falle des Anteilserwerbs durch eine deutsche Gesellschaft käme es in jeder der drei Perioden in Spanien zu einer Cash-Tax-Belastung i. H. v. 50 GE. Mangels latenter Steuereffekte ergäbe sich aufgrund der tatsächlichen Steueraufwendungen zugleich eine ergebniswirksame Steuerbelastung i. H. v. 50 GE pro Periode. Sofern die ETVE-Gesellschaft die Akquisition vollzieht, kommt es zu den in der nachstehenden Tabelle dargestellten Steuereffekten:[421]

	Periode 01	**Periode 02**	**Periode 03**
Wertansatz im Konzernabschluss (am Ende der jeweiligen Periode)	100	100	0
Steuerwert i. S. d. IAS 12 (am Ende der jeweiligen Periode)	50	0	0
Zahlungswirksame Steuern	25	25	50
Ergebniswirksame Steuern	50	50	0
- Tatsächlicher Steueraufwand	25	25	50
- Latenter Steueraufwand	25	25	(50)

Tabelle 8: Steuereffekte der Nutzung des ETVE-Regimes

Das Beispiel zeigt, dass das ETVE-Regime während des steuerlichen Abschreibungszeitraums des Goodwill zu einer Minderung der zahlungswirksamen Steuern führt. Die Reduzierung der tatsächlichen Steueraufwendungen in den ersten beiden Perioden wird jedoch durch latente Steueraufwendungen in voller Höhe kompensiert. Zur Reduzierung der ergebniswirksamen Steuern kommt es daher erst in der dritten Periode, weil dann der Goodwill auch für IAS/IFRS-Zwecke abgeschrieben wird, was die ertragswirksame Auflösung der passiven Latenz nach sich zieht.

Zusammenfassend lässt sich festhalten, dass der Erwerb von Kapitalgesellschaftsanteilen durch eine spanische ETVE-Gesellschaft gegenüber dem Erwerb durch die deutsche Mutterkapitalgesellschaft vorzuziehen ist, weil die steuerliche Abschreibbarkeit des Geschäfts- oder Firmenwertes eine Reduzierung der zahlungs- und ergebniswirksamen Steuern bewirkt. So führt die steuerliche Goodwillabschreibung über einen Zeitraum von 20 Jahren nach Anteilserwerb zu einer periodischen Reduzierung der Cash-Tax-Belastung. Die Reduzierung der ergebniswirksamen Steuern stellt sich hingegen erst ein, wenn für den Goodwill gemäß IAS 36 ein *impairment* erfolgt. Dies ist darauf zurückzuführen, dass die infolge der steuerlichen Goodwillabschreibung eintretende Reduzierung der tatsächlichen Steueraufwendungen bis zu

[421] Werte jeweils in Geldeinheiten (GE).

dem Wertminderungszeitpunkt durch kompensatorische latente Steuereffekte vollständig neutralisiert wird.

2.3.3.5.2. Verkauf

Auch im Rahmen von Verkaufsvorgängen hat die kapitalmarktorientierte internationale Unternehmung die Optimierung zahlungs- und ergebniswirksamer Steuern anzustreben. Das wesentliche ertragsteuerliche Ziel besteht hierbei in der Realisierung eines steuerbefreiten Veräußerungsgewinns. Im Folgenden wird ausschließlich der von der deutschen Mutterkapitalgesellschaft anvisierte Verkauf der Beteiligung an einer ausländischen Tochterkapitalgesellschaft untersucht.[422] Aus Vereinfachungsgründen soll der Veräußerungsvorgang im Ansässigkeitsstaat der zu veräußernden Tochtergesellschaft annahmegemäß keine Steuerfolgen auslösen.

Bei der direkten Veräußerung der Anteile an der Tochterkapitalgesellschaft wird die Muttergesellschaft das Ziel der Realisierung eines steuerbefreiten Veräußerungsgewinns nicht vollständig erreichen. Zwar wird der Veräußerungsgewinn in Deutschland gemäß § 8b Abs. 2 S. 1 KStG zu 100 % steuerbefreit, aber entsprechend § 8b Abs. 3 S. 1 KStG wird ein Betrag i. H. v. 5 % des steuerbefreiten Veräußerungsgewinns als nicht abziehbare Betriebsausgaben fingiert. Infolge dieser 5%igen Besteuerung des Veräußerungsgewinns mit Körperschaftsteuer, Solidaritätszuschlag und Gewerbesteuer ergibt sich eine effektive Steuerbelastung des Anteilsverkaufs i. H. v. circa 1,5 %, was bei sehr ertragreichen Tochtergesellschaften zu einer signifikanten zahlungs- und ergebniswirksamen Steuerbelastung führen kann.

Um nicht nur in formaler, sondern auch in faktischer Hinsicht eine vollständige Steuerbefreiung des Veräußerungsgewinns zu verwirklichen, ist die Beteiligung an der Tochterkapitalgesellschaft in einem ersten Schritt in eine Schwesterkapitalgesellschaft einzubringen, die in einem Land domiziliert, das hinsichtlich Anteilsveräußerungen keinerlei Steuerbelastungen vorsieht, wie es z. B. bei Erfüllen bestimmter Voraussetzungen in Österreich und den Niederlanden der Fall ist. Im Folgenden wird davon ausgegangen, dass 100 % der Anteile an der zu veräußernden Tochterkapitalgesellschaft in eine in Österreich ansässige Tochterkapitalgesellschaft gegen Gewährung neuer Anteile eingebracht werden. Dieser qualifizierte Anteilstausch ist unter das deutsche Umwandlungssteuergesetz zu subsumieren (§ 1 Abs. 3 Nr. 5, Abs. 4

[422] Die nachfolgend aufgezeigte Steueroptimierung des Verkaufs von ausländischen Kapitalgesellschaftsanteilen gilt entsprechend für die Veräußerung von inländischen Kapitalgesellschaftsanteilen.

Nr. 1 UmwStG) und kann auf Ebene der einbringenden deutschen Muttergesellschaft grundsätzlich steuerneutral vollzogen werden, weil Deutschland das Besteuerungsrecht an den erhaltenen Anteilen regelmäßig zusteht.[423] Der Einbringungsvorgang führt somit weder im Innoch im Ausland zu einer zahlungswirksamen Steuerbelastung.

Die Bewertung der Vermögensgegenstände bzw. Wirtschaftsgüter auf Ebene der eingebrachten Kapitalgesellschaft bleibt wegen der Einheitstheorie des Konzernabschlusses bzw. der eigenständigen Rechtssubjektivität der Kapitalgesellschaft sowohl für Zwecke der IAS/IFRS als auch für Steuerzwecke unverändert, sodass sich diesbezüglich keine latenten Steuereffekte ergeben.[424] Aufgrund der Tatsache, dass aus der in der Zukunft etwaig erfolgenden Veräußerung der Kapitalgesellschaftsanteile grundsätzlich keine Steuerbelastung in Österreich droht,[425] sind auch keine passiven Latenzen hinsichtlich des aus IAS/IFRS-Perspektive und aus Steuersicht divergierenden Abgangs der Tochterkapitalgesellschaft abzugrenzen,[426] weshalb der Einbringungsvorgang auch keinerlei ergebniswirksame Steuerbelastung auslöst.

Zusammenfassend lässt sich festhalten, dass die von einer österreichischen Tochterkapitalgesellschaft vorgenommene Veräußerung von Anteilen an ausländischen Kapitalgesellschaften im Vergleich zu der direkten Veräußerung durch die deutsche Mutterkapitalgesellschaft sowohl zu einer Reduzierung der zahlungs- als auch der ergebniswirksamen Steuerbelastung der kapitalmarktorientierten internationalen Unternehmung führt.

2.3.4. Steueroptimierte Strukturbeziehungen

2.3.4.1. Grundsätzliche Anmerkungen

Neben der steuerlichen Optimierung der Allokation von Unternehmungsfunktionen und des gesellschaftsrechtlichen Unternehmungsaufbaus können auch Steuerplanungsmaßnahmen in

---

[423] Vgl. § 21 Abs. 2 S. 3 Nr. 1 UmwStG i. V. m. Art. 13 Abs. 5 OECD-MA. Zu Details vgl. Teil III 2.3.3.3.3.

[424] Vgl. Teil III 2.3.3.3.3.

[425] Sofern die österreichische Gesellschaft die Veräußerung der Anteile nicht innerhalb von einem Jahr nach dem Anteilstausch vornimmt, wird der Veräußerungsgewinn in Österreich in voller Höhe steuerbefreit. Auch in Deutschland ergeben sich weder zahlungs- noch ergebniswirksame Steuereffekte. Insbesondere findet die Missbrauchsverhinderungsnorm des § 22 Abs. 2 S. 1 UmwStG keine Anwendung, weil die einbringende deutsche Mutterkapitalgesellschaft eine durch § 8b Abs. 2 KStG begünstigte Person ist.

[426] Entsprechend den Vorschriften der IAS/IFRS wird bei dem Verkauf der Anteile an einer Tochterkapitalgesellschaft die Einzelveräußerung des Nettovermögens der Tochtergesellschaft fingiert, wohingegen das Steuerrecht von einer Veräußerung der Beteiligung ausgeht. Die entstehende Differenz (sog. *outside basis difference*) ist noch nicht durch die Unterschiede zwischen den IAS/IFRS-Buchwerten und den Steuerbuchwerten der Tochtergesellschaft (sog. *inside basis differences*) abgedeckt und daher vorbehaltlich einer Steuerbefreiung des Veräußerungsvorgangs grundsätzlich durch die aufwandswirksame Bildung von passiven latenten Steuern zu berücksichtigen; vgl. HOFFMANN, in: Lüdenbach/Hoffmann (Hrsg.), IFRS-Kommentar, § 26 Rz. 59.

Bezug auf die Strukturbeziehungen der verschiedenen Gesellschaften der kapitalmarktorientierten internationalen Unternehmung zu der Reduzierung von zahlungs- und ergebniswirksamen Steuern und damit zur Steigerung des Total Shareholder Return beitragen.

Die aus steuerplanerischer Perspektive relevanteste Strukturbeziehung ist die Finanzierung. Ursächlich hierfür ist, dass die von der Rechtsprechung des Bundesfinanzhofes bestätigte Finanzierungsfreiheit vor dem Hintergrund der fehlenden Finanzierungsneutralität der Besteuerung signifikantes Steueroptimierungspotenzial eröffnet.[427] Die Finanzierungs- bzw. Kapitalstruktur bietet sich als Bereich der strategischen Steueroptimierung darüber hinaus insbesondere auch deshalb an, weil das Kapital international sehr mobil und fungibel ist und keine bedeutsamen Einschnitte in das operative Tagesgeschäft sowie den gesellschaftsrechtlichen Unternehmungsaufbau erfordert.[428]

Im Rahmen der Steueroptimierung der Finanzierungsstruktur wird untersucht, ob die Spitzeneinheit der kapitalmarktorientierten internationalen Unternehmung, die deutsche Mutterkapitalgesellschaft, den Kapitalbedarf ihrer ausländischen Tochterkapitalgesellschaften, Betriebsstätten und Tochterpersonengesellschaften durch die Zufuhr von Eigen- oder Fremdkapital decken sollte bzw. ob sich durch die Vermischung von Eigen- und Fremdkapitalelementen, also die Nutzung hybrider Finanzierungen, weitere Vorteile erzielen lassen. Zu beachten ist, dass in der Unternehmungspraxis bei der Entscheidung über die Finanzierungsstruktur nicht nur steuerliche Kriterien, sondern auch rechtliche und betriebswirtschaftliche Aspekte eine sehr wichtige Rolle spielen.[429] So zeichnet sich bspw. die Fremdkapitalfinanzierung durch eine sehr hohe Flexibilität aus,[430] und die Eigenkapitalfinanzierung ermöglicht die Vornahme von erfolgsabhängigen Gewinnausschüttungen.[431]

Eine weitere bedeutsame Strukturbeziehung stellt die Forschung und Entwicklung dar. Die steueroptimierte Allokation der Unternehmungsfunktion „Forschung und Entwicklung“ hat

[427] Vgl. etwa BFH v. 16.09.1958 – I 88/57 U, BStBl. III 1958, S. 451; BFH v. 13.01.1959 – I 44/57 U, BStBl. III 1959, S. 197; BFH v. 10.12.1975 – I R 135/74, BStBl. II 1976, S. 226; BFH v. 05.02.1992 – I R 127/90, BStBl. II 1992, S. 532; BFH v. 05.02.1992 – I R 79/89, BFH/NV 1992, S. 629; BFH v. 24.04.1997 – VIII R 16/94, BStBl. II 1999, S. 339; BFH v. 08.12.1997 – GrS 1-2/95, BStBl. II 1998, S. 193; BFH v. 20.03.2002 – I R 63/99, BStBl. II 2003, S. 50.

[428] Vgl. nur STRIEGEL, Zinszahlungen, IStR 2008, S. 530.

[429] Vgl. GROTHERR, Unterkapitalisierungsregelungen, in: Piltz/Schaumburg (Hrsg.), Unternehmensfinanzierung, S. 49 ff. sowie PRINZ, Finanzierungsfreiheit, FR 2009, S. 594 f.

[430] Die im Vergleich zur Eigenkapitalfinanzierung höhere Flexibilität von unternehmungsinternen Darlehensgewährungen zeigt sich bspw. daran, dass die zahlreichen und zum Teil sehr rigiden Formvorschriften hinsichtlich Kapitalerhöhungen und -herabsetzungen nicht beachtet werden müssen.

[431] Insbesondere kann in Verlustphasen auf die Zahlung von Dividenden verzichtet werden, wohingegen die aus einer Fremdkapitalfinanzierung resultierenden Zinslasten grundsätzlich erfolgsunabhängig zu bedienen sind.

die vollständige bzw. partielle Verlagerung diesbezüglicher Tätigkeiten und Risiken auf in niedrig besteuernden Staaten domizilierende Gesellschaften zum Inhalt.[432] Im Rahmen der Strukturbeziehung „Forschung und Entwicklung" wird hingegen auf Basis einer als fixiert angesehenen Allokation der Forschungs- und Entwicklungstätigkeiten und -risiken auf bestimmte Gesellschaften die steueroptimierte Zuordnung der aus den Forschungs- und Entwicklungsaktivitäten resultierenden Aufwendungen und Erträge auf die Gesellschaften anvisiert.

Schließlich hat die kapitalmarktorientierte internationale Unternehmung auch in Bezug auf die sonstigen Lieferungs- und Leistungsbeziehungen der Gesellschaften durch die geeignete Wahl von Verrechnungspreisen eine Steueroptimierung anzustreben. Ein Überblick über die vorab kurz skizzierten und im Folgenden detailliert zu analysierenden Maßnahmen der steuerlichen Optimierung der Strukturbeziehungen ist der nachstehenden Grafik zu entnehmen.

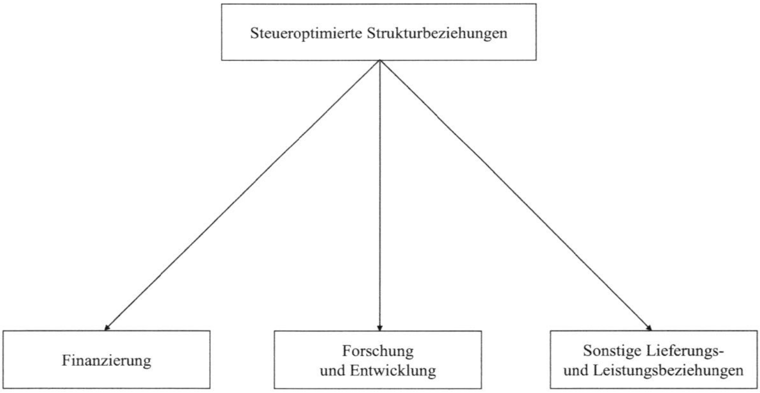

Abbildung 29: Maßnahmen der Steueroptimierung der Strukturbeziehungen

2.3.4.2. Finanzierung

2.3.4.2.1. Tochterkapitalgesellschaft

Die Finanzierung einer ausländischen Tochterkapitalgesellschaft der kapitalmarktorientierten internationalen Unternehmung mit Eigenkapital hat grundsätzlich keine unmittelbare Auswirkung auf die Höhe der von der Tochterkapitalgesellschaft zu versteuernden Einkünfte. Infol-

[432] Vgl. Teil III 2.3.2.2.5.

gedessen führt die Weiterleitung inländischer Finanzmittel ins Ausland in Form von Eigenkapital zu einer Versteuerung der auf das Kapital erzielten Rendite in Höhe der ausländischen Ertragsteuerbelastung. Die Dividendenzahlungen der Tochtergesellschaft an die deutsche Mutterkapitalgesellschaft unterliegen regelmäßig einer ausländischen Quellensteuerbelastung und ziehen gemäß § 8b Abs. 1, 5 KStG eine Besteuerung im Inland mit Körperschaftsteuer, Solidaritätszuschlag und Gewerbesteuer i. H. v. effektiv circa 1,5 % nach sich.[433] Die Gesamtertragsteuerbelastung der Eigenkapitalfinanzierung von ausländischen Tochterkapitalgesellschaften umfasst somit die ausländische Körperschaftsteuer, ausländische Quellensteuern sowie die inländische 5%ige Dividendenbesteuerung:

$$s_{EF} = s_{KSt\,Ausland} + \left(1 - s_{KSt\,Ausland}\right) \cdot s_{QSt} + \left(1 - s_{KSt\,Ausland}\right) \cdot 0{,}05 \cdot s_{Inland}$$

mit: s_{EF} = Ertragsteuersatz der Eigenkapitalfinanzierung

$s_{KSt\,Ausland}$ = ausländischer Körperschaftsteuersatz

s_{QSt} = ausländischer Quellensteuersatz

s_{Inland} = inländischer Ertragsteuersatz[434]

Formel 28: Ertragsteuerbelastung bei der Eigenkapitalfinanzierung von ausländischen Tochterkapitalgesellschaften

Sofern die deutsche Mutterkapitalgesellschaft die Tochterkapitalgesellschaft hingegen mit Fremdkapital ausstattet, führen die grundsätzlich als Betriebsausgaben abziehbaren Zinsaufwendungen zu einer Reduzierung der ausländischen Bemessungsgrundlage. Vorbehaltlich von ausländischen Quellensteuern hinsichtlich der Zinszahlungen lässt sich die ausländische Ertragsteuerbelastung durch die Vergabe von Fremdkapital somit im Extremfall gänzlich vermeiden.[435] Die korrespondierenden Zinserträge unterliegen in Deutschland der Körperschaftsteuer, dem Solidaritätszuschlag sowie der Gewerbesteuer.

---

433 Vgl. Teil III 2.3.2.1.1. u. 2.3.3.2.2. Doppelbesteuerungsabkommen reduzieren im Regelfall die Höhe der nach nationaler Rechtslage originär einschlägigen Quellensteuerbelastung. Infolge der EU-Mutter-Tochter-Richtlinie (Richtlinie 90/435/EWG des Rates vom 23.07.1990 über das gemeinsame Steuersystem der Mutter- und Tochtergesellschaften verschiedener Mitgliedstaaten, Abl. EG 1990, Nr. L 225, S. 6) können Dividendenzahlungen von EU-Tochterkapitalgesellschaften grundsätzlich quellensteuerfrei vorgenommen werden.

434 Der inländische Ertragsteuersatz ergibt sich aus der Summe der um den Solidaritätszuschlag erhöhten Körperschaftsteuerbelastung und der Gewerbesteuerbelastung; zu Details vgl. Teil III 2.3.2.1.1.

435 Zu beachten ist, dass ausländische Unterkapitalisierungsvorschriften (sog. *thin capitalisation rules*) den Betriebsausgabenabzug von Zinsaufwendungen einschränken können, vgl. hierzu Teil III 3.1.1.

Der Quellensteuersatz auf Zinszahlungen wird in nahezu allen von der Bundesrepublik Deutschland abgeschlossenen Doppelbesteuerungsabkommen auf 0 % reduziert.[436] Auf Zinszahlungen von Tochterkapitalgesellschaften, die im EU-Ausland ansässig sind, können wegen der Zins- und Lizenzrichtlinie[437] ohnehin keine Quellensteuern erhoben werden. Weil eine etwaig entstehende ausländische Quellensteuerbelastung darüber hinaus gemäß § 26 KStG auf die in Deutschland voll steuerpflichtigen Zinserträge angerechnet werden können, wird im Folgenden aus Vereinfachungsgründen unterstellt, dass die Zinszahlungen ausländischer Tochterkapitalgesellschaften keiner Quellensteuerbelastung unterliegen. Die Gesamtertragsteuerbelastung der Fremdkapitalfinanzierung von ausländischen Tochterkapitalgesellschaften stimmt somit grundsätzlich mit der Besteuerung der im Inland erzielten Zinseinkünfte überein, was zu einer effektiven Steuerbelastung i. H. v. circa 30 % führt:[438]

$$s_{FF} = s_{Inland}$$

mit: s_{FF} = Ertragsteuersatz der Fremdkapitalfinanzierung

s_{Inland} = inländischer Ertragsteuersatz[439]

Formel 29: Ertragsteuerbelastung bei der Fremdkapitalfinanzierung von ausländischen Tochterkapitalgesellschaften

Die aufgezeigten Steuerwirkungen der Eigen- und Fremdkapitalfinanzierung sind mangels latenter Steuererträge und -aufwendungen sowohl als zahlungs- als auch als ergebniswirksame Steuereffekte zu verstehen.[440] Der Vergleich der verschiedenen Arten der unternehmungsinternen Finanzierung von ausländischen Tochterkapitalgesellschaften zeigt, dass im Falle der Fremdkapitalfinanzierung eine Steuerbelastung i. H. d. deutschen Steuerniveaus und im Falle der Eigenkapitalfinanzierung eine Steuerbelastung i. H. d. ausländischen Steuerniveaus, er-

---

[436] Vgl. z. B. Art. 11 Abs. 1 DBA BRD-USA; Art. VII Abs. 1 DBA BRD-Großbritannien; Art. 10 Abs. 1 DBA BRD-Frankreich; Art. 11 Abs. 1 DBA BRD-Japan.

[437] Vgl. Richtlinie 2003/49/EG des Rates vom 03.06.2003 über eine gemeinsame Steuerregelung für Zahlungen von Zinsen und Lizenzgebühren zwischen verbundenen Unternehmen verschiedener Mitgliedstaaten, ABl. EU 2003, Nr. L 157, S. 49-54.

[438] Die Gesamtertragsteuerbelastung i. H. v. 30 % stellt sich im Falle eines Gewerbesteuerhebesatzes von 405 % ein, vgl. Teil III 2.3.2.1.1. In Abhängigkeit von der Höhe des jeweils einschlägigen Gewerbesteuerhebesatzes kann sich eine höhere bzw. niedrigere Gesamtertragsteuerbelastung ergeben.

[439] Der inländische Ertragsteuersatz ergibt sich aus der Summe der um den Solidaritätszuschlag erhöhten Körperschaftsteuerbelastung und der Gewerbesteuerbelastung; zu Details vgl. Teil III 2.3.2.1.1.

[440] Insbesondere müssen keine passiven latenten Steuern entsprechend IAS 12.39 gebildet werden, weil die Gewinne der Tochterkapitalgesellschaften annahmegemäß sofort an die Mutterkapitalgesellschaft ausgeschüttet werden und somit keine auf die Thesaurierung von Gewinnen zurückzuführenden *outside-basis-differences* entstehen.

höht um die inländische 5%ige Dividendenbesteuerung und etwaige ausländische Quellensteuern, entsteht. Die Eigenkapitalfinanzierung ist somit gegenüber der Fremdkapitalfinanzierung sowohl hinsichtlich der zahlungs- als auch der ergebniswirksamen Steuerbelastung vorteilhaft et vice versa, wenn „s_{EF}" einen kleineren Wert annimmt als „s_{FF}"und dementsprechend, wenn die folgende Ungleichung erfüllt ist:

$$s_{KSt\,Ausland} + (1 - s_{KSt\,Ausland}) \cdot s_{QSt} + (1 - s_{KSt\,Ausland}) \cdot 0{,}05 \cdot s_{Inland} < s_{Inland}$$

Formel 30: Vorteilhaftigkeitsbedingung der Eigenkapitalfinanzierung

Vorbehaltlich der Quellensteuerbelastung sowie der 5%igen Inlandsbesteuerung von Dividendenzahlungen richtet sich die Vorteilhaftigkeit der Eigen- bzw. Fremdkapitalfinanzierung aus rein steuerlicher Perspektive daher nach dem Verhältnis des ausländischen zum inländischen Steuerbelastungsniveau. Infolgedessen sollten Tochterkapitalgesellschaften, die in Niedrigsteuerländern domizilieren, vorwiegend mit Eigenkapital finanziert und Tochtergesellschaften, die in Hochsteuerländern ansässig sind, mit möglichst viel Fremdkapital ausgestattet werden.[441] Diese Tendenzaussage lässt sich anhand des folgenden Beispiels verdeutlichen:[442]

Eine in Deutschland ansässige Kapitalgesellschaft (D-AG) besitzt eine in Polen ansässige 100%ige Tochterkapitalgesellschaft (P-Sp. z. o. o.). Die D-AG ist in einer Gemeinde ansässig, die einen Gewerbesteuerhebesatz i. H. v. 405 % aufweist, sodass sich die Körperschaftsteuer (15 %), der Solidaritätszuschlag (0,825 %) und die Gewerbesteuer (14,175 %) zu einer 30%igen Steuerbelastung kumulieren. Das polnische Ertragsteuerniveau beträgt 19 %. Aufgrund der EU-Mutter-Tochter-Richtlinie[443] sind Dividendenausschüttungen quellensteuerfrei. Die jeweils zur Verfügung gestellten Kapitalmittel betragen 2.000 Geldeinheiten und der ei-

[441] Sofern die Tochterkapitalgesellschaft allerdings dauerhaft steuerliche Verluste erwirtschaftet, ist stets die Eigen- gegenüber der Fremdkapitalfinanzierung vorzuziehen, weil die Zinsaufwendungen in diesem Falle mangels ausreichender ausländischer Steuerkapazität keinen Steuerminderungseffekt bewirken.

[442] Die Vorteilhaftigkeitsaussage gilt auch unter Einbezug der Steuereffekte einer etwaig erforderlichen unternehmungsexternen Refinanzierung, vgl. dazu KRÖNER/BECKENHAUB, Konzernsteuerquote, S. 96 ff. Aus rein steuerlicher Sicht sollte externes Fremdkapital von derjenigen Gesellschaft aufgenommen werden, bei der die Zinszahlungen aus der Refinanzierung den höchsten Steuerminderungseffekt nach sich ziehen. Die Höhe des Steuerminderungseffektes hängt von der Höhe des nominellen Steuerniveaus, der Einschlägigkeit etwaiger Unterkapitalisierungsregelungen und der Verfügbarkeit von verrechenbaren Einkünften (sog. *tax capacity*) ab. Eine ausreichende *tax capacity* und keine Restriktionen durch Unterkapitalisierungsvorschriften vorausgesetzt, bietet sich eine externe Fremdkapitalaufnahme somit insbesondere in Hochsteuerländern wie bspw. Deutschland, Frankreich, USA und Japan an.

[443] Vgl. Richtlinie 90/435/EWG des Rates vom 23.07.1990 über das gemeinsame Steuersystem der Mutter- und Tochtergesellschaften verschiedener Mitgliedstaaten, Abl. EG 1990, Nr. L 225, S. 6.

nem Fremdvergleich standhaltende Zinssatz nimmt einen Wert von 5 % an. Es ergeben sich die in der nachstehenden Tabelle dargestellten Steuereffekte:[444]

	Eigenkapitalfinanzierung		Fremdkapitalfinanzierung	
	P-Sp. z. o. o.	D-AG	P-Sp. z. o. o.	D-AG
Gewinn vor Zinsen und Steuern	100,00	81,00	100,00	0,00
Zinsen	0,00	0,00	(100,00)	100,00
Gewinn vor Steuern	100,00	81,00	0,00	100,00
Steuern	(19,00)	(1,22)	0,00	(30,00)
Gewinn nach Steuern	81,00	79,78	0,00	70,00
Gesamtsteuerbelastung	20,22		30,00	

Tabelle 9: Finanzierung einer polnischen Tochterkapitalgesellschaft

Sofern die Tochterkapitalgesellschaft nicht in dem Niedrigsteuerland Polen, sondern in den USA ansässig ist (U-Corp.), die einen im Vergleich zu Deutschland relativ hohen Ertragsteuersatz von 35 % aufweisen, ist nicht länger die Eigenkapitalfinanzierung vorteilhaft, sondern vielmehr die Fremdkapitalfinanzierung, was anhand der folgenden Berechnungen ersichtlich wird:[445]

	Eigenkapitalfinanzierung		Fremdkapitalfinanzierung	
	U-Corp.	D-AG	U-Corp.	D-AG
Gewinn vor Zinsen und Steuern	100,00	65,00	100,00	0,00
Zinsen	0,00	0,00	(100,00)	100,00
Gewinn vor Steuern	100,00	65,00	0,00	100,00
Steuern	(35,00)	(0,98)	0,00	(30,00)
Gewinn nach Steuern	65,00	64,02	0,00	70,00
Gesamtsteuerbelastung	35,98		30,00	

Tabelle 10: Finanzierung einer amerikanischen Tochterkapitalgesellschaft

Durch den Einsatz von hybriden Finanzinstrumenten, d. h. von Mischformen zwischen Eigen- und Fremdkapital wie z. B. Genussrechten und stillen Beteiligungen, lassen sich weitere

---

[444] Werte jeweils in Geldeinheiten.
[445] Werte jeweils in Geldeinheiten.

Steuervorteile erzielen.[446] Für Zwecke der Optimierung zahlungs- und ergebniswirksamer Steuern ist hierbei anzustreben, dass das hybride Finanzinstrument beim Emittenten, d. h. im Ansässigkeitsstaat der ausländischen Tochterkapitalgesellschaft, aus steuerlicher Sicht als Fremdkapital zu klassifizieren ist, damit die Vergütungen für das Finanzinstrument als steuerlich abzugsfähige Zinsaufwendungen die ausländische Bemessungsgrundlage mindern, und dass in Bezug auf die Vergütungen für das Finanzinstrument keine hohe Quellensteuerbelastung entsteht.[447] Auf Ebene der deutschen Mutterkapitalgesellschaft sollte das hybride Finanzinstrument aus steuerlicher Perspektive hingegen als Eigenkapital einzustufen werden, damit eine korrespondierende Besteuerung der Erträge aus dem Finanzinstrument unterbleibt und vielmehr das nationale Beteiligungsprivileg des § 8b Abs. 1 KStG in Anspruch genommen werden kann. Durch hybride Finanzierungen lassen sich somit unter Umständen keinmalbesteuerte Einkünfte (sog. weiße Einkünfte) generieren.[448]

Auf Basis der für das obige Beispiel getroffenen Annahmen wird im Folgenden die steuerliche Attraktivität des steuerplanerischen Einsatzes hybrider Finanzinstrumente anhand der Finanzierung einer französischen Tochterkapitalgesellschaft (F-SA) verdeutlicht. Bei der hybriden Finanzierung soll es sich um eine französische Pflichtwandelanleihe (sog. Obligation Remboursable en Action) handeln, die aus französischer steuerlicher Sicht bis zum Wandlungszeitpunkt als Fremdkapital behandelt wird und in Deutschland als steuerliches Eigenkapital qualifiziert.[449] Eine Quellensteuerbelastung soll gemäß der EU-Mutter-Tochter-Richtlinie[450] nicht anfallen und der französische Körperschaftsteuersatz beträgt annahmegemäß 33 %:[451]

[446] Vgl. HERZIG, Finanzinstrumente, IStR 2000, S. 482 ff.; PILTZ, Finanzierungen, in: Piltz/Schaumburg (Hrsg.), Unternehmensfinanzierung, S. 125 ff.; WAGNER, Finanzierungen, Der Konzern 2005, S. 499 ff.; BRIESEMEISTER, Hybride Finanzinstrumente, S. 415 ff.

[447] Weil grundsätzlich keine latenten Steuereffekte auftreten, ergibt sich ein Gleichlauf der zahlungs- und ergebniswirksamen Steuerbelastungen.

[448] § 50d Abs. 9 EStG findet keine Anwendung, weil der Steuervorteil nicht auf die DBA-Freistellungsmethode (sog. internationales Beteiligungsprivileg), sondern auf das nationale Beteiligungsprivileg des § 8b Abs. 1 KStG bzw. das gewerbesteuerliche Schachtelprivileg des § 9 Nr. 7 GewStG zurückzuführen ist; zu Details des § 50d Abs. 9 EStG vgl. Teil III 3.1.1.

[449] Vgl. BOGENSCHÜTZ, Hybrid, Ubg 2008, S. 542.

[450] Vgl. Richtlinie 90/435/EWG des Rates vom 23.07.1990 über das gemeinsame Steuersystem der Mutter- und Tochtergesellschaften verschiedener Mitgliedstaaten, Abl. EG 1990, Nr. L 225, S. 6.

[451] Werte jeweils in Geldeinheiten.

	Eigenkapital-finanzierung		Fremdkapital-finanzierung		Hybride Finanzierung	
	F-SA	D-AG	F-SA	D-AG	F-SA	D-AG
Gewinn vor Zinsen und Steuern	100,00	67,00	100,00	0,00	100,00	100,00
Zinsen	0,00	0,00	(100,00)	100,00	(100,00)	0,00
Gewinn vor Steuern	100,00	67,00	0,00	100,00	0,00	0,00
Steuern	(33,00)	(1,01)	0,00	(30,00)	0,00	(1,50)
Gewinn nach Steuern	67,00	65,99	0,00	70,00	0,00	0,00
Gesamtsteuerbelastung	**34,01**		**30,00**		**1,50**	

Tabelle 11: Finanzierung einer französischen Tochterkapitalgesellschaft

2.3.4.2.2. Betriebsstätte

Vor dem Hintergrund, dass eine Betriebsstätte keine eigenständige Rechtssubjektivität aufweist, sondern mit dem Stammhaus eine einheitliche Gesellschaft bildet, ist für Zwecke der steueroptimierten Betriebsstättenfinanzierung zunächst die Kapitalausstattung von Betriebsstätten zu analysieren.[452]

Der Kapitalbedarf einer Betriebsstätte ergibt sich aus der Höhe des Aktivvermögens, das der Betriebsstätte zur Erfüllung ihres Geschäftszwecks wirtschaftlich zugeordnet wird. Hinsichtlich der Zuordnung von finanziellen Mitteln zur Betriebsstätte ist zwischen der externen und der internen Kapitalausstattung zu differenzieren. Die externe Kapitalausstattung umfasst zum einen das von der Betriebsstätte direkt aufgenommene Fremdkapital und zum anderen das Fremdkapital, das von dem Stammhaus für die Betriebsstätte aufgenommen und an die Betriebsstätte durchgeleitet wird.[453] Die Höhe der internen Kapitalausstattung ermittelt sich als Differenz der Höhe des Aktivvermögens und der Höhe der externen Kapitalausstattung. Sie setzt sich aus dem einer Betriebsstätte zuzurechnenden anteiligen Eigenkapital der gesamten Gesellschaft (sog. Dotationskapital) und dem weitergeleiteten Fremdkapital zusammen.[454] Das weitergeleitete Fremdkapital stellt das Fremdkapital dar, das vom Stammhaus zur Finan-

[452] Zentraler Unterschied zur steueroptimierten Finanzierung von Tochterkapitalgesellschaften ist, dass nach geltender deutscher Rechtsauffassung zwischen Stammhaus und Betriebsstätte keine Darlehensverträge abgeschlossen werden können; vgl. BMF-Schreiben v. 24.12.1999, IV B 4 – S 1300 – 111/99, BStBl. I 1999, S. 1076, Tz. 3.3. Zu neueren Entwicklungen auf Ebene der OECD, die zukünftig gegebenenfalls eine geänderte Rechtsauffassung der deutschen Finanzverwaltung nach sich ziehen könnten vgl. OECD, Attribution, Part I D-2. (v) (a) (Internetquelle); FÖRSTER/NAUMANN/ROSENBERG, Gewinnabgrenzung, IStR 2005, S. 621 f.

[453] Die unternehmungsextern beschafften Fremdkapitalmittel sind der Betriebsstätte direkt zuzuordnen, vgl. BFH v. 25.06.1986 – II R 213/83, BStBl. II 1986, S. 785; BMF-Schreiben v. 24.12.1999, IV B 4 – S 1300 – 111/99, BStBl. I 1999, S. 1076, Tz. 3.3; BEISER, Betriebsstätten, IStR 1992, S. 7.

[454] Vgl. KUMPF/ROTH, Ergebniszuordnung, DB 2000, S. 787; MAIER, in: Löwenstein/Looks (Hrsg.), Betriebsstättenbesteuerung, S. 284 ff.; KUMPF, Betriebsstättenfragen, FR 2001, S. 453 f.

zierung der gesamten Gesellschaft aufgenommen wurde und der Betriebsstätte zuzurechnen ist, und ermittelt sich als Differenz der Höhe der internen Kapitalausstattung und der Höhe des Dotationskapitals.[455]

Aktiva	**Passiva**	
Aktivvermögen der Betriebsstätte	**Externe Kapitalausstattung**	*Direkt aufgenommenes Fremdkapital:* Von der Betriebsstätte bei fremden Dritten aufgenommenes Fremdkapital
		Durchgeleitetes Fremdkapital: Vom Stammhaus zur Verwendung für die Betriebsstätte aufgenommenes und an diese durchgeleitetes Fremdkapital
	Interne Kapitalausstattung	*Dotationskapital:* Der Betriebsstätte zuzurechnendes Eigenkapital der Einheitsgesellschaft
		Weitergeleitetes Fremdkapital: Der Betriebsstätte zuzurechnendes Fremdkapital, welches zur Finanzierung der Einheitsgesellschaft aufgenommen wurde

Abbildung 30: Kapitalzuordnung in der Betriebsstättenbilanz[456]

Zur Bestimmung der Höhe des Dotationskapitals von Betriebsstätten werden im deutschen Steuerrecht verschiedene Auffassungen vertreten. Diese reichen von der Kapitalspiegeltheorie, nach welcher sich die Höhe des Dotationskapitals nach der Eigenkapitalquote der Einheitsgesellschaft richtet, über das Abstellen auf eine branchenübliche Eigenkapitalausstattung bis hin zur Dotierung der Betriebsstätte auf Basis einer Risiko- und Funktionsanalyse.[457] Der Rechtsprechung zufolge ist die Finanzierung der Betriebsstätte grundsätzlich der Entscheidung des Stammhauses überlassen, sofern es hierdurch nicht zu einem Widerspruch zu den

[455] Vgl. HAIß, Gewinnabgrenzung, S. 58 ff.; ANDRESEN, Betriebsstättengewinnermittlung, in: Wassermeyer/Andresen/Ditz/Schönfeld (Hrsg.), Betriebsstätten Handbuch, S. 113 ff.

[456] In Anlehnung an JACOBS (Hrsg.), Unternehmensbesteuerung, S. 633.

[457] Vgl. JACOBS (Hrsg.), Unternehmensbesteuerung, S. 912 ff. sowie 942 f. Zu der Kritik an der mangelnden Praktikabilität der verschiedenen Verfahren vgl. HAIß, Betriebsstätte, in: Grotherr (Hrsg.), Handbuch, S. 43 ff.; BECKER, Gewinnermittlung, in: Burmester/Endres (Hrsg.), FS Debatin, S. 27;

kaufmännischen und wirtschaftlichen Erfordernissen kommt.[458] Die Finanzverwaltung betont, dass die Kapitalausstattung der Betriebsstätte einem Fremdvergleich standhalten muss, weshalb sie ein über die wirtschaftlichen Erfordernisse hinausgehendes Dotationskapital einer Auslandsbetriebsstätte nicht anerkennt.[459]

Trotz dieser abstrakten Höchstgrenze für das Dotationskapital von Auslandsbetriebsstätten eröffnet sich der kapitalmarktorientierten internationalen Unternehmung regelmäßig ein beträchtlicher steuerplanerischer Gestaltungsspielraum, den Finanzmittelbedarf ausländischer Betriebsstätten vorwiegend mit Eigen- oder mit Fremdkapital zu decken. Zentraler Steueroptimierungsgrundsatz ist hierbei,[460] dass Zinsaufwendungen dort entstehen sollten, wo sie den höchsten Steuerminderungseffekt erzielen.[461]

So sollten Betriebsstätten, deren Gewinne einer im Vergleich zum deutschen Steuerbelastungsniveau niedrigeren Besteuerung unterliegen, mit einem möglichst hohen Dotationskapital ausgestattet werden. Das im Inland nach Betriebsstättengrundsätzen (Art. 7 i. V. m. Art. 23 A Abs. 1 OECD-MA) regelmäßig freizustellende niedrig besteuerte Auslandeinkommen steigt an, und die Zinsaufwendungen für das Fremdkapital reduzieren die relativ hoch besteuerten inländischen Stammhausgewinne,[462] sodass die Gewinne der Einheitsgesellschaft im Wesentlichen der niedrigeren ausländischen Steuerbelastung unterzogen werden.[463] Bei Betriebsstätten, die in Staaten belegen sind, die eine höhere als die deutsche Steuerbelastung aufweisen, sollte hingegen die Auslandsbetriebsstätte möglichst gering dotiert werden, weil die aus der Allokation von Fremdkapital resultierenden Zinsaufwendungen die vergleichswei-

---

[458] Vgl. BFH v. 25.06.1986 – II R 213/83, BStBl. II 1986, S. 785; BFH v. 01.04.1987 – II R 186/80, BStBl. II 1987, S. 550; BFH v. 23.08.2000 – I R 98/96, BStBl. II 2002, S. 207.

[459] Vgl. BMF-Schreiben v. 24.12.1999, IV B 4 – S 1300 – 111/99, BStBl. I 1999, S. 1076, Tz. 2.5.1; BMF-Schreiben v. 29.09.2004, IV B 4 – S 1300 – 296/04, BStBl. I 2004, S. 917, Tz. 3. Zu der Kritik an der fehlenden Symmetrie zwischen den Dotierungserfordernissen von Auslands- und Inlandsbetriebsstätten vgl. KUMPF/ROTH, Betriebsstättenerlass, FR 2000, S. 501; STRUNK/KAMINSKI, Betriebsstättenerlass, IStR 2000, S. 34.

[460] Weil keine latenten Steuereffekte ersichtlich sind, bewirkt die Reduzierung von zahlungswirksamen Steuern durch die Reduzierung der tatsächlichen Steueraufwendungen zugleich eine Reduzierung der ergebniswirksamen Steuern.

[461] Bei einem dauerhaft negativen Betriebsstättenergebnis ist mangels *tax capacity* eine möglichst hohe Dotierung der Auslandsbetriebsstätte anzustreben.

[462] Die Höhe des Steuerminderungseffektes von Zinsaufwendungen in Deutschland wird durch die 25%ige gewerbesteuerliche Hinzurechnung nach § 8 Nr. 1a GewStG und gegebenenfalls auch durch die Regelungen der Zinsschranke (§ 4h EStG i. V. m. § 8a KStG) beeinträchtigt. So führen Zinsaufwendungen vorbehaltlich der Vorschriften der Zinsschranke bei einem unterstellten Gewerbesteuerhebesatz von 400 % zu einer Steuerminderung i. H. v. lediglich circa 26 Prozentpunkten.

[463] Etwaige ausländische Mindest- bzw. Höchstdotierungserfordernisse können die Flexibilität der Kapitalausstattung einschränken. Sofern die Betriebsstätte in einem Nicht-DBA-Staat belegen ist oder das Doppelbesteuerungsabkommen mit Deutschland ausnahmsweise die Anrechnungsmethode festlegt, führt eine möglichst hohe Dotierung zu einem Anstieg des aus § 26 KStG i. V. m. § 34c EStG resultierenden Anrechnungshöchstbetrags.

se hoch besteuerten Auslandsgewinne reduzieren und die gesamte Steuerbelastung infolgedessen maßgeblich durch das geringere inländische Steuerniveau determiniert wird.[464]

2.3.4.2.3. Tochterpersonengesellschaft

In Bezug auf ausländische Tochterpersonengesellschaften können sich in Abhängigkeit von dem jeweils einschlägigen ausländischen Besteuerungskonzept sowie der Qualifikation des Rechtsgebildes nach deutschem Steuerrecht höchst unterschiedliche Steuerwirkungen ergeben. Sofern eine aus deutscher steuerlicher Perspektive nach einem Rechtstypenvergleich[465] als Persongesellschaft zu klassifizierende Tochtergesellschaft auch in ihrem Sitzstaat als Mitunternehmerschaft transparent besteuert wird und dort auch das Konzept der Sondervergütungen bzw. -betriebsergebnisse Anwendung findet, wie es z. B. in Österreich der Fall ist, stellen sich bei einer Eigen- bzw. Fremdkapitalfinanzierung durch die deutsche Mutterkapitalgesellschaft der kapitalmarktorientierten internationalen Unternehmung die folgenden steuerlichen Konsequenzen ein.

Eine Finanzierung mit Eigenkapital führt im Sitzstaat der Personengesellschaft infolge der beschränkten Körperschaftsteuerpflicht der deutschen Mutterkapitalgesellschaft zu einer Versteuerung der auf das Eigenkapital erwirtschafteten Rendite mit dem ausländischen Körperschaftsteuersatz. Nach nationalem deutschem Steuerrecht unterliegen die Gewinne zugleich der unbeschränkten Körperschaftsteuerpflicht der Muttergesellschaft; eine Gewerbesteuerbelastung wird durch die Kürzungsvorschrift des § 9 Nr. 2 GewStG ausgeschlossen. Wenn Deutschland mit dem Sitzstaat der Personengesellschaft ein Doppelbesteuerungsabkommen abgeschlossen hat, werden die Gewinne jedoch aus deutscher Steuersicht grundsätzlich freigestellt.[466] Weil auch etwaige Entnahmen aus der Personengesellschaft grundsätzlich keine Steuerfolgen auslösen, ist die Gesamtertragsteuerbelastung der Eigenkapitalfinanzierung von in DBA-Staaten domizilierenden ausländischen Personengesellschaften mit dem ausländischen Körperschaftsteuerniveau gleichzusetzen.[467]

---

[464] Vgl. JACOBS (Hrsg.), Unternehmensbesteuerung, S. 944. Zu beachten ist, dass in den jeweiligen ausländischen Staaten oftmals Missbrauchsverhinderungsvorschriften existieren, wie z. B. *thin capitalisation rules*, die den steuerplanerischen Gestaltungsspielraum mitunter signifikant einschränken können.

[465] Vgl. Abschnitt 2 Abs. 1 KStR; BFH v. 23.06.1992 – IX R 182/87, BStBl. II 1992, S. 972; BMF-Schreiben v. 24.12.1999, IV B 4 – S 1300 – 111/99, BStBl. I 1999, S. 1076, Tz. 1.1.5.

[466] Vgl. Art. 7 i. V. m. Art. 23 A Abs. 1 OECD-MA.

[467] Aufgrund ihrer geringeren Praxisrelevanz werden Personengesellschaften, die in DBA-Staaten mit Anrechnungsmethode bzw. in Nicht-DBA-Staaten domizilieren, im Folgenden nicht näher analysiert.

$$s_{EF} = s_{KSt\ Ausland}$$

mit: s_{EF} = Ertragsteuerbelastung bei der Eigenkapitalfinanzierung

$s_{KSt\ Ausland}$ = ausländischer Körperschaftsteuersatz

Formel 31: Ertragsteuerbelastung bei der Eigenkapitalfinanzierung von ausländischen Tochterpersonengesellschaften

Im Falle der Fremdkapitalfinanzierung der ausländischen Tochterpersonengesellschaft stellen die von der deutschen Mutterkapitalgesellschaft für die Kapitalüberlassung erhaltenen Zinserträge Sondervergütungen dar, die gemäß § 15 Abs. 1 S. 1 Nr. 2 S. 1 2. Hs. EStG bzw. der entsprechenden Vorschrift im ausländischen Steuerrecht zu den aus der Personengesellschaft erzielten Einkünften aus Gewerbebetrieb gehören. Nach dem nationalen Steuerrecht des Sitzstaates der ausländischen Personengesellschaft hat die Fremdkapitalfinanzierung unter Vernachlässigung einer etwaigen ausländischen Quellensteuerbelastung grundsätzlich keinen Einfluss auf die Höhe der von der deutschen Mutterkapitalgesellschaft im Ausland zu versteuernden Einkünfte, weil die auf der Gesamthandsebene entstehenden Zinsaufwendungen durch die dem Sonderbetriebsbereich zuzuordnenden Zinserträge vollständig kompensiert werden.[468] Entsprechend den deutschen Steuervorschriften unterliegen die von der ausländischen Personengesellschaft erzielten Gewinne, einschließlich der Sondervergütungen, der unbeschränkten Körperschaftsteuerpflicht der deutschen Muttergesellschaft. Eine Gewerbesteuerbelastung kommt aufgrund der Kürzungsvorschrift des § 9 Nr. 2 GewStG nicht zum Tragen.

Der Rechtsprechung des Bundesfinanzhofes zufolge ist der Gesamtgewinn der Beteiligung an einer ausländischen Personengesellschaft für Zwecke der Anwendung von Doppelbesteuerungsabkommen in den Gewinnanteil und die Sondervergütungen aufzuteilen. Der Gewinnanteil ist unter das Betriebsstättenprinzip des Art. 7 OECD-MA zu subsumieren, wohingegen die Zinszahlungen grundsätzlich unter Art. 11 OECD-MA fallen.[469] Durch die im Zuge des

---

[468] Für die Nichtberücksichtigung der ausländischen Quellensteuerlasten hinsichtlich der Zinszahlungen spricht, dass die Zinszahlungen nach nationalem ausländischem Steuerrecht gegebenenfalls überhaupt keinen quellensteuerpflichtigen Tatbestand erfüllen und dass in der überwiegenden deutschen Abkommenspraxis keine Quellenbesteuerung von Zinszahlungen vorgesehen ist. Darüber hinaus können etwaige ausländische Quellensteuerlasten gemäß § 26 KStG i. V. m. § 34c EStG auf die aus der Besteuerung der Zinserträge resultierende Körperschaftsteuerlast in Deutschland angerechnet werden.

[469] Vgl. etwa BFH v. 27.02.1991 – I R 15/89, BStBl. II 1991, S. 444; BFH v. 14.07.1993 – I R 71/92, BStBl. II 1994, S. 91; BFH v. 31.05.1995 – I R 74/93, BStBl. II 1995, S. 683; BFH v. 24.03.1999 – I R 114/97, BStBl. II 2000, S. 399; BFH v. 16.10.2002 – I R 17/01, BStBl. II 2003, S. 631. Die Zinszahlungen sind unter Art. 7

Jahressteuergesetzes 2009 mittels § 50d Abs. 10 EStG gesetzlich verankerte Auffassung der Finanzverwaltung sind jedoch auch die Vergütungen i. S. d. § 15 Abs. 1 S. 1 Nr. 2 S. 1 2. Hs. EStG abkommensrechtlich als Unternehmensgewinne i. S. d. Art. 7 OECD-MA zu klassifizieren.[470] Sofern der ausländische Staat die Zinszahlungen abkommensrechtlich Art. 11 OECD-MA zuordnet, sind der Gewinnanteil und die Zinserträge aus deutscher Sicht grundsätzlich freizustellen,[471] und der Sitzstaat der Personengesellschaft nimmt eine Besteuerung des Gewinnanteils vor, macht aber von seinem ohnehin nur begrenzten Quellenbesteuerungsrecht hinsichtlich der Zinserträge annahmegemäß keinen Gebrauch. Gemäß der unilateralen Rückfallklausel des § 50d Abs. 9 S. 1 Nr. 1 EStG kommt es jedoch in Deutschland hinsichtlich der Zinserträge zu einem Übergang von der Freistellungs- zur Anrechnungsmethode [472]

Mangels eines uneingeschränkten Besteuerungsrechtes an den Zinserträgen erfolgt in dem Sitzstaat der Personengesellschaft keine Neutralisierung der auf Ebene der Gesamthand als Betriebsausgaben abziehbaren Zinsaufwendungen, sodass die Fremdkapitalfinanzierung eine effektive Reduzierung der ausländischen Bemessungsgrundlage bewirkt. Vorbehaltlich ausländischer Unterkapitalisierungsvorschriften kann die deutsche Mutterkapitalgesellschaft daher durch die Vergabe von Fremdkapital die ausländische Ertragsteuerbelastung im Extremfall gänzlich vermeiden. Infolgedessen umfasst die Gesamtertragsteuerbelastung der Fremdkapitalfinanzierung von ausländischen Tochterpersonengesellschaften lediglich die Besteuerung der Zinserträge in Deutschland mit Körperschaftsteuer und Solidaritätszuschlag, was zu einer effektiven Besteuerung i. H. v. 15,825 % führt.

$$s_{FF} = s_{KSt} \cdot (1 + s_{SolZ})$$

mit: s_{FF} = Ertragsteuerbelastung bei der Fremdkapitalfinanzierung

s_{KSt} = inländischer Körperschaftsteuersatz

OECD-MA zu subsumieren, wenn der Betriebsstättenvorbehalt des Art. 11 Abs. 4 OECD-MA greift. Dies setzt voraus, dass die der Zinszahlung zugrunde liegende Forderung nicht nur rechtlich, wie z. B. gemäß § 15 Abs. 1 S. 1 Nr. 2 S. 1 2. Hs. EStG, sondern „tatsächlich“ der Betriebsstätte der ausländischen Personengesellschaft zuzurechnen ist, was im Regelfall nicht gegeben ist.

[470] Vgl. BMF-Schreiben v. 24.12.1999, IV B 4 – S 1300 – 111/99, BStBl. I 1999, S. 1076, Tz. 1.2 3. Zu § 50d Abs. 10 EStG vgl. BOLLER/EILINGHOFF/SCHMIDT, JStG 2009, IStR 2009, S. 109 ff.; LOHBECK/WAGNER, Sondervergütungen, DB 2009, S. 423 ff.

[471] Vgl. Art. 7 i. V. m. Art. 23 A OECD-MA.

[472] Zu Details des § 50d Abs. 9 EStG vgl. Teil III 3.1.1.

s_{SolZ} = Solidaritätszuschlagssatz

Formel 32: Ertragsteuerbelastung bei der Fremdkapitalfinanzierung von ausländischen Tochterpersonengesellschaften

Die aufgezeigten Steuerwirkungen der Eigen- und Fremdkapitalfinanzierung sind mangels latenter Steuerträge und -aufwendungen sowohl als zahlungs- als auch ergebniswirksame Steuereffekte zu verstehen. Der Vergleich der verschiedenen Finanzierungsvarianten von ausländischen Tochterpersonengesellschaften zeigt, dass bei der Eigenkapitalfinanzierung eine Steuerbelastung i. H. d. ausländischen Körperschaftsteuersatzes und im Falle der Fremdkapitalfinanzierung eine Steuerbelastung i. H. d. deutschen Körperschaftsteuersatzes zuzüglich des Solidaritätszuschlags entsteht. Aus steuerplanerischer Perspektive richtet sich die Vorteilhaftigkeit der Eigen- bzw. Fremdkapitalfinanzierung ausländischer Tochterpersonengesellschaften somit nach dem Verhältnis des ausländischen Ertragsteuerniveaus zur Höhe der inländischen Belastung mit Körperschaftsteuer und Solidaritätszuschlag.[473] Die Fremdkapitalfinanzierung ist gegenüber der Eigenkapitalfinanzierung tendenziell vorzuziehen, weil der ausländische Körperschaftsteuertarif nur in sehr wenigen Ländern einen geringeren Wert als 15,825 % annimmt.

Dass die Ausstattung ausländischer Tochterpersonengesellschaften mit Fremdkapital auch in vielen Ländern, die in Bezug auf Personengesellschaften ein von Deutschland abweichendes Besteuerungskonzept aufweisen, steuerlich oftmals sehr attraktiv ist, lässt sich anhand des folgenden Beispiels verdeutlichen:

Eine in Deutschland ansässige Kapitalgesellschaft (D-AG) besitzt eine italienische Tochtergesellschaft in der Rechtsform einer Società a accomandita (S. a.), die nach dem Rechtstypenvergleich aus deutscher steuerlicher Perspektive als Personengesellschaft anzusehen ist.[474] Nach italienischem Steuerrecht (Ertragsteuerniveau: 34 %) wird die S. a. zwar transparent besteuert, dem deutschen Sondervergütungskonzept entsprechende Vorschriften sind im italienischen Steuerrecht hingegen nicht vorzufinden. Die Zinsaufwendungen (Darlehensvaluta 2.000 Geldeinheiten, angemessener Zinssatz: 5 %) mindern den unterstellten italienischen

[473] Eine für Zwecke der Refinanzierung etwaig erforderliche Fremdkapitalaufnahme sollte dort erfolgen, wo sie den höchsten Steuerminderungseffekt bewirkt, vgl. Teil III 2.3.4.2.1.

[474] Vgl. BMF-Schreiben v. 24.12.1999, IV B 4 – S 1300 – 111/99, BStBl. I 1999, S. 1076, Tabelle 1, wonach die S. a. mit einer deutschen Kommanditgesellschaft vergleichbar ist.

Gewinn i. H. v. 100 Geldeinheiten.[475] Die Zinserträge unterliegen in Italien annahmegemäß keiner Quellenbesteuerung.[476] In Deutschland werden die Gewinne der Personengesellschaft nach dem Betriebsstättenprinzip[477] bzw. § 9 Nr. 2 GewStG grundsätzlich von der Körperschaft- bzw. Gewerbesteuer ausgenommen. Hinsichtlich der Zinserträge erfolgt in Deutschland jedoch gemäß § 50d Abs. 10 S. 2 EStG i. V. m. § 50d Abs. 9 S. 1 Nr. 1 EStG eine Besteuerung mit der Körperschaftsteuer und dem Solidaritätszuschlag. Der Belastungsvergleich zeigt, dass die Fremd- gegenüber der Eigenkapitalfinanzierung zu einer Ersparnis von zahlungs- und ergebniswirksamen Steuern i. H. v. nahezu 50 % führt.[478]

	Eigenkapitalfinanzierung		**Fremdkapitalfinanzierung**	
	S. a.	D-AG	S. a.	D-AG
Gewinn vor Zinsen und Steuern	100,00	0,00	100,00	0,00
Zinsen	0,00	0,00	(100,00)	100,00
Gewinn vor Steuern	100,00	0,00	0,00	100,00
Steuern	(34,00)	(0,00)	0,00	(15,83)
Gewinn nach Steuern	66,00	0,00	0,00	84,17
Gesamtsteuerbelastung	**34,00**		**15,83**	

Tabelle 12: Finanzierung einer italienischen Tochterpersonengesellschaft

2.3.4.3. Forschung und Entwicklung

In Bezug auf die Zuordnung der aus den unternehmungsweiten Forschungs- und Entwicklungstätigkeiten resultierenden Aufwendungen und Erträge auf die einzelnen Gesellschaften kann sich die kapitalmarktorientierte internationale Unternehmung im Wesentlichen zwischen der Lizenzierungs- und der Umlagestruktur entscheiden.[479]

---

475 Dem Betriebsausgabenabzug steht insbesondere die „italienische Zinsschranke“ nicht entgegen; vgl. zur italienischen Zinsschranke ROMANI/GRABBE/IMBRENDA, Italien, IStR 2008, S. 210 ff.

476 Art. 7 Abs. 7 i. V. m. Art. 11 Abs. 2 DBA BRD-Italien beschränkt die Quellensteuerbelastung auf grundsätzlich 10 %, weshalb eine etwaig erhobene italienische Quellensteuer vollständig auf die entstehende deutsche Körperschaftsteuer (vgl. unten) angerechnet werden könnte und darüber hinaus noch eine Verringerung des Solidaritätszuschlags nach sich ziehen würde.

477 Vgl. Art. 7 Abs. 7 i. V. m. Art. 11 DBA BRD-Italien i. V. m. § 50d Abs. 10 S. 1 EStG i. V. m. Art. 7 DBA BRD-Italien.

478 Werte jeweils in Geldeinheiten.

479 Vgl. zu den unterschiedlichen Organisations- und Finanzierungsformen von Forschungs- und Entwicklungstätigkeiten VÖGELE/FREYTAG, Umlage, IStR 2001, S. 95. Für eine Auflistung verschiedenartiger länderspezifischer Förderungsarten in Bezug auf Forschungs- und Entwicklungstätigkeiten vgl. SCHLIE/STETZELBERGER, Förderung, IStR 2008, S. 269 ff.

Bei der Lizenzierungsstruktur erfolgt die Kostentragung durch die Gesellschaften, die die Forschungs- und Entwicklungstätigkeiten ausüben. Unter der Annahme, dass analog zu § 5 Abs. 2 EStG auch nach dem jeweiligen ausländischen Steuerrecht ein Aktivierungsverbot für selbsterstellte immaterielle Wirtschaftsgüter des Anlagevermögens besteht, mindern die mit der Forschung und Entwicklung verbundenen Aufwendungen als Betriebsausgaben grundsätzlich bereits im Entstehenszeitpunkt die jeweilige ertragsteuerliche Bemessungsgrundlage. Nach erfolgreichem Abschluss der Forschungs- und Entwicklungsprojekte erfolgt die Verwertung der erzielten Ergebnisse, indem anderen Gesellschaften der kapitalmarktorientierten internationalen Unternehmung auf Basis einer schuldrechtlichen Vereinbarung, z. B. eines Lizenzvertrags mit laufender Vergütung,[480] die Nutzung der Ergebnisse der Forschungs- und Entwicklungstätigkeiten gestattet wird. Die Lizenzvergütungen sind auf Seiten der die Forschungs- bzw. Entwicklungsergebnisse nutzenden Gesellschaften als Betriebsausgabe abzugsfähig und auf Seiten der lizenzierenden Gesellschaft als Betriebseinnahmen zu versteuern.[481]

Die Umlagestruktur zeichnet sich hingegen im Wesentlichen dadurch aus, dass die Aufwendungen bereits während der Forschungs- und Entwicklungsphase auch von denjenigen Gesellschaften getragen werden, die die Forschungs- und Entwicklungsergebnisse später nutzen wollen. Die Verteilung der Aufwendungen auf die beteiligten Gesellschaften erfolgt hierbei durch den Abschluss von Kostenumlageverträgen. Weil die beteiligten Gesellschaften die Forschungs- und Entwicklungsergebnisse in der Zukunft verwenden können, ohne gesonderte Vergütungen leisten zu müssen, unterliegen sowohl die Aufwendungen als auch die Erträge aus der Forschungs- und Entwicklungstätigkeit anteilig dem jeweiligen Steuerbelastungsniveau der beteiligten Gesellschaften.[482]

Aus steuerplanerischer Perspektive gilt der generelle Grundsatz, dass Erträge bzw. Aufwendungen dort anfallen sollten, wo sie den geringsten Steuererhöhungseffekt bzw. den höchsten Steuerminderungseffekt erzielen.[483] Aus rein steuerlicher Sicht richtet sich die Entscheidung

---

[480] Zu Details der steuerlichen Wirkungen von anderen schuldrechtlichen Vertragsformen zur Verwertung der Forschungs- bzw. Entwicklungsergebnisse, wie z. B. dem Lizenzvertrag mit Einmalentgelt oder dem Kaufvertrag, vgl. SCHEFFLER/KUSCH, Forschung, in: Kleineidam (Hrsg.), FS Fischer, S. 862 ff.

[481] Vgl. JACOBS (Hrsg.), Unternehmensbesteuerung, S. 1048.

[482] Zu Details der deutschen steuerlichen Einordnung von Umlageverträgen vgl. BMF-Schreiben v. 30.12.1999, IV B 4 – S 1341 – 14/99, BStBl I 1999, S. 1122. Zu den beiden unterschiedlichen Ausprägungsformen der Umlagestruktur „Kostenumlagemodell“ und „Kostenfinanzierungsverträge“ vgl. die Ausführungen von JACOBS (Hrsg.), Unternehmensbesteuerung, S. 1048 f.

[483] Vgl. etwa VERLINDEN/SMITS/LIEBEN, Rights, TPI Review 01/2006, S. 11. Aus Vereinfachungsgründen werden potenzielle latente Steuereffekte vernachlässigt, sodass diese Aussage sowohl bezüglich der zahlungs- als auch der ergebniswirksamen Steuern gilt. Latente Steuereffekte können nur durch detaillierte Einzelfallanalysen ermittelt werden. So sind bspw. für Zwecke der IAS/IFRS die aus Forschung entstehenden Aufwendungen

für die Lizenzierungs- bzw. die Umlagestruktur dementsprechend maßgeblich nach der Höhe der Ertragsteuersätze und der *tax capacity* der beteiligten Gesellschaften. Sofern bspw. die unternehmungsweiten Forschungs- und Entwicklungsaktivitäten von einer deutschen Forschungsgesellschaft ausgeübt werden und die Forschungsergebnisse überwiegend von Gesellschaften genutzt werden sollen, die in Niedrigsteuerländern domizilieren, ist die Umlagestruktur der Lizenzierungsstruktur tendenziell vorzuziehen, weil die Erträge dann nicht ausschließlich dem vergleichsweise hohen deutschen Ertragsteuerniveau unterzogen werden. Zu beachten ist, dass die Entscheidung für die Lizenzierungs- bzw. die Umlagestruktur in der Unternehmungspraxis nicht nur auf Basis von steuerlichen Aspekten getroffen wird, sondern regelmäßig in starkem Maße von außersteuerlichen Erwägungen abhängt.[484]

2.3.4.4. Sonstige Lieferungs- und Leistungsbeziehungen

Neben der Finanzierung und der Forschung und Entwicklung bestehen zwischen den einzelnen Gesellschaften der kapitalmarktorientierten internationalen Unternehmung zahlreiche weitere Lieferungs- und Leistungsbeziehungen. Beispiele hierfür sind der Verkauf von Wirtschaftsgütern, die Miete, die Pacht und das Leasing von materiellen Wirtschaftsgütern, die Gebrauchsüberlassung von Marken, Patenten, Know-how und anderen immateriellen Wirtschaftsgütern sowie das Erbringen von Management- und Serviceleistungen.

Zu differenzieren ist zwischen Lieferungen bzw. Leistungen, bei denen der Leistungserbringer gegenüber dem Leistungsempfänger aus steuerlicher Perspektive eine Leistungsverrechnung vornehmen muss, und solchen Lieferungen bzw. Leistungen, bei denen keine Verrechnung erlaubt bzw. möglich ist. Wenn bspw. ein Wirtschaftsgut von der deutschen Mutterkapitalgesellschaft an ihre ausländische Tochterkapitalgesellschaft verkauft werden soll, ist eine Leistungsverrechnung zwingend erforderlich; hingegen kann kein steuerwirksames Entgelt für die Vorteile einer Tochtergesellschaft angesetzt werden, die aus der rechtlichen, finanziellen und organisatorischen Eingliederung in die gesamte Unternehmung resultieren.[485] Für alle als verrechenbar identifizierten Lieferungs- und Leistungsbeziehungen ist zwecks Ermittlung der Höhe der Besteuerungsgrundlagen der beteiligten Gesellschaften ein Verrechnungspreis

---

gemäß IAS 38.54 in der Periode als Aufwand zu erfassen, in der sie anfallen. Entwicklungsaufwendungen können hingegen nach IAS 38.57 bei Erfüllen zahlreicher, mitunter hochkomplexer Bedingungen als immaterieller Vermögenswert aktiviert werden, was grundsätzlich die ertragswirksame Bildung einer passiven Steuerlatenz nach sich zieht.

[484] Zu außersteuerlichen Aspekten der Lizenzierungs- und Umlagestruktur vgl. JACOBS (Hrsg.), Unternehmensbesteuerung, S. 1049 ff. m. w. N.

[485] Zu Details der Verrechenbarkeit bzw. Nicht-Verrechenbarkeit von Lieferungen und Leistungen vgl. BMF-Schreiben v. 23.02.1983, IV C 5 – S 1341 – 4/83, BStBl. I 1983, S. 218, Tz. 1 ff.

zu bestimmen,[486] der dem Fremdvergleichsgrundsatz (sog. *arm's length principle*) standhält.[487] Vor dem Hintergrund der generell hohen Komplexität der internationalen steuerlichen Gewinnabgrenzung und der gesellschafts- und transaktionsspezifisch zu berücksichtigenden Sondereffekte stellt der Verrechnungspreis keine absolut bestimmbare Größe dar, sondern bewegt sich vielmehr innerhalb einer Bandbreite von potenziellen Verrechnungspreisen. In der Unternehmungspraxis eröffnet sich dem ordentlichen und gewissenhaften Geschäftsleiter daher bei der Festsetzung des angemessenen Verrechnungspreises ein mitunter signifikanter Ermessensspielraum.[488]

Aus steuerplanerischer Perspektive ist dieser Ermessensspielraum hinsichtlich grenzüberschreitender Lieferungs- und Leistungsbeziehungen durch die geeignete Wahl von Verrechnungspreisen für eine Reduzierung der zahlungs- und ergebniswirksamen Steuerbelastung derart zu nutzen, dass die Bemessungsgrundlage in dem relativ höher besteuerten Staat verengt und in dem relativ niedriger besteuerten Staat verbreitert wird. So ist bspw. in Bezug auf eine Dienstleistung aus der Bandbreite möglicher Verrechnungspreise ein möglichst hoher Wert auszuwählen, wenn der Leistungserbringer in einem relativ niedriger besteuerten Staat ansässig ist als der Leistungsempfänger et vice versa.[489]

2.4. Auswahl von Steuerplanungsmodellen

2.4.1. Prozesselemente

Im Anschluss an die Entwicklung von Steuerplanungsmodellen hat die kapitalmarktorientierte internationale Unternehmung in dem nächsten Teilschritt des standardisierten Steuerplanungsprozesses diejenigen Tax-Planning-Modelle auszuwählen, die tatsächlich implementiert werden sollen. Dieser Auswahlprozess gliedert sich in drei verschiedene Prozesselemente. Zunächst erfolgt im Rahmen der Vorselektion eine grobe Analyse sämtlicher Steuergestaltungsmodelle, die in Bezug auf das jeweils identifizierte steuerplanerische Optimierungspo-

---

[486] Weil es sich um verrechenbare Leistungen handelt, sind bspw. auch für die Vergabe von Fremdkapital (vgl. Teil III 2.3.4.2.) und die Lizenzierung von Forschungs- und Entwicklungsergebnissen (vgl. Teil III 2.3.4.3.) Verrechnungspreise festzulegen; vgl. BMF-Schreiben v. 23.02.1983, IV C 5 – S 1341 – 4/83, BStBl. I 1983, S. 218, Tz. 4 f.

[487] Verrechnungspreise, die dem Fremdvergleichsgrundsatz nicht standhalten, führen zu steuerlichen Korrekturen, z. B. in Deutschland zu der Annahme einer verdeckten Gewinnausschüttung bzw. einer verdeckten Einlage oder dem Auslösen der Rechtsfolgen des § 1 AStG.

[488] Vgl. BORSTELL, Lieferungsbeziehungen, in: Grotherr (Hrsg.), Handbuch, S. 326 m. w. N.

[489] Zu beachten ist, dass die Höhe der Verrechnungspreise in der Unternehmungspraxis oftmals nicht ausschließlich nach steuerlichen Erwägungen festgelegt werden kann, weil Verrechnungspreise aus operativer Sicht auch Anreiz- und Sanktionsfunktionen ausüben.

tenzial entwickelt wurden. Dies dient zum einen der Reduzierung der Menge der entwickelten Steuerplanungsmodelle auf die Anzahl der aussichtsreichsten und zum anderen der Festlegung der Reihenfolge, in der die Modelle in dem nächsten Prozesselement „Detailprüfung" sehr ausführlich in Bezug auf Nutzen, Risiken, Kosten und sonstige Effekte untersucht werden. Auf Basis der Ergebnisse der Detailprüfung ist schließlich final zu entscheiden, welche Steuerplanungsmodelle mit welcher Priorität umgesetzt werden. Der Auswahlprozess von Tax-Planning-Modellen besteht somit aus den in der nachstehenden Grafik veranschaulichten Prozesselementen.

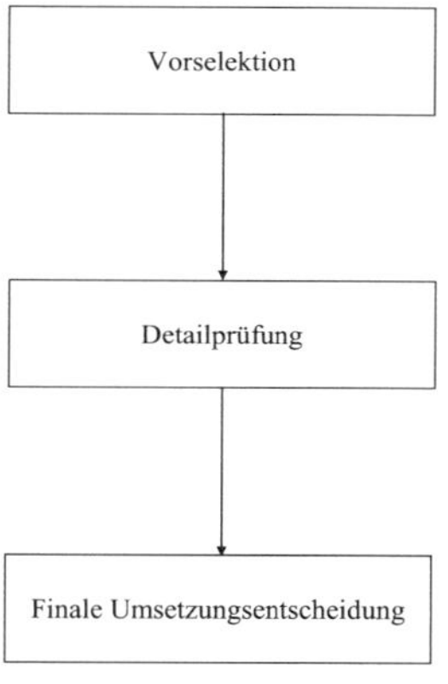

Abbildung 31: Prozesselemente der Auswahl von Steuerplanungsmodellen

2.4.2. Vorselektion

Für jedes Steuerplanungsmodell ist ein sog. Modellverantwortlicher zu bestimmen, der die im Rahmen des Prozesselementes „Vorselektion" anfallenden Tätigkeiten federführend durchführen wird. Aufgrund seiner Vorkenntnisse bietet es sich an, als Modellverantwortlichen denjenigen Mitarbeiter der Steuerabteilung der kapitalmarktorientierten internationalen Unternehmung auszuwählen, der bereits für die Entwicklung des jeweiligen Modells verantwortlich gezeichnet hat.

Auf Basis einer groben Analyse der entwickelten Steuerplanungsmodelle trifft der Modellverantwortliche eine erste Vorauswahl der für ein spezifisches steuerplanerisches Optimierungspotenzial entwickelten Tax-Planning-Modelle. Diese Grobanalyse erfolgt anhand der Kriterien „Nutzen", „Kosten" und „Risiken". Hinsichtlich jedes Kriteriums sind Punkte auf einer Skala von 1 bis 3 zu vergeben. Anhand der nachfolgenden Erläuterungen hinsichtlich der

Bepunktung wird ersichtlich, dass ein Steuerplanungsmodell bei der Vorselektion umso besser abschneidet, je mehr Punkte diesem zugeordnet werden.

Die Punktevergabe hinsichtlich des Kriteriums „Nutzen" richtet sich nach der absoluten Höhe der durch das jeweilige Steuerplanungsmodell im Vergleich zum Status quo bewirkten Reduzierung von zahlungs- und ergebniswirksamen Steuern. Je stärker die Steuerlast gesenkt wird, desto mehr Punkte werden dem Modell zugeordnet (vgl. Tabelle 13).[490] Für Zwecke der Schätzung der Höhe der Steuerminderungen ist davon auszugehen, dass sich die Gesetzeslage bzw. die Rechtsprechung zukünftig nicht ändert und dass das Modell fehlerfrei umgesetzt und von den Finanzbehörden akzeptiert wird. Des Weiteren ist zu beachten, dass weder zwischen zahlungs- und ergebniswirksamen Steuern differenziert noch die Höhe der jeweiligen Steuerersparnisse präzise berechnet werden muss, weil im Rahmen der Vorselektion lediglich erste grobe Analysen der Effekte von Steuerplanungsmodellen vorgenommen werden.

Anzahl der Punkte	Bedeutung
3	hoher Nutzen
2	moderater Nutzen
1	geringer Nutzen

Tabelle 13: Bepunktung bezüglich des Kriteriums „Nutzen"

Die Anzahl der Punkte, die einem Steuerplanungsmodell hinsichtlich des Kriteriums „Risiken" zugeteilt wird, hängt von zahlreichen Risikofaktoren ab. Nahezu jedem Steuerplanungsmodell ist das Risiko inhärent, dass es von den Finanzbehörden nicht akzeptiert wird, weil die Finanzbehörden von der Unternehmung abweichende Auffassungen bezüglich des Erfüllens von steuergesetzlichen Tatbestandsvoraussetzungen bzw. des Auslösens von steuerlichen Rechtsfolgen vertreten können.[491] Des Weiteren sind Tax-Planning-Modelle stets der latenten Gefahr von Gesetzesänderungen, zwischenzeitlich ergehenden Rechtsprechungsänderungen und Modifikationen der Verwaltungsanweisungen ausgesetzt. Vornehmlich bei hochkomplexen Modellen besteht zudem die Gefahr, dass sie nicht fehlerfrei implementiert wer-

[490] Steuerplanungsmodelle, die für vergleichsweise kleine Gesellschaften der kapitalmarktorientierten internationalen Unternehmung entwickelt wurden, können wegen der oftmals relativ niedrigen Höhe der absoluten Steuerlasten dieser Gesellschaften regelmäßig nur einen geringen Nutzen stiften. Derartige Tax-Planning-Modelle zeichnen sich jedoch grundsätzlich durch nur vergleichsweise geringe Kosten aus, was hinsichtlich des Kriteriums „Kosten" – wie im Folgenden gezeigt werden wird – zu einer hohen Bepunktung führt.

[491] Für Zwecke der Einschätzung dieses Risikofaktors ist davon auszugehen, dass die Finanzbehörden hinsichtlich des Tax-Planning-Modells Zugang zu allen steuerrelevanten Informationen besitzen, mithin ist eine Aufgriffswahrscheinlichkeit durch die Finanzbehörden i. H. v. 100 % zu unterstellen.

den und infolgedessen der anvisierte Steuerminderungseffekt ausbleibt. Ferner besteht das Risiko, dass ein Steuerplanungsmodell aufgrund einer zu starken Beeinflussung der operativen Geschäftstätigkeit der Unternehmung nicht umgesetzt wird. Schließlich dürfen auch potenzielle Reputationsrisiken nicht vernachlässigt werden.[492] Dabei sollen die Eintrittswahrscheinlichkeit und die potenziellen Schadenshöhen nicht präzise ermittelt werden, sondern nur eine grobe Schätzung der einzelnen Risiken erfolgen. Wie aus der folgenden Tabelle ersichtlich wird, steigt die Anzahl der einem Tax-Planning-Modell zuzuordnenden Punkte mit der Abnahme des spezifischen Risikogrades.

Anzahl der Punkte	Bedeutung
3	geringe Risiken
2	moderate Risiken
1	hohe Risiken

Tabelle 14: Bepunktung bezüglich des Kriteriums „Risiken"

Die Kosten eines Steuerplanungsmodells resultieren im Wesentlichen aus der Umsetzung des Modells, z. B. Kosten für die Gründung einer ausländischen Zwischenholdinggesellschaft, aus dem Erfüllen der laufenden steuerlichen Pflichten bezüglich des Modells (sog. Compliance-Kosten), wie z. B. die Kosten für das Erstellen von Bilanzen und Steuererklärungen für die neu gegründete Zwischenholding, und aus der in der Zukunft gegebenenfalls erforderlichen Verteidigung des Modells gegenüber den Finanzbehörden, bspw. im Rahmen von Rechtsstreitigkeiten vor dem Finanzgericht und dem Bundesfinanzhof bzw. den jeweiligen ausländischen Pendants. Je geringere Kosten ein Modell verursacht, desto besser schneidet es bei der Punktevergabe ab (vgl. Tabelle 15). Zu beachten ist, dass in diesem Stadium der Auswahl von Steuerplanungsmodellen die Kosten nicht präzise ermittelt werden müssen, sondern grobe Schätzungen genügen.

Anzahl der Punkte	Bedeutung
3	niedrige Kosten
2	moderate Kosten
1	hohe Kosten

Tabelle 15: Bepunktung bezüglich des Kriteriums „Kosten"

492 Vgl. MACPHERSON, Measuring, International Tax Review July/August 2008, S. [illegible]6.

Steuerplanungsmodelle, die hinsichtlich der Kriterien „Nutzen", „Risiken" und „Kosten" eine kumulierte Punktzahl von lediglich drei Punkten aufweisen, sollten vor dem Hintergrund ihres wenn überhaupt nur marginalen Beitrags zur Steigerung des Total Shareholder Return sowie der begrenzten personellen Kapazitäten und finanziellen Ressourcen der Steuerabteilung nicht weiterverfolgt werden.[493] Anhand eines weiteren Kriteriums, der „Dringlichkeit", wird die Reihenfolge festgelegt, in der die Steuerplanungsmodelle, die eine Gesamtpunktzahl von mindestens vier Punkten aufweisen, im Rahmen des nächsten Prozesselements „Detailprüfung" eingehender analysiert werden. Hinsichtlich des Kriteriums der Dringlichkeit sind die Tax-Planning-Modelle jeweils einer der drei nachstehend aufgeführten Kategorien zuzuordnen:

- unmittelbarer Handlungsbedarf;
- moderater Handlungsbedarf;
- geringer Handlungsbedarf.

Die Ausprägungsform des Dringlichkeitskriteriums „unmittelbarer Handlungsbedarf" ist verwirklicht, wenn das jeweilige Steuerplanungsmodell eine sofortige Umsetzung erfordert. Ursächlich hierfür kann bspw. eine zu erwartende Änderung der Gesetzeslage oder ein vom Vorstand der Unternehmung für die Akquisition einer Gesellschaft vorgegebener begrenzter Zeitraum sein. Wenn das Modell zwar nicht sofort, aber innerhalb eines absehbaren Zeitfensters, z. B. binnen Jahresfrist, umgesetzt werden muss, ist die Kategorie des moderaten Handlungsbedarfes zu wählen. Ein geringer Handlungsbedarf wird denjenigen Modellen zugeordnet, die auf Basis der gegenwärtig zur Verfügung stehenden Informationen dauerhaft genutzt werden können, z. B. das Profitieren von dem internationalen Steuersatzgefälle mittels der Ansiedlung neuer Unternehmungsfunktionen in Niedrigsteuerländern.

Die Reihenfolge, in der die Tax-Planning-Modelle detailliert überprüft werden, bestimmt sich vorrangig nach den zeitlichen Restriktionen, denen die Modelle unterliegen. Sofern Modelle dieselbe Dringlichkeitsstufe aufweisen, ist auf die aus der Bewertung bezüglich der Kriterien „Nutzen", „Risken" und „Kosten" resultierende Gesamtpunktzahl abzustellen. Falls Modelle sowohl dieselbe Dringlichkeit als auch dieselbe Gesamtpunktzahl besitzen, sollte zunächst dasjenige Modell ausführlich analysiert werden, dessen Detailprüfung z. B. infolge eines ge-

493 In Abhängigkeit von den der kapitalmarktorientierten internationalen Unternehmung jeweils zur Verfügung stehenden Kapazitäten und Ressourcen kann auch eine höhere oder niedrigere Punktzahl als Ausschlusskriterium für die Vorselektion gewählt werden.

ringen Komplexitätsgrades einen voraussichtlich kürzeren Zeitraum beansprucht. Die auch als „Priorisierung" zu bezeichnende Festlegung der Reihenfolge der Modelle hinsichtlich der Detailprüfung wird anhand des im Folgenden dargestellten Beispiels verdeutlicht:

Den fünf Steuerplanungsmodellen A, B, C, D und E werden im Rahmen der Vorselektion die in der nachstehenden Tabelle aufgezeigten Gesamtpunktzahlen und Dringlichkeitsstufen zugeordnet.

Steuerplanungsmodell	Gesamtpunktzahl	Dringlichkeit
A	5	moderater Handlungsbedarf
B	3	unmittelbarer Handlungsbedarf
C	6	moderater Handlungsbedarf
D	5	unmittelbarer Handlungsbedarf
E	7	geringer Handlungsbedarf

Tabelle 16: Bewertung im Rahmen der Vorselektion

Steuerplanungsmodell B wird aufgrund seiner Gesamtpunktzahl von lediglich drei Punkten nicht weiterverfolgt. Von den verbleibenden Modellen weist nur Modell D eine hohe Dringlichkeit auf, weshalb ihm die höchste Priorität beizumessen ist. Eine moderate Dringlichkeit weisen sowohl das Modell A als auch das Modell C auf. Modell C besitzt jedoch eine höhere Gesamtpunktzahl als Modell A, weshalb dem Modell C die zweithöchste und dem Modell A die dritthöchste Priorität zuzuordnen ist. Obwohl Modell E die höchste Gesamtpunktzahl sämtlicher Steuerplanungsmodelle innehat, kommt ihm die geringste Priorität zu, weil es nur einen geringen Handlungsbedarf erfordert. Im Ergebnis führt die Detailprüfung somit zu den folgenden Prioritätsrangstufen:

Steuerplanungsmodell	Prioritätsrangstufe
A	3
B	n. a.
C	2
D	1
E	4

Tabelle 17: Prioritätsrangstufen

2.4.3. Detailprüfung

Entsprechend der durch die Vorselektion ermittelten Reihenfolge werden die Steuerplanungsmodelle detailliert geprüft. Das Ziel der Detailprüfung besteht darin, sämtliche Informationen, die für die finale Umsetzungsentscheidung (vgl. Teil III 2.4.4.) erforderlich sind, zusammenzutragen. Die Ergebnisse der Detailprüfung sind zu dokumentieren, damit im Rahmen der zukünftigen Entwicklung von Steuerplanungsmodellen auf die bereits entwickelten Tax-Planning-Modelle bzw. geringfügig modifizierte Varianten zurückgegriffen werden kann.

Die Dokumentation der Detailprüfung gliedert sich in die fünf Abschnitte „Ansprechpartner hinsichtlich des Steuerplanungsmodells", „Beschreibung des Steuerplanungsmodells", „Effekte des Steuerplanungsmodells, „Kategorisierung des Steuerplanungsmodells" und „Erfahrungen bezüglich des Steuerplanungsmodells". Die Verantwortung für die Detailprüfung und deren Dokumentation liegt bei dem jeweiligen Modellverantwortlichen, der gegebenenfalls weitere Mitarbeiter der Steuerabteilung und anderer Unternehmungsabteilungen sowie externe Berater hinzuziehen kann.

Der nachstehend grafisch veranschaulichte erste Abschnitt der Dokumentation mit der Bezeichnung „Ansprechpartner hinsichtlich des Steuerplanungsmodells" dient dazu, dass der jeweilige Modellverantwortliche schnell und eindeutig identifiziert und kontaktiert werden kann. Hierzu hat der Modellverantwortliche seinen Namen, den Namen der Gesellschaft, bei der er beschäftigt ist, seine Anschrift (Adresse, Stadt, Land) und weitere Kontaktdaten (Telefonnummer, Faxnummer sowie E-Mail-Adresse) in das Formular einzutragen. Sofern der Modellverantwortliche weitere Mitarbeiter der Unternehmung oder externe Berater hinzuzieht, sind auch deren persönliche Daten in das Formular aufzunehmen. Schließlich ist das Datum der letztmaligen Aktualisierung der Dokumentation anzugeben, damit später nachvollzogen werden kann, welchen Aktualitätsgrad die hinterlegten Daten besitzen. Der Ansprechpartner eines Steuerplanungsmodells wird insbesondere dann benötigt, wenn im Rahmen der Entwicklung von Steuergestaltungsmaßnahmen hinsichtlich eines identifizierten steuerplanerischen Optimierungspotenzials ein Modell bzw. eine geringfügig modifizierte Variante des Modells Erfolg versprechend erscheint, das in der Vergangenheit von der Unternehmung bereits entwickelt oder sogar schon erfolgreich implementiert wurde.[494]

---

[494] Zu den verschiedenen Quellen der Entwicklung von Steuerplanungsmodellen vgl. Teil III 2.3.1.

Abschnitt 1: Ansprechpartner hinsichtlich des Steuerplanungsmodells	
1.1 Name:	**1.6 Telefon:**
1.2 Gesellschaft:	**1.7 Fax:**
1.3 Adresse:	**1.8 E-Mail:**
1.4 Stadt:	**1.9 Datum:**
1.5 Land:	

Abbildung 32: Abschnitt 1 der Dokumentation der Detailprüfung

Im zweiten Abschnitt der Dokumentation wird das Steuerplanungsmodell ausführlich beschrieben. Hierzu sind zunächst ein Name für das Tax-Planning-Modell festzulegen und das primäre Ziel der Steuergestaltungsmaßnahme zu erläutern. Anschließend sind die länderspezifischen notwendigen Anwendungsvoraussetzungen des Steuerplanungsmodells zu identifizieren, wie z. B. die Existenz von steuerlichen Verlustvorträgen in Land X oder das Vorhandensein wertvoller immaterieller Wirtschaftsgüter in Land Y. Falls das Steuerplanungsmodell zeitsensitiv ist, sind die zeitlichen Restriktionen anzugeben und möglichst genau zu erläutern. Wenn bspw. in einem ausländischen Staat mit Wirkung zum 1. Januar des Folgejahres eine Gesetzesänderung verabschiedet wurde, nach der steuerliche Verlustvorträge bei Verschmelzungen zwischen Kapitalgesellschaften nicht länger auf den Gesamtrechtsnachfolger übergehen, stellt der 1. Januar das steuerliche Verfallsdatum von Steuergestaltungsmodellen dar, die diese Verlustübertragungsmöglichkeit nutzen wollen. Des Weiteren sind die einzelnen Schritte, die zur Umsetzung des Modells erforderlich sind, aufzulisten. Die Umsetzungsschritte und deren zeitliche Abfolge sind grafisch zu veranschaulichen. Auch sind der für die Umsetzung des Tax-Planning-Modells insgesamt erforderliche Zeitbedarf sowie die Dauer der einzelnen Umsetzungsschritte anzugeben. Schließlich sind etwaige Varianten des Modells aufzuzeigen. So ist z. B. bei einem Steuerplanungsmodell, das durch die Zwischenschaltung einer Holdinggesellschaft zu einer Reduzierung der Quellensteuerbelastung auf Gewinnausschüttungen einer Tochtergesellschaft führt, zu überlegen, ob das Modell auch funktioniert, wenn die Anteile an Tochtergesellschaften, die in anderen Staaten ansässig sind, in die Holdinggesellschaft eingebracht werden.

Abschnitt 2: Beschreibung des Steuerplanungsmodells			
2.1 Name:			
2.2 Ziel:			
2.3 Länderspezifische Anwendungsvoraussetzungen:			
	Land 1	Land 2	Land 3
☐ Steuerliche Gewinne	☐	☐	☐
☐ Steuerliche Verluste	☐	☐	☐
☐ Steuerliche Verlustvorträge	☐	☐	☐
☐ Operativer Finanzierungsbedarf	☐	☐	☐
☐ Geplanter Unternehmungserwerb	☐	☐	☐
☐ Geplanter Unternehmungsverkauf	☐	☐	☐
☐ Immaterielle Wirtschaftsgüter	☐	☐	☐
☐ Sonstiges (erläutern)	☐	☐	☐
2.4 Unterliegt das Modell zeitlichen Restriktionen? ☐ Ja ☐ Nein **Erläuterung etwaiger zeitlicher Restriktionen:**			
2.5 Erläuterung der Umsetzungsschritte:			
2.6 Grafische Darstellung der Modellstruktur:			
2.7 Zeitlicher Bedarf für die Umsetzung bzw. die Umsetzungsschritte:			
2.8 Beschreibung etwaiger Modellvarianten:			

Abbildung 33: Abschnitt 2 der Dokumentation der Detailprüfung

Die analysierten Effekte des Steuerplanungsmodells werden im dritten Abschnitt der Dokumentation hinterlegt. Die im Rahmen der Vorselektion (vgl. Teil III 2.4.2.) lediglich grob analysierten Kriterien „Nutzen“, „Risiken“ und „Kosten“ werden bei der Detailprüfung durch die Bildung von Unterkriterien sehr präzise untersucht. Darüber hinaus werden weitere Effekte der Steuerplanungsmodelle ermittelt.

Das Kriterium „Nutzen“ wird in die Unterkriterien „Optimierung zahlungswirksamer Steuern“ und „Optimierung ergebniswirksamer Steuern“ aufgeteilt. Die Höhe der durch das Steuerplanungsmodell im Vergleich zum Status quo jeweils bewirkten Steuerersparnisse ist möglichst exakt zu quantifizieren. Dabei ist davon auszugehen, dass das Modell fehlerfrei umgesetzt und von den Finanzbehörden akzeptiert wird. Bei der Berechnung ist anzugeben, ob es sich um eine voraussichtlich permanente Steuerersparnis handelt, z. B. Maßnahmen zur Nutzung des internationalen Steuergefälles, oder ob die Steuerersparnis lediglich temporärer Natur ist, z. B. die Steueroptimierung eines Veräußerungsvorgangs. Bei Letzteren ist der genaue Zeitraum anzugeben, in dem die zahlungs- bzw. ergebniswirksamen Steuern reduziert werden, z. B. einmalige Minderung von zahlungswirksamen Steuern i. H. v. 200.000 EUR und Reduzierung der ergebniswirksamen Steuern über einen Zeitraum von vier Jahren um jeweils 50.000 EUR. Schließlich sind auch die Auswirkungen auf die Cash-Tax-Quote, die Konzernsteuerquote, den Cash Flow und das Ergebnis je Aktie indikativ zu ermitteln.[495]

Für die Ergebnisse der Detailprüfung in Bezug auf das Kriterium „Risiken“ zeichnet im Wesentlichen der standardisierte Steuerrisikomanagementprozess (vgl. Teil IV) verantwortlich. Hierzu nehmen die jeweiligen Modellverantwortlichen der Steuerplanungsmodelle in einer vorab festgelegten Art und Weise, z. B. per E-Mail, Meldungen an die für die Identifizierung von Tax-Planning-Risiken verantwortlichen Mitarbeiter, die sog. Tax-Planning-Risikoverantwortlichen, vor.[496] Nach Durchlaufen des standardisierten Steuerrisikomanagementprozesses werden die hierbei gewonnenen Erkenntnisse, wie etwa die bei der Risikobewertung ermittelten Eintrittswahrscheinlichkeiten und potenziellen zahlungs- bzw. ergebniswirksamen Schadensausmaße, den für die Detailprüfung zuständigen Mitarbeitern zur Verfügung gestellt.[497]

Auf Basis der durch den Steuerrisikomanagementprozess übermittelten Informationen sind die spezifischen Ausprägungen der Steuergestaltungsmaßnahme in Bezug auf die Unterkriterien „Abweichende Gesetzesauslegung“, „Änderung der Gesetzeslage bzw. der Recht-

[495] So kann etwa analysiert werden, dass die Einschaltung einer Finanzierungsgesellschaft in einem Niedrigsteuerland zu einer Reduzierung der Konzernsteuerquote um circa 3 Prozentpunkte führen wird, was sich in einem Anstieg des Gewinns je Aktie i. H. v. circa 0,5 EUR widerspiegeln dürfte.
[496] Vgl. Teil IV 2.2.3.3.
[497] Vgl. Teil IV 2.5.2.

sprechung", „Fehlerhafte Umsetzung", „Einfluss auf die operative Geschäftstätigkeit" und „Einfluss auf die Reputation" zu dokumentieren. Zum einen ist anzukreuzen, welche Unterkriterien für das jeweilige Steuerplanungsmodell einschlägig sind, und zum anderen sind die Steuerrisken möglichst detailliert zu erläutern, wie z. B. Angabe der Eintrittswahrscheinlichkeit sowie der potenziellen zahlungs- und ergebniswirksamen Schadensausmaße. Zu beachten ist, dass sich die potenziellen Schadenshöhen hinsichtlich der Einflüsse auf die operative Geschäftstätigkeit und die Reputation im Regelfall nur sehr schwerlich bzw. gar nicht quantifizieren lassen, weil sie von sehr vielen Unwägbarkeiten beeinflusst werden. Infolgedessen sind die Ausprägungen dieser Unterkriterien besonders ausführlich zu beschreiben.

Das Risiko, dass das Steuerplanungsmodell von den Finanzbehörden aufgegriffen und aufgrund einer von der Unternehmung divergierenden Auslegung der Gesetze nicht akzeptiert wird, ist nahezu jedem Steuerplanungsmodell inhärent. So eröffnet bspw. die Ansiedlung wesentlicher Teile der Beschaffungsfunktion einer Unternehmung in einem ausländischen niedrig besteuernden Land das Risiko, dass die Finanzverwaltung die von der Unternehmung in der Steuererklärung vertretene Ansicht des Vorliegens einer Funktionsverdopplung nicht teilt und stattdessen die Tatbestandsvoraussetzungen einer steuerpflichtigen Funktionsverlagerung als verwirklicht ansieht. Gänzlich ausgeschlossen werden kann außerdem bei keinem Steuerplanungsmodell das Risiko der Änderung der Gesetzeslage bzw. der Rechtsprechung mit der Folge, dass die Reduzierung der zahlungs- bzw. ergebniswirksamen Steuern nicht oder nur für einen kürzeren als den ursprünglich geplanten Zeitraum eintritt.[498] Das Risiko der nicht fehlerfreien Umsetzung droht insbesondere bei hochkomplexen Steuerplanungsmodellen. So besteht etwa bei grenzüberschreitenden Finanzierungsgestaltungen, bei denen in sehr geringer zeitlicher Abfolge mehrere Transaktionen von verschiedenen Akteuren abzuwickeln sind, die Gefahr, dass Vorgaben zur Sequenz der einzelnen Schritte nicht eingehalten werden, mit der Folge, dass der anvisierte Steuerminderungseffekt nicht realisiert wird.

Eine starke Beeinflussung der operativen Geschäftstätigkeit der Unternehmung durch ein Steuerplanungsmodell begründet das Risiko, dass sich für die Unternehmung auf außersteuerlichem Terrain nachteilige Effekte ergeben und das Modell daher nicht umgesetzt werden wird. So ist hinsichtlich der steueroptimierten Allokation der Produktionsfunktion zu beach-

[498] So war bspw. der Anlass für die Einführung der Zinsschranke (§ 4h EStG i. V. m. § 8a KStG), bestimmte Steuergestaltungen zu unterbinden, mittels derer Unternehmungen ihre deutsche Bemessungsgrundlage sehr stark reduzierten (Aufnahme von Fremdkapital in Deutschland und Weiterleitung der Finanzmittel in Form von Eigenkapital an Tochtergesellschaften im niedrig besteuernden Ausland), vgl. Entwurf eines Unternehmensteuerreformgesetzes 2008 vom 27.03.2007, BT-DrS. 16/4841, S. 48.

ten, dass für die Standortwahl nicht nur steuerliche Aspekte von höchster Relevanz sind, sondern auch zahlreiche weitere Faktoren, z. B. eine ausreichende Anzahl an qualifizierten Arbeitnehmern und eine enge geografische Anbindung an die Zulieferer. Ein oftmals sehr großes Hindernis für Steuerplanungsmodelle entsteht, wenn der Umzug von Mitarbeitern der Unternehmung in ein anderes Land erforderlich wird. So setzen etwa viele Holdingkonstruktionen das Erfüllen gewisser Substanzerfordernisse voraus, wie z. B. die physische Präsenz einer ausreichenden Anzahl von adäquat qualifizierten Mitarbeitern in dem Holdingland.

Das Unterkriterium „Einfluss auf die Reputation" erfasst die Gefahr, dass das Ansehen der Unternehmung durch ein Steuerplanungsmodell beeinträchtigt wird und sich hierdurch nachteilige Effekte für die Unternehmung ergeben.[499] Wenn z. B. die Öffentlichkeit davon Kenntnis erlangt, dass eine Unternehmung durch die Einschaltung von Gesellschaften, die auf den Bermudas oder in anderen Steueroasen ansässig sind, ihre deutsche steuerliche Bemessungsgrundlage auf nahezu null reduziert hat, besteht das Risiko, dass die Kunden die Produkte bzw. Dienstleistungen der Unternehmung boykottieren werden.[500]

Hinsichtlich des Kriteriums „Kosten" ist zwischen den drei Unterkriterien „Implementierungskosten", „Compliance-Kosten" und „Verteidigungskosten" zu differenzieren. Als Implementierungskosten werden diejenigen Kosten bezeichnet, die durch die Umsetzung des Steuerplanungsmodells verursacht werden, z. B. Aufwendungen für das Anmieten von Büroräumen sowie für die Gehälter von Arbeitnehmern, um die Substanzvoraussetzungen einer in einem Niedrigsteuerland domizilierenden Patentverwertungsgesellschaft zu erfüllen. Compliance-Kosten stellen die mit einem Tax-Planning-Modell in Zusammenhang stehenden Kosten dar, die durch das Erfüllen der laufenden steuerlichen Pflichten entstehen, z. B. Kosten der wegen einer Gestaltungsmaßnahme erforderlichen Modifizierung der Verrechnungspreisdokumentationen.[501] Die Verteidigungskosten resultieren aus der in der Zukunft etwaig erforderlichen Rechtfertigung eines Steuergestaltungsmodells gegenüber den Finanzbehörden, z. B. im Rahmen von Rechtsstreitigkeiten vor dem Finanzgericht bzw. dem Bundesfinanzhof.

Die jeweilige Höhe dieser drei Kostenarten ist möglichst genau zu quantifizieren. Bei sämtlichen Kostenarten sind nicht nur diejenigen Geldbeträge zu berücksichtigen, die an externe

---

[499] Vgl. VROEMEN, Planning, TNI 2002, S. 884.
[500] So kam es etwa in der US-amerikanischen Öffentlichkeit zu einem Sturm der Entrüstung als Halliburton Company dem Vernehmen nach aufgrund von steuerlichen Erwägungen im Jahre 2007 seinen Hauptsitz von Houston nach Dubai verlegte (vgl. HOULDER, Out of the door, FT vom 06.05.2008, S. 11).
[501] Vgl. VROEMEN, Planning, TNI 2002, S. 833.

Berater bzw. öffentliche Stellen zu entrichten sind, z. B. Rechtsanwaltskosten und Notargebühren hinsichtlich der Gründung einer ausländischen Gesellschaft. Vielmehr sind auch die auf Basis unternehmungsinterner Kalkulationen zu ermittelnden (Opportunitäts-)Kosten einzubeziehen, die durch die Nutzung der Ressourcen und Kapazitäten der Unternehmung entstehen, z. B. Beanspruchung von 50 % der Ressourcen von zwei Mitarbeitern der Steuerabteilung über einen Zeitraum von einem Monat zwecks Erstellung einer Verrechnungspreisdokumentation.[502] Hinsichtlich der Verteidigungskosten ist der jeweilige Kostenbetrag mit der im Rahmen des Risiko-Unterkriteriums „Abweichende Gesetzesauslegung" ermittelten Wahrscheinlichkeit zu multiplizieren, um dem Umstand Rechnung zu tragen, dass die Verteidigungskosten nicht zwangsläufig entstehen werden, sondern nur, wenn die Finanzbehörden das Modell nicht akzeptieren.

Schließlich sind die sonstigen Effekte des Steuerplanungsmodells aufzuzeigen und detailliert zu erläutern. So ergeben sich etwa Auswirkungen auf den Konzernabschluss, wenn Verlustnutzungsmodelle erstmals die ertragswirksame Aktivierung von latenten Steuern auf steuerliche Verlustvorträge ermöglichen und sich infolgedessen der Jahresüberschuss signifikant erhöht. Die Auswirkung auf den Economic Value Added (EVA) ist zu ermitteln, weil der EVA eine in der Unternehmungspraxis sehr häufig verwendete Messgröße für die Analyse der Vorteilhaftigkeit von Investitionsentscheidungen darstellt.[503] Auswirkungen auf das Rating können sich bspw. ergeben, wenn ein Steuerplanungsmodell die Aufnahme sehr hoher Fremdkapitalbeträge erfordert und sich hierdurch die Bonität der Unternehmung zu verschlechtern droht. In Abhängigkeit von dem jeweiligen Steuerplanungsmodell und unternehmungsspezifischen Besonderheiten können sich weitere Effekte, z. B. in Bezug auf die Mitbestimmung der Unternehmung, ergeben, die in Abschnitt 3.4 der Dokumentation unter den Punkt „Sonstige Auswirkungen" zu subsumieren und zu erläutern sind.

---

[502] Vgl. VROEMEN, Planning, TNI 2002, S. 833.

[503] Sofern eine Unternehmung auf ein anderes Steuerungskonzept als den EVA abstellt, ist die Auswirkung auf die jeweils verwendete Messgröße, z. B. den Return on Investment (ROI), zu analysieren.

Abschnitt 3: Effekte des Steuerplanungsmodells

3.1 Spezifizierung des Nutzens (im Vergleich zum Status quo):

☐ Optimierung zahlungswirksamer Steuern

☐ Optimierung ergebniswirksamer Steuern

Detaillierte Berechnung der Höhe der jeweiligen Steuerersparnisse:

3.2 Spezifizierung der Risiken:

☐ Abweichende Gesetzesauslegung

☐ Änderung der Gesetzeslage bzw. der Rechtsprechung

☐ Fehlerhafte Umsetzung

☐ Einfluss auf die operative Geschäftstätigkeit

☐ Einfluss auf die Reputation

Detaillierte Erläuterung der jeweiligen Risiken:

3.3 Spezifizierung der Kosten (Implementierungskosten, Compliance-Kosten und Verteidigungskosten):

3.4 Sonstige Effekte:

☐ Auswirkung auf den Konzernabschluss

☐ Auswirkung auf den EVA

☐ Auswirkung auf das Rating

☐ Sonstige Auswirkungen

Detaillierte Erläuterung der sonstigen Effekte:

Abbildung 34: Abschnitt 3 der Dokumentation der Detailprüfung

Im vierten Abschnitt der Dokumentation der Detailprüfung wird eine Kategorisierung der Tax-Planning-Modelle vorgenommen. Die Kategorisierung ermöglicht es den Modellverantwortlichen, im Rahmen der Entwicklung von Steuerplanungsmodellen schnell und zielführend zu überprüfen, ob die Unternehmung hinsichtlich des jeweils identifizierten steuerplanerischen Optimierungspotenzials in der Vergangenheit bereits geeignet erscheinende Modelle oder Modellvarianten entwickelt bzw. umgesetzt hat.[504]

Die Kategorisierung der Modelle erfolgt, indem die wesentlichen Themenschwerpunkte der Steuerplanungsmodelle identifiziert werden. Sofern mehrere Themenschwerpunkte passend erscheinen, hat eine Mehrfachnennung zu erfolgen. So ist etwa die Verschmelzung zweier Gesellschaften zwecks steuerplanerischer Verwertung bislang nicht genutzter Verlustvorträge sowohl dem Themenschwerpunkt „Umstrukturierung“ als auch dem Themenschwerpunkt „Verlustnutzung“ zuzuordnen. Zu beachten ist, dass die aufgelisteten Themenschwerpunkte nicht als abschließende Aufzählung zu verstehen sind. Daher kann die Kategorie „Sonstiges“ zur Nennung und Erläuterung etwaiger weiterer Themenschwerpunkte genutzt werden.

Abschnitt 4: Kategorisierung des Steuerplanungsmodells	
4. Steuerplanungsmodell fokussiert:	
☐ Allokation von Funktionen	☐ Rechtsformwahl
☐ Holding	☐ Verlustverrechnungssystem
☐ Unternehmungskauf bzw. -verkauf	☐ Finanzierungsstruktur
☐ Lizenzstruktur	☐ Gewinnrepatriierung
☐ Hybride Finanzierung	☐ F & E-Struktur
☐ Hybride Gesellschaft	☐ Nutzung immaterieller WG
☐ Umstrukturierung	☐ Verlustnutzung
☐ Verrechnungspreise	☐ Reduzierung von Quellensteuern
☐ Sonstiges (erläutern):	

Abbildung 35: Abschnitt 4 der Dokumentation der Detailprüfung

Die Dokumentation der Detailprüfung schließt mit dem fünften Abschnitt. In diesem sind die von der Unternehmung oder von externen Beratern hinsichtlich des Steuerplanungsmodells bisher gesammelten Erfahrungen festzuhalten und laufend zu aktualisieren. Durch die Betrachtung dieses Dokumentationsschrittes kann im Rahmen der zukünftigen Entwicklung von

[504] Zu der Entwicklung von Steuerplanungsmodellen vgl. Teil III 2.3.

Steuerplanungsmodellen nachvollzogen werden, ob das dokumentierte Modell bereits Gegenstand einer Betriebsprüfung war, ob das Modell implementiert wurde und eine Reaktion vonseiten der Finanzbehörden noch aussteht, ob von den Finanzbehörden eine verbindliche Auskunft bzw. ein ausländisches Ruling bewilligt oder abgelehnt wurde oder ob bisher gar keine Umsetzung erfolgt ist.

Die jeweils einschlägigen Erfahrungen sind detailliert zu erläutern. So sind etwa die genauen Gründe anzugeben, warum ein Modell nicht implementiert wurde. Wenn bspw. das Interesse besteht, Dokumente bezüglich bereits durchgeführter Betriebsprüfungen einzusehen, kann unter Rückgriff auf Abschnitt 1 der Dokumentation der Modellverantwortliche problemlos identifiziert und um Übersendung der Dokumente gebeten werden. Sofern die Erfahrungen mit dem Steuerplanungsmodell nicht von der Unternehmung selbst, sondern von externen Beratern gemacht wurden, sind die detaillierten Erläuterungen dieser unternehmungsexternen Erfahrungen daraufhin zu überprüfen, ob sie auf die spezifische Situation der jeweiligen Unternehmung übertragen werden können.

Abschnitt 5: Erfahrungen bezüglich des Steuerplanungsmodells
5. Erfahrungen:
☐ Akzeptiert durch eine Betriebsprüfung
☐ Modell wurde implementiert, aber noch keine Reaktion der Finanzbehörden
☐ Erhalt einer verbindlichen Auskunft bzw. eines Rulings
☐ Modell wurde noch nicht umgesetzt
Detaillierte Erläuterung der bisherigen Erfahrungen:

Abbildung 36: Abschnitt 5 der Dokumentation der Detailprüfung

2.4.4. Finale Umsetzungsentscheidung

Die Entscheidung darüber, welche Steuerplanungsmodelle letztendlich umgesetzt werden, erfolgt auf Basis der Ergebnisse der Detailprüfung.[505] Die hinsichtlich des Nutzens, der Risiken, der Kosten und der sonstigen Effekte der einzelnen Steuerplanungsmodelle ermittelten Daten sind in Bewertungen auf Punkteskalen zu überführen. Durch die folgenden Ausführun-

---

[505] Zu der Detailprüfung vgl. Teil III 2.4.3.

gen wird ersichtlich, dass ein Tax-Planning-Modell umso eher implementiert wird, je mehr Punkte ihm zugeordnet werden.

In Bezug auf das Kriterium „Nutzen“ sind Bepunktungen hinsichtlich der Aspekte „Optimierung zahlungswirksamer Steuern“ und „Optimierung ergebniswirksamer Steuern“ vorzunehmen. Die nachstehende Tabelle verdeutlicht, dass sich die Punktevergabe nach der Höhe der durch das Steuerplanungsmodell induzierten Steuerminderungen richtet. So sind etwa einem Modell, das im Vergleich zum Status quo zu einer sehr starken Reduzierung der zahlungswirksamen Steuern führt, die Höhe der ergebniswirksamen Steuern hingegen infolge kompensatorischer latenter Steuereffekte nicht beeinflusst, vier bis fünf Punkte bezüglich der Optimierung zahlungswirksamer Steuern und ein Punkt hinsichtlich der Optimierung ergebniswirksamer Steuern zuzuordnen. Die exakten Abgrenzungen auf der Bandbreite von der sehr geringen bis hin zu der sehr starken Steueroptimierung sind unternehmungsindividuell vorzunehmen, z. B. sehr starke Optimierung zahlungswirksamer Steuern, sofern ein Steuerplanungsmodell eine Reduzierung der Cash Taxes von mehr als 1 Mrd. EUR bewirkt.

Punkte	Optimierung zahlungswirksamer Steuern	Optimierung ergebniswirksamer Steuern
5	sehr stark	sehr stark
4	stark	stark
3	moderat	moderat
2	gering	gering
1	sehr gering	sehr gering

Tabelle 18: Bepunktung des Nutzens

Im Rahmen der Detailprüfung wurde aufgezeigt, dass die „Abweichende Gesetzesauslegung“, die „Änderung der Gesetzeslage bzw. der Rechtsprechung“, die „Fehlerhafte Umsetzung“, der „Einfluss auf die operative Geschäftstätigkeit“ und der „Einfluss auf die Reputation“ als Unterkriterien des Kriteriums „Risiken“ fungieren. Wie in Tabelle 19 verdeutlicht wird, erzielt ein Steuerplanungsmodell hinsichtlich dieser Unterkriterien umso mehr Punkte, je geringer die spezifischen Risiken eingeschätzt werden. So sind etwa Gestaltungen zur steuerlichen Optimierung der Finanzierungsstruktur hinsichtlich des Einflusses auf die operative Geschäftstätigkeit der Unternehmung tendenziell als wenig riskant einzustufen und infolgedessen mit einer vergleichsweise hohen Punktzahl zu belegen, weil grundsätzlich nur Kapitalströme umgeleitet bzw. umgeformt werden und die Umsiedlung von Produktionsanlagen sowie der Umzug von Mitarbeitern nicht vonnöten ist.

Die Einstufungen auf den Skalen erfolgen im Wesentlichen auf Basis der durch den standardisierten Steuerrisikomanagementprozess gewonnenen und im Rahmen der Detailprüfung dokumentierten Erkenntnisse über die Eintrittswahrscheinlichkeiten und potenziellen zahlungs- bzw. ergebniswirksamen Schadensausmaße der Steuerrisiken.[506] Zu beachten ist hierbei, dass neben den in Abschnitt 3.2 der Dokumentation der Detailprüfung hinterlegten Eintrittswahrscheinlichkeiten und potenziellen Schadenshöhen auch die in Abschnitt 5 dokumentierten Informationen Einfluss auf die Bepunktung haben. Sofern bspw. die Gefahr, dass die Finanzbehörden eine von der Unternehmung abweichende Gesetzesauslegung vornehmen, auf Grundlage der in Abschnitt 3.2 der Dokumentation der Detailprüfung enthaltenen Informationen als „groß“ zu klassifizieren ist, externe Berater aber aufzeigen, dass andere Unternehmungen hinsichtlich der Gestaltungsmaßnahme ein positives Ruling erhalten haben, ist zu überlegen, ob das Risiko der Nichtakzeptanz durch die Finanzbehörden nicht zumindest mit drei statt nur mit zwei Punkten zu bewerten ist.

Punkte	Risiko der abweichenden Gesetzesauslegung	Risiko der Änderung der Gesetzeslage bzw. Rechtsprechung	Risiko der fehlerhaften Umsetzung	Risiko des Einflusses auf die operative Geschäftstätigkeit	Risiko des Einflusses auf die Reputation
5	sehr gering	sehr gering	sehr gering	sehr gering	sehr gering
4	gering	gering	gering	gering	gering
3	moderat	moderat	moderat	moderat	moderat
2	groß	groß	groß	groß	groß
1	sehr groß	sehr groß	sehr groß	sehr groß	sehr groß

Tabelle 19: Bepunktung der Risiken

Bezüglich der Kosten eines Steuerplanungsmodells sind die Aspekte „Implementierungskosten“, „Compliance-Kosten“, „Verteidigungskosten“ und „Amortisationszeit“ gemäß der nachstehenden Tabelle zu bepunkten. Die voraussichtlichen Implementierungskosten, Compliance-Kosten und Verteidigungskosten sind bereits im Rahmen der Detailprüfung quantifiziert worden. Die Amortisationszeit bezeichnet den Zeitraum, innerhalb dessen der in einem Tax-Planning-Modell gebundene Kapitaleinsatz an die Unternehmung zurückfließt. Sie berechnet

[506] Vgl. zu dem standardisierten Steuerrisikomanagementprozess Teil IV und zu der Detailprüfung Teil III 2.4.3.

sich, indem die Höhe der durch das Modell verursachten kumulierten Kosten durch die Höhe der eingesparten zahlungswirksamen Steuern dividiert wird. Wenn etwa ein Steuerplanungsmodell Gesamtkosten von voraussichtlich 100.000 EUR nach sich ziehen wird, ergibt sich unter der Annahme einer durch das Modell bewirkten Minderung der zahlungswirksamen Steuern i. H. v. jährlich 40.000 EUR eine Amortisationszeit von zweieinhalb Jahren. Die jeweiligen Grenzwerte für die einzelnen Punktestufen sind unternehmungsindividuell festzulegen, z. B. Klassifizierung von Kosten als „sehr niedrig“, wenn sie einen Betrag von 5.000 EUR nicht überschreiten.

Punkte	Implementierungskosten	Compliance-Kosten	Verteidigungskosten	Amortisationszeit
5	sehr niedrig	sehr niedrig	sehr niedrig	sehr kurz
4	niedrig	niedrig	niedrig	kurz
3	moderat	moderat	moderat	moderat
2	hoch	hoch	hoch	lang
1	sehr hoch	sehr hoch	sehr hoch	sehr lang

Tabelle 20: Bepunktung der Kosten

Die zu bepunktenden Kategorien der sonstigen Effekte von Steuerplanungsmodellen sind die „Auswirkung auf den Konzernabschluss“, die „Auswirkung auf den EVA“,[507] die „Auswirkung auf das Rating“ und, sofern einschlägig, „Sonstige Auswirkungen“. Je vorteilhafter sich die einzelnen Effekte darstellen, desto höher ist die jeweilige Punktzahl. Die genauen Abgrenzungen der einzelnen Punktestufen sind unternehmungsspezifisch zu bestimmen.

Punkte	Auswirkung auf den Konzernabschluss	Auswirkung auf den EVA	Auswirkung auf das Rating	Sonstige Auswirkungen
5	sehr positiv	sehr positiv	sehr positiv	sehr positiv
4	positiv	positiv	positiv	positiv
3	neutral	neutral	neutral	neutral
2	negativ	negativ	negativ	negativ
1	sehr negativ	sehr negativ	sehr negativ	sehr negativ

Tabelle 21: Bepunktung der sonstigen Effekte

[507] Wenn eine Unternehmung auf ein anderes Steuerungskonzept als den EVA abstellt, ist die Auswirkung auf die jeweils verwendete Messgröße zu bepunkten.

Im Anschluss an die Bewertungen hat jede Unternehmung entsprechend der nachstehenden Tabelle die relativen Bedeutungen der einzelnen Unterkriterien festzulegen. Je wichtiger ein Aspekt für die Unternehmung ist, desto mehr Punkte werden ihm zugeordnet. Wenn etwa eine Unternehmung die überwiegende Mehrheit ihrer Aufträge von öffentlichen Gebietskörperschaften erhält, ist dem Unterkriterium der Risiken „Einfluss auf die Reputation" in Form von drei Punkten höchste Bedeutung beizumessen. Ursächlich hierfür ist, dass im Falle der Verschlechterung des Ansehens der Unternehmung, z. B. wenn publik wird, dass durch sehr aggressive Steuergestaltungsmodelle die Steuerzahllast auf 0 EUR reduziert wurde, negative Konsequenzen in Form von weniger Aufträgen drohen.

Punkte	Relative Bedeutung
3	hoch
2	moderat
1	gering

Tabelle 22: Gewichtung

Die hinsichtlich der Unterkriterien des Nutzens, der Risiken, der Kosten und der sonstigen Auswirkungen eines Steuerplanungsmodells vergebenen Punkte (sog. Bewertung) sind ebenso wie die für die jeweiligen Gewichtungen verteilten Punkte (sog. relative Bedeutung) in die nachstehend abgebildete Scoring-Tabelle einzutragen. Anschließend ist durch Multiplikation der Bewertungs- mit den relativen Bedeutungspunkten die sog. gewichtete Bepunktung zu ermitteln. In der letzten Spalte der Tabelle sind die unter Berücksichtigung der relativen Bedeutung jeweils höchstmöglichen Bepunktungen zu hinterlegen. Indem die Summe der einzelnen gewichteten Bepunktungen durch die Summe der jeweiligen Maximalbepunktungen dividiert wird, ergibt sich für jedes Tax-Planning-Modell ein Prozentwert, der angibt, wie viel Prozent der maximal möglichen Punkte von dem Modell erreicht wird.

Die finale Umsetzungsentscheidung erfolgt durch einen Vergleich des von dem jeweiligen Steuerplanungsmodell erzielten Prozentwertes mit einem im Vorhinein von dem Leiter der Steuerabteilung festgelegten Zielwert, der sog. Benchmarking-Größe. Wenn etwa die Benchmarking-Größe 75 % beträgt, sind alle Modelle umzusetzen, deren gewichtete Bepunktungen zumindest 75 % der jeweils maximal möglichen Bepunktungen erreichen. Die exakte Höhe des Zielwerts ist in Abhängigkeit von den zur Verfügung stehenden finanziellen

Ressourcen und personellen Kapazitäten unternehmungsspezifisch zu bestimmen und differiert daher von Unternehmung zu Unternehmung.

Bepunktung / Kriterien	Bewertung	Relative Bedeutung	Gewichtete Bepunktung	Maxmimale Bepunktung
Nutzen - Optimierung zahlungswirksamer Steuern - Optimierung ergebniswirksamer Steuern	A	B	(A · B)	(5 · B)
Risiken - Abweichende Gesetzesauslegung - Gesetzes- bzw. Rechtsprechungsänderung - Fehlerhafte Umsetzung - Einfluss auf operative Geschäftstätigkeit - Einfluss auf Reputation				
Kosten - Implementierung - Compliance - Verteidigung - Amortisationszeit				
Sonstige Effekte - Konzernabschluss - EVA - Rating - Sonstige Auswirkungen				
		Summe	Σ	Σ
		Prozent	x %	100 %

Tabelle 23: Detailliertes Scoring-Verfahren

Die Modellverantwortlichen haben den für die Identifizierung von Tax-Planning-Risiken verantwortlichen Mitarbeitern der Unternehmung unverzüglich in standardisierter und zu dokumentierender Form diejenigen Steuerplanungsmodelle zu kommunizieren, denen im Rahmen der finalen Umsetzungsentscheidung ein Plazet erteilt wird. Hierdurch wird sichergestellt, dass die sich zukünftig eventuell materialisierenden steuerplanerischen Risiken von dem standardisierten Steuerrisikomanagementprozess erfasst werden und solche Risiken, die mangels Implementierung der jeweiligen Tax-Planning-Modelle in der Zukunft gar nicht auftreten können, nicht länger in dem Tax-Risk-Management-Prozess Berücksichtigung finden.[508]

2.5. Implementierung von Steuerplanungsmodellen

Für Zwecke der Implementierung von Steuerplanungsmodellen sind Projektleiter für diejenigen Modelle festzulegen, denen im Rahmen der finalen Umsetzungsentscheidung positive Bescheide erteilt wurden. Die Projektleiter zeichnen für die Planung und Koordinierung der Umsetzung der jeweiligen Modelle verantwortlich. Aufgrund ihrer detaillierten Vorkenntnisse bietet es sich an, die im Rahmen der Vorselektion bestimmten Modellverantwortlichen als Projektleiter auszuwählen.[509]

Die Projektleiter haben hinsichtlich der Umsetzung der Steuerplanungsmodelle Implementierungspläne zu entwerfen. Die Reihenfolge zur Erstellung der Implementierungspläne richtet sich nach der Dringlichkeit der jeweiligen Modelle.[510] Folglich sind die Umsetzungspläne zunächst für diejenigen Tax-Planning-Modelle zu entwickeln, die einen unmittelbaren Handlungsbedarf erfordern. Anschließend sind die Pläne für die Modelle mit moderatem Handlungsbedarf und zuletzt die Pläne für die Modelle mit nur geringem Handlungsbedarf anzufertigen. Sofern Steuerplanungsmodelle derselben Dringlichkeitsstufe zuzuordnen sind, bestimmt sich die Reihenfolge nach der Höhe des im Rahmen der finalen Umsetzungsentscheidung erzielten Prozentwertes.[511]

---

[508] Zu der Identifizierung von Tax-Planning-Risiken vgl. Teil IV 2.2.3.3.

[509] Zu der Vorselektion vgl. Teil III 2.4.2.

[510] Die Dringlichkeit der Steuerplanungsmodelle mit den drei Ausprägungsformen „unmittelbarer Handlungsbedarf“, „moderater Handlungsbedarf“ und „geringer Handlungsbedarf“ wurde im Rahmen der Vorselektion (vgl. Teil III 2.4.2.) determiniert.

[511] Wenn etwa zwei Modelle einen geringen Handlungsbedarf und die Benchmarking-Größe überschreitende Prozentwerte i. H. v. 90 % bzw. 85 % aufweisen, ist zunächst das Modell zu implementieren, das 90 % erreicht. Zu dem im Rahmen der finalen Umsetzungsentscheidung auf Basis der kumulierten gewichteten Bepunktungen ermittelten Prozentwert vgl. Teil III 2.4.4.

Die Implementierungspläne beinhalten die genauen zeitlichen Terminierungen der einzelnen Umsetzungsschritte einschließlich der diesbezüglichen personellen Zuständigkeiten.[512] Die Projektleiter haben die Umsetzungsschritte und personellen Zuständigkeiten mit den anderen Abteilungen der Unternehmung, z. B. der Rechts- und der Rechnungswesenabteilung, abzustimmen. Die betroffenen Unternehmungsabteilungen haben hierzu Ansprechpartner zu benennen, die für die Koordinierung der Umsetzung in ihren Abteilungen verantwortlich sind. Hinsichtlich der personellen Zuständigkeiten haben die Projektleiter einzelfallabhängig zu entscheiden, ob die Unterstützung durch externe Berater notwendig bzw. zweckmäßig ist. Schließlich erfolgt die Umsetzung der Steuerplanungsmodelle gemäß den spezifischen Implementierungsplänen.

2.6. Erfolgskontrolle

Der Projektleiter ist zugleich für den Teilschritt des standardisierten Steuerplanungsprozesses „Erfolgskontrolle“ verantwortlich. Die Erfolgskontrolle setzt sich aus zwei verschiedenen Maßnahmen zusammen.

Zum einen werden die im Rahmen der Umsetzung von Steuerplanungsmodellen vorgenommenen Maßnahmen einer Kontrolle unterzogen.[513] Durch einen umsetzungsbegleitend erfolgenden Vergleich des Ist-Zustandes mit dem Soll-Zustand werden Abweichungen von dem Implementierungsplan frühzeitig erkannt, sodass gegebenenfalls erforderliche Gegenmaßnahmen rechtzeitig eingeleitet werden können. Wenn etwa erkannt wird, dass ein Umsetzungsschritt eines Steuerplanungsmodells verspätet durchgeführt wurde, kann durch den rascheren Vollzug der sich anschließenden Implementierungsschritte sichergestellt werden, dass das Modell noch vor einer sich abzeichnenden Gesetzesänderung finalisiert wird. Die Ursachen der Abweichungen des Ist-Zustandes von dem Soll-Zustand sind zu analysieren, um die für den Fehler gegebenenfalls verantwortlichen Personen identifizieren und die Fehlerquelle für die Zukunft abstellen zu können.

---

[512] Die Umsetzungsschritte und die hierfür jeweils benötigten Zeitbedarfe können die Projektverantwortlichen dem vierten Abschnitt der Dokumentation der Detailprüfung (vgl. Teil III 2.4.3.) entnehmen. Durch die vorab erläuterte Reihenfolge zur Erstellung der Projektpläne wird sichergestellt, dass die begrenzten Ressourcen und Kapazitäten der Unternehmung effizient genutzt werden und sich keine Überschneidungen ergeben. Wenn etwa ein Mitarbeiter zu 100 % seiner Arbeitskraft dem Projektteam für das erste Steuerplanungsmodell zugeordnet wird, ist für den Projektverantwortlichen des zweiten Modells ersichtlich, dass er diesen Mitarbeiter nicht einsetzen kann.

[513] Zu dem Teilschritt des standardisierten Steuerplanungsprozesses „Umsetzung von Steuerplanungsmodellen“ vgl. Teil III 2.5.

Zum anderen umfasst die Erfolgskontrolle eine Überwachung des Nutzens, der Risiken, der Kosten und der sonstigen Effekte der Steuerplanungsmodelle.[514] Hierzu gleicht der Projektleiter die tatsächlich entstehenden Effekte der jeweiligen Modelle mit den im Rahmen der Detailprüfung ermittelten Daten ab.[515] Etwaige Divergenzen, z. B. eine signifikante Überschreitung der kalkulierten Kosten, erfordern eine Ursachenanalyse, um zu vermeiden, dass sie zukünftig erneut auftreten.

2.7. Synopse des standardisierten Steuerplanungsprozesses

Zusammenfassend lässt sich der standardisierte Steuerplanungsprozess in die Phasen der Alternativengenerierung, der Entscheidung und der Umsetzung einteilen. In der Alternativengenerierungsphase wird durch die Analyse der Unternehmungsfunktionen, das Tax Controlling sowie die Analyse der Umfeldänderungen zunächst das steuerplanerische Optimierungspotenzial identifiziert. Es folgt die Entwicklung der Steuerplanungsmodelle, wobei es sich um die Steueroptimierung der Allokation von Unternehmungsfunktionen, die Steueroptimierung des gesellschaftsrechtlichen Unternehmungsaufbaus oder die Steueroptimierung der Strukturbeziehungen handeln kann. Im Rahmen der Entscheidungsphase werden durch die Vorselektion, die Detailprüfung und die finale Umsetzungsentscheidung diejenigen Steuerplanungsmodelle ausgewählt, die letztendlich implementiert werden. Schließlich erfolgt in der Umsetzungsphase neben der eigentlichen Implementierung der Steuerplanungsmodelle auch eine Erfolgskontrolle.

Im Ergebnis lässt sich die zeitliche Abfolge der einzelnen Elemente des Aktionsparameters des Tax Planning, des standardisierten Steuerplanungsprozesses, wie folgt grafisch veranschaulichen.

---

[514] **Zu den einzelnen Unterkriterien des Nutzens, der Risiken, der Kosten und der sonstigen Effekte vgl. Tabelle 23: Detailliertes Scoring-Verfahren**

[515] Zu der Detailprüfung vgl. Teil III 2.4.3.

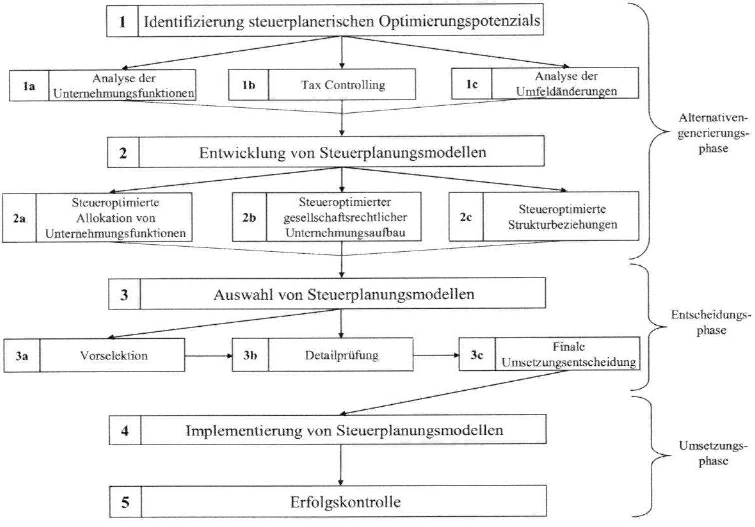

Abbildung 37: Synopse des standardisierten Steuerplanungsprozesses

3. Restriktionen

3.1. Steuerliche Faktoren

3.1.1. Inländisches Steuerrecht

Die Restriktionen des Tax-Management-Instrumentes „Tax Planning" lassen sich in steuerliche und außersteuerliche Faktoren unterteilen. Steuerliche Faktoren schränken Tax Planning insofern ein, als Steuerplanungsmodelle nur innerhalb des von Gesetz und Rechtsprechung vorgegebenen Rahmens zur Reduzierung von zahlungs- und ergebniswirksamen Steuern beitragen können. Auf die wesentlichen der modellspezifisch zu beachtenden steuerlichen Restriktionen wurde bereits im Rahmen der Erläuterung des Prozessschrittes „Entwicklung von Steuerplanungsmodellen" hingewiesen.[516] Im Folgenden werden die für die Steuerplanung zentralen Missbrauchsverhinderungsnormen detaillierter betrachtet, wobei zwischen Vorschriften des inländischen Steuerrechts, ausländischen Steuerrechtsnormen sowie Regelungen im Abkommensrecht differenziert wird. Als inländische Steuerrechtsnormen werden die

[516] Vgl. Teil III 2.3.

Einkunftsberichtigung (§ 1 AStG), die Hinzurechnungsbesteuerung (§§ 7 ff. AStG), die Zinsschranke (§ 4h EStG i. V. m. § 8a KStG) sowie die allgemeine Missbrauchsverhinderungsnorm des § 42 AO betrachtet.[517]

Die Vorschriften des deutschen Außensteuergesetzes sind insbesondere bei der Steueroptimierung der Allokation von Unternehmungsfunktionen von größter Relevanz. Während die Verlagerung einzelner materieller bzw. immaterieller Wirtschaftsgüter von der deutschen Mutterkapitalgesellschaft auf eine ausländische Tochterkapitalgesellschaft der kapitalmarktorientierten internationalen Unternehmung nach den allgemeinen steuerlichen Vorschriften, z. B. der (verdeckten) Einlage und der Entstrickungsregel des § 12 Abs. 1 KStG, nur zu einer Aufdeckung der stillen Reserven in den jeweiligen Einzelwirtschaftsgütern führt,[518] ist in den Fällen der Verlagerung einer gesamten Unternehmungsfunktion (Funktionsverlagerung i. S. d. § 1 Abs. 3 S. 9 AStG) eine Bewertung eines Transferpaketes vorzunehmen. Ein Transferpaket umfasst die übertragene Funktion, die dazugehörigen Chancen und Risiken sowie die übertragenen oder überlassenen Wirtschaftsgüter und sonstigen Vorteile, wodurch nicht länger eine Einzel-, sondern eine Gesamtbewertung stattfindet, mit der Folge des Entstehens tendenziell sehr hoher Steuerbelastungen.[519]

Die Tatbestandsvoraussetzungen einer Funktionsverlagerung sind jedoch gemäß § 1 Abs. 3 S. 13 AStG i. V. m. § 1 Abs. 6 FVerlV nicht erfüllt, wenn eine Funktionsverdopplung vorliegt.[520] Bei dieser darf es innerhalb eines 5-Jahres-Zeitraums nach Aufnahme der Funktion durch die ausländische Tochtergesellschaft zu keiner Einschränkung der Ausübung der Funk-

---

[517] Die Aufzählung erhebt keinen Anspruch auf Vollständigkeit. Als Beispiele für weitere inländische Steuerrechtsvorschriften, die den steuerplanerischen Gestaltungsspielraum einengen, können §§ 39, 41 AO angeführt werden, die unter Umständen eine Durchgriffsbesteuerung in Form einer Zuordnung der Gewinne und des Vermögens einer Gesellschaft zu den Anteilseignern bewirken.

[518] Sofern ein Teilbetrieb übertragen wird, ist grundsätzlich auch ein Geschäfts- oder Firmenwert anzusetzen; vgl. BFH v. 18.02.1993 – IV R 40/92, BStBl. II 1994, S. 224; BFH v. 27.03.1996 – I R 60/95, BStBl. II 1996, S. 576. Hinsichtlich der Thematik des Übergangs von Geschäftschancen vgl. HAARMANN, Produktionsverlagerung, in: IDW (Hrsg.), Steuerfachtagung, S. 59 ff. KUCKHOFF/SCHREIBER, Funktionsverlagerung, IStR 1999, S. 325 f.; SERG, Geschäftschancen, DStR 2005, S. 1916 ff.

[519] Voraussetzung des Vorliegens einer Funktionsverlagerung i. S. d. § 1 Abs. 3 S. 9 AStG ist, dass weder uneingeschränkt noch eingeschränkt vergleichbare Fremdvergleichswerte feststellbar sind, sodass gemäß § 1 Abs. 3 S. 5 AStG der hypothetische Fremdvergleich zur Anwendung kommt. Hierzu sind auf Basis von Funktionsanalysen und innerbetrieblichen Planrechnungen der Mindestpreis des Leistenden und Höchstpreis des Leistungsempfängers zu ermitteln. Der resultierende Einigungsbereich wird von den jeweiligen Gewinnerwartungen (sog. Gewinnpotenzialen) determiniert (§ 1 Abs. 3 S. 6 AStG). Nach § 1 Abs. 3 S. 13 AStG i. V. m. § 1 Abs. 4 FVerlV sind Gewinnpotenziale die aus der verlagerten Funktion jeweils zu erwartenden Barwerte der Reingewinne nach Steuern, die auch Standortvorteile oder -nachteile und Synergieeffekte einschließen (§ 3 Abs. 2 FVerlV); zu Details vgl. etwa OESTREICHER/HUNDESHAGEN, Transferpaket, DB 2008, S. 1637 ff. u. S. 1693 ff.

[520] Vgl. etwa BAUMHOFF/DITZ/GREINERT, Funktionsverlagerungsverordnung, DStR 2008, S. 1947; ENDRES, Steuerfragen, PIStB 2008, S. 240 f.

tion auf Ebene der deutschen Muttergesellschaft kommen.[521] Des Weiteren greift eine Transferpaketbewertung nicht, wenn ausländische Gesellschaften eingeschaltet werden, die die übergehende Funktion ausschließlich gegenüber der verlagernden deutschen Muttergesellschaft ausüben und der hierfür zu ermittelnde Verrechnungspreis nach der Kostenaufschlagsmethode zu ermitteln ist,[522] wie es z. B. hinsichtlich der Steueroptimierung der Produktionsfunktion bei der Einschaltung von ausländischen Lohnfertigern der Fall ist.[523]

Neben der Einkunftsberichtigung nach § 1 AStG versucht das deutsche Außensteuergesetz auch mithilfe der Vorschriften zur Hinzurechnungsbesteuerung (§§ 7 ff. AStG) Einkünfteverlagerungen in niedriger besteuerte ausländische Staaten einzudämmen. Die Hinzurechnungsbesteuerung setzt voraus, dass die ausländische 100%ige Tochterkapitalgesellschaft Einkünfte aus passivem Erwerb erzielt und dass diese Einkünfte im Ausland einer niedrigen Besteuerung unterliegen.[524] Bei Erfüllen der Tatbestandsvoraussetzungen greift eine Ausschüttungsfiktion, nach der die ausländischen niedrig besteuerten passiven Einkünfte bei der deutschen Muttergesellschaft der Besteuerung unterzogen werden.[525]

Die Steuerfolgen der Hinzurechnungsbesteuerung lassen sich unter anderem dadurch vermeiden, dass die Tochterkapitalgesellschaft aktive Einkünfte erzielt. So sind etwa die von einem Eigenfertiger erwirtschafteten Einkünfte gemäß § 8 Abs. 1 Nr. 2 AStG ohnehin als aktiv zu klassifizieren, und bei einem Einkaufsagenten kann durch die Übernahme von Beschaffungsaktivitäten für unternehmungsfremde Gesellschaften die Tatbestandsvoraussetzung „Teilnahme am allgemeinen wirtschaftlichen Verkehr“ und demzufolge das Vorliegen von aktiven Einkünften i. S. d. § 8 Abs. 1 Nr. 5a 2. Hs. AStG sichergestellt werden. Des Weiteren können geeignete Gestaltungen trotz einer faktisch lediglich marginalen Besteuerung eine Niedrigbesteuerung i. S. d. § 8 Abs. 3 AStG vermeiden.[526] Schließlich ist zu beachten, dass die Hinzu-

---

[521] Unklar ist, was genau als Einschränkung der Funktion der bisher tätigen Gesellschaft zu verstehen ist; vgl. z. B. KROPPEN/RASCH, Funktionsverlagerungsverordnung, IWB 2008, S. 552.
[522] Vgl. § 1 Abs. 3 S. 10 AStG i. V. m. § 2 Abs. 2 S. 1 FVerlV.
[523] Vgl. SCHREIBER, Funktionsverlagerungen, Ubg 2008, S. 436 sowie zu weiteren Beispielen BRÜNINGHAUS/BODENMÜLLER, Tatbestandsvoraussetzungen, DStR 2009, S. 1289.
[524] Vgl. § 8 Abs. 1, 3 AStG. Bei der Einschaltung ausländischer Betriebsstätten und Personengesellschaften bewirkt das Erzielen niedrig besteuerter passiver Einkünfte gemäß § 20 Abs. 2 AStG durch den Wechsel zu der Anrechnungsmethode eine Negierung der durch ein Doppelbesteuerungsabkommen regelmäßig vorgesehenen Freistellung der ausländischen Einkünfte von der deutschen Bemessungsgrundlage. Die Exkulpationsmöglichkeit des § 8 Abs. 2 AStG wird in § 20 Abs. 2 AStG explizit ausgeschlossen.
[525] Zu Details der Ermittlung des nach § 3 Nr. 41a EStG grundsätzlich voll steuerpflichtigen Hinzurechnungsbetrags vgl. § 10 AStG.
[526] Vgl. etwa die Gestaltung der maltesischen Finanzierungsgesellschaft in Teil III 2.3.2.2.4.

rechnungsbesteuerung innerhalb der EU gemäß § 8 Abs. 2 AStG insoweit nicht greift, als die ausländische Tochterkapitalgesellschaft eine tatsächliche wirtschaftliche Tätigkeit ausübt.[527]

Hinsichtlich der steuerplanerischen Zielsetzung, Fremdkapital dort aufzunehmen, wo sich der höchste Steuerminderungseffekt einstellt, sind die im Zuge der Unternehmensteuerreform 2008 eingeführten Regelungen zur Zinsschranke (§ 4h EStG i. V. m. § 8a KStG) zu beachten. Gemäß der Zinsschranke kann ein Betrieb Zinsaufwendungen in dem Jahr ihres Entstehens grundsätzlich nur in Höhe der von dem Betrieb generierten Zinserträge und darüber hinausgehende Zinsaufwendungen (sog. negativer Zinssaldo) lediglich i. H. v. 30 % des steuerlichen EBITDA als Betriebsausgaben steuermindernd geltend machen.[528] Die vor dem Hintergrund des vergleichsweise hohen inländischen Ertragsteuerniveaus grundsätzlich anzustrebende hohe Fremdkapitalfinanzierung deutscher Gesellschaften entfaltet daher nur einen beschränkten Steuerminderungseffekt.[529]

Entsprechend § 4h Abs. 1 S. 2, 3 EStG sind die über die 30 %-Grenze des steuerlichen EBITDA hinausgehenden Zinsaufwendungen, also der nicht abziehbare Teil des negativen Zinssaldos, keine endgültig nicht abziehbaren Betriebsausgaben. Sie können vielmehr zeitlich unbeschränkt in die Zukunft vorgetragen und im Rahmen der Zinsschranke in den jeweiligen Folgeperioden steuermindernd geltend gemacht werden. Bei Erfüllen der Voraussetzungen des IAS 12.34 sind auf die vorgetragenen Zinsaufwendungen aktive latente Steuern ertragswirksam abzugrenzen. Falls sämtliche Zinsvorträge mit aktiven Latenzen belegt werden, neutralisiert der latente Steuerertrag die sich infolge der Einschränkung des Betriebsausgabenabzugs ergebende Erhöhung des tatsächlichen Steueraufwands, sodass sich zwar eine Erhöhung

[527] Unter der Voraussetzung des Leistens von Amtshilfe gilt dies auch für die EWR-Staaten. Vgl. zu einer Diskussion des Begriffs „wirkliche wirtschaftliche Tätigkeit", der in dem hinsichtlich des EuGH-Urteils in der Rs. *Cadbury-Schweppes* (EuGH v. 12.09.2006, Cadbury-Schweppes, Slg. 2006, S. I-7995) ergangenen BMF-Schreiben (BMF-Schreiben v. 08.01.2007, IV B 4 – S 1351 – 1/07, BStBl. I 2007, S. 99) verwendet wird KÖHLER/EICKER, Cadbury Schweppes, DStR 2007, S. 333 f.; KROOGMANN/VITALE, Cadbury-Schweppes, IWB 2008, S. 417 ff.

[528] Vgl. zu der Grundsystematik der Zinsschranke etwa HERZIG/BOHN, Zinsschranke, DB 2007, S. 2 ff.; KÖHLER, Unternehmensteuerreform, DStR 2007, S. 597 ff.; KESSLER/ORTMANN-BABEL/ZIPFEL, Unternehmensteuerreform, BB 2007, S. 528 ff.

[529] Die drei Escape-Klauseln des § 4h Abs. 2 EStG entfalten für die kapitalmarktorientierte internationale Unternehmung im Regelfall keine Wirkung. So wird die Freigrenze von 3 Mio. EUR insbesondere bei der steuerplanerisch induzierten Allokation von Zinsaufwendungen meist signifikant überschritten. Die Konzernzugehörigkeit i. S. d. § 4 h Abs. 3 S. 5, 6 EStG ist nahezu immer gegeben, und der Eigenkapitalvergleich scheitert regelmäßig bereits daran, dass das Nichtvorliegen einer schädlichen Gesellschafterfremdfinanzierung i. S. d. § 8a Abs. 3 KStG nicht für jede Gesellschaft der Unternehmung nachgewiesen werden kann. Zu Gestaltungsmöglichkeiten zum Öffnen der Zinsschranke vgl. DÖRR/FEHLING, Zinsschranke, Ubg 2008, S. 345 ff.

der zahlungswirksamen Steuerbelastung einstellt, nicht aber eine Erhöhung der ergebniswirksamen Steuerbelastung.[530]

Der steuerplanerischen Optimierung der Finanzierungsstruktur von Outbound-Investitionen werden insbesondere durch die legislative Abkommensderogation (sog. *treaty override*) des § 50d Abs. 9 EStG Grenzen gesetzt. So führt § 50d Abs. 9 S. 1 Nr. 1 EStG zu einem Übergang von der in einem Doppelbesteuerungsabkommen für die inländische Besteuerung vorgesehenen Freistellungsmethode zu der Anrechnung der auf die Einkünfte erhobenen ausländischen Steuern,[531] wenn es in dem ausländischen Staat aufgrund eines abkommensrechtlichen Qualifikationskonfliktes zu keiner Besteuerung bzw. nur zu einer begrenzten Quellenbesteuerung kommt. Dieselben Rechtsfolgen ergeben sich gemäß § 50d Abs. 9 S. 1 Nr. 2 EStG, wenn das Abkommen dem ausländischen Staat zwar das uneingeschränkte Besteuerungsrecht zuweist, der ausländische Staat aber das Besteuerungsrecht zwecks Begünstigung von nicht unbeschränkt Steuerpflichtigen nicht ausübt, wie es bspw. bei den in China nur für Auslandsinvestoren eröffneten Steuerferien (sog. *tax holidays*) der Fall ist.[532] Zu beachten ist, dass Steuerplanungsmaßnahmen, die auf dem nationalen Beteiligungsprivileg des § 8b Abs. 1 KStG basieren, durch § 50d Abs. 9 EStG nicht beeinträchtigt werden.[533]

Als generelle Missbrauchsverhinderungsklausel ist bei Tax-Planning-Aktivitäten stets § 42 AO zu beachten.[534] § 42 AO ist jedoch nur subsidiär zu den in Einzelsteuergesetzen normierten Vorschriften, die Steuerumgehungen verhindern sollen, anzuwenden.[535] Ob eine Regelung in einem Einzelsteuergesetz Steuerumgehungen verhindern soll, ist nach dem Wortlaut der Regelung, dem Sinnzusammenhang, der systematischen Stellung im Gesetz und der Entste-

[530] Vgl. HERZIG/BOHN, Zinsschranke, DB 2007, S. 2 f. u. S. 5; BRÄHLER/BRUNE/HEERDT, Zinsschranke, KoR 2008, S. 289 ff. KIRSCH, Unternehmensteuerreform, DStR 2007, S. 1268 f. In der Unternehmungspraxis scheidet die Bildung derartiger aktiver Latenzen jedoch oftmals aus, weil die Nutzung der Zinsvorträge in den Folgeperioden nur innerhalb der Grenzen der Zinsschranke möglich ist und daher die von IAS 12.34 geforderte zukünftig wahrscheinliche Nutzung der Zinsvorträge nicht gegeben ist.

[531] Vgl. § 26 Abs. 6 KStG i. V. m. § 34c Abs. 6 S. 5, Abs. 1, 2, 3 u. Abs. 6 S. 6 EStG.

[532] Vgl. LOOSE/HÖLSCHER/ALTHAUS, Freistellungsmethode, BB 2006, S. 2724 ff.; DALLWITZ/MATTERN/SCHNITGER, Finanzierung, DStR 2007, S. 1698 ff.

[533] § 50d Abs. 9 EStG kann lediglich die abkommensrechtliche Freistellung suspendieren, nicht aber die Freistellung nach nationalem deutschen Steuerrecht gemäß § 8b Abs. 1 KStG; vgl. GROTHERR, Rückfallklausel, IStR 2007, S. 266. Zu diesbezüglichen Steuergestaltungen vgl. etwa die in Teil III 2.3.4.2.1. aufgezeigte hybride Finanzierung mittels einer französischen Pflichtwandelanleihe.

[534] Vgl. zu einem Überblick über die historische Entwicklung des § 42 AO WIENBRACKE, Genese, DB 2008, S. 664 ff. Für eine Darstellung der Neuerungen des § 42 AO durch das JStG 2008 vgl. CREZELIUS, Missbrauch, DB 2007, S. 1428 ff.

[535] Vgl. § 42 Abs. 1 S. 2 AO. Sofern die Tatbestandsvoraussetzungen der einzelsteuergesetzlichen Norm erfüllt sind, greifen die im jeweiligen Einzelsteuergesetz vorgesehenen Rechtsfolgen, die Anwendung von § 42 AO scheidet hingegen aus.

hungsgeschichte der Regelung zu beurteilen.[536] Ein Beispiel einer solchen Vorschrift stellt m. E. die im Außensteuergesetz niedergelegte Hinzurechnungsbesteuerung dar, weil deren Sinn und Zweck darin besteht, missbräuchliche Einkünfteverlagerungen in niedrig besteuernde ausländische Staaten zu vermeiden.[537]

Falls die Tatbestandsvoraussetzungen einer Missbrauchsverhinderungsnorm in einem Einzelsteuergesetz nicht erfüllt sind, ist § 42 AO zu prüfen. Danach muss eine unangemessene rechtliche Gestaltung vorliegen, die beim Steuerpflichtigen oder einem Dritten zu einem gesetzlich nicht vorgesehenen Steuervorteil führt, mit der Rechtsfolge, dass der Steueranspruch so entsteht, wie er bei einer den wirtschaftlichen Vorgängen angemessenen rechtlichen Gestaltung entstanden wäre. Zu beachten ist, dass eine bestimmte Gestaltung nicht allein deshalb als unangemessen anzusehen ist, wenn sie auch aus steuerlichen Motiven gewählt wird.[538] § 42 Abs. 2 S. 2 AO ermöglicht es den Steuerpflichtigen darüber hinaus, durch den Nachweis beachtlicher außersteuerlicher Gründe die Missbräuchlichkeit einer gewählten Gestaltung zu widerlegen. Für die Einschaltung einer niedrig besteuerten Finanzierungsgesellschaft können als außersteuerliche Gründe bspw. die Reduzierung von Währungssicherungs- und Verwaltungskosten angeführt werden.

Neben den vorab beschriebenen gesetzlichen Rahmenbedingungen stellen auch die mangelnde Rechts- und Planungssicherheit Restriktionen für das Tax Planning dar. Die mangelnde Rechtssicherheit resultiert vornehmlich aus der Verwendung unbestimmter Rechtsbegriffe. So ist etwa unklar, was genau eine tatsächliche wirtschaftliche Tätigkeit i. S. d. § 8 Abs. 2 AStG oder eine Funktionsverlagerung i. S. d. § 1 Abs. 3 S. 9 AStG ist.[539] An Planungssicherheit fehlt es, weil die zukünftigen Effekte von Steuerplanungsmodellen durch gesetzgeberische (Gegen-)Maßnahmen oder nachteilige Rechtsprechungsentwicklungen beeinflusst werden können.

---

[536] Vgl. BMF-Schreiben v. 17.07.2008, IV A 3 – S 0062/08/10006, BStBl. I 2008, S. 694, AEAO zu § 42 AO Tz. 2;

[537] Für eine Erläuterung, warum auch § 50d Abs. 3 EStG als ein Beispiel einer solchen einzelsteuergesetzlichen Norm anzusehen ist, vgl. HÄUSELMANN, Jahressteuergesetz 2008, BB 2008, S. 24.

[538] Vgl. etwa BFH v. 16.01.1992 – V R 1/91, BStBl. II 1992, S. 541; BFH v. 16.01.1996 – IX R 13/92, BStBl. II 1996, S. 214; BFH v. 15.10.1998 – III R 75/97, BStBl. II 1999, S. 119.

[539] Vgl. etwa zu der Unbestimmtheit der Regelung der Funktionsverlagerung BRÜNINGHAUS/BODENMÜLLER, Tatbestandsvoraussetzungen, DStR 2009, S. 1285.

3.1.2. Ausländisches Steuerrecht

Als Normen des ausländischen Steuerrechts, die Restriktionen für das Tax Planning der kapitalmarktorientierten internationalen Unternehmung darstellen, sind in erster Linie die sog. *anti-treaty* bzw. *anti-directive shopping rules* sowie die übermäßige Fremdkapitalfinanzierungen verhindernden Unterkapitalisierungsregelungen (sog. *thin capitalisation rules*) zu nennen.

Anti-treaty- bzw. *anti-directive shopping rules* zielen darauf ab, die aus der Zwischenschaltung von substanzlosen bzw. substanzschwachen Holdinggesellschaften resultierende missbräuchliche Inanspruchnahme der Begünstigungen eines Doppelbesteuerungsabkommens bzw. einer Richtlinie[540] zu verhindern. Die für die Nutzung von Abkommens- bzw. Richtlinienvorteilen, z. B. die Reduzierung der Quellensteuerbelastung auf grenzüberschreitende Dividendenzahlungen, konkret zu erfüllenden Substanzerfordernisse differieren von Land zu Land. Zu konstatieren ist allerdings, dass in jüngerer Vergangenheit viele Staaten die Substanzanforderungen für zwischengeschaltete Holdinggesellschaften mitunter signifikant verschärft haben.[541]

Ausländische Unterkapitalisierungsvorschriften beschränken die Möglichkeit, in dem Investitionszielland durch die Zuführung von Fremdkapital (sog. *debt push down*) die Bemessungsgrundlage zu schmälern (sog. *base erosion*).[542] Die *thin capitalisation rules* erfassen oftmals nur die Gesellschafterfremdfinanzierung, also lediglich die Fremdkapitalbeträge, die von Unternehmungsangehörigen, diesen nahestehenden Personen und rückgriffsberechtigten Dritten überlassen werden.[543] In manchen Ländern, wie z. B. in Italien, finden aber analog zu der deutschen Zinsschranke (§ 4h EStG i. V. m. § 8a KStG) sowohl unternehmungsexterne als auch -interne Fremdkapitalzuführungen Berücksichtigung.[544] Die einzelnen Techniken zur Verhinderung der exzessiven Fremdkapitalfinanzierungen bestehen im Regelfall darin, dass

---

540 Zum Beispiel das Profitieren von den Vorteilen der EU-Mutter-Tochter-Richtlinie (vgl. Richtlinie 90/435/EWG des Rates vom 23.07.1990 über das gemeinsame Steuersystem der Mutter- und Tochtergesellschaften verschiedener Mitgliedstaaten, Abl. EG 1990, Nr. L 225, S. 6).

541 Auch Deutschland hat seine „anti-treaty"- bzw. „anti-directive-shopping"-Vorschrift des § 50d Abs. 3 EStG im Zuge des Jahressteuergesetzes 2007 erheblich verschärft, indem ausländischen Gesellschaften Abkommens- und Richtlinienvorteile nur noch gewährt werden, wenn sie drei Kriterien kumulativ erfüllen. Zu Details der Neuregelung vgl. bspw. KESSLER/EICKE, Gestaltungshürden, DStR 2007, S. 781 ff.; WEISKE, Treaty-Shopping, IStR 2007, S. 314 ff.; GÜNKEL/LIEBER, Holdingregelung, DB 2006, S. 2197 ff.

542 Vgl. WEINER, Leverage, TNI 2008, S. 365.

543 Ein prominentes Beispiel sind die US-amerikanischen sog. *earnings-strippings-rules*; vgl. dazu IRC Sec. 163(j).

544 Zu der in Italien neu eingeführten Zinsschranke vgl. ROMANI/GRABBE/IMBRENDA, Italien, IStR 2008, S. 210 ff.

Zinsaufwendungen bei Überschreiten einer bestimmten Fremdkapital-Eigenkapital-Relation (sog. *debt-equity-ratio*) temporär bzw. endgültig ihren Status als Betriebsausgaben verlieren oder in verdeckte Gewinnausschüttungen umqualifiziert werden.[545]

In Abhängigkeit von dem jeweiligen Steuerplanungsmodell sind darüber hinaus regelmäßig weitere ausländische Gesetzesnormen zu beachten. So können etwa bei der Übertragung von Anteilen an Kapitalgesellschaften, die steuerliche Verlustvorträge besitzen, sog. *change-of-control*-Normen greifen, die den Untergang der Verlustvorträge nach sich ziehen. Ein weiteres Beispiel sind die US-amerikanischen Missbrauchsverhinderungsvorschriften hinsichtlich der grenzüberschreitenden doppelten Verlustnutzung (sog. *dual consolidated loss rules*).[546] Schließlich stellen analog zu den Ausführungen hinsichtlich des inländischen Steuerrechts die mangelnde Rechts- und Planungssicherheit Restriktionen für das Tax Planning dar.[547]

3.1.3. Abkommensrecht

Die abkommensrechtlichen Restriktionen für die steuerplanerische Optimierung der zahlungs- und ergebniswirksamen Steuern sind mannigfaltiger Natur. So finden sich in Doppelbesteuerungsabkommen verschiedenartige Missbrauchsverhinderungsvorschriften, insbesondere Anti-Treaty-Shopping-, Aktivitäts-, Rückfall- und Übergangsklauseln.

Zur Vermeidung des missbräuchlichen *treaty shopping* bedient sich die neuere deutsche Abkommenspraxis regelmäßig der im OECD-Musterabkommen erlaubten Versagung von Abkommensvergünstigungen hinsichtlich der Quellensteuerbelastung auf Dividenden, Zinsen und Lizenzen.[548] Nach Art. 10 Abs. 2, Art. 11 Abs. 2 bzw. Art. 12 Abs. 1 OECD-MA wird das Besteuerungsrecht des Quellenstaates der Höhe nach nur dann begrenzt bzw. ausgeschlossen, wenn der Nutzungsberechtigte (sog. *beneficial owner*) der jeweiligen Dividenden-, Zins- bzw. Lizenzzahlungen eine in einem anderen Vertragsstaat ansässige Person ist.[549] Als Nutzungsberechtigter ist hierbei diejenige Person anzusehen, der die jeweiligen Zahlungen wirt-

[545] Vgl. für einen Überblick über die wesentlichen Charakteristika der Unterkapitalisierungsvorschriften in ausgewählten Ländern JACOBS (Hrsg.), Unternehmensbesteuerung, S. 954 ff. sowie für eine Systematisierung der internationalen Vorschriften zur Zinsabzugsbeschränkung HERZIG/BOHN, Zinsabzugsbeschränkung, IStR 2009, S. 254 ff.

[546] Vgl. IRC Sec. 1503(d).

[547] Zu den Restriktionen des inländischen Steuerrechts vgl. Teil III 3.1.1.

[548] Vgl. RUNGE, Abwehrklauseln, in: Grotherr (Hrsg.), Handbuch, S. 1711.

[549] Vgl. WASSERMEYER, in: Debatin/Wassermeyer (Hrsg.), Doppelbesteuerung, MA Art. 10 MK 12, MA Art. 11 MK 8, MA Art. 12 MK 4. Zu beachten ist, dass in vielen der von Deutschland abgeschlossenen Doppelbesteuerungsabkommen ohnehin kein Quellenbesteuerungsrecht hinsichtlich Zinszahlungen vorgesehen ist, vgl. etwa Art. 11 Abs. 1 DBA BRD-USA; Art. VII Abs. 1 DBA BRD-Großbritannien; Art. 10 Abs. 1 DBA BRD-Frankreich; Art. 11 Abs. 1 DBA BRD-Japan.

schaftlich zustehen. Daraus folgt, dass die Reduzierung der Steuern im Quellenstaat nicht schon dadurch erreicht werden kann, dass eine in dem anderen Vertragsstaat ansässige Person als nur formal berechtigte Empfängerin der jeweiligen Zahlungsströme zwischengeschaltet wird, z. B. durch das bloße Fungieren als Treunehmer im Rahmen eines Treuhandvertrags.[550] Darüber hinaus enthalten einige Doppelbesteuerungsabkommen noch Spezialnormen zur Eindämmung des *treaty shopping*. Diesbezüglich ist insbesondere das Abkommen mit den Vereinigten Staaten von Amerika zu nennen, das in Art. 28 sehr umfangreiche Schranken für die Nutzung von Abkommensvergünstigungen (sog. *limitation on benefits*) aufstellt.[551]

Aktivitätsklauseln machen die abkommensrechtliche Freistellung von Einkünften, z. B. von Dividenden aus wesentlichen Beteiligungen und von Betriebsstätteneinkünften, davon abhängig, dass in den ausländischen Tochtergesellschaften bzw. Betriebsstätten bestimmte Tätigkeiten ausgeübt werden.[552] So greift etwa in Bezug auf die chinesischen Betriebsstätteneinkünfte von deutschen Kapitalgesellschaften nur dann gemäß Art. 24 Abs. 2 DBA BRD-China die Freistellungsmethode, wenn der Geschäftsgegenstand der Betriebsstätte nahezu ausschließlich in der Herstellung oder dem Verkauf von Gütern und Waren, der technischen Beratung, der technischen Dienstleistung oder Bank- oder Versicherungsgeschäften besteht.[553]

Rückfallklauseln (sog. *subject-to-tax-clauses*) dienen der Verhinderung des Entstehens von doppelten Nichtbesteuerungen. Derartige „weiße Einkünfte" werden von *subject-to-tax-clauses* dadurch eliminiert, dass ein infolge der Anwendbarkeit der Freistellungsmethode[554] grundsätzlich ausgeschlossenes Besteuerungsrecht immer dann an den Ansässigkeitsstaat zurückfällt, wenn der Quellenstaat von seinem Besteuerungsrecht aus rechtlichen oder tatsächlichen Gründen keinen Gebrauch macht.[555] Beispiele für Rückfallklauseln finden sich in Art. 23 Nr. 4b DBA BRD-USA, Art. 24 Abs. 3 DBA BRD-Dänemark, Art. 23 Abs. 3 DBA BRD-Neuseeland, Art. 23 Abs. 3 DBA BRD-Norwegen, Art. 23 Abs. 1 S. 2 DBA BRD-Schweden und Ziffer 16 Buchstabe d des Protokolls zu Art. 24 DBA BRD-Italien.[556]

---

[550] Vgl. WASSERMEYER, in: Debatin/Wassermeyer (Hrsg.), Doppelbesteuerung, MA Art. 10 Rz. 62.
[551] Nach Art. 28 DBA BRD-USA werden insbesondere im Bereich der Quellensteuern Abkommensvorteile nicht gewährt, sofern nicht die Anforderungen von verschiedenen Tests, unter anderem des sog. *active trade or business test*, erfüllt werden. Zu Details der *limitation on benefits*-Klauseln vgl. ENDRES/WOLFF, Musterfälle, IStR 2006, S. 721 ff.; THÖMMES, LOB-Klauseln, IStR 2007, S. 577 ff.
[552] Für eine Auflistung zahlreicher in deutschen Doppelbesteuerungsabkommen verwendeten Aktivitätsklauseln vgl. RUNGE, Abwehrklauseln, in: Grotherr (Hrsg.), Handbuch, S. 1715.
[553] Vgl. Ziffer 6 Buchstabe b des Protokolls zu Art. 24 Abs. 2 DBA BRD-China.
[554] Vgl. Art. 23 A OECD-MA.
[555] Vgl. etwa GROTHERR, Outbound-Steuergestaltungen, IWB 2008, S. 444.
[556] Vgl. die Übersicht der OFD Düsseldorf u. Münster v. 18.07.2005 – S 1301 A – 12 (D), S 1315 – 42 – St 14 – 32 (Ms), IStR 2006, S. 96.

Einen Wechsel von der abkommensrechtlichen Freistellungs- zur Anrechnungsmethode bewirken Übergangsklauseln (sog. *switch-over clauses*). So behält sich Deutschland als Ansässigkeitsstaat in vielen Abkommen für den Fall von abkommensrechtlichen Qualifikations- und Zurechnungskonflikten einen Methodenwechsel vor, d. h. den Übergang von der Freistellung von Einkünften zu der Anrechnung der auf die Einkünfte erhobenen ausländischen Steuern, um der unangemessenen Inanspruchnahme von DBA-Vergünstigungen entgegenzuwirken.[557] Ein Beispiel hierfür ist die zugleich als Rückfallklausel (vgl. oben) qualifizierende Regelung des Art. 23 Nr. 4b DBA BRD-USA.[558]

Schließlich führen die mangelnde Rechts- und Planungssicherheit auf dem Gebiet des Abkommensrechts zu Restriktionen für das Tax Planning. Ein Beispiel für die mangelnde Rechtssicherheit ergibt sich aus der in den Betriebsstättenvorbehalten[559] verwendeten Formulierung „tatsächliche Zugehörigkeit". Weil nicht abschließend geklärt ist, wann genau eine solche Zugehörigkeit als verwirklicht anzusehen ist, können etwa hinsichtlich der steuerplanerischen Nutzung ausländischer transparent besteuerter Personengesellschaften die Steuereffekte von Drittlandseinkünften nicht abschließend geklärt werden.[560] Vor dem Hintergrund nur relativ selten erfolgender Modifizierungen oder gar Kündigungen von Doppelbesteuerungsabkommen resultiert die mangelnde Planungssicherheit vorrangig aus unerwarteten Rechtsprechungsänderungen. Sehr anschaulich lässt sich dies anhand der BFH-Rechtsprechung zu Rückfallklauseln verdeutlichen. So entschied der BFH im Jahre 2003, dass Art. 23 Abs. 3 DBA BRD-Kanada 1981 nicht als *subject-to-tax-clause* zu verstehen sei.[561] Die Finanzverwaltung hat dieses Urteil zur Wirkungslosigkeit allgemeiner Rückfallklauseln bisher grundsätzlich angewandt.[562] Ende 2007 wich der BFH jedoch von dem Urteil ab, indem er Ziffer 16 Buchstabe d des Protokolls zu Art. 24 DBA BRD-Italien als *subject-to-tax-clause* auslegte, nach der das Besteuerungsrecht bei einer fehlenden effektiven Besteuerung in Italien an den Ansässigkeitsstaat Deutschland zurückfällt.[563] Mangels offizieller Äußerung zu diesem neuen Judikat ist unklar, ob die Finanzverwaltung zukünftig die Freistel-

[557] Vgl. WOLFF, Unternehmensgewinne, in: Gocke/Gosch/Lang (Hrsg.), FS Wassermeyer, S. 655.
[558] Zu der mitunter widersprüchlichen Verwendung der Begriffe „Aktivitäts"-, „Rückfall"- und „Übergangsklausel" vgl. GOEBEL/EILINGHOFF/SCHMIDT, Rückfallklauseln, IStR 2008, S. 750 ff.
[559] Vgl. etwa Art. 10 Abs. 4 OECD-MA.
[560] Zum Stand der verschiedenen Auffassungen bezüglich des Begriffs der „tatsächlichen Zugehörigkeit" vgl. z. B. WASSERMEYER, in: Debatin/Wassermeyer (Hrsg.), Doppelbesteuerung, MA Art. 10 Rz. 132 ff.
[561] Vgl. BFH v. 17.12.2003 – I R 14/02, BStBl. II 2004, S. 260.
[562] Vgl. z. B. OFD Frankfurt am Main v. 19.07.2006 – S 1301 A – 55 – St 58, DStZ 2006, S. 708.
[563] Vgl. BFH v. 17.10.2007 – I R 96/06, BStBl. II 2008, S. 953.

lung in Doppelbesteuerungsabkommen mit Rückfallklausen versagen wird, wenn im anderen Vertragsstaat eine tatsächliche Besteuerung unterbleibt.[564]

3.2. Außersteuerliche Faktoren

Die wesentlichen außersteuerlichen Faktoren, die das Tax Planning einschränken, bestehen darin, dass Steuerplanungsmodelle unter Umständen die operative Geschäftstätigkeit oder andere Aspekte der kapitalmarktorientierten internationalen Unternehmung beeinträchtigen und dass die Mitarbeiter der Unternehmung gegebenenfalls nicht ausreichend starke Anreize besitzen, an dem standardisierten Steuerplanungsprozess proaktiv mitzuwirken.

So stellt etwa die Verlagerung der vollständigen Produktionsfunktion in ein Niedrigsteuerland ein grundsätzlich sehr effektives steuerplanerisches Gestaltungsinstrument zur Optimierung zahlungs- und ergebniswirksamer Steuern dar.[565] Aufgrund der geringen Mobilität des Produktionsfaktors Arbeit gestaltet sich die Umsetzung eines solchen Modells aber oftmals schwierig. Bei der Entscheidung über den Standort der Produktionsgesellschaft sind darüber hinaus zahlreiche nichtsteuerliche Faktoren zu beachten, wobei im Regelfall der Höhe des Lohnniveaus die entscheidende Bedeutung zukommt.[566] Die hohe Relevanz außersteuerlicher Faktoren zeigt sich auch bei der Entscheidung über die Gestaltung der Kapitalstruktur der Unternehmung. Neben steuerlichen Kriterien sind hierbei in der Unternehmungspraxis zahlreiche weitere betriebswirtschaftliche und rechtliche Gesichtspunkte zu beachten. So wird oftmals der Einhaltung bestimmter Kapitalstrukturregeln höchste Bedeutung beigemessen, und wegen der zunehmenden Verwendung von Profit-Center-Konzepten bedarf es auch einer den wirtschaftlichen Verhältnissen entsprechenden Belastung der jeweiligen operativen Einheiten mit Finanzierungskosten.[567]

Die mangelnden Anreize der Mitarbeiter, an dem standardisierten Steuerplanungsprozess proaktiv mitzuwirken, sind regelmäßig auf Entlohnungsstrukturen zurückzuführen, die auf Vorsteuergrößen, wie z. B. dem EBIT(DA), basieren. Weil sich etwaige Steuerersparnisse im

---

[564] Mit einer Verweigerung der abkommensrechtlichen Freistellung ist m. E. zu rechnen, wobei die zum Methodenartikel gehörenden Rückfallklauseln im Falle vollständiger Verteilungsnormen, d. h. bei einem ausschließlichen Besteuerungsrecht des Quellenstaates, auch nach o. g. Urteil nicht zur Anwendung kommen dürften.

[565] Vgl. Teil III 2.3.2.1. u. 2.3.2.2.2.

[566] Vgl. etwa RAUPACH, Wechselwirkungen, in: Theisen (Hrsg.), Konzern, S. 128; DREßLER, Vermögensverlagerungen, S. 225; ENDRES, Europageschäft, in: IDW (Hrsg.), Steuerfachtagung 1996, S. 99 sowie EISELE, Funktionsverlagerung, S. 56 ff. Zu einer empirischen Untersuchung des Einflusses von Steueraspekten auf die Standortwahl vgl. WUNDER, Location, TNI 2001, S. 1331 ff.

[567] Vgl. statt vieler ZIMMERMANN, Unterkapitalisierung, IWB F. 1, S. 1409 ff.

Gegensatz zu den durch die Steuerplanungsmodelle verursachten Kosten nicht auf die Höhe der Vergütung der daran partizipierenden Mitarbeiter auswirken, lassen diese rationalerweise im Allgemeinen keine Bereitschaft zur Steueroptimierung erkennen.

Teil IV Tax Risk Management

1. Funktion

1.1. Grundsätzliche Anmerkungen

Die Maximierung des Total Shareholder Return stellt das Hauptziel der kapitalmarktorientierten internationalen Unternehmung dar.[568] Im Folgenden wird aufgezeigt, wie das Tax Management mittels des Instrumentes „Tax Risk Management" zur Optimierung des Aktienkurses sowie der Dividendenzahlungen und damit zur Steigerung des Total Shareholder Return beitragen kann. Um diese Funktion des steuerlichen Risikomanagements verdeutlichen zu können, bedarf es in einem ersten Schritt der Klärung der Begriffe „Steuerrisiko" und „Steuerrisikomanagement".[569]

Unter Steuerrisiken werden für Zwecke dieser Arbeit die Möglichkeiten ungünstiger künftiger Entwicklungen verstanden, die einen Steuerbezug aufweisen und zu negativen Konsequenzen hinsichtlich der Zielerreichung „Steigerung des Total Shareholder Return" führen können. Hierbei ist die Annahme zugrunde zu legen, dass die Finanzbehörden Zugang zu allen steuerlich relevanten Informationen besitzen, sodass für die steuerlichen Risiken eine Aufdeckungswahrscheinlichkeit i. H. v. 100 % zu unterstellen ist. Wie zu zeigen sein wird, treten Steuerrisiken in Zusammenhang mit steuerlichen Deklarations- und Mitwirkungspflichten (sog. Tax-Compliance-Risiken), mit der Abbildung von Ertragsteuerpositionen im Jahresabschluss (sog. Tax-Accounting-Risiken) und im Rahmen von Steuerplanungsmaßnahmen (sog. Tax-Planning-Risiken) auf.[570]

Der Begriff „Steuerrisikomanagement" kann als Gesamtheit sämtlicher organisatorischer Regelungen und Maßnahmen verstanden werden, die die Identifikation, Bewertung und Steuerung von steuerlichen Risiken zum Inhalt haben (vgl. Abbildung 38). Das Ziel des Tax Risk Management besteht hierbei grundsätzlich darin, alle potenziellen Steuerrisiken zu erkennen

---

[568] Vgl. Teil II 2.1.

[569] Zu der Abgrenzung der Begrifflichkeiten „Tax Risk Management" und „Tax Compliance" vgl. STRECK/BINNEWIES, Compliance, DStR 2009, S. 230 ff.

[570] Vgl. zu der Systematisierung von Steuerrisiken Teil IV 2.2.2.

und die im Rahmen der Risikobewertung als für die Unternehmung wesentlich klassifizierten Steuerrisikopositionen entweder zu bewältigen, etwa durch Unterlassen der die Steuerrisiken verursachenden Aktivitäten, oder zu akzeptieren, z. B. durch bewusste Inkaufnahme der aus einem Steuerplanungsmodell resultierenden steuerlichen Risiken.

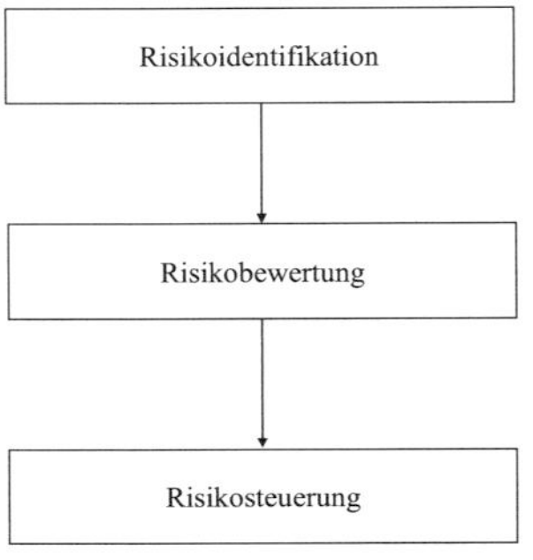

Abbildung 38: Wesentliche Elemente des Tax Risk Management

In den beiden folgenden Kapiteln wird aufgezeigt, dass das steuerliche Risikomanagement im Wesentlichen durch die Optimierung zahlungs- und ergebniswirksamer Steuern sowie durch die vollständige oder zumindest teilweise Vermeidung unerwarteter Steuereffekte zur Steigerung des Total Shareholder Return beitragen kann.[571]

1.2. Optimierung zahlungs- und ergebniswirksamer Steuern

Die genauen Effekte der Optimierung zahlungs- und ergebniswirksamer Steuern hinsichtlich des Total Shareholder Return wurden bereits im Rahmen der Funktion des Tax-Management-Instrumentes „Tax Planning“ detailliert analysiert, sodass auf diese Ausführungen vollumfänglich verwiesen werden kann.[572] Im Ergebnis wurde dabei festgestellt, dass die Optimierung zahlungswirksamer Steuern durch die Erhöhung des nach der Free-Cash-Flow-Methode

[571] Darüber hinaus kann das Tax Risk Management auch durch das Erkennen und Steuern von Reputationsrisiken den Total Shareholder Return steigern. Wenn etwa die öffentlichen Gebietskörperschaften der größte Kunde einer Unternehmung sind, hat ein effizientes steuerliches Risikomanagement dafür Sorge zu tragen, dass keine Steuergestaltungsmodelle implementiert werden, die durch die Nutzung von in Steueroasen domizilierenden Briefkastengesellschaften die Steuerlast der Unternehmung gegen Null drücken, weil dies – sobald es den staatlichen Stellen bekannt wird – mit einer hohen Wahrscheinlichkeit sehr negative Auswirkungen auf das operative Geschäft der Unternehmung haben wird.

[572] Auch beim Tax Risk Management wird der Begriff „Optimierung“ statt des Begriffs „Minimierung“ von zahlungs- und ergebniswirksamen Steuern verwendet, weil eine Minimierung der Steuerbelastungen erfordern würde, dass die Unternehmung keinerlei Risiken eingeht. Sofern im Folgenden der Begriff „Reduzierung“ der Steuerbelastungen benutzt wird, geht es mithin nicht um die absolute, sondern nur um die relative Minimierung der zahlungs- und ergebniswirksamen Steuerbelastung.

ermittelten Unternehmungswertes und den zumindest vorübergehenden Anstieg der liquiden Mittel sowohl eine Erhöhung des Aktienkurses als auch eine Optimierung der Dividendenzahlungen bewirkt. Ferner wurde aufgezeigt, dass eine Optimierung ergebniswirksamer Steuern durch die Erhöhung des auf Basis des Gewinns je Aktie bzw. des Kurs-Gewinn-Verhältnisses ermittelten Unternehmungswertes und den zumindest temporären Anstieg des Bilanzgewinns in Form einer Steigerung des Aktienkurses und einer Optimierung der Dividendenzahlungen zur Maximierung des Total Shareholder Return beiträgt.[573]

Zur Optimierung zahlungs- und ergebniswirksamer Steuern kommt es, wenn die im Zuge des Tax-Risk-Management-Prozesses identifizierten Steuerrisiken derart gesteuert werden, dass die aus den Risiken potenziell resultierenden Steuerbelastungen vollständig vermieden oder zumindest verringert werden. So hat ein adäquates Steuerrisikomanagement sicherzustellen, dass steuerliche Risiken, die im Vergleich zu den mit den Risiken einhergehenden Chancen unangemessen hohe Steuerbelastungen auslösen können, rechtzeitig identifiziert und eliminiert werden. Wenn etwa im Rahmen einer Unternehmungsakquisition eine Tax Due Diligence zu dem Ergebnis gelangt, dass der Unternehmungskauf sehr hohe steuerliche Risiken birgt, die der Veräußerer z. B. in Form einer Minderung des Kaufpreises nicht vergüten will, hat das steuerliche Risikomanagement dafür zu sorgen, dass die Akquisition unterlassen wird, damit die drohenden zukünftigen zahlungs- und ergebniswirksamen Steuerbelastungen in voller Höhe vermieden werden.[574]

In Abhängigkeit von dem jeweiligen Steuerrisiko können die zur Vermeidung bzw. Verringerung des Risikos unternommenen Maßnahmen nicht nur zu einer Reduzierung von zahlungs- und zugleich von ergebniswirksamen Steuern führen – dies ist in dem oben aufgezeigten Beispiel der Fall oder auch bei Handlungen zur Vermeidung des Entstehens von steuerlichen Nebenleistungen i. S. d. § 3 Abs. 4 AO, wie z. B. von Verspätungszuschlägen –, sondern auch zur ausschließlichen Reduzierung von zahlungswirksamen Steuern oder zur Reduzierung nur von ergebniswirksamen Steuern.

Eine ausschließliche Reduzierung der Cash Taxes ergibt sich, wenn die Verringerung der tatsächlichen Steueraufwendungen durch kompensatorische latente Steueraufwendungen neutralisiert wird. Wenn etwa das Risiko vermieden bzw. verringert wird, dass die Finanzbehörden

[573] Zu Details vgl. Teil III 1.
[574] Zu den typischen Untersuchungsbereichen einer Tax Due Diligence vgl. THIES/ZIEGELMAIER, Steuern, in: Richter/Timmreck (Hrsg.), Unternehmensbewertung, S. 305 ff.

Aufwendungen nicht als sofort, sondern als nur in den Folgeperioden durch Abschreibungen oder den Verkauf des entsprechenden Wirtschaftsgutes steuerlich abzugsfähig klassifizieren, beeinflussen die für die temporären bzw. quasi-permanenten zu versteuernden Differenzen aufwandswirksam zu bildenden passiven latenten Steuern nur die Struktur der Zusammensetzung, nicht aber die Höhe des Ertragsteuerergebnisses.[575]

Wenn die Maßnahmen des Tax Risk Management solche Steuerrisiken vermeiden bzw. verringern, die sich ausschließlich auf die Höhe von latenten Steuerbilanzposten beziehen, kommt es zu einer Optimierung der ergebniswirksamen Steuern, ohne dass sich die Cash-Steuer-Belastung verändert. Ein Beispiel hierfür ist die entsprechend IAS 12.30 zulässige Vorlage von konkreten Steuerplanungsmöglichkeiten, die das zu versteuernde Einkommen der Folgeperioden zu erhöhen vermögen und hierdurch die drohende vollständige bzw. partielle aufwandswirksame Abwertung von aktiven latenten Steuern verhindern, die auf steuerliche Verlustvorträge gebildet wurden.[576]

Zu beachten ist, dass die Vermeidung bzw. Verringerung von Steuerrisiken nicht die einzigen Möglichkeiten des steuerlichen Risikomanagements darstellen, identifizierte Steuerrisiken zu steuern. So können Risiken z. B. wegen einer lediglich kleinen Eintrittswahrscheinlichkeit oder einer geringen Risikoaversion der Unternehmung bewusst eingegangen werden, wodurch sich keine Optimierung der zahlungs- bzw. ergebniswirksamen Steuern ergibt. Infolgedessen ist die Optimierung zahlungs- bzw. ergebniswirksamer Steuern weder ein originäres Ziel noch eine notwendige Voraussetzung eines effizienten Tax Risk Management, sondern vielmehr die Folge einer bestimmten Art der Steuerung von steuerlichen Risiken.

1.3. Vermeidung unerwarteter Steuereffekte

Die zweite Funktion, durch die das steuerliche Risikomanagement zur Steigerung des Total Shareholder Return beitragen kann, besteht darin, unerwartete Steuereffekte vollständig oder partiell zu vermeiden. Im Gegensatz zu der oben erläuterten Funktion „Optimierung zahlungs- und ergebniswirksamer Steuern“ wird hierbei nicht anvisiert, den Anfall der aus Steuerrisiken

---

[575] Vgl. KRÖNER/BECKENHAUB, Konzernsteuerquote, S. 137 ff. Nicht nur zu einer Veränderung der Zusammensetzung des Ertragsteuerergebnisses aus tatsächlichen und latenten Steueraufwendungen bzw. -erträgen, sondern auch zu einer Erhöhung der ergebniswirksamen Steuerbelastung kommt es allerdings, wenn steuerliche Nebenleistungen, wie z. B. Zinszahlungen i. S. d. § 233a AO, entstanden sind.

[576] Der rein ergebniswirksame Steuereffekt kehrt sich im Zeitpunkt der Realisierung der durch die latenten Steuern abgebildeten zukünftigen Steuerbelastungen bzw. -entlastungen um. So kommt es im angeführten Beispiel zu einer aufwandswirksamen Ausbuchung der gebildeten aktiven Latenz, sobald die steuerlichen Verlustvorträge tatsächlich genutzt werden.

in der Zukunft möglicherweise resultierenden Steuerbelastungen dem Grunde und/oder der Höhe nach zu verhindern. Das Ziel der Funktion „Vermeidung unerwarteter Steuereffekte“ ist vielmehr, das Entstehen plötzlicher, vom Kapitalmarkt nicht antizipierter signifikanter Steuerlasten abzuwenden.

Dass die Vermeidung unerwarteter Steuereffekte den Total Shareholder Return steigern kann, ist auf die für die Mehrzahl der Kapitalmarktakteure zu unterstellende Risikoscheu zurückzuführen.[577] Ohne ein geeignetes steuerliches Risikomanagement besteht die Gefahr, dass die Finanzbehörden im Rahmen von Betriebsprüfungen hohe steuerliche Nachzahlungen festsetzen. Hierdurch kann es zu abrupten Anstiegen der zahlungs- bzw. ergebniswirksamen Steuern und demzufolge zu volatilen Cash Flows bzw. Jahresüberschüssen kommen. Aufgrund ihrer Risikoaversion werden die Kapitalmarktteilnehmer im Falle von stark schwankenden Cash Flows bzw. Jahresüberschüssen im Rahmen der Unternehmungsbewertungen Risikoadjustierungen in Form von Bewertungsabschlägen vornehmen, die eine Minderung der errechneten Unternehmungswerte nach sich ziehen.[578]

Die folgende Grafik verdeutlicht, wie die Vermeidung der auf Steuerfaktoren zurückzuführenden Volatilität des Cash Flow bzw. des Jahresüberschusses – durch verbesserte Unternehmungsbewertungen nach der Free-Cash-Flow-Methode bzw. auf Basis der Earnings per Share – ein Absinken des Aktienkurses sowie eine Reduzierung des nachhaltigen Ausschüttungspotenzials verhindert und damit zu der Maximierung des Total Shareholder Return, dem vorrangigen Ziel der kapitalmarktorientierten internationalen Unternehmung, beiträgt.[579]

Unerwartete Steuereffekte können sich in zahlungs- und zugleich ergebniswirksamen Steuerbelastungen widerspiegeln. Infolge von volatilen Cash Flows und Jahresüberschüssen kommt es in diesen Fällen sowohl zu einer Beeinflussung der Unternehmungsbewertung nach der Free-Cash-Flow-Methode als auch der Bewertung auf Basis des Gewinns je Aktie. So stellen sich etwa unerwartete zahlungs- und ergebniswirksame Steuereffekte ein, wenn Erträge, die über mehrere Perioden als steuerfreie Dividenden deklariert wurden, im Rahmen einer Betriebsprüfung einheitlich in steuerpflichtige Zinseinkünfte umklassifiziert werden.

---

[577] Vgl. etwa TOBIN, Risk, The Review of Economic Studies 1958, S. 71 ff.; DRUKARCZYK/SCHÜLER, Unternehmensbewertung, S. 50.

[578] Vgl. etwa MORTON, Challenges, EC Tax Review 2006, S. 132. Die Vermeidung von negativen Überraschungen in Form von Steuernachzahlungen für vergangene Berichtsperioden ist in der Unternehmungspraxis für viele Leiter von Steuerabteilungen kapitalmarktorientierter internationaler Unternehmungen wegen ausgeprägter Risikoaversionen eines der wichtigsten Ziele, vgl. ELGOOD, Risk, TPI Review 06/2004, S. 5.

[579] Vgl. zu der Grundsystematik der Abbildung 39 die Ausführungen in Teil III 1.2.

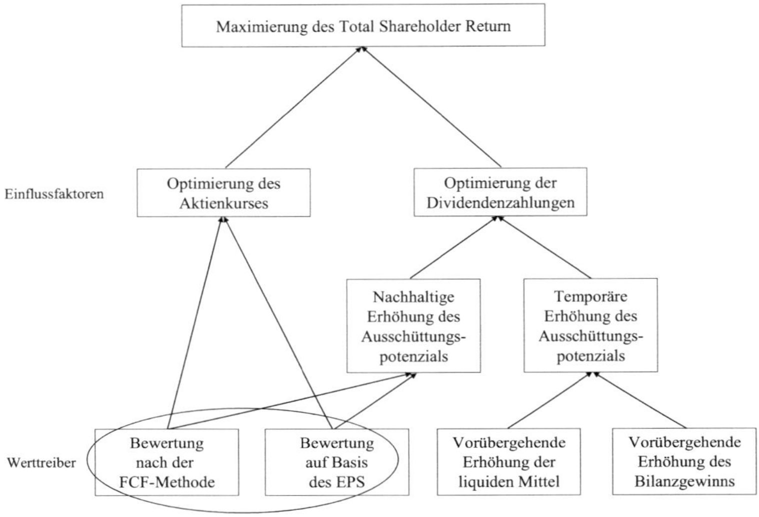

Abbildung 39: Einfluss der Vermeidung unerwarteter Steuereffekte auf den Total Shareholder Return

Des Weiteren können unerwartete Steuereffekte auch ausschließlich in Form einer zahlungswirksamen Steuerbelastung auftreten und sich damit nur hinsichtlich der Unternehmungsbewertung nach der Free-Cash-Flow-Methode auswirken. Zu einer unerwarteten Erhöhung nur von Cash-Steuern kommt es bspw. dann, wenn ein Betriebsprüfer die steuerwirksame Bildung einer Rückstellung negiert, weil kompensatorische latente Steuereffekte die Höhe der ergebniswirksamen Steuern unverändert lassen.[580] Ein Beispiel für einen unerwarteten Steuereffekt ausschließlich im Bereich der ergebniswirksamen Steuern, mit der Folge einer Beeinflussung nur der Unternehmungsbewertung auf Basis des Gewinns je Aktie, ist die Abwertung der hinsichtlich steuerlicher Verlustvorträge gebildeten aktiven latenten Steuern.[581]

Das Tax Risk Management kann zur Vermeidung negativer Überraschungen in Gestalt von unerwarteten ergebnis- und gegebenenfalls zugleich zahlungswirksamen Steuereffekten insbesondere dadurch beitragen, dass die Werte der traditionell mit großen Unsicherheiten bzw.

[580] Die genaue Vorgehensweise zur Berichtigung von Fehlern hinsichtlich ergebniswirksamer Steuern in IAS/IFRS-Abschlüssen vergangener Berichtsperioden beschreiben VON EITZEN/DAHLKE, Steuerpositionen, S. 131 ff.

[581] So ergab sich etwa bei der General Motors Corporation im Jahre 2007 ein ausschließlich ergebniswirksamer Steuereffekt aus der Abwertung der auf steuerliche Verlustvorträge gebildeten aktiven latenten Steuern i. H. v. mehr als 37 Mrd. US-Dollar; vgl. GENERAL MOTORS CORPORATION, Annual Report 2007, S. 105.

Ermessensspielräumen behafteten Bilanzposten „Steuerrückstellung“ und „aktive latente Steuern“ im Rahmen der Erstellung des Quartals- bzw. Jahresabschlusses möglichst zutreffend und präzise ermittelt und ausgewiesen werden.[582] Hierdurch kann die Volatilität des Jahresüberschusses bzw. des Cash Flow reduziert werden, was die Kapitalmarktakteure im Rahmen der Unternehmungsbewertungen durch einen Verzicht auf die Vornahme von Bewertungsabschlägen honorieren. So kann z. B. die genaue Analyse von Steuerplanungsmodellen dazu führen, dass aufgrund materieller Steuerrisiken periodisch eine Steuerrisikorückstellung zu bilden bzw. zu erhöhen ist.[583] Durch diese Antizipation der potenziell ungünstigen zukünftigen Steuereffekte wird somit verhindert, dass es im Falle der Nichtakzeptanz der Gestaltungsmaßnahme durch die Finanzbehörden in einer späteren Periode infolge von Kumulierungseffekten zu einem signifikanten steuerlichen Mehrergebnis und demzufolge zu einem von den Kapitalmarktakteuren nicht erwarteten Cash-Tax-Einmaleffekt einer sehr hohen Steuernachzahlung kommt.

2. Aktionsparameter

2.1. Standardisierter Steuerrisikomanagementprozess

Damit das Tax-Management-Instrument „Tax Risk Management“ durch die Optimierung zahlungs- und ergebniswirksamer Steuern sowie durch die Vermeidung unerwarteter Steuereffekte bestmöglich zur Maximierung des Total Shareholder Return beitragen kann, ist ein standardisierter Steuerrisikomanagementprozess zu implementieren. Ohne einen derartigen Prozess läuft die kapitalmarktorientierte internationale Unternehmung Gefahr, sich nur mit den ihr ohnehin bekannten und offensichtlichen steuerlichen Risiken zu beschäftigen, ohne jedoch sicher sein zu können, dass es sich bei diesen auch um die für sie wesentlichen Steuerrisiken handelt und dass der Umgang mit den einzelnen Risiken zielführend sowie bei einer Gesamtschau sämtlicher Steuerrisikopositionen in abgestimmter Weise erfolgt.

Das Tax Risk Management wurde als Gesamtheit sämtlicher organisatorischer Regelungen und Maßnahmen zur Identifizierung, Bewertung und Steuerung steuerlicher Risiken defi-

---

[582] Entsprechend der Definition des Begriffs „Steuerrisiko“ (vgl. Teil IV 1.1.) ist es bspw. auch die Aufgabe des Tax Risk Management, eine Überdotierung einer Steuerrückstellung bzw. eine zu hohe Bewertung einer Steuerforderung zu verhindern.

[583] Vgl. HAARMANN, Konzernsteuerquote, in: Herzig/Günkel/Niemann (Hrsg.), StbJb 2001/2002, S. 378.

niert.[584] Grundlegende Voraussetzung eines systematisch strukturierten Steuerrisikomanagementprozesses ist daher, dass in einem ersten Schritt in kontinuierlicher Abfolge sowohl auf Ebene der einzelnen Gesellschaften der Unternehmung als auch auf Konzernebene alle spezifischen Steuerrisiken frühzeitig, also insbesondere vor Eintritt des Schadensfalls, dem Grunde nach überhaupt erkannt werden. Die identifizierten Steuerrisiken sind zeitnah zu bewerten, insbesondere in Bezug auf die Kriterien „Eintrittswahrscheinlichkeit" und „potenzielles Schadensausmaß". Anschließend sind die steuerlichen Risiken bezüglich ihrer Relevanz für die gesamte Unternehmung zu bewerten. Diese Analyse der einzelnen Steuerrisiken bildet die Basis für die Risikosteuerung, in deren Rahmen in Abhängigkeit von der jeweiligen Risikostrategie der Unternehmung zu entscheiden ist, wie mit den Steuerrisiken konkret umgegangen werden soll. So können Steuerrisikopositionen bspw. bewusst in Kauf genommen oder durch das Ergreifen gegensteuernder Maßnahmen vollständig eliminiert werden. Durch die Risikoabbildung wird festgelegt, wie die Steuerrisikopositionen im Jahresabschluss ausgewiesen werden. Die Risikokommunikation verkörpert die Schnittstelle zwischen dem steuerlichen Risikomanagement und dem risikoartenübergreifenden Unternehmungsrisikomanagement, das die Analyse des die Unternehmung betreffenden Gesamtrisikos zum Inhalt hat. Schließlich sind sämtliche Maßnahmen und Handlungen des steuerlichen Risikomanagementprozesses einer Erfolgskontrolle zu unterziehen.

Der Aktionsparameter des Tax Risk Management, der standardisierte Steuerrisikomanagementprozess, besteht somit im Wesentlichen aus den in der folgenden Grafik dargestellten sechs verschiedenen Teilschritten.

[584] Vgl. Teil IV 1.1.

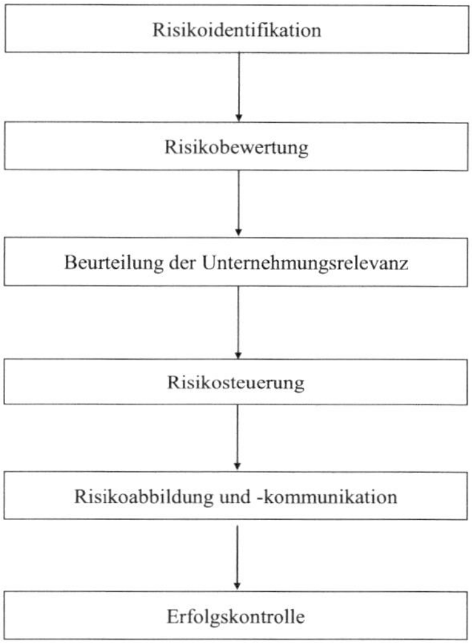

Abbildung 40: Grundzüge des standardisierten Tax-Risk-Management-Prozesses

2.2. Risikoidentifikation

2.2.1. Grundsätzliche Anmerkungen

Voraussetzung einer möglichst umfassenden und effizienten Identifikation von Steuerrisiken ist eine systematische Vorgehensweise. Vor dem Hintergrund der Heterogenität von steuerlichen Risiken hat die Risikoidentifikation steuerrisikoartenspezifisch zu erfolgen. Hierzu sind verschiedene Kategorien von potenziellen Steuerrisiken zu bilden und deren wesentliche Ursachen aufzuzeigen. Die Erstellung einer derartigen unternehmungsweit einheitlichen Systematisierung steuerlicher Risiken dient der Erfassung von Steuerrisiken insbesondere dadurch, dass den jeweils zuständigen Mitarbeitern der Unternehmung die zahlreichen bisweilen stark voneinander divergierenden Ursachen der verschiedenen Steuerrisiken bewusst werden.[585]

In Teil IV 1.1. wurde festgelegt, dass unter Steuerrisiken für Zwecke dieser Arbeit die Möglichkeiten ungünstiger künftiger Entwicklungen verstanden werden, die einen Steuerbezug aufweisen und zu negativen Konsequenzen hinsichtlich des primären Ziels der kapitalmarktorientierten internationalen Unternehmung, der Maximierung des Total Shareholder Return,

---

[585] Vgl. die Aufstellung der für viele Unternehmungen wichtigsten Steuerrisiken MACPHERSON, Measuring, International Tax Review July/August 2008, S. 17.

führen können. Weil die Finanzbehörden annahmegemäß Zugang zu allen steuerlich relevanten Informationen besitzen, ist davon auszugehen, dass steuerliche Risiken einer Aufdeckungswahrscheinlichkeit i. H. v. 100 % unterliegen. Auf Basis dieser relativ weit gefassten Definition von Steuerrisiken lassen sich drei Hauptkategorien von Steuerrisiken bilden. Wie in der nachstehenden Grafik veranschaulicht und in den folgenden Abschnitten näher erläutert wird, handelt es sich hierbei um „Tax-Compliance-Risiken", „Tax-Accounting-Risiken" und „Tax-Planning-Risiken".[586]

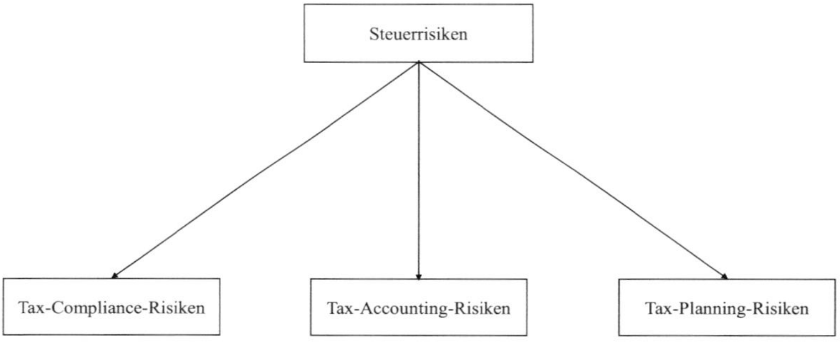

Abbildung 41: Systematisierung von Steuerrisiken

2.2.2. Systematisierung von Steuerrisiken

2.2.2.1. Tax-Compliance-Risiken

Tax-Compliance-Risiken bezeichnen ungünstige künftige Entwicklungen für die kapitalmarktorientierte internationale Unternehmung, die auf die Nichterfüllung von steuergesetzlichen Deklarations-, sonstigen Mitwirkungs- sowie Zahlungspflichten oder die Versäumnis von Fristen im Rahmen von Rechtsbehelfsverfahren zurückzuführen sind.

Deklarationspflichten zwingen die einzelnen Gesellschaften der Unternehmung zur ordnungsgemäßen Erstellung und zeitgerechten Abgabe von Steuererklärungen bzw. -anmeldungen, einschließlich der Beantwortung etwaiger Rückfragen der jeweiligen Veranlagungsstelle. Ein Verstoß gegen die Verpflichtung zur ordnungsgemäßen Erstellung einer Steuererklärung liegt etwa vor, falls das der Steuererklärung zugrunde liegende Buchhaltungssystem mangels gesonderter Aufzeichnungen über den Wareneingang und -ausgang schwerwiegende Mängel

[586] Vgl. zu einer divergierenden Systematisierung von Steuerrisiken ELGOOD, Risk, TPI Review 06/2004, S. 3 ff.

aufweist. Zu einer nicht zeitgerechten Einreichung von Steuererklärungen bzw. -anmeldungen kommt es z. B. dann, wenn aufgrund mangelnder Steuerexpertise das Entstehen einer Quellensteuerpflicht übersehen wird und die Abgabe einer Kapitalertragsteueranmeldung folglich gänzlich unterbleibt oder wenn wegen unklarer personeller Zuständigkeiten die Ertragsteuererklärung einer ausländischen Tochtergesellschaft verspätet abgegeben wird.

Die Details der über die ordnungsgemäße und zeitgerechte Abgabe von Steuererklärungen und -anmeldungen hinausgehenden sog. sonstigen Mitwirkungspflichten der kapitalmarktorientierten internationalen Unternehmung differieren von Land zu Land. Im Wesentlichen handelt es sich um die verpflichtende Unterstützung behördlicher Stellen im Rahmen von Betriebsprüfungen sowie um den Zwang zur Übermittlung vollständiger und in geeigneter Weise dokumentierter Informationen an diverse behördliche Stellen, wie bspw Registrierungspflichten im Falle der erstmaligen Aufnahme einer gewerblichen Tätigkeit in einem Land oder das Erfordernis zur zeitnahen sowie sachgerechten Erstellung von Dokumentationen hinsichtlich der Festsetzung der innerkonzernlichen Verrechnungspreise.[587]

Im Rahmen des Erhebungsverfahrens unterliegen die einzelnen Gesellschaften der Unternehmung steuerlichen Zahlungspflichten. So haben die Gesellschaften in allen Ländern in periodischen Abständen ertragsteuerliche Vorauszahlungen zu leisten und nach Ablauf des Wirtschaftsjahres die ertragsteuerliche Abschlusszahlung rechtzeitig zu begleichen, die sich durch die Subtraktion der Vorauszahlungen von der sich für das gesamte Wirtschaftsjahr ergebenden Steuerlast berechnet. Darüber hinaus sind die aus Betriebsprüfungen oftmals resultierenden steuerlichen Nachzahlungen termingerecht zu entrichten, und für bestimmte Transaktionen, wie z. B. für erfolgte Dividenden-, Zins- und Lizenzzahlungen, sind regelmäßig Quellensteuern einzubehalten und abzuführen.

Verstöße gegen die Deklarations-, sonstigen Mitwirkungs- und Zahlungspflichten stellen für die Unternehmung ungünstige künftige Entwicklungen dar, weil sie in sämtlichen Jurisdiktionen das Entstehen von steuerlichen (Straf-)Zahlungen nach sich ziehen, die sich nachteilig auf die Zielerreichung „Maximierung des Total Shareholder Return“ auswirken. So wird z. B. den Finanzbehörden in Deutschland im Falle der verspäteten Abgabe von Steuererklärungen gemäß § 152 AO die Möglichkeit eingeräumt, Verspätungszuschläge festzusetzen,

---

[587] Vgl. etwa zur hohen Praxisrelevanz von Verrechnungspreisdokumentationen im Rahmen von Betriebsprüfungen DITZ, Verrechnungspreisprüfung, IStR 2009, S. 424 sowie zu generellen Dokumentationsverpflichtungen MARX/BERG, Dokumentationsverpflichtungen, DB 2006, S. 169 f.

die allerdings 10 % der Höhe der festgesetzten Steuer nicht übersteigen und maximal 25.000 EUR betragen dürfen. Die Missachtung von Fristen zur Begleichung von Steuerschulden wird nach § 240 AO durch das Entstehen von Säumniszuschlägen sanktioniert und wenn der Betriebsprüfung der Datenzugriff auf digital gespeicherte Unterlagen verweigert wird, werden, wie auch bei zahlreichen anderen Verstößen gegen sonstige Mitwirkungspflichten, entsprechend §§ 328 f. AO grundsätzlich Zwangsmittel in Form von Zwangsgeld festgesetzt. Zu beachten ist, dass es bei besonders gravierenden Pflichtverletzungen darüber hinaus in sehr vielen Ländern zu den für die Unternehmung im Regelfall sehr nachteiligen Schätzungen der Besteuerungsgrundlagen kommen kann. Höchste Praxisrelevanz besitzen in diesem Zusammenhang die steuerlichen Mitwirkungspflichten im Bereich „Transfer Pricing", weil in immer mehr Ländern eine Schätzung der Besteuerungsgrundlagen erfolgt, wenn keine geeigneten Dokumentationen hinsichtlich der Festsetzung der innerkonzernlichen Verrechnungspreise zeitnah angefertigt wurden.[588]

Die auf der potenziellen Versäumnis von Fristen im Rahmen von gerichtlichen und außergerichtlichen Rechtsbehelfsverfahren basierenden Tax-Compliance-Risiken sind im Wesentlichen im Bereich von Einsprüchen gegen Steuerbescheide und sonstige Verwaltungsakte sowie im Bereich von Klagen gegen Urteile und andere Entscheidungen anzusiedeln. So ist es bspw. in Deutschland vorbehaltlich eines etwaigen Vorbehalts der Nachprüfung nach § 164 AO und einer etwaig vorläufigen Steuerfestsetzung i. S. d. § 165 AO grundsätzlich nur innerhalb eines Monats nach Bekanntgabe eines Steuerbescheids möglich, einen Einspruch einzulegen, um eine Aussetzung der Vollziehung sowie eine Änderung der Veranlagung erreichen zu können.[589]

Fristversäumnisse führen zu potenziell ungünstigen künftigen Entwicklungen, weil sie die Unternehmung daran hindern können, vorteilhafte Rechtspositionen durchzusetzen. Infolgedessen bewirken sie negative Konsequenzen hinsichtlich des vorrangigen Unternehmungsziels der Maximierung des Total Shareholder Return. Wenn eine deutsche Gesellschaft bspw. eine Einspruchsfrist bezüglich eines endgültigen Steuerbescheids verstreichen lässt, obwohl die Steuerlast durch die Übermittlung bestimmter Dokumente an die Finanzbehörden reduziert werden könnte, entstehen bisweilen signifikante zahlungs- und aufwandwirksame Steuerbelastungen, weil die nachträgliche Übersendung der Unterlagen nach § 173 Abs. 1 Nr. 2

[588] Zur Dokumentation von Verrechnungspreisen vgl. etwa PwC AG (Hrsg.), Dokumentation, S. 1 ff.
[589] Vgl. § 355 Abs. 1 AO. Sofern eine Rechtsbehelfsbelehrung unterblieben ist oder unrichtig erteilt wurde, beträgt die Einspruchsfrist nach § 356 Abs. 2 AO nicht nur einen Monat, sondern ein ganzes Jahr.

AO aufgrund des im Regelfall zu konstatierenden groben Verschuldens der Unternehmung keine Korrektur des Steuerbescheids ermöglicht.

Die wesentlichen Ursachen von Tax-Compliance-Risiken bestehen in unklaren und nicht eindeutig voneinander abgegrenzten sachlichen sowie personellen Zuständigkeiten bezüglich der Maßnahmen zur Erfüllung der jeweiligen Pflichten und zur Beachtung der jeweiligen Fristen, in mangelnden Kontrollen zwecks Vermeidung vorsätzlichen Fehlverhaltens sowie von unbewussten Fehlern und in nicht ausreichend ausgeprägten steuerlichen Fachkenntnissen der Mitarbeiter der Unternehmung.

2.2.2.2. Tax-Accounting-Risiken

Ungünstige künftige Entwicklungen, die sich aus der Rechnungslegung über Steuern im Jahresabschluss ergeben können, werden als „Tax-Accounting-Risiken“ bezeichnet.[590] Zum einen verkörpern Tax-Accounting-Risiken die Gefahr, dass in- oder ausländische Finanzbehörden höhere oder niedrigere Steuerzahlungen verlangen, als die Unternehmung im Zeitpunkt der Aufstellung des Jahresabschlusses erwartet und in Form einer Steuerrückstellung bzw. -forderung bilanziert hat.[591] Zum anderen treten Tax-Accounting-Risiken auf, wenn aktive oder passive latente Steuern in späteren Berichtsperioden Wertberichtigungen unterzogen werden müssen, die nicht auf die bei der Erstellung des Jahresabschlusses jeweils anvisierten Verläufe der latenten Bilanzposten zurückzuführen sind.[592]

Beide Arten von Tax-Accounting-Risiken stellen für die Unternehmung in Bezug auf die Maximierung des Total Shareholder Return potenziell ungünstige künftige Entwicklungen dar, weil sie in den Folgeperioden Belastungen mit zahlungs- bzw. ergebniswirksamen Steuern und dementsprechend auch unerwartete Steuereffekte auslösen können.[593] Wenn bspw. im Rahmen einer Betriebsprüfung festgestellt wird, dass eine niedrig besteuerte ausländische

---

[590] Im Folgenden wird ausschließlich die Rechnungslegung über Steuern im Jahresabschluss betrachtet. Zu der Quartalsberichterstattung über Steuern vgl. KRÖNER/BECKENHAUB, Konzernsteuerquote, S. 190 ff.; LOITZ/PUTH, Quartalsabschluss, DStR 2008, S. 1655 ff.

[591] Nicht einzubeziehen sind hierbei Faktoren, die das Entstehen von steuerlichen Nebenleistungen i. S. d. § 3 Abs. 4 AO bzw. analoger ausländischer Zahlungen auslösen können, weil diese durch die Tax-Compliance-Risiken abgedeckt werden (vgl. Teil IV 2.2.2.1.).

[592] Die Wertberichtigungen können sowohl von der Unternehmung selbst, gegebenenfalls in Zusammenarbeit mit dem jeweils zuständigen Wirtschaftsprüfer, als auch von Rechnungslegungsprüfstellen wie z. B. der nach § 342b HGB in Deutschland implementierten Institution „Deutsche Prüfstelle für Rechnungslegung“ veranlasst werden. Zu einem Nachweis für die hohe Relevanz der bilanziellen Ertragsteuerposition „Aktive latente Steuern“ vgl. SALZBERGER, Risk, IStR 2008, S. 555 sowie die empirischen Untersuchungen von BAETGE/LIENAU, Praxis, WPg 2007, S. 16 ff.; KÜTING/ZWIRNER, Indikationsfunktion, BB 2005, S. 1556 ff.; KÜTING/ZWIRNER, Bilanzpolitik, WPg 2003, S. 306 ff.

[593] Vgl. Teil IV 1.2. u. 1.3.

Finanzierungsgesellschaft, abweichend von der Behandlung in der Steuererklärung der deutschen Muttergesellschaft, keine tatsächliche wirtschaftliche Tätigkeit i. S. d. § 8 Abs. 2 AStG ausübt, ist in Höhe des nach § 10 AStG zu ermittelnden Hinzurechnungsbetrags eine Steuerrückstellung zu bilden, was einen Anstieg der ergebniswirksamen Steuerbelastung und im Zeitpunkt der Zahlung der Steuerlast auch einen Anstieg der zahlungswirksamen Steuerbelastung bewirkt.

Falls die Unsicherheit bezüglich des Bilanzpostens „Steuerrückstellung" nicht auf die Frage zurückzuführen ist, ob steuerliche Aufwendungen dem Grunde nach überhaupt geltend gemacht werden können, sondern lediglich unklar ist, zu welchem Zeitpunkt sie steuermindernde Wirkung entfalten, z. B. sofortiger Betriebsausgabenabzug versus Aktivierung der Aufwendungen und anschließende Verwertung im Rahmen von Abschreibungen bzw. einem später erfolgenden Verkauf des Wirtschaftsgutes, droht lediglich die Gefahr der Veränderung der zahlungswirksamen Steuerbelastung. Infolge der sich aus den temporären bzw. quasi-permanenten Differenzen ergebenden kompensatorischen latenten Steuereffekten unterliegt die Höhe der ergebniswirksamen Steuern hierbei keinem Änderungsrisiko.[594]

Tax-Accounting-Risiken, die aus latenten Bilanzposten herrühren, wirken sich ausschließlich auf die ergebniswirksame Steuerbelastung aus. In der Unternehmungspraxis materialisieren sich solche Tax-Accounting-Risiken vor allem in Form einer partiellen oder sogar vollständigen Abwertung der auf steuerliche Verlustvorträge gebildeten aktiven latenten Steuern.[595] Neben diesem aufwandswirksamen Steuerergebniseffekt kommt es im Falle eines vergleichsweise hohen Abwertungsbedarfs zusätzlich zum Entstehen eines von den Kapitalmarktakteuren oftmals sanktionierten unerwarteten Steuereffektes.[596]

Tax-Accounting-Risiken hinsichtlich des Bilanzpostens „Steuerrückstellung" bzw. „Steuerforderung" sind auf die Tatsache zurückzuführen, dass es sich bei dieser bilanziellen Ertragsteuerposition lediglich um einen unsicheren Schätzwert handelt. So liegen im Zeitpunkt der Erstellung des Jahresabschlusses keine endgültigen, also formell und materiell bestandskräftigen Steuerbescheide vor, weshalb die Höhe der Steuerrückstellung bzw.

[594] Vgl. zu einigen Beispielen für derartige Tax-Accounting-Risiken unter Angabe der entsprechenden Buchungssätze KRÖNER/BECKENHAUB, Konzernsteuerquote, S. 137 ff. Nicht nur zu einer Veränderung der Struktur des Ertragsteuerergebnisses, d. h. seiner Zusammensetzung aus tatsächlichen und latenten Steueraufwendungen bzw. -erträgen, sondern zu einem Anstieg der ergebniswirksamen Steuerbelastung kommt es allerdings, wenn steuerliche Nebenleistungen wie z. B. Zinszahlungen i. S. d. § 233a AO zu leisten sind.
[595] Vgl. etwa GENERAL MOTORS CORPORATION, Annual Report 2007, S. 105.
[596] Zu Details von unerwarteten Steuereffekten vgl. Teil IV 1.3.

-forderung nur auf Basis von Steuererklärungen und unternehmungsinternen Steuerberechnungen ermittelt werden kann.[597] Als wichtigste Faktoren, die dazu führen können, dass die Finanzbehörden im Rahmen der finalen Veranlagungen von der Höhe der Steuerrückstellung abweichende Steuerzahlungen festsetzen, sind in diesem Zusammenhang zu nennen:[598]

- Unklarheiten bezüglich der Auslegung von Gesetzen, wie z. B. die entsprechend der materiellen Maßgeblichkeit des § 5 Abs. 1 S. 1 EStG auch für steuerliche Zwecke einschlägige Bewertung von Rückstellungen nach § 253 Abs. 1 S. 2 HGB in Höhe des nach vernünftiger kaufmännischer Beurteilung notwendigen Betrages;
- eine nicht ausreichend ausgeprägte steuerliche Expertise der Mitarbeiter der Unternehmung, was sich bspw. in der fehlerhaften Anwendung von Steuergesetzen niederschlagen kann;
- Änderungen der Gesetzeslage, der Steuerrechtsprechung oder von Verwaltungsanweisungen, wie etwa die Einführung des § 8b Abs. 3 S. 4 ff. KStG durch das JStG 2008, mit der Folge, dass die steuerwirksame Abschreibung von Forderungen aus an nahestehende Personen vergebenen Darlehen nicht mehr möglich ist;
- unzureichende Vernetzung der Steuerabteilung innerhalb der Unternehmung, etwa wenn die Steuerabteilung keine adäquaten Informationen über die Reiseaktivitäten der Vertriebsmitarbeiter besitzt, um beurteilen zu können, ob Vertreterbetriebsstätten begründet werden;
- mangelnde Kontrollen zwecks Vermeidung vorsätzlichen Fehlverhaltens sowie unbewusster Fehler, wie z. B. die Überprüfung der eine notwendige Voraussetzung einer ertragsteuerlichen Organschaft darstellenden rechtswirksamen Durchführung des jeweiligen Ergebnisabführungsvertrags.

Vor dem Hintergrund, dass die Bilanzierung aktiver und passiver latenter Steuern die Schätzung von erst in der Zukunft eintretenden Steuerwirkungen erfordert, können auch die aus etwaig erforderlichen Wertberichtigungen auf latente Steuerpositionen resultierenden Tax-Accounting-Risiken zahlreiche Ursachen aufweisen. So erfordert der Ansatz aktiver Latenzen – vorbehaltlich von Umkehreffekten aus der Auflösung passiver latenter Steuern – Prognosen

[597] Als Richtwert für die Dauer des Bestehens von Tax-Accounting-Risiken wird in der Literatur für Industriestaaten ein Wert zwischen fünf und acht Jahren genannt, vgl. KRÖNER/BECKENHAUB, Konzernsteuerquote, S. 130.

[598] Vgl. für die Auflistung von Fehlerrisiken bei der Bilanzierung der tatsächlichen Steuern DAHLKE, Steuern, KoR 2006, S. 586.

der von den jeweiligen Steuersubjekten in der Zukunft voraussichtlich generierten zu versteuernden Einkommen, die nur dann zu realistischen Ergebnissen führen können, wenn die Steuerabteilung eine enge Vernetzung zu den operativen Unternehmungseinheiten aufweist. Eine weitere wesentliche Ursache von Tax-Accounting-Risiken hinsichtlich latenter Bilanzposten sind Änderungen des für die Bewertung der latenten Steuern einschlägigen Steuersatzes. So führt etwa eine Steuersatzsenkung zu einem Abschreibungsbedarf bezüglich der bilanzierten aktiven Latenzen und zu einer Erhöhung der passiven Latenzen. In Abhängigkeit von dem Verhältnis der Höhe der aktiven Latenzen zu jener der passiven Latenzen zieht die Steuersatzsenkung für die Unternehmung somit einen bilanziellen Aufwands- bzw. Ertragseffekt nach sich.

2.2.2.3. Tax-Planning-Risiken

In der Zukunft möglicherweise eintretende ungünstige steuerliche Entwicklungen können auch auf die unmittelbar bevorstehende Implementierung von Steuerplanungsmodellen zurückzuführen sein. Solche Tax-Planning-Risiken materialisieren sich in Form von zahlungs- und ergebniswirksamen Steuerbelastungen und/oder in Form von unerwarteten Steuereffekten, wenn die umgesetzten Steuerplanungsmodelle in späteren Perioden, insbesondere im Rahmen von Betriebsprüfungen, von den jeweiligen Finanzverwaltungen aufgegriffen und die Gestaltungen nicht akzeptiert werden.[599]

Im Gegensatz zu Tax-Accounting-Risiken weisen Tax-Planning-Risiken keine retrospektive, sondern vielmehr eine prospektive Orientierung auf, weil sie Risiken abdecken, die aus zukünftig erst noch zu verwirklichenden statt aus in der Vergangenheit bereits realisierten Sachverhalten resultieren. Durch die Umsetzung der Steuerplanungsmodelle und die diesbezüglich vorzunehmende Rechnungslegung über Steueraspekte können sich die Tax-Planning-Risiken jedoch im Zeitablauf in Tax-Accounting-Risiken transformieren. Analog zu den Tax-Compliance- und Tax-Accounting-Risiken ist zu unterstellen, dass auch Tax-Planning-Risiken in jedem Falle von den Finanzbehörden aufgegriffen werden, da die Finanzbehörden annahmegemäß Zugang zu sämtlichen steuerrelevanten Informationen besitzen. Für Tax-Planning-Risiken sind im Wesentlichen drei verschiedene Ursachen verantwortlich.

[599] Steuerplanungsmodelle können auch von anderen Institutionen, z. B. durch die Deutsche Prüfstelle für Rechnungslegung (DPR), beanstandet werden. Wenn etwa eine Unternehmung unter Vorlage von Steuergestaltungsmaßnahmen entsprechend IAS 12.29b aktive latente Steuern auf steuerliche Verlustvorträge gebildet hat, kommt es im Falle der Nichtakzeptanz der Modelle durch die DPR zu einer aufwandswirksamen Abwertung der Latenzen und gegebenenfalls auch zu einem unerwarteten Steuereffekt.

Zum einen kann die Finanzverwaltung Steuerplanungsmodelle nicht anerkennen, indem sie die im Rahmen der Gestaltung zu verwirklichenden Sachverhalte unter andere Tatbestände subsumiert, als es von dem Modell vorgesehen ist. So kann etwa aufgrund des unklaren Gesetzeswortlautes des § 1 Abs. 3 S. 9 AStG nicht mit abschließender Sicherheit ausgeschlossen werden, dass eine aus Sicht der Unternehmung als steuerneutrale Funktionsverdopplung qualifizierende Ansiedlung von Unternehmungsfunktionen in einem ausländischen niedrig besteuernden Land im Rahmen einer Betriebsprüfung in späteren Jahren als steuerpflichtige Funktionsverdopplung angesehen wird.

Die zweite Ursache von Tax-Planning-Risiken besteht darin, dass eine für das Steuerplanungsmodell nachteilige Änderung der Gesetzeslage oder der Rechtsprechung eintreten kann. In diesem Falle kann der von dem Steuergestaltungsmodell anvisierte Steuerspareffekt nur für einen kürzer als geplanten Zeitraum und bei rückwirkenden Änderungen sogar überhaupt nicht realisiert werden. Ein Beispiel für eine Gesetzesänderung stellt die Einführung des § 50d Abs. 9 EStG durch das JStG 2007 dar. Diese diente dem Zweck, insbesondere solche Steuergestaltungsmodelle zu unterbinden, die auf die Ausnutzung von abkommensrechtlichen Qualifikationskonflikten abzielen.[600]

Schließlich können Tax-Planning-Risiken auch durch eine fehlerhafte Umsetzung von Steuerplanungsmodellen verursacht werden. Die Tax-Planning-Modelle werden von den Finanzbehörden nicht akzeptiert, weil die von dem Steuerplanungsmodell vorausgesetzten Sachverhalte nicht korrekt verwirklicht werden. So besteht bspw. bei grenzüberschreitenden Finanzierungsgestaltungen, bei denen in sehr geringer zeitlicher Abfolge von verschiedenen Akteuren mehrere Transaktionen abzuwickeln sind, die Gefahr, dass Vorgaben zur Sequenz der einzelnen Schritte nicht eingehalten werden, was zur Folge haben kann, dass der anvisierte Steuerminderungseffekt mangels ordnungsgemäßer Sachverhaltsverwirklichung nicht erzielt wird.

2.2.3. Maßnahmen

2.2.3.1. Tax-Compliance-Risiken

Notwendige Voraussetzung für die Identifizierung von Tax-Compliance-Risiken ist, dass die personellen Zuständigkeiten hinsichtlich der Erfüllung von Deklarations-, sonstigen Mitwirkungs- und Zahlungspflichten sowie der Beachtung von Fristen in Rechtsbehelfsverfahren

[600] Zu Details des § 50d Abs. 9 EStG vgl. Teil III 3.1.1.

eindeutig festgelegt sind. So ist etwa das Erkennen potenzieller Verstöße gegen Deklarationspflichten nur möglich, wenn für jede Gesellschaft der kapitalmarktorientierten internationalen Unternehmung geklärt ist, wer für die Erfüllung dieser Pflichten verantwortlich ist. Im Folgenden wird davon ausgegangen, dass als zuständige und damit verantwortliche Person der sog. Gesellschaftsverantwortliche fungiert, weil sich dieser im Rahmen des gesellschaftsorientierten Tax Controlling des standardisierten Tax-Planning-Prozesses ohnehin mit der jeweiligen Gesellschaft intensiv beschäftigen muss.[601]

Die Gesellschaftsverantwortlichen haben die für die jeweiligen Gesellschaften relevanten Deklarations- und sonstigen Mitwirkungspflichten unter Angabe der Fristen, bis zu denen die Pflichten zu erfüllen sind, in einem IT-System zu hinterlegen. Um eine möglichst vollständige Erfassung dieser Pflichten zu gewährleisten, bedarf es der Unterstützung der Gesellschaftsverantwortlichen durch periodisch zu aktualisierende Checklisten.[602] Beispielsweise kann eine Auflistung der wesentlichen länderspezifischen Sachverhalte, die das Entstehen von Quellensteuerpflichten nach sich ziehen, den Gesellschaftsverantwortlichen für die Erstellung von Steuererklärungen und -anmeldungen sensibilisieren. Der nachfolgenden Tabelle kann ein für deutsche Kapitalgesellschaften konzipierter Entwurf einer solchen Checkliste entnommen werden.

Sobald die Deklarations- und sonstigen Mitwirkungspflichten erfüllt werden, z. B. durch die Abgabe einer Steuererklärung oder die Finalisierung einer Verrechnungspreisdokumentation, hat der Gesellschaftsverantwortliche dies unverzüglich in dem IT-System zu dokumentieren. Für Zwecke der Identifizierung von Tax-Compliance-Risiken generiert das IT-System eine automatisierte Meldung, bspw. per E-Mail, an den Gesellschaftsverantwortlichen über sämtliche noch nicht als erledigt dokumentierten Deklarations- und sonstigen Mitwirkungspflichten, deren Fristen in einem bestimmten Zeitraum, z. B. in sieben Tagen, ablaufen. Im Falle von unmittelbar bevorstehenden Verfristungen, etwa wenn nur noch drei Tage bis zu dem Fristende gegeben sind, sollte das IT-System eine automatisierte Warnmeldung an den Leiter der Steuerabteilung vornehmen.

---

[601] Zu dem gesellschaftsorientierten Tax Controlling vgl. Teil III 2.2.3.1.

[602] Insbesondere für die Identifizierung von Tax-Compliance-Risiken der ausländischen Gesellschaften bietet es sich für den Gesellschaftsverantwortlichen mangels Detailkenntnissen des ausländischen Steuerrechts oftmals an, unternehmungsexterne Steuerberater hinzuzuziehen.

Checkliste zur Identifizierung von Quellensteuerpflichten in Deutschland – Fassung für das Kalenderjahr 2009

Zielsetzung der Checkliste:

- Der deutsche Gesetzgeber verpflichtet Kapitalgesellschaften in bestimmten Fällen dazu, Quellensteuern einzubehalten und abzuführen.
- Bei Nichtbeachtung dieser Pflicht drohen Sanktionen, wie z. B. Verspätungszuschläge nach § 152 AO infolge der verspäteten Abgabe von Steuererklärungen und -anmeldungen.
- Ohne den Anspruch auf Vollständigkeit zu erheben, soll diese Checkliste als Leitfaden zur Erkennung von quellensteuerauslösenden Geschäftsvorfällen dienen.

Definition der Quellensteuer:

- Die Quellensteuer ist keine eigene Steuerart, sondern eine besondere Form der Steuererhebung.
- Die Quellensteuer wird direkt an der Quelle beim Zahlungsschuldner erhoben und ist von diesem an das Finanzamt abzuführen. Der Zahlungsempfänger erhält nur den um die Quellensteuerbelastung geminderten Betrag.

Folgende Quellensteuern sind Gegenstand dieses Leitfadens:

- Lohnsteuer (§§ 38 ff. EStG)
- Kapitalertragsteuer (§§ 43 ff. EStG)
- Bauabzugsteuer (§§ 48 ff. EStG)
- Aufsichtsratsteuer (§ 50a Abs. 1 Nr. 4 EStG)
- Quellensteuern in Bezug auf künstlerische, sportliche, artistische, unterhaltende und ähnliche Darbietungen (§ 50a Abs. 1 Nr. 1 u. Nr. 2 EStG)
- Quellensteuern in Bezug auf Rechte, Erfahrungen, Kenntnisse und Fertigkeiten (§ 50a Abs. 1 Nr. 3 EStG)

1. Lohnsteuer (§§ 38 ff. EStG)

Wesentlicher Vorgang, der eine Quellensteuerpflicht auslöst, ist:

- Zahlung von Arbeitslohn bzw. ähnlicher Vergütungen.

2. Kapitalertragsteuer (§§ 43 ff. EStG)

Wesentliche Vorgänge, die Quellensteuerpflichten auslösen, sind:

- offene und verdeckte Gewinnausschüttungen oder ähnliche Eigenkapital-Vergütungen (Gewinnabführungen aufgrund eines Ergebnisabführungsvertrags unterliegen grundsätzlich nicht der Quellensteuer);
- Ausgabe von Wandelanleihen, Gewinnobligationen und Genussrechten mit Fremdkapitalcharakter;
- Erwerb von Dividenden- und Zinsansprüchen, wie z. B. von Dividendenscheinen;
- Aufnahme eines partiarischen Darlehens oder einer Einlage eines stillen Gesellschafters;
- Ausgabe von Anleihen bzw. Verbindlichkeiten, die in ein öffentliches Schuldbuch oder ein ausländisches Register eingetragen oder über die Sammelurkunden i. S. d. § 9a Depotgesetz oder Teilschuldverschreibungen ausgegeben sind (d. h. verbriefte oder registrierte Anleihen);
- Auflösung der Gesellschaft, z. B. Liquidation.

3. Bauabzugsteuer (§§ 48 ff. EStG)

Wesentlicher Vorgang, der eine Quellensteuerpflicht auslöst, ist:

- Empfang von Bauleistungen (alle Leistungen, die der Herstellung, Instandsetzung, Instandhaltung, Änderung oder Beseitigung von Bauwerken dienen) in Deutschland, sofern der Leistungserbringer keine gültige Freistellungsbescheinigung vorlegt.

4. Aufsichtsratsteuer (§ 50a Abs. 1 Nr. 4 EStG)

Wesentlicher Vorgang, der eine Quellensteuerpflicht auslöst, ist:
• Zahlung von Aufsichtsratsvergütungen an ein Mitglied des Aufsichts- oder Verwaltungsrates für die Überwachung der Geschäftsführung, wenn der Zahlungsempfänger weder seinen Wohnsitz noch gewöhnlichen Aufenthalt in Deutschland hat (sog. Steuerausländer).

5. Quellensteuern in Bezug auf künstlerische, sportliche, artistische, unterhaltende und ähnliche Darbietungen (§ 50a Abs. 1 Nr. 1 u. Nr. 2 EStG)

Wesentliche Vorgänge, die Quellensteuerpflichten auslösen, sind:
• Zahlungen für eine im Inland ausgeübte oder verwertete künstlerische, sportliche, artistische, unterhaltende oder ähnliche Darbietung oder eine damit zusammenhängende Leistung an einen „Steuerausländer".

6. Quellensteuern in Bezug auf Rechte, Erfahrungen, Kenntnisse und Fertigkeiten (§ 50a Abs. 1 Nr. 3 EStG)

Wesentliche Vorgänge, die Quellensteuerpflichten auslösen, sind:
Zahlungen an einen „Steuerausländer" für die Überlassung der Nutzung oder des Rechts auf Nutzung von Rechten und von gewerblichen, technischen, wissenschaftlichen und ähnlichen Erfahrungen, Kenntnissen und Fertigkeiten, wie etwa: • Lizenzzahlungen; • Zahlungen für Rechte i. S. d. Urheber-, Geschmacksmuster-, Gebrauchsmuster-, Warenzeichen-, Marken- und Patentgesetzes; • Zahlungen für Pläne, Muster und Verfahren.

Tabelle 24: Checkliste zur Identifizierung von deutschen Quellensteuerpflichten

Das wesentliche Element der Identifizierung von Tax-Compliance-Risiken, die auf etwaige Verstöße gegen Zahlungspflichten oder die potenzielle Nichtdurchsetzbarkeit von vorteilhaften Rechtspositionen in Rechtsbehelfsverfahren zurückzuführen sind, ist die systematische Bearbeitung sämtlicher fristbehafteter Ertragsteuerdokumente, die bei der kapitalmarktorientierten internationalen Unternehmung eingehen. Hierzu ist durch die Erteilung von Empfangsvollmachten und die Festlegung von unternehmungsinternen Weiterleitungsregeln zunächst sicherzustellen, dass die Dokumente den jeweils zuständigen Gesellschaftsverantwortlichen möglichst zeitnah vorliegen. Anschließend obliegt den Gesellschaftsverantwortlichen die Aufgabe, etwaige Zahlungs- und Rechtsbehelfsfristen zu ermitteln und diese durch die Hinterlegung in dem IT-System zu dokumentieren.[603] Auf Basis der Ergebnisse der materiellen Prüfung der Dokumente wird beurteilt, ob den Zahlungsaufforderungen Folge zu leisten ist bzw. Maßnahmen zur Sicherung von Rechtspositionen, wie z. B. die Einlegung eines Einspruchs gegen einen Steuerbescheid sowie die Beantragung der Aussetzung der Vollziehung, eingeleitet werden sollen. Wenn etwa das Resultat der materiellen Prüfung eines Steuerbescheids darin besteht, dass eine Steuerschuld beglichen und kein Rechtsbehelf eingelegt werden soll, ist

[603] Sofern eine Zahlungslast einen unternehmungsspezifisch vorab festzulegenden Betrag übersteigt, ist die Finanzabteilung zwecks Identifizierung von Liquiditätsrisiken bereits vor der materiellen Prüfung des jeweiligen Dokumentes über den etwaigen Liquiditätsbedarf zu informieren.

die Rechtsbehelfsfrist unverzüglich und die Zahlungsfrist nach erfolgter Überweisung des Geldbetrags in dem IT-System als erledigt zu dokumentieren.

Neben der systematischen Bearbeitung von fristbehafteten Ertragsteuerdokumenten werden die auf Zahlungs- und Rechtsbehelfsfristen basierenden Tax-Compliance-Risiken auch mithilfe von länderspezifischen Checklisten identifiziert. Ursächlich hierfür ist, dass sich Zahlungsfristen nicht nur aus behördlichen Verwaltungsakten ergeben können, wie z. B. den Körperschaftsteuervorauszahlungsbescheiden, sondern auch aus der bloßen Realisierung bestimmter Sachverhalte, wie etwa der Vornahme offener oder verdeckter Gewinnausschüttungen.[604] Diejenigen Zahlungsfristen, die nur aufgrund einer gesetzlichen Anordnung entstehen, können mangels zugrunde liegender Bescheide durch die oben beschriebenen Maßnahmen nicht aufgespürt werden.[605]

Das IT-System ermöglicht es dem Gesellschaftsverantwortlichen, die von ihm zu verantwortenden Zahlungs- und Rechtsbehelfsfristen kontinuierlich zu überwachen. Zwecks Risikoidentifizierung übermittelt das IT-System dem Gesellschaftsverantwortlichen eine automatisierte Meldung über alle Fristen, die in einem bestimmten Zeitraum fällig werden. Sofern eine Frist unmittelbar vom Ablauf bedroht ist, sollte das IT-System den Leiter der Steuerabteilung informieren, damit auch dieser Kenntnis von den Tax-Compliance-Risiken erlangt.

2.2.3.2. Tax-Accounting-Risiken

Die Identifizierung von Tax-Accounting-Risiken setzt voraus, dass hinsichtlich der Rechnungslegung über Steueraspekte eindeutig geklärt ist, welche Mitarbeiter der kapitalmarktorientierten internationalen Unternehmung für welche Tätigkeiten verantwortlich sind und bis zu welchen Zeitpunkten die zuständigen Mitarbeiter die jeweiligen Tätigkeiten vorzunehmen haben. So ist etwa für jede in Deutschland ansässige Gesellschaft zwecks Erkennung von Tax-Accounting-Risiken, die aus der Bilanzposition „Steuerrückstellung" bzw. „Steuerforderung" herrühren, festzulegen und in einem IT-System zu dokumentieren, bis zu welchen Terminen die Unternehmungsabteilung „Rechnungswesen" die Handelsbilanz zu erstellen und an die Steuerabteilung zu übermitteln hat und welche Mitarbeiter der Steuerabteilung verant-

[604] So ist in Bezug auf Gewinnausschüttungen die innerhalb eines Kalendermonats einbehaltene Kapitalertragsteuer gemäß § 44 Abs. 1 S. 5 EStG bis zum zehnten Tag des folgenden Monats an das Finanzamt abzuführen. Rechtsbehelfsfristen sind im Regelfall den Rechtsbehelfsbelehrungen der jeweils zugrunde liegenden Bescheide der Finanzverwaltung bzw. den Urteilen der Gerichte zu entnehmen.

[605] Die periodisch zu aktualisierenden länderspezifischen Checklisten beinhalten Auflistungen der wesentlichen Vorgänge, die derartige Zahlungsfristen auslösen.

wortlich sind für die Aufstellung der Steuerbilanz, die Vornahme der außerbilanziellen Korrekturen, die Ermittlung der voraussichtlichen Steuerzahllast sowie die Erstellung der an die Rechnungswesenabteilung zu übersendenden Buchungsanweisung.[606]

Entsprechende Prozessabläufe sind für die Identifizierung von Tax-Accounting-Risiken, die in Zusammenhang mit den Bilanzpositionen „aktive latente Steuern“ und „passive latente Steuern“ stehen, zu bestimmen und unter Angabe der jeweiligen personellen Verantwortlichkeiten und Fristen in dem IT-System abzuspeichern. Hierbei ist insbesondere zu beachten, dass derartige Tax-Accounting-Risiken nicht ausschließlich auf Ebene der einzelnen Gesellschaften entstehen können, sondern auch auf der übergeordneten Konzernebene. So sind auf der Konzernebene prozessuale Abläufe für die Ermittlung von latenten Steuern festzulegen, die auf die im Rahmen der Erstellung des Konzernabschlusses vorzunehmenden Angleichungen der Einzelabschlüsse an die jeweiligen Konzernstandards, wie z. B. die Währungsumrechnung, oder auf die Kapital-, Schulden- und Zwischenerfolgskonsolidierung zurückzuführen sind.[607]

Die einzelnen Mitarbeiter sind hinsichtlich der von ihnen zu verantwortenden Tätigkeiten für die Identifizierung von Tax-Accounting-Risiken zuständig. Hierzu sind in Abstimmung mit dem Leiter der Steuerabteilung Checklisten zu entwickeln, auf denen die für die jeweilige Gesellschaft wesentlichen Themengebiete aufgeführt werden, aus denen Tax-Accounting-Risiken resultieren können.[608] Die relevanten Themengebiete ergeben sich aus generell risikobehafteten Aspekten, wie z. B. dem Vorliegen von gültigen Bescheinigungen hinsichtlich der Befreiung von Kapitalertragsteuerbelastungen, aus länderspezifischen Gesichtspunkten, bspw. der Rechtswirksamkeit des Abschlusses und der Durchführung des Ergebnisabführungsvertrags im Rahmen einer deutschen Organschaft, als auch aus unternehmungsindividuellen Spezialaspekten, wie z. B. der etwaigen Einschlägigkeit des § 8b Abs. 7 KStG für bestimmte Holdinggesellschaften.[609]

---

[606] Das IT-System hat in Bezug auf Tax-Accounting-Risiken automatisierte Meldungen über drohende Fristabläufe zu generieren (vgl. die Ausführungen zu Tax-Compliance-Risiken in Teil IV 2.2.3.1.), damit die verantwortlichen Personen rechtzeitig gewarnt werden und etwaige Fehlverhalten gegebenenfalls geahndet werden können.

[607] Vgl. zu den aus der Kapitalkonsolidierung potenziell resultierenden latenten Steuern etwa KÜTING/WIRTH, Kapitalkonsolidierung, BB 2003, S. 623 ff.

[608] Wegen der Heterogenität der Ursachen von Tax-Accounting-Risiken kann es sich bei den auf den Checklisten angeführten Themengebieten bzw. den einzelnen Aspekten der Themengebiete nicht um eine abschließende Aufzählung handeln.

[609] Die Checklisten haben neben denjenigen Tax-Accounting-Risiken, die sich aus den regulären operativen Geschäftstätigkeiten der Gesellschaften ergeben, auch solche zu umfassen, die aus einmaligen, nicht unter das Tagesgeschäft fallenden Transaktionen, wie etwa unternehmungsinternen Umstrukturierungen, resultieren, weil

In Bezug auf die einzelnen Aspekte der verschiedenen Themengebiete haben die zuständigen Mitarbeiter zu entscheiden und auf der Checkliste zu dokumentieren, ob in dem zu prüfenden Zeitraum für die jeweilige Gesellschaft Tax-Accounting-Risiken einschlägig sind. Diese Aufgabe erfordert hoch qualifizierte Mitarbeiter mit stets aktuellen und sehr breit gefächerten Steuerfachkenntnissen.[610] Aufgrund der Schnelllebigkeit von steuerlichen Entwicklungen bedarf es der permanenten Aktualisierung des Wissensstandes der Mitarbeiter. Die Aufrechterhaltung der Adäquatheit und Aktualität der Steuerexpertise, was z. B. durch die Lektüre von steuerlicher Fachliteratur und die Teilnahme an Fortbildungsveranstaltungen gewährleistet werden kann, sollte grundsätzlich der Verantwortung jedes einzelnen Mitarbeiters obliegen.

Der Inhalt der Checklisten ist laufend zu aktualisieren. Zum einen ist die Checkliste aufgrund von Erkenntnisgewinnen durch Betriebsprüfungen über vergangene Perioden zu modifizieren, damit die Wahrscheinlichkeit des erneuten Auftretens von Tax-Accounting-Risiken minimiert wird. Zum anderen ist die Checkliste in Bezug auf Entwicklungen im Umfeld der Unternehmung anzupassen. Hierzu bedarf es der permanenten Überwachung der unternehmungsinternen und -externen Umfeldfaktoren, sodass die verantwortlichen Mitarbeiter für diesbezügliche Entwicklungen sensibilisiert werden. Für die Überwachung der Umfeldänderungen kann auf die Ergebnisse des Prozessschrittes „Analyse der Umfeldänderungen" des standardisierten Tax-Planning-Prozesses zurückgegriffen werden. So kann z. B. durch die enge Vernetzung mit den operativen Gesellschaften frühzeitig erkannt werden, dass sich der Ort der Geschäftsleitung einer Gesellschaft nicht im Land des Satzungssitzes befindet, und durch die Bestimmung von Themenverantwortlichen kann die Gefahr reduziert werden, dass bei der Anwendung von Steuergesetzen etwaige Änderungen der Rechtslage unberücksichtigt bleiben.[611]

Ein Beispiel für eine Checkliste, deren Gebrauch die Identifizierung der Tax-Accounting-Risiken von in Deutschland ansässigen Kapitalgesellschaften zu erleichtern verspricht, kann der nachfolgenden Tabelle entnommen werden:

---

die Eintrittswahrscheinlichkeiten und potenziellen Schadensausmaße von Tax-Accounting-Risiken tendenziell umso höher sind, je komplexer, ungewöhnlicher und weniger routinemäßig die den Risiken zugrunde liegenden Handlungen sind.

[610] Vgl. STAUBLI, Strategy, International Tax Review Supplement July 2006, S. 13.

[611] Vgl. zu Details des Prozessschrittes „Analyse der Umfeldänderungen" Teil III 2.2.4.

Checkliste zur Identifizierung von Tax-Accounting-Risiken

Diese Checkliste soll Mitarbeiter der Steuerabteilung unterstützen, die bei deutschen Kapitalgesellschaften bestehenden Tax-Accounting-Risiken zu identifizieren. Aufgrund der sehr großen Anzahl und Heterogenität der Themengebiete, aus denen sich Tax-Accounting-Risiken ergeben können, erhebt die Checkliste keinen Anspruch auf Vollständigkeit.

Gesellschaftsdaten

Name der Gesellschaft:	
Geprüfter Zeitraum:	
Name des zuständigen Mitarbeiters:	

Themengebiete, aus denen Tax-Accounting-Risiken resultieren können

	Relevant	Nicht relevant
Quellensteuern		
Sind Quellensteuern einbehalten und abgeführt worden (z. B. bezüglich Lohnzahlungen, offener und verdeckter Gewinnausschüttungen, Lizenzzahlungen, § 14 Abs. 3 KStG, in Deutschland in Anspruch genommener Bauleistungen, Aufsichtsratsvergütungen)?	☐	☐
Liegen für den geprüften Zeitraum Freistellungsbescheinigungen vor und sind diese noch gültig?	☐	☐
Organschaft		
Wurden die Ergebnisabführungsverträge rechtswirksam abgeschlossen und werden sie korrekt durchgeführt (z. B. zunächst Verrechnung der handelsrechtlichen Verlustvorträge)?	☐	☐
Betriebsprüfung		
Liegen Abweichungen zwischen den Angaben in der Steuererklärung und der Ansicht der Finanzverwaltung bzw. der Rechtsprechung oder der herrschenden Literaturmeinung vor (unklare Gesetzesauslegung/-anwendung)?	☐	☐
Liegen Feststellungen der Betriebsprüfung vor?	☐	☐
Drohen solche Feststellungen?	☐	☐
Betriebsstätten im Ausland		
Werden im Ausland Betriebsstätten begründet, z. B. aufgrund der Einschaltung von ausländischen Vertretern oder des Betreibens von Internet-Servern?	☐	☐
An welchem Ort werden die wesentlichen unternehmerischen Entscheidungen getroffen (Gefahr einer Geschäftsleitungs-Betriebsstätte)?	☐	☐
Hinzurechnungsbesteuerung		
Welche Tätigkeiten üben die ausländischen Tochtergesellschaften aus (aktive bzw. passive Einkünfte i. S. d. § 8 Abs. 1, 2 AStG)?	☐	☐
Unterliegen die ausländischen Tochtergesellschaften einer niedrigen Besteuerung i. S. d. § 8 Abs. 3 AStG (< 25 %)?	☐	☐
Finanzierung		
Greift die Zinsschranke des § 4h EStG i. V. m. § 8a KStG?	☐	☐
Wurden Zins- und Finanzierungselemente gewerbesteuerlich hinzugerechnet?	☐	☐
Sind die unternehmungsinternen Finanzierungsbeziehungen fremdvergleichsüblich ausgestaltet (§ 1 AStG)?	☐	☐

Steuerliche Verlustvorträge		
Sind steuerliche Verlustvorträge, z. B. infolge eines nur mittelbaren Anteilseignerwechsels, gefährdet (§ 8c KStG, § 10a GewStG)?	☐	☐
Sind Verlustvorträge vor Beginn der Organschaft entstanden?	☐	☐
Latente Steuern		
Ist die Werthaltigkeit von aktiven Latenzen gegeben (Entwicklung zukünftiger Bemessungsgrundlagen, Altersstruktur steuerlicher Verlustvorträge)?	☐	☐
Bilanzsteuerrecht		
Wurden Forderungsverzichte, Teilwertabschreibungen oder Wertaufholungen vorgenommen?	☐	☐
Liegen voraussichtlich dauernde Wertminderungen vor?	☐	☐
Liegen die Voraussetzungen zur Rückstellungsbildung vor (z. B. bei § 6a EStG)?	☐	☐
Existieren Risiken aus der Bewertung von Rückstellungen?	☐	☐
Wurden Abzinsungen vorgenommen (z. B. von langfristigen Verbindlichkeiten)?	☐	☐
Existieren Risiken aus der Bilanzierung immaterieller Wirtschaftsgüter (z. B. Lizenzen, Patente und Software)?	☐	☐
Verrechnungspreise		
Wurden immaterielle Wirtschaftsgüter (z. B. Know-how, Kundenkontakte) bzw. ganze Unternehmungsfunktionen verlagert?	☐	☐
Liegen Lieferungs- und Leistungsbeziehungen mit anderen Gesellschaften der kapitalmarktorientierten internationalen Unternehmung vor und wurden die jeweiligen Transferpreise fremdvergleichsüblich ausgestaltet?	☐	☐
Transaktionen (Umstrukturierungen/Käufe/Verkäufe)		
Sind Verlustvorträge untergegangen?	☐	☐
Wurden stille Reserven aufgedeckt?	☐	☐
Wurden Teilbetriebe steuerneutral ausgegliedert?	☐	☐
Wie erfolgte bei unternehmungsinternen Transaktionen die Ermittlung der jeweiligen Kaufs- bzw. Verkaufspreise?	☐	☐
Sind steuerliche relevante Sperrfristen verletzt worden (z. B. § 8b Abs. 4 KStG a. F., §§ 15, 21, 22 UmwStG)?	☐	☐
Gesetzesänderungen		
Wurden steuerliche Gesetzesänderungen berücksichtigt?	☐	☐
Wurden signifikante außersteuerliche Gesetzesänderungen berücksichtigt?	☐	☐
Steuerliche Haltefristen		
Sind sonstige steuerliche Haltefristen durchbrochen worden (z. B. die 3-Jahres-Frist des § 6 Abs. 5 EStG)?	☐	☐
Wurden von Haltefristen betroffene Anteile bewegt?	☐	☐
Sonstige Steuerrisiken		
Liegt ein Fall des § 8b Abs. 7 KStG vor?	☐	☐
Gibt es rechtsformspezifische Besonderheiten (z. B. bei einer KGaA)?	☐	☐
Sind die Voraussetzungen für die gewerbesteuerliche Kürzung von in- und ausländischen Dividenden erfüllt?	☐	☐

Tabelle 25: Checkliste zur Identifizierung von Tax-Accounting-Risiken

Die für die Identifizierung von Tax-Accounting-Risiken zuständigen Mitarbeiter haben die unter Zuhilfenahme der jeweiligen Checkliste entdeckten Steuerrisiken in dem IT-System in geeigneter Form zu dokumentieren, damit die Tax-Accounting-Risiken auf den nachfolgenden Stufen des standardisierten Tax-Risk-Management-Prozesses adäquat bewertet und gesteuert werden können.

2.2.3.3. Tax-Planning-Risiken

Die Identifizierung von Tax-Planning-Risiken wird durch den standardisierten Steuerplanungsprozess sichergestellt. Dieser Aktionsparameter des Tax-Management-Instrumentes „Tax Planning" sieht im Rahmen seines Teilschrittes „Detailprüfung" vor, dass diejenigen Steuerplanungsmodelle, die bei erster grober Analyse nicht als gänzlich ungeeignet eingestuft werden, einer sehr detaillierten Prüfung hinsichtlich der Kriterien „Nutzen", „Risiken", „Kosten" und „sonstige Effekte" unterzogen werden. Für Zwecke der Detailprüfung in Bezug auf das Kriterium „Risiken" nehmen die Modellverantwortlichen der Steuerplanungsmodelle in einer vorab festgelegten Weise eine Meldung an die für die Identifizierung von Tax-Planning-Risiken zuständigen Mitarbeiter, die sog. Tax-Planning-Risikoverantwortlichen, vor. Durch die obligatorische Dokumentierung der Risikomeldung wird gewährleistet, dass der Meldevorgang zu einem späteren Zeitpunkt überprüft und im Falle eines erkannten Defizits der verantwortliche Mitarbeiter identifiziert und gegebenenfalls zur Verantwortung gezogen werden kann.[612]

Die Tax-Planning-Risikoverantwortlichen initiieren, dass die ihnen kommunizierten Tax-Planning-Risiken die weiteren Stufen des standardisierten Tax-Risk-Management-Prozesses durchlaufen. So ist etwa zu analysieren, ob ein Tax-Planning-Risiko in Kauf genommen werden kann oder ob das Risiko für die kapitalmarktorientierte internationale Unternehmung inakzeptabel hohe Reputationsschäden verursachen könnte. Die durch das Absolvieren des Steuerrisikomanagementprozesses gewonnenen Erkenntnisse werden im Rahmen des standardisierten Tax-Planning-Prozesses zunächst ausführlich dokumentiert und anschließend bei dem Teilschritt der finalen Umsetzungsentscheidung für die Beantwortung der Frage herangezogen, welche Steuerplanungsmodelle letztendlich umgesetzt werden sollen.[613]

---

[612] Vgl. zu dem Teilschritt „Detailprüfung" des standardisierten Steuerplanungsprozesses Teil III 2.4.3.
[613] Vgl. Teil III 2.4.3. u. 2.4.4.

Die Risikoverantwortlichen werden durch die jeweiligen Modellverantwortlichen über sämtliche Steuerplanungsmodelle informiert, denen bei der finalen Umsetzungsentscheidung ein Plazet erteilt wurde.[614] Hierdurch werden alle in der Zukunft etwaig auftretenden Tax-Planning-Risiken von dem Steuerrisikomanagementprozess erfasst. So kann bspw. hinsichtlich eines Steuerplanungsmodells, dessen Implementierung beschlossen wird, die bisher lediglich als adäquat eruierte, aber noch nicht vollzogene Risikosteuerungsmaßnahme, etwa die Verringerung des Tax-Planning-Risikos durch Einholung einer verbindlichen Auskunft, in die Tat umgesetzt werden. Darüber hinaus wird durch die Berichterstattung über die finale Umsetzungsentscheidung gewährleistet, dass diejenigen Tax-Planning-Risiken, die sich mangels Implementierung der jeweiligen Steuerplanungsmodelle zukünftig nicht mehr materialisieren können, nicht länger in dem Tax-Risk-Management-Prozess Berücksichtigung finden.

2.3. Risikobewertung

2.3.1. Grundsätzliche Anmerkungen

Für die identifizierten Tax-Compliance-, Tax-Accounting- und Tax-Planning-Risiken gilt es nun in einem nächsten Schritt abzuschätzen, welche genauen Auswirkungen die jeweiligen Steuerrisiken für die Gesellschaften der kapitalmarktorientierten internationalen Unternehmung haben. Die Risikobewertungen auf Ebene der einzelnen Gesellschaften bilden die Grundlage für die Beurteilung der Relevanz der Steuerrisiken aus Sicht der gesamten Unternehmung sowie für die Risikosteuerungspriorisierung, also die Festlegung der Reihenfolge, in der die steuerlichen Risiken der Risikosteuerung unterzogen werden.[615]

Die Risikobewertung kann grundsätzlich von denjenigen Mitarbeitern der Unternehmung vorgenommen werden, die die Verantwortung für die Identifizierung der jeweiligen Steuerrisiken getragen haben. Ursächlich hierfür ist, dass diese Mitarbeiter bereits detaillierte Kenntnisse über die zu bewertenden steuerlichen Risiken erworben haben. Sofern es erforderlich ist bzw. sinnvoll erscheint, haben die zuständigen Mitarbeiter eigenverantwortlich unternehmungsinterne Spezialisten sowie unternehmungsexterne Berater für Zwecke der Risikobewertung hinzuzuziehen.

---

[614] Vgl. Teil III 2.4.4.
[615] Vgl. Teil IV 2.4. u. 2.5.

Basierend auf den Ergebnissen der im Rahmen der Risikoidentifikation erfolgten detaillierten Beschreibung der Steuerrisiken beginnt die Risikobewertung mit der Analyse, ob die jeweiligen Steuerrisiken lediglich einmalig, über mehrere Perioden oder grundsätzlich in jeder zukünftigen Periode auftreten können. Anschließend ist die Höhe der Wahrscheinlichkeit des Eintritts sowie das potenzielle Schadensausmaß der Steuerrisiken zu quantifizieren, wobei es im Falle von sich über mehrere Perioden erstreckenden Steuerrisiken erforderlich sein kann, periodischenspezifische Werte zu ermitteln.[616]

2.3.2. Eintrittswahrscheinlichkeit

In Bezug auf die Höhe der Eintrittswahrscheinlichkeit sind bei der Bewertung von Steuerrisiken aus Praktikabilitätserwägungen keine exakten Werte zu ermitteln, sondern es ist vielmehr eine Klassifizierung in eine der im Folgenden aufgeführten Kategorien vorzunehmen.

- Kategorie A = sehr gering: Die Eintrittswahrscheinlichkeit überschreitet voraussichtlich nicht die 10 %-Grenze.
- Kategorie B = gering: Die geschätzte Eintrittswahrscheinlichkeit beträgt mehr als 10 %, aber überschreitet nicht die 50 %-Grenze.
- Kategorie C = hoch: Die Eintrittswahrscheinlichkeit wird auf einen Wert von mehr als 50 %, aber nicht mehr als 90 % geschätzt.
- Kategorie D = sehr hoch: Die Eintrittswahrscheinlichkeit überschreitet voraussichtlich die 90 %-Grenze.

So kann etwa ein Tax-Accounting-Risiko einer in Deutschland ansässigen Gesellschaft, das auf einen nicht eindeutigen Gesetzeswortlaut zurückzuführen ist, der Kategorie A zugeordnet werden, wenn die in der Steuererklärung vertretene Rechtsauffassung der Gesellschaft mit der in den Verwaltungsrichtlinien dokumentierten Meinung der Finanzbehörden übereinstimmt. Hinsichtlich eines Tax-Planning-Risikos kommen bspw. die Kategorien B bzw. C zur Anwendung, wenn das Steuerplanungsmodell auf einer Auffassung beruht, die – einen unklaren Gesetzeswortlaut und eine nicht bekannte Meinung der Finanzverwaltung vorausgesetzt – von der herrschenden Meinung in der Literatur bzw. nur von einzelnen Literaturstimmen geteilt wird. Ein Beispiel für ein in Kategorie D zu klassifizierendes Steuerrisiko ist ein auf der nicht rechtzeitigen Entrichtung einer Steuerzahllast basierendes Tax-Compliance-Risiko, weil nach

[616] Vgl. SALZBERGER, Risk, IStR 2008, S. 556.

Ablauf des Fälligkeitstages gemäß § 240 AO von Gesetzes wegen Säumniszuschläge zwingend festgesetzt werden.

2.3.3. Potenzielles Schadensausmaß

Hinsichtlich des potenziellen Schadensausmaßes von Steuerrisiken haben die für die Risikobewertung zuständigen Mitarbeiter sowohl die zahlungs- als auch die ergebniswirksamen Steuereffekte zu ermitteln. Zu beachten ist hierbei, dass diese Effekte neben den eigentlichen Steuerlasten auch die etwaig einschlägigen steuerlichen Nebenleistungen, wie z. B. Nachzahlungszinsen, zu umfassen haben.[617] Sofern es möglich und wirtschaftlich vertretbar ist, sollten die jeweiligen Schadenshöhen quantifiziert werden. Vor dem Hintergrund der Tatsache, dass das Ziel der Quantifizierungen darin besteht, die Relevanz der Steuerrisiken für die Gesellschaft möglichst zutreffend zu beurteilen, sollte aus Praktikabilitätserwägungen auf die Ermittlung (schein-)genauer Werte verzichtet und die Steuerrisiken stattdessen bestimmten Kategorien zugeordnet werden. So kann die Risikobewertung in Bezug auf die potenziellen zahlungs- und ergebniswirksamen Schadenshöhen etwa die im Folgenden aufgeführten Kategorien verwenden:

- Kategorie 1 = unbedeutend: Steuerrisiken, die lediglich unmerkliche Schäden nach sich ziehen können.
- Kategorie 2 = gering: Steuerrisiken, die merkliche, aber nicht signifikante Schadenshöhen auslösen können.
- Kategorie 3 = hoch: Steuerrisiken, die zu erheblichen Schäden führen können.
- Kategorie 4 = existenzgefährdend: Steuerrisiken, die die Insolvenz der Unternehmung verursachen können.

Die genauen Abgrenzungen der verschiedenen Steuerrisikokategorien sind unternehmungsindividuell festzulegen. Als diesbezügliche Entscheidungsparameter kommen sowohl absolute als auch relative Größen in Betracht. So kann eine Unternehmung bspw. relative Größen wählen, indem sie festlegt, dass diejenigen Steuerrisiken als existenzgefährdend einzustufen sind, die eine zahlungs- bzw. ergebniswirksame Steuerbelastung i. H. v. 100 Mio. EUR oder einen höheren Betrag auszulösen drohen. Ein Beispiel für die Verwendung von relativen Größen ist, dass Steuerrisiken der Kategorie 1 zugeordnet werden, wenn die aus ihnen möglicherweise

[617] Vgl. VROEMEN, Planning, TNI 2002, S. 884.

resultierende Steuerbelastung nicht mehr als 0,1 % des von der Unternehmung durchschnittlich generierten Free-Cash-Flow bzw. Jahresüberschusses ausmacht.

Neben den quantifizierbaren zahlungs- und ergebniswirksamen Steuereffekten sind bei der Kategorisierung der steuerlichen Risiken auch die nur schwerlich bzw. überhaupt nicht der Höhe nach zu bemessenen potenziellen Schäden zu berücksichtigen. Schwer bzw. gar nicht quantifizierbar sind insbesondere immaterielle Schäden, Opportunitätskosten für erst in der Zukunft entgehende Erträge und nur sehr selten auftretende Schadensfälle, für die keine Erfahrungswerte verfügbar sind.[618] Ein Beispiel einer derartigen Auswirkung eines Steuerrisikos ist die potenzielle Beeinträchtigung der Vermögens-, Finanz- und Ertragslage einer Gesellschaft durch Reputationsschäden. Reputationsschäden können etwa dadurch verursacht werden, dass die Öffentlichkeit über die von der Gesellschaft genutzten sehr aggressiven Steuergestaltungsmaßnahmen Kenntnis erlangt und daher den Kauf der von der Gesellschaft angebotenen Produkte bzw. Dienstleistungen boykottiert. Weitere Beispiele für die nur schwer bzw. gar nicht quantifizierbaren potenziellen Schäden von Steuerrisiken sind etwaige Auswirkungen von Steuerplanungsmodellen auf den Konzernabschluss, den EVA und das Rating der Unternehmung.[619]

2.3.4. Steuerrisikomatrix

Die ermittelten Eintrittswahrscheinlichkeiten und quantifizierten potenziellen Schadenshöhen sind ebenso wie die detailliert zu beschreibenden nicht quantifizierbaren Auswirkungen der steuerlichen Risiken in geeigneter Form in einem IT-System zu dokumentieren. Zwecks Vereinfachung der unternehmungsinternen Kommunikation sind die Steuerrisiken zusätzlich in Matrizen mit den Dimensionen „Eintrittswahrscheinlichkeit" und „Potenzielles Schadensausmaß" zu veranschaulichen.[620] Aufgrund der Differenzierung zwischen dem zahlungs- und dem ergebniswirksamen Schadensausmaß sind für jedes steuerliche Risiko zwei verschiedene Matrizen zu erstellen.

In der folgenden Grafik ist ein Beispiel für eine solche Steuerrisikomatrix dargestellt. Für die jeweiligen Abgrenzungen der einzelnen Kategorien der Dimension „Zahlungswirksames Schadensausmaß" werden zu Illustrationszwecken fiktive absolute Größen verwendet.

---

[618] In derartigen Fällen können allenfalls verschiedene denkbare Szenarien gebildet werden, um durch Rückgriff auf den Erwartungswert die potenziellen Schadenshöhen näherungsweise zu ermitteln.

[619] Vgl. die Ausführungen in Teil III 2.4.3.

[620] Vgl. HENEHAN/WALSH, Risk, S. 111 ff. WITTMANN/SPANNAGL, Risikomanagement, in: Küting/Weber (Hrsg.), Konzernführung, S. 50.

Zahlungswirksames Schadensausmaß				
4	A 4	B 4	C 4	D 4
3	A 3	B 3	C 3	D 3
2	A 2	B 2	C 2	D 2
1	A 1	B 1	C 1	D 1
	A	B	C	D
	Eintrittswahrscheinlichkeit			

Eintrittswahrscheinlichkeit

A. Sehr gering	(≤ 5 %)
B. Gering	(5 % < x ≤ 50 %)
C. Hoch	(50 % < x ≤ 95 %)
D. Sehr hoch	(> 95 %)

Zahlungswirksames Schadensausmaß (in EUR)

1. Unbedeutend	(≤ 100 T)
2. Gering	(100 T < x ≤ 1 Mio.)
3. Hoch	(1 Mio.< x ≤ 100 Mio.)
4. Existenzgefährdend	(> 100 Mio.)

Abbildung 42: Matrix zur Bewertung von Steuerrisiken

2.4. Beurteilung der Unternehmungsrelevanz

Um zuverlässig beurteilen zu können, ob und wenn ja welche Relevanz den einzelnen steuerlichen Risiken aus Perspektive der gesamten Unternehmung beizumessen ist, hat in einem ersten Schritt eine Qualitätssicherung der von dem IT-System – auf Basis der während der Risikoidentifikation und -bewertung erfolgten Dokumentationen – automatisch generierten Meldungen über erkannte und bewertete Steuerrisiken (sog. Steuerrisikomeldungen) zu erfolgen. Weil die Identifikation und Bewertung von steuerlichen Risiken permanente Prozesskomponenten darstellen, erzeugt das IT-System kontinuierlich Steuerrisikomeldungen. Wenn also etwa aufgrund neuer Erkenntnisse im Rahmen des Teilschrittes „Risikobewertung“ eine Modifizierung der Eintrittswahrscheinlichkeit und des potenziellen Schadensausmaßes eines Steuerrisikos vorgenommen wird, führt das IT-System eine Aktualisierung der entsprechenden Steuerrisikomeldung durch. Gemäß dem Vier-Augen-Prinzip ist die Qualitätssicherung der sowohl quantitative als auch qualitative Daten umfassenden Steuerrisikomeldungen von Mitarbeitern der Unternehmung vorzunehmen, die nicht zugleich für die Identifizierung und die Bewertung der jeweiligen Steuerrisiken verantwortlich sind. Die Qualitätssicherung der Steuerrisikomeldungen dient insbesondere dazu, die folgenden Aspekte zu gewährleisten:

- Vollständigkeit der Daten;
- Verständlichkeit der Beschreibung der Risikoursachen;
- Plausibilität der Risikobewertung.

Anschließend wird für jede Gesellschaft der kapitalmarktorientierten internationalen Unternehmung eine Aggregation der im Zuge der Risikobewertung angefertigten jeweiligen Steuerrisikomatrizen vorgenommen.[621] Ursächlich hierfür ist, dass nur durch die Erstellung eines solchen Steuerrisikoinventars verlässlich beurteilt werden kann, ob und wenn ja mit welcher Wahrscheinlichkeit einzelne Steuerrisiken, deren potenzielle zahlungs- bzw. ergebniswirksame Schadensausmaße bei der isolierten Betrachtung als „unbedeutend", „gering" oder „hoch" klassifiziert wurden, durch ihr Zusammenwirken für die jeweilige Gesellschaft ein insgesamt existenzgefährdendes Steuerrisiko auslösen können. Die Analyse der gesamten Steuerrisikoposition einer Gesellschaft mithilfe des Steuerrisikoinventars hat periodisch zu erfolgen, um gegebenenfalls rechtzeitig Gegenmaßnahmen einleiten zu können.

Des Weiteren werden die Steuerrisikomeldungen daraufhin untersucht, ob die einzelnen steuerlichen Risiken auch für andere Gesellschaften der kapitalmarktorientierten internationalen Unternehmung relevant sind, damit die Gesamtwirkung sich kumulierender oder sich neutralisierender Einzelrisiken für die Unternehmung beurteilt werden kann.[622] Sofern bei einer anderen Gesellschaft eine Relevanz zu bejahen ist, aber keine dementsprechende Steuerrisikomeldung vorliegt, ist durch Rücksprache mit den Mitarbeitern, die für die Risikoidentifizierung bei der anderen Gesellschaft zuständig sind, zu klären, ob dort bislang nicht erkannte Steuerrisikopositionen bestehen. Falls neue Steuerrisiken entdeckt werden, haben diese den standardisierten Tax-Risk-Management-Prozess vollständig zu durchlaufen.[623] Ein Beispiel für sich gegenseitig neutralisierende Einzelrisiken lässt sich bezüglich der Festsetzung von Verrechnungspreisen hinsichtlich der Leistungsaustauschbeziehungen von zwei in unterschiedlichen Staaten ansässigen Gesellschaften bilden. Bei isolierter Betrachtung einer Gesellschaft stellt die Gefahr der im Rahmen einer zukünftigen Betriebsprüfung etwaig erfolgenden Anpassung der Verrechnungspreise ein Tax-Accounting-Risiko dar. Unter der Voraussetzung, dass die Verrechnungspreiskorrektur von den Finanzbehörden des anderen Staates nachvollzogen wird, ergeben sich jedoch aus Unternehmungsgesamtsicht gegenläufige Effekte, sodass das Tax-Accounting-Risiko zumindest partiell eliminiert wird.

Sämtliche der im Rahmen der Beurteilung der Unternehmungsrelevanz von Steuerrisiken gewonnenen Erkenntnisse sind in dem IT-System zu dokumentieren, damit in dem nachfolgenden Teilschritt des standardisierten Tax-Risk-Management-Prozesses, der Steuerung von

---

[621] Vgl. zu der Erstellung von Risikomatrizen Teil IV 2.3.4.
[622] Vgl. KRÖNER/BECKENHAUB, Konzernsteuerquote, S. 161.
[623] Um sicherzustellen, dass die neu entdeckten Steuerrisiken in zukünftigen Perioden unmittelbar bei den jeweiligen Gesellschaften identifiziert werden, sind diese Risiken insbesondere bei der Aktualisierung der für die Risikoidentifizierung verwendeten Checklisten (vgl. Teil IV 2.2.3.) zu berücksichtigen.

Steuerrisiken, eine ausreichende Informationsbasis zur Verfügung steht, um entscheiden zu können, wie mit den steuerlichen Risiken konkret umgegangen werden soll.

2.5. Risikosteuerung

2.5.1. Verfügbare Optionen

Die Risikosteuerung dient der Klärung der Frage, wie mit den auf den vorgelagerten Stufen des standardisierten Tax-Risk-Management-Prozesses identifizierten, bewerteten und hinsichtlich ihrer Relevanz für die gesamte Unternehmung analysierten Steuerrisiken konkret verfahren werden soll. Zunächst werden die abstrakten Möglichkeiten aufgezeigt, auf welche Art und Weise die kapitalmarktorientierte internationale Unternehmung die Steuerrisiken steuern kann.

Für den Umgang mit Steuerrisiken eröffnet sich für die Unternehmung zum einen die Option der Bewältigung und zum anderen die Option der Akzeptanz von Steuerrisiken. Hinsichtlich der Bewältigung von Steuerrisiken ist zu differenzieren zwischen den Alternativen „Vermeidung von Steuerrisiken“, „Transfer von Steuerrisiken“ und „Verringerung von Steuerrisiken“. Die verschiedenen Risikosteuerungsoptionen lassen sich grafisch wie folgt veranschaulichen.

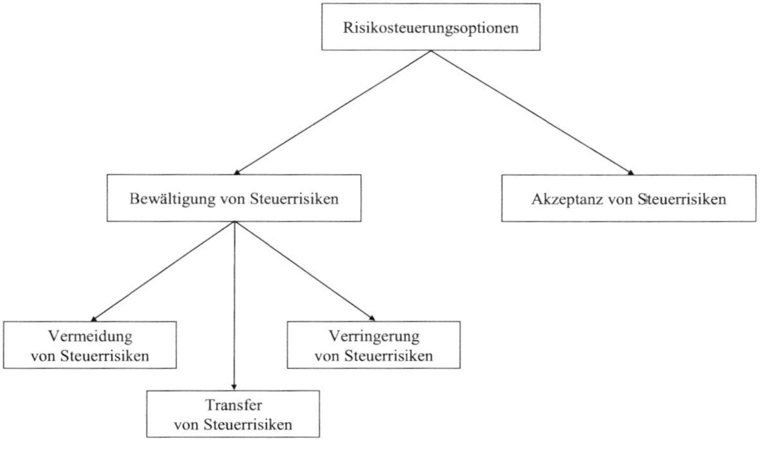

Abbildung 43: Risikosteuerungsoptionen

Unter der Vermeidung von Steuerrisiken werden in der vorliegenden Arbeit diejenigen Maßnahmen verstanden, die die Eintrittswahrscheinlichkeiten – und demzufolge zugleich die potenziellen Schadensausmaße – der Steuerrisiken auf null reduzieren. Eine solche vollständige Eliminierung von Steuerrisiken lässt sich grundsätzlich nur erreichen, indem die jeweiligen Risikoursachen gänzlich beseitigt werden. Als Beispiel kann die Akquisition einer Unternehmung angeführt werden, für die eine vorab durchgeführte Tax Due Diligence zu dem Ergebnis gelangt, dass der Unternehmungserwerb unkalkulierbare bzw. unangemessen hohe Steuerrisiken birgt. Die Vermeidung von Steuerrisiken ist in diesem Falle nur möglich, wenn auf den Kauf der Unternehmung verzichtet wird. Zu beachten ist, dass die Vermeidung von Steuerrisiken oftmals die Realisierung von Chancen, bei einem Unternehmungserwerb etwa die Nutzung von operativen Skaleneffekten, unmöglich macht.

Insbesondere vor dem Hintergrund von operativen Erwägungen können nicht sämtliche Steuerrisiken vermieden werden.[624] Zur Steuerung von Steuerrisiken bieten sich daher Maßnahmen an, die die Eintrittswahrscheinlichkeiten von Steuerrisiken unverändert lassen, aber die potenziellen zahlungs- bzw. ergebniswirksamen Schadensausmaße zumindest partiell auf fremde Dritte überwälzen, und infolgedessen einen Transfer von Steuerrisiken bewirken. So können etwa Versicherungen abgeschlossen werden, die den Vertragspartner gegen die Leistung von Versicherungsgebühren dazu verpflichten, bestimmte Steuerschäden zu übernehmen. Hierbei sind verschiedene Stufen der Versicherungsintensität denkbar, wie z. B. bei Tax-Planning-Risiken die ausschließliche Versicherung der Gebühren von beauftragten externen Beratern, die Versicherung der Beratergebühren zuzüglich der etwaig entstehenden Strafzinsen oder die Versicherung der Beratergebühren, der Strafzinsen sowie der anvisierten Steuervorteile.

Die Verringerung von steuerlichen Risiken führt im Gegensatz zu der Risikovermeidung nicht zu einer vollumfänglichen, sondern nur zu einer partiellen Bewältigung der Steuerrisiken. Die Maßnahmen zur Verringerung von Steuerrisiken können auf die Reduzierung der Eintrittswahrscheinlichkeiten und/oder die Reduzierung der potenziellen Schadensausmaße der steuerlichen Risiken abzielen. So kann bspw. die Eintrittswahrscheinlichkeit eines Tax-Planning-Risikos, das auf eine unklare Gesetzesauslegung zurückzuführen ist, verringert werden, indem die Unternehmung zwecks Bestätigung ihrer Rechtsauffassung einen Antrag auf Erhalt einer verbindlichen Auskunft bei den Finanzbehörden stellt.

---

[624] Vgl. etwa VAN DER LAAN, TaxValueChain, International Tax Review Supplement July 2006, S. 5.

Neben der vollständigen bzw. teilweisen Bewältigung von Steuerrisiken durch die oben beschriebenen Maßnahmen „Vermeidung“, „Transfer“ und „Verringerung“ eröffnet sich der kapitalmarktorientierten internationalen Unternehmung für die Risikosteuerung auch die Möglichkeit, steuerliche Risiken zu akzeptieren. Bei dieser Option der „Akzeptanz“ werden die Steuerrisiken bewusst eingegangen und dementsprechend in Kauf genommen, ohne dass eine aktive Steuerung der steuerlichen Risiken erfolgt bzw. Absicherungs- oder sonstige Gegenmaßnahmen eingeleitet werden.

In Bezug auf die beiden Funktionen des Tax Risk Management „Optimierung zahlungs- und ergebniswirksamer Steuern“ und „Vermeidung unerwarteter Steuereffekte“ entfalten die vorab erläuterten, generell zur Verfügung stehenden Risikosteuerungsoptionen unterschiedliche Wirkungen.[625] So tragen die drei Formen der Bewältigung von Steuerrisiken („Vermeidung“, „Transfer“ und „Verringerung“) grundsätzlich zur Optimierung zahlungs- und ergebniswirksamer Steuern und damit zugleich zu einer Reduzierung der Gefahr des Eintritts von unerwarteten Steuereffekten bei, weil sie per definitionem die Eintrittswahrscheinlichkeit und/oder die potenziellen zahlungs- bzw. ergebniswirksamen Schadensausmaße von steuerlichen Risiken reduzieren.[626] Das Akzeptieren von Steuerrisiken bewirkt hingegen weder eine Optimierung zahlungs- und ergebniswirksamer Steuern noch eine Vermeidung unerwarteter Steuereffekte. Ursächlich hierfür ist, dass keinerlei Maßnahmen zur Beeinflussung der Eintrittswahrscheinlichkeiten oder der potenziellen Schadensausmaße der steuerlichen Risiken vollzogen werden. Allerdings verhindert das bewusste Eingehen von Steuerrisiken das Entstehen sowohl von tatsächlichen Kosten, wie z. B. den Versicherungsgebühren für den Transfer eines Steuerrisikos, als auch von fiktiven Kosten, bspw. den Opportunitätskosten eines zwecks Risikovermeidung nicht implementierten Steuerplanungsmodells.

2.5.2. Konkrete Auswahl einer Option

Die kapitalmarktorientierte internationale Unternehmung hat zu entscheiden, welche der verfügbaren Risikosteuerungsoptionen für die auf den vorgelagerten Stufen des standardisierten

[625] Vgl. zu den Funktionen des Tax Risk Management Teil IV 1.

[626] Während die beiden Risikosteuerungsalternativen „Vermeidung“ und „Transfer“ durch die Eliminierung der Eintrittswahrscheinlichkeiten und damit zugleich der potenziellen Schadensausmaße von Steuerrisiken bzw. die Überwälzung zumindest gewisser Teile der etwaigen Schadensausmaße auf fremde Dritte unmittelbar die zahlungs- und ergebniswirksamen Steuern optimieren, ergibt sich dieser Effekt bei der Risikosteuerungsoption „Verringerung“ nur in den Fällen der Minderung der Schadensausmaße. Insoweit die Verringerung von Steuerrisiken jedoch auf die Reduzierung der Eintrittswahrscheinlichkeiten von Steuerrisiken abzielt, ist die Optimierung der Steuerbelastungen nicht zwangsläufig gewährleistet, weil sich die Steuerrisiken – wenn auch mit verminderten Wahrscheinlichkeiten – nach wie vor materialisieren können.

Steuerrisikomanagementprozesses identifizierten, bewerteten und bezüglich ihrer Relevanz für die gesamte Unternehmung analysierten einzelnen Steuerrisiken konkret ausgeübt werden sollen. Um eine Konsistenz der Entscheidungen zu gewährleisten, sollte die Unternehmung jeder der sich auf den Steuerrisikomatrizen ergebenden Kombinationen von Eintrittswahrscheinlichkeit und potenziellem zahlungs- bzw. ergebniswirksamem Schadensausmaß (Felder „A 1“ bis „D 4“ der Steuerrisikomatrizen; vgl. Abbildung 42) eine bestimmte Risikosteuerungsoption zuordnen.

Die in dem IT-System zu dokumentierende Zuordnungsentscheidung wird im Wesentlichen beeinflusst durch die Steuerrisikostrategie der Unternehmung und die Ressourcenausstattung der Steuerabteilung, z. B. Höhe der finanziellen Ressourcen für den Abschluss von Steuerrisikoversicherungen.[627] Die Steuerrisikostrategie ist von dem Leiter der Steuerabteilung in Absprache mit der Unternehmungsleitung festzulegen. Sofern etwa eine Steuerrisikostrategie gewählt wird, die sich durch einen sehr hohen Grad an Risikoaversion auszeichnet, werden wenn überhaupt nur solche steuerlichen Risiken akzeptiert, die eine sehr geringe Eintrittswahrscheinlichkeit und unbedeutende potenzielle Schadensausmaße aufweisen. Im Falle einer stark ausgeprägten Risikofreude wird die Risikosteuerungsoption „Akzeptieren“ hingegen auch für diejenigen Steuerrisiken festgelegt, die eine höhere Eintrittswahrscheinlichkeit und potenzielle Schadensausmaße besitzen.

Ein Beispiel für eine Risikosteuerung auf Basis einer risikoaversen Steuerrisikostrategie ist der nachfolgenden Steuerrisikomatrix mit den Dimensionen „Eintrittswahrscheinlichkeit“ und „Zahlungswirksames Schadensausmaß“ zu entnehmen.[628] Mangels Informationen über die Ressourcenausstattung der Steuerabteilung sind die Maßnahmen „Vermeidung von Steuerrisiken“ und „Vollständiger Transfer von Steuerrisiken“ zu der Risikosteuerungsoption „I.“ und die Maßnahmen „Verringerung von Steuerrisiken“ und „Partieller Transfer von Steuerrisiken“ zu der Risikosteuerungsoption „II.“ zusammengefasst worden.[629]

[627] Vor dem Hintergrund der beschränkten Ressourcen der Steuerabteilung können im Regelfall nicht sämtliche Steuerrisiken bewältigt werden, sodass die Akzeptanz von bestimmten Steuerrisiken unvermeidlich sein dürfte.
[628] Vgl. zu der Grundstruktur der Steuerrisikomatrix Teil IV 2.3.4.
[629] Unter der Voraussetzung, dass der Steuerabteilung stets ausreichende Ressourcen zur Verfügung stehen, könnte etwa statt der Vermeidung von Steuerrisiken stets ein vollständiger Transfer der Steuerrisiken angestrebt werden.

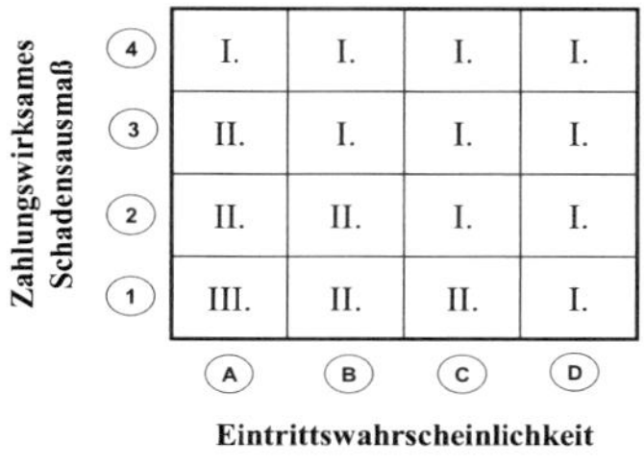

Eintrittswahrscheinlichkeit
A. Sehr gering (≤ 5 %)
B. Gering (5 % < x ≤ 50 %)
C. Hoch (50 % < x ≤ 95 %)
D. Sehr hoch (> 95 %)

Zahlungswirksames Schadensausmaß (in EUR)
1. Unbedeutend (≤ 100 T)
2. Gering (100 T < x ≤ 1 Mio.)
3. Hoch (1 Mio.< x ≤ 100 Mio.)
4. Existenzgefährdend (> 100 Mio.)

Risikosteuerungsoptionen
I. „Vermeidung" bzw. „Vollständiger Transfer"
II. „Verringerung" bzw. „Partieller Transfer"
III. „Akzeptieren"

Abbildung 44: Risikoaverse Steuerung von Steuerrisiken

Der Leiter der Steuerabteilung hat die konkrete Maßnahme und den für ihre Umsetzung verantwortlichen Mitarbeiter zu bestimmen, mittels derer die jeweilige Risikosteuerungsoption verwirklicht werden soll. Wenn etwa die Auswertung der Steuerrisikomatrix ergibt, dass ein Tax-Planning-Risiko zu verringern ist, kann der Steuerabteilungsleiter beschließen, durch Einholung eines Gutachtens bei einem externen Steuerberater das dem Risiko zugrunde liegende Steuerplanungsmodell detailliert zu analysieren. Die Maßnahme, einschließlich des aktuellen Standes ihrer Umsetzung, sowie die personellen Zuständigkeiten sind in dem IT-System zu dokumentieren.

Für Zwecke des standardisierten Steuerplanungsprozesses sind die hinsichtlich der Tax-Planning-Risiken zu ergreifenden Maßnahmen, einschließlich der übrigen Resultate des standardisierten Tax-Risk-Management-Prozesses in Bezug auf Tax-Planning-Risiken, wie z. B. die im Rahmen der Risikobewertung ermittelten Eintrittswahrscheinlichkeiten und potenziellen Schadensausmaße von Steuergestaltungsmodellen, an die für den Prozessschritt „Detailprüfung" des Tax-Planning-Prozesses zuständigen Mitarbeiter in standardisierter Form zu übermitteln.[630]

[630] Vgl. zu dem Teilschritt „Detailprüfung" des standardisierten Steuerplanungsprozesses Teil III 2.4.3.

2.6. Risikoabbildung und -kommunikation

Im Anschluss an die Risikosteuerung ist zu entscheiden, ob in Bezug auf den Einzel- und den Konzernabschluss eine Notwendigkeit zur Bildung bzw. Anpassung von Steuerrisikorückstellungen und latenten Steuerbilanzposten besteht. Die Verbuchung in den Einzelabschlüssen richtet sich nach den Vorschriften der Ansässigkeitsstaaten der einzelnen Gesellschaften der kapitalmarktorientierten internationalen Unternehmung, wie z. B. den durch das Vorsichtsprinzip geprägten Regelungen des Handelsgesetzbuches für deutsche Gesellschaften. Die Steuerrisikoberücksichtigung im Konzernabschluss wird hingegen durch die sich am Leitbild der *fair representation* orientierenden internationalen Rechnungslegungsvorschriften IAS/IFRS determiniert. Die Abbildung steuerlicher Risiken wird folglich im Wesentlichen durch die jeweils einschlägigen rechtlichen Vorschriften bestimmt.[631] In der Unternehmungspraxis verbleibt allerdings hinsichtlich Ansatz und Bewertung von Steuerrisikorückstellungen bzw. latenten Steuerbilanzposten ein oftmals signifikanter Ermessensspielraum, weil die Eintrittswahrscheinlichkeiten und potenziellen Schadensausmaße von Steuerrisiken nicht mit abschließender Sicherheit ermittelt werden können. Zu beobachten ist etwa, dass viele Unternehmungen die ihr zur Verfügung stehenden Spielräume im Wege einer sehr restriktiven Verbuchung von Steuerrisikorückstellungen nutzen, um die Finanzverwaltung nicht unmittelbar auf die Existenz von Steuerrisiken aufmerksam zu machen.[632]

Durch die möglichst präzise Abbildung von Steuerrisiken im Jahresabschluss kann die Funktion des standardisierten Tax-Risk-Management-Prozesses „Vermeidung unerwarteter Steuereffekte" verwirklicht werden, weil hierdurch die Volatilität des Jahresüberschusses bzw. des Cash Flow reduziert und damit negative Überraschungen in Form von unerwarteten ergebnis- bzw. zahlungswirksamen Steuereffekten vermieden werden.[633] Vor dem Hintergrund der generellen Risikoaversion der Kapitalmarktteilnehmer sollte die Unternehmung daher eine möglichst realistische Risikoabbildungsstrategie wählen, insoweit dies wirtschaftlich vertretbar ist

[631] Zu Details der rechtlichen Risikoabbildungsvorschriften des Handelsgesetzbuches sowie jener der IAS/IFRS vgl. Teil IV 3.

[632] Vgl. RÖTHLISBERGER/ZITTER, Risk, Der Schweizer Treuhänder 2005, S. 300.

[633] Vgl. die Ausführungen in Teil IV 1.3. Auf die Funktion „Optimierung zahlungs- und ergebniswirksamer Steuern" (vgl. hierzu Teil IV 1.2.) hat die Risikoabbildung grundsätzlich keinen Einfluss, weil die Bildung bzw. Anpassung von Steuerrisikorückstellungen und latenten Steuerbilanzposten keine Veränderung der Höhe der Cash Taxes bewirkt und sich etwaig ergebende ergebniswirksame Steuereffekte im Zeitpunkt der Materialisierung der steuerlichen Risiken umkehren.

und keine übermäßigen Details der steuerlichen Risiken gegenüber den Finanzbehörden offenbart werden müssen.[634]

Die mit der Abbildung der jeweiligen Steuerrisiken betrauten Mitarbeiter der Steuerabteilung haben in Kooperation mit der Rechnungswesenabteilung der Unternehmung die buchtechnische Abwicklung der Bildung bzw. Anpassung der Steuerrisikorückstellung und der latenten Steuerbilanzposten sicherzustellen, zu überprüfen und für Dokumentationszwecke unter Angabe von Details, wie z. B. des genauen Buchungssatzes, in dem IT-System zu erfassen.

Die Steuerrisiken, die nach Abzug der Effekte von wirksam umgesetzten Bewältigungsmaßnahmen und der bilanziellen Steuerrisikovorsorge verbleiben (sog. nicht bewältigte steuerliche Nettorisiken), sind kontinuierlich den für das Unternehmungsrisikomanagement zuständigen Mitarbeitern zu kommunizieren. Das Unternehmungsrisikomanagement umfasst sämtliche Risiken, denen die Unternehmung ausgesetzt ist, wie z. B. operative, volkswirtschaftliche oder politische Risiken. Durch das Übermitteln der steuerlichen Risiken an das Unternehmungsrisikomanagement wird sichergestellt, dass auch Steuerrisiken bei der Analyse des die Unternehmung betreffenden Gesamtrisikos nicht außer Acht gelassen werden. Eine weitere Maßnahme der Risikokommunikation zielt darauf ab, dass die Unternehmungsleitung stets frühzeitig über sämtliche signifikanten Risiken informiert ist. Hierzu sind die nicht bewältigten steuerlichen Nettorisiken, deren potenzielle zahlungs- bzw. ergebniswirksame Schadensausmaße als existenzgefährdend einzustufen sind, unter Umgehung der institutionalisierten Berichtswege auf schnellstmöglichem Weg direkt an den Vorstand zu kommunizieren.

2.7. Erfolgskontrolle

Abschließendes Element des standardisierten Steuerrisikomanagementprozesses ist die Erfolgskontrolle, die die Sicherstellung der Effektivität und Effizienz der vorangegangenen Teilschritte des Prozesses zum Ziel hat. Sobald sich steuerliche Risiken materialisieren, ist im Wege einer retrospektiven Betrachtung zu analysieren, ob und wenn ja warum einzelne Teilschritte des Tax-Risk-Management-Prozesses nicht optimal vollzogen worden sind. So ist etwa nach einer Betriebsprüfung zu kontrollieren, ob das ergebniswirksame Schadensausmaß eines durch den Betriebsprüfer aufgegriffenen Tax-Accounting-Risikos durch die Risikobe-

[634] In Bezug auf den Ansatz und die Bewertung von Steuerrisikorückstellungen und latenten Steuerbilanzposten sind die etwaig ergriffenen Maßnahmen zur Bewältigung der zugrunde liegenden Steuerrisiken (vgl. die Ausführungen in Teil IV 2.5.) zu berücksichtigen, sofern diese bereits wirksam umgesetzt wurden.

wertung korrekt prognostiziert wurde bzw. ob es auf Basis der zu dem damaligen Zeitpunkt verfügbaren Informationen nicht hätte präziser vorausgesagt werden können.

Durch die Untersuchung der Fehlerursachen sowie die Ermittlung der die Fehler zu verantwortenden Mitarbeiter hat die Erfolgskontrolle prospektiv zu gewährleisten, dass das etwaige Suboptimum der einzelnen Teilschritte nicht erneut auftritt. Wenn etwa Säumniszuschläge festgesetzt werden, weil die Kapitalertragsteuerpflicht eines bestimmten Vorgangs mangels adäquater steuerlicher Fachkenntnisse der zuständigen Mitarbeiter bereits dem Grunde nach überhaupt nicht erkannt wurde, ist der Baustein des Tax-Risk-Management-Prozesses „Risikoidentifikation" auf geeignete Weise zu modifizieren, damit dieses Tax-Compliance-Risiko zukünftig stets entdeckt wird. Beispielsweise kann der verantwortliche Mitarbeiter fachlich fortgebildet oder mit Checklisten ausgestattet werden, die typische Kapitalertragsteuerpflichten auslösende Ereignisse auflisten, sodass das steuerliche Risiko fortan identifiziert und im Rahmen des Teilschrittes „Risikosteuerung" durch die rechtzeitige Abgabe der Kapitalertragsteueranmeldung vermieden wird.

2.8. Synopse des standardisierten Steuerrisikomanagementprozesses

Im Ergebnis lässt sich die zeitliche Abfolge der einzelnen Elemente des Aktionsparameters des Tax Risk Management, des standardisierten Steuerrisikomanagementprozesses, wie folgt grafisch veranschaulichen.

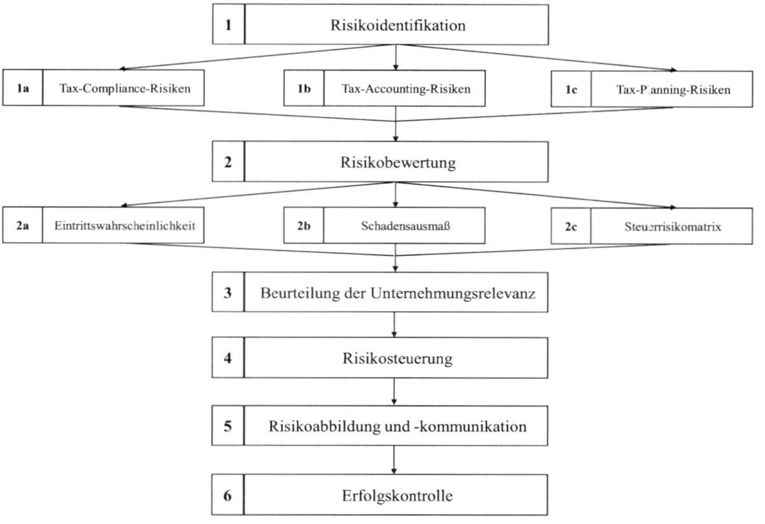

Abbildung 45: Synopse des standardisierten Steuerrisikomanagementprozesses

3. Restriktionen

Restriktionen für das Tax-Management-Instrument „Tax Risk Management" können grundsätzlich in sämtlichen Teilschritten des standardisierten Steuerrisikomanagementprozesses auftauchen. Aufgrund ihrer Heterogenität können im Folgenden lediglich einige der wesentlichen Restriktionen des Tax Risk Management aufgeführt werden.

Bereits die Identifikation steuerlicher Risiken kann von der kapitalmarktorientierten internationalen Unternehmung nicht nach Belieben vollzogen werden. Ursächlich hierfür ist im Wesentlichen, dass gemäß § 91 Abs. 2 AktG eine Sorgfaltspflicht des Vorstands zur Einrichtung eines Überwachungssystems besteht, damit den Fortbestand der Unternehmung gefährdende Entwicklungen früh erkannt werden. Dieses Risikofrüherkennungssystem hat unter anderem zu gewährleisten, dass alle wesentlichen Risiken, und demzufolge auch sämtliche signifikanten steuerlichen Risiken, rechtzeitig entdeckt werden. Die Pflicht zur systematischen Identifizierung von Steuerrisiken ergibt sich darüber hinaus auch aus der Vorschrift des § 315 Abs. 1 S. 5 HGB, nach der im Risikobericht des Konzernlageberichts alle wesentlichen (Steuer-)Risiken aufzulisten sind, denen die Unternehmung ausgesetzt ist bzw. in der Zukunft voraussichtlich ausgesetzt sein wird. Zu Einzelheiten des Risikofrüherkennungssystems sowie des Risikoberichts kann auf die Ausführungen in Teil II 2.3.2. verwiesen werden.[635]

Im Rahmen der Risikobewertung unterliegt das Tax Risk Management insofern Restriktionen, als es mitunter sehr schwer oder gar unmöglich sein kann, verlässliche Werte für die Eintrittswahrscheinlichkeiten und potenziellen zahlungs- bzw. ergebniswirksamen Schadensausmaße der Steuerrisiken zu ermitteln. Insbesondere die Quantifizierung von Reputationsschäden bereitet regelmäßig viele Probleme, weil diese von zahlreichen Unwägbarkeiten beeinflusst werden. Beispiele für Einschränkungen des Tax Risk Management in Bezug auf die Risikosteuerung sind die – etwa für Zwecke des Transfers von steuerlichen Risiken benötigten – lediglich in beschränkter Höhe zur Verfügung stehenden finanziellen Ressourcen der Steuerabteilung oder die operativen Zwänge, wie z. B. eine von der Unternehmungsleitung diktierte Akquisition, die das Ausüben der aus rein steuerlicher Sicht idealen Risikosteuerungsoption „Vermeidung von Steuerrisiken" in Form des Verzichts auf den Erwerb verhindert.

Restriktionen für das Tax Risk Management tauchen in vielfältiger Form auch bei der Abbildung steuerlicher Risiken im Jahresabschluss auf. Bereits bei der Aufstellung der Einzelabschlüsse der einzelnen Gesellschaften der Unternehmung kann sich nach den jeweils einschlägigen Rechnungslegungsvorschriften die Pflicht zur Bilanzierung von Rückstellungen für Steuerrisiken ergeben. So haben deutsche Gesellschaften in den nach den Vorschriften des Handelsgesetzbuches aufgestellten Einzelabschlüssen Steuerrisikorückstellungen auszuweisen, wenn steuerliche Risiken die allgemeinen Passivierungsgrundsätze von Rückstellungen für ungewisse Verbindlichkeiten nach § 249 HGB erfüllen. Für den Ansatz als Rückstellung muss ein Steuerrisiko demnach eine Verpflichtung gegenüber einem anderen begründen (sog. Außenverpflichtung), die rechtlich oder wirtschaftlich bereits verursacht wurde und mit deren tatsächlicher Inanspruchnahme ernsthaft zu rechnen ist, wobei die aufgrund der Verpflichtung künftig entstehenden Ausgaben nicht als Anschaffungs- bzw. Herstellungskosten aktivierungspflichtig sein dürfen und kein Passivierungsverbot bestehen darf.[636] Die Bewertung hat

---

[635] Sofern Aktien bzw. Schuldtitel der Unternehmung an einer US-amerikanischen Börse notiert sind, stellt sich die Pflicht zur Identifizierung von wesentlichen steuerlichen Risiken auch aufgrund des nach Section 404 des Sarbanes-Oxley Act einzurichtenden internen Kontrollsystems ein; vgl. hierzu Teil II 2.3.3.

[636] Vgl. etwa HOYOS/RING, in: Ellrott/Förschle/Hoyos/Winkeljohann (Hrsg.), Beck Bil-Komm., § 249 HGB Rz. 24 ff.

nach § 253 Abs. 1 S. 2 2. Hs. HGB mit dem nach vernünftiger kaufmännischer Beurteilung notwendigen Erfüllungsbetrag zu erfolgen.[637]

Die Abbildung von Steuerrisiken im Konzernabschluss obliegt ebenfalls nicht primär der Entscheidung der Unternehmung. Ansatz und Bewertung von Steuerrisikorückstellungen werden vielmehr in erster Linie durch die für den Konzernabschluss einschlägigen internationalen Rechnungslegungsvorschriften IAS/IFRS determiniert.[638] Mangels konkreter Vorschriften zum Ansatz von drohenden Steuerschulden aus Steuerrisiken ist nach IAS 8.10 f. auf die allgemeinen Grundsätze zur Bilanzierung von Schulden (sog. *liabilities*) im Framework und auf die Regelungen in anderen Standards zurückzugreifen. Entsprechend IAS 12.12 i. V. m. IASB-Framework, Par. 91 sind Steuerrisikorückstellungen zu bilden, wenn sich aus gegenwärtigen ertragsteuerlichen Verpflichtungen wahrscheinlich ein Mittelabfluss ergibt und sich dessen Höhe verlässlich ermitteln lässt.[639] Die Bewertung erfolgt in Höhe der bestmöglichen Schätzung der Ausgabe, die zu der Erfüllung der tatsächlichen Steuerschuld aus dem Steuerrisiko zum Bilanzstichtag erforderlich ist.[640]

Die Risikoabbildung im Einzel- und Konzernabschluss wird jedoch nicht ausschließlich durch die jeweils anzuwendenden Rechnungslegungsvorschriften bestimmt, weil sich für die Unternehmung sowohl bei der Bilanzierung dem Grunde nach als auch bei der Bilanzierung der Höhe nach zahlreiche mitunter signifikante Ermessensspielräume ergeben. So können etwa bei der Bewertung von Steuerrückstellungen im Regelfall weder der nach dem Handelsgesetzbuch anzusetzende Betrag (der nach vernünftiger kaufmännischer Beurteilung notwendige Erfüllungsbetrag) noch der nach IAS/IFRS einschlägige Wert (die bestmögliche Schätzung der Ausgabe, die zu der Erfüllung der tatsächlichen Steuerschuld aus dem Steuerrisiko zum Bilanzstichtag erforderlich ist) nachprüfbar quantifiziert werden.[641] Eine Restriktion hinsichtlich der Nutzung des Ermessensspielraums besteht insofern, als der Ausweis signifikanter Steuerrisikorückstellungen den zuständigen Betriebsprüfern Anreize liefert, umfangreichere

---

637 Vgl. etwa ZÜLCH/HOFFMANN, BilMoG, DB 2009, S. 746 sowie im Überblick zu der Rückstellungsbilanzierung nach dem BilMoG ZÜLCH/HOFFMANN, Rückstellungen, BiM 2008, S. 7 ff.

638 Zu der bilanziellen Behandlung von Steuerrisiken nach den Rechnungslegungsvorschriften US-GAAP vgl. die Ausführungen zu FIN 48 in Teil II 2.3.4.

639 Sofern die Wahrscheinlichkeitsbeurteilung dazu führt, dass der Ansatz einer Steuerrisikorückstellung nicht in Betracht kommt, ist zu prüfen, ob eine Eventualschuld (sog. *contingent liability*) vorliegt. Eventualschulden dürften nach IAS 37.27 nicht angesetzt werden, sind jedoch nach IAS 37.86 ff. im Anhang anzugeben.

640 Zu Details vgl. z. B. VON EITZEN/DAHLKE, Steuerpositionen, S. 124 ff. u. S. 155 ff. Zu der Bilanzierung von Steuerrisikorückstellungen gemäß dem Exposure Draft ED/2009/2 des IASB vgl. BENZEL/LINZBACH, Steuerrisikorückstellungen, KoR 2009, S. 400 ff.

641 Vgl. etwa HOYOS/RING, in: Ellrott/Förschle/Hoyos/Winkeljohann (Hrsg.), Beck Bil-Komm., § 253 HGB Rz. 151 ff.

bzw. detailliertere Prüfungshandlungen vorzunehmen, als sie ursprünglich vorgesehen hatten.[642]

[642] So ist in der Unternehmungspraxis zu beobachten, dass Unternehmungen bei der Verbuchung von Rückstellungen für Steuerrisiken oftmals eine gewisse Zurückhaltung an den Tag legen (vgl. LÜDENBACH, Steuerrisiken, PiR 2008, S. 243), damit die Finanzbehörden nicht explizit auf die Existenz von Steuerrisiken aufmerksam gemacht werden; vgl. die Ausführungen in Teil IV 2.6.

Teil V Tax Communication

1. Funktion

1.1. Grundsätzliche Anmerkungen

Neben der Nutzung der Instrumente „Tax Planning" und „Tax Risk Management" kann das Tax Management auch durch die geschickte steuerliche Kommunikation (sog. Tax Communication) zu der Realisierung des Hauptziels der kapitalmarktorientierten internationalen Unternehmung, der Maximierung des Total Shareholder Return, beitragen. Damit im Folgenden aufgezeigt werden kann, auf welche Art und Weise die Tax Communication imstande ist, eine Steigerung des Total Shareholder Return zu bewirken, bedarf es zunächst einer groben Erläuterung, was unter dem Begriff „Tax Communication" in der vorliegenden Arbeit zu verstehen ist.[643]

Mit dem Begriff „Tax Communication" werden grundsätzlich sämtliche Maßnahmen der Unternehmung umschrieben, die das Kommunizieren von Sachverhalten und Daten zum Inhalt haben, die einen zumindest mittelbaren steuerlichen Bezug aufweisen. Die Tax Communication umfasst sowohl die steuerliche Kommunikation mit unternehmungsexternen Personen und Institutionen (sog. Kommunikation nach außen) als auch die steuerliche Kommunikation innerhalb des Unternehmung (sog. Kommunikation nach innen).

Ein Beispiel für die Kommunikation nach außen ist die Aufbereitung und Übermittlung von steuerlichen Informationen im Rahmen der Jahresabschlussberichterstattung, wie etwa die entsprechend IAS 12.81c im Anhang des Konzernabschlusses in Form einer Überleitungsrechnung zwingend vorzunehmende Erläuterung der Relation zwischen Steueraufwand bzw. -ertrag und dem handelsrechtlichen Periodenergebnis vor Ertragsteuern. Eine Kommunikation nach außen stellt bspw. auch die Veröffentlichung eines Aufsatzes in einer steuerlichen Fachzeitschrift dar, durch den der Leiter der Steuerabteilung einen Beitrag zu der Abwendung ei-

643 Zu den konkreten Inhalten der Tax Communication vgl. Teil V 2.

nes für die Unternehmung voraussichtlich sehr nachteiligen Gesetzgebungsvorhabens leisten will.

Eine Kommunikation nach innen liegt etwa dann vor, wenn der Leiter der Steuerabteilung durch Verhandlungen mit dem Unternehmungsvorstand eine Ausweitung der für Zwecke der Rekrutierung hochqualifizierter Mitarbeiter dringend benötigten finanziellen Ressourcen, die der Steuerabteilung im nächsten Berichtsjahr zur Verfügung stehen werden, anvisiert. Ein anderes Beispiel für die Kommunikation nach innen sind regelmäßige Treffen von Mitarbeitern der Steuerabteilung mit ihren Kollegen aus den Abteilungen „Rechnungswesen", „Recht", „Controlling" und „Finanzen" sowie mit Kollegen aus operativen Unternehmungseinheiten, um sicherzustellen, dass die Steuerabteilung frühzeitig Kenntnis von bevorstehenden Projekten erlangt und im Falle steuerlicher Anknüpfungspunkte aktiv in die Projekte eingebunden wird.

Bereits diese beispielhaften Ausführungen zu der steuerlichen Kommunikation nach außen bzw. der steuerlichen Kommunikation nach innen zeigen, dass das Instrument „Tax Communication" zahlreiche Facetten aufweist und sehr heterogener Natur ist. Die beiden folgenden Kapitel erläutern, dass die steuerliche Kommunikation zum einen durch die Optimierung zahlungs- und ergebniswirksamer Steuern und andererseits mittels der Schaffung von Transparenz in Bezug auf steuerliche Angelegenheiten die Steigerung des Total Shareholder Return bewirken kann.

1.2. Optimierung zahlungs- und ergebniswirksamer Steuern

Wie bereits im Rahmen der Funktionen des Tax Planning und des Tax Risk Management aufgezeigt wurde, kann durch die Optimierung zahlungs- und ergebniswirksamer Steuern maßgeblich zur Maximierung des Total Shareholder Return beigetragen werden. Für eine detaillierte Analyse der diesbezüglich geltenden Ursache-Wirkungs-Zusammenhänge kann infolgedessen auf die Ausführungen in Teil III 1.1. und 1.2. sowie in Teil IV 1.2. verwiesen werden.[644] Die wesentlichen Ergebnisse dieser Analyse werden im Folgenden kurz zusammengefasst.

[644] Entsprechend den Ausführungen zu der Steuerplanung und dem steuerlichen Risikomanagement wird auch hinsichtlich der Tax Communication der Begriff „Optimierung" statt „Minimierung" von zahlungs- bzw. ergebniswirksamen Steuern verwendet. Sofern im Folgenden der Begriff „Reduzierung" benutzt wird, geht es daher nicht um die absolute, sondern nur um die relative Minimierung der zahlungs- bzw. ergebniswirksamen Steuerbelastung.

Die Optimierung zahlungswirksamer Steuern zieht eine Erhöhung des auf Basis der Free-Cash-Flow-Methode berechneten Unternehmungswertes und einen zumindest vorübergehenden Anstieg der liquiden Mittel nach sich. Hierdurch stellt sich ceteris paribus sowohl eine Optimierung des Aktienkurses als auch eine Optimierung der Dividendenzahlungen ein. Die Optimierung ergebniswirksamer Steuern löst eine Erhöhung des auf Grundlage des Gewinns je Aktie berechneten Unternehmungswertes und eine zumindest temporäre Erhöhung des Bilanzgewinns aus, was sich in einer Optimierung des Aktienkurses sowie der Dividendenzahlungen und dementsprechend auch in einer Steigerung des Total Shareholder Return niederschlägt.

Tax Communication führt zu einer Optimierung zahlungs- und ergebniswirksamer Steuern, wenn sich die steuerliche Kommunikation nach außen bzw. innen nicht auf das reine Übermitteln von steuerlichen Fakten beschränkt, wie z. B. die im Rahmen der Jahresabschlussberichterstattung entsprechend IAS 12.81e erfolgende bloße Offenlegung des Betrags der nicht mit aktiven latenten Steuern belegten steuerlichen Verlustvorträge, sondern vielmehr eine Veränderung der steuerlichen Faktenlage anstrebt und auch bewirkt. Beispielhaft anführen lassen sich in diesem Zusammenhang die steuerlichen Lobbying-Aktivitäten der deutschen Einzelhandelsbranche. Diese haben dazu geführt, dass hinsichtlich der im Zuge des Unternehmensteuerreformgesetzes 2008 in das Gewerbesteuergesetz eingeführten partiellen Hinzurechnung von Miet- und Pachtzinsen für Immobilien (vgl. § 8 Nr. 1e GewStG) der (hinzuzurechnende) fiktive Zinsanteil noch vor Inkrafttreten des Gesetzes durch das Jahressteuergesetz 2008 von 75 % auf 65 % reduziert wurde, was zu einer geringeren Gewerbesteuerbelastung der Unternehmungen führt.[645]

In Abhängigkeit von der jeweils ergriffenen steuerlichen Kommunikationsmaßnahme kommt es zu einer Optimierung sowohl von zahlungs- als auch von ergebniswirksamen Steuern, zu einer ausschließlichen Optimierung von zahlungswirksamen Steuern oder zu einer Optimierung nur von ergebniswirksamen Steuern. So induzieren die oben angeführten gewerbesteuerlichen Lobbying-Aktivitäten eine Optimierung sowohl der Cash Taxes als auch der ergebniswirksamen Steuern. Aufgrund von kompensatorischen latenten Steuereffekten ergäbe sich eine Reduzierung nur der zahlungswirksamen Steuern etwa dann, wenn durch steuerliches Lobbying eine Erhöhung von degressiven Abschreibungssätzen durchgesetzt wird. Eine aus-

[645] Vgl. zu den Details des diesbezüglich erfolgten gewerbesteuerlichen Lobbying BAUR, Lobbyarbeit, Handelsjournal Nr. 12 2007, S. 54.

schließliche Optimierung ergebniswirksamer Steuern stellt sich bspw. ein, wenn es durch einen kontinuierlichen Austausch zwischen der Steuer- und der Rechnungswesenabteilung gelingt, eine drohende Abwertung aktiver latenter Steuern frühzeitig zu erkennen und durch gegensteuernde Maßnahmen zu vermeiden.[646]

1.3. Schaffung steuerlicher Transparenz

Abweichend von der oben erläuterten Funktion der Tax Communication „Optimierung zahlungs- und ergebniswirksamer Steuern“ zielt die Funktion „Schaffung steuerlicher Transparenz“ nicht auf eine Veränderung, sondern auf eine Erläuterung von steuerlichen Fakten. Insbesondere aufgrund der vergleichsweise hohen Komplexität von Steueraspekten führt das bloße Zurverfügungstellen von steuerlichen Sachverhalten und Daten regelmäßig zu Informationsasymmetrien zwischen der berichterstattenden Unternehmung und den Kapitalmarktakteuren. Durch die Illustration der steuerlichen Fakten sollen die Divergenzen zwischen der unternehmungsinternen und der unternehmungsexternen Beurteilung der steuerlichen Situation der Unternehmung abgebaut und infolgedessen der Grad an Transparenz in Bezug auf die steuerliche Lage der Unternehmung gesteigert werden.

Ursächlich für die Chance, durch die Schaffung von steuerlicher Transparenz eine Steigerung des Total Shareholder Return bewirken zu können, ist analog zu den Ausführungen beim steuerlichen Risikomanagement (vgl. hierzu Teil IV 1.3.) die für die Mehrzahl der Kapitalmarktteilnehmer zu unterstellende Risikoaversion. Wegen ihrer Risikoscheu werden die Kapitalmarktakteure bei unerwarteten Entwicklungen des Cash Flow bzw. des Jahresüberschusses im Rahmen der Unternehmungsbewertungen auf Basis des Free Cash Flow bzw. des Gewinns je Aktie in Form von Bewertungsabschlägen Risikoadjustierungen vornehmen, die die errechneten Unternehmungswerte reduzieren. Durch die Schaffung steuerlicher Transparenz wird die Gefahr von unerwarteten zahlungs- und/oder ergebniswirksamen steuerlichen Entwicklungen, und demzufolge auch von unerwarteten Anstiegen bzw. Reduzierungen des Cash Flow und/oder des Jahresüberschusses, verringert. So kann etwa durch die Erläuterung der strukturellen Einflussfaktoren der Konzernsteuerquote, die eine Kennzahl für die Messung der ergebniswirksamen Steuerbelastung einer Unternehmung darstellt, erreicht werden, dass Analysten den Kurvenverlauf der Konzernsteuerquote verstehen und daher – bspw. auf stark vari-

---

[646] Zu beachten ist, dass sich der rein ergebniswirksame Steuereffekt im Zeitpunkt der Realisierung der durch die aktiven latenten Steuern abgebildeten zukünftigen Steuerentlastungen in Form einer aufwandswirksamen Ausbuchung der aktiven Latenzen umkehrt.

ierende Vorsteuerergebnisse zurückzuführende – Volatilitäten der Konzernsteuerquote bei der Bewertung auf Basis des Gewinns je Aktie nicht automatisch in Form von Bewertungsabschlägen abstrafen.[647]

Die aus der erhöhten Transparenz hinsichtlich zahlungs- bzw. ergebniswirksamer Steuern resultierenden relativ höheren Unternehmungsbewertungen nach der Free-Cash-Flow-Methode bzw. auf Basis des Gewinns je Aktie induzieren, wie in der nachstehenden Grafik veranschaulicht wird, die Optimierung des Aktienkurses und im Wege der nachhaltigen Erhöhung des Ausschüttungspotenzials die Optimierung der Dividendenzahlungen und dementsprechend im Ergebnis die Maximierung des Total Shareholder Return.

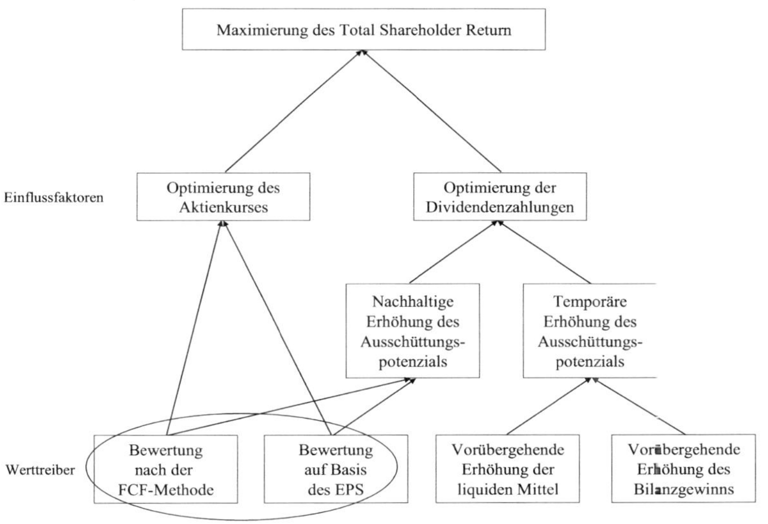

Abbildung 46: Einfluss der Schaffung von steuerlicher Transparenz auf den Total Shareholder Return

[647] Zu Details der möglichen Kurvenverläufe der Konzernsteuerquote vgl. KRÖNER/BECKENHAUB, Konzernsteuerquote, S. 22 ff.

2. Aktionsparameter

2.1. Standardisierter Steuerkommunikationsprozess

Um den Total Shareholder Return durch die Optimierung zahlungs- und ergebniswirksamer Steuern sowie durch die Schaffung von steuerlicher Transparenz steigern zu können, bedarf das Tax-Management-Instrument „Tax Communication" eines standardisierten Steuerkommunikationsprozesses. Ohne einen derartigen Prozess setzt sich die kapitalmarktorientierte internationale Unternehmung der Gefahr aus, dass nicht sämtliche Informationsbedürfnisse verschiedener Interessengruppen, etwa das Interesse von Analysten an der zukünftigen Entwicklung der Konzernsteuerquote, adäquat erfüllt und nicht jegliche steuerlichen Kommunikationspotenziale, bspw. in dem Bereich des Tax Lobbying, erkannt und genutzt werden.

Grundlegende Voraussetzung effizienter steuerlicher Kommunikation ist, dass zunächst analysiert wird, worin die jeweiligen Ziele der steuerlichen Kommunikation bestehen (Frage nach dem Warum). Anschließend sind hinsichtlich der einzelnen Kommunikationsziele die Kommunikationsadressaten zu identifizieren (Frage nach dem Wem). In einem nächsten Schritt ist zu überlegen, welche steuerlichen Informationen kommuniziert werden sollen (Frage nach dem Was). Daraufhin ist aufzuzeigen, in welcher Form und durch welche konkreten Maßnahmen die steuerliche Kommunikation bestmöglich abgewickelt werden kann (Frage nach dem Wie). Schließlich ist zu klären, welche Kontrollmechanismen zu implementieren sind, um etwaige Defizite des Steuerkommunikationsprozesses aufdecken und für zukünftige Prozessdurchläufe eliminieren zu können.

Der Aktionsparameter der Tax Communication, der standardisierte Steuerkommunikationsprozess, setzt sich somit aus den in der folgenden Grafik veranschaulichten fünf Teilschritten zusammen.

Bei dem ersten Teilschritt des standardisierten Steuerkommunikationsprozesses, der Frage nach dem Warum der steuerlichen Kommunikation, können auf Basis der relativ weit gefassten Definition der Tax Communication (vgl. Teil V 1.1.) grundsätzlich zahlreiche höchst unterschiedliche Kommunikationsziele in Erscheinung treten. So kann etwa die Erfüllung von Informationsbedürfnissen potenzieller Investoren oder die Beantwortung von Betriebsprüfer-Anfragen angestrebt werden. Für sämtliche Kommunikationsziele der Unternehmung sind die verbleibenden Teilschritte des standardisierten Steuerkommunikationsprozesses „Wem?“, „Was?“, „Wie?“ und „Erfolgskontrolle“ zu durchlaufen.

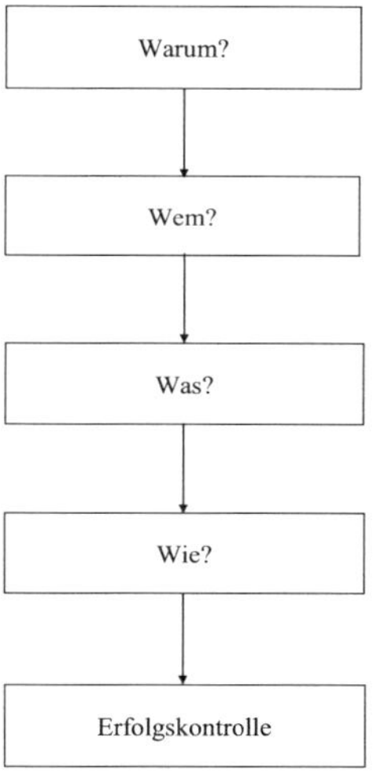

Abbildung 47: Grundzüge des standardisierten Steuerkommunikationsprozesses

Aufgrund der Vielzahl der Ziele der steuerlichen Kommunikation werden im Rahmen der vorliegenden Untersuchung ausschließlich die wesentlichen Ziele näher thematisiert, anhand derer exemplarisch aufgezeigt werden kann, wie die Funktionen der Tax Communication „Optimierung zahlungs- und ergebniswirksamer Steuern“ und „Schaffung steuerlicher Transparenz“ erfüllt werden können. Es handelt sich hierbei um die Ziele der Bereitstellung von entscheidungsrelevanten Informationen für die Einschätzung der tatsächlichen steuerlichen Lage der Unternehmung (sog. Kapitalmarktkommunikation), die Beeinflussung von Personen bzw. von Institutionen zur Durchsetzung der steuerlichen Interessen der Unternehmung (sog. Lobbying), die Gewährleistung der Existenz ausreichend hoher finanzieller Ressourcen für die Steuerabteilung der Unternehmung (sog. Ressourcengenerierung) sowie die Vermeidung steuerlicher Ineffizienzen, die darauf zurückzuführen sind, dass die Steuerabteilung nicht oder nicht rechtzeitig über steuerrelevante Sachverhalte innerhalb der Unternehmung informiert wird (sog. unternehmungsinterne Vernetzung).

Vor dem Hintergrund ihrer starken Heterogenität werden die zu analysierenden vier Ziele der steuerlichen Kommunikation „Kapitalmarktkommunikation", „Lobbying", „Ressourcengenerierung" und „Unternehmungsinterne Vernetzung", einschließlich der jeweils verbleibenden Teilschritte des standardisierten Steuerkommunikationsprozesses, die für die Verwirklichung dieser Ziele erforderlich sind (Teilschritte „Wem?", „Was?", „Wie?" und „Erfolgskontrolle"), im Folgenden separat voneinander betrachtet. Wie in der folgenden Grafik dargestellt wird, besteht der Aktionsparameter der Tax Communication somit aus standardisierten Steuerkommunikationsprozessen für die Kapitalmarktkommunikation, das Tax Lobbying, die Ressourcengenerierung sowie die unternehmungsinterne Vernetzung.

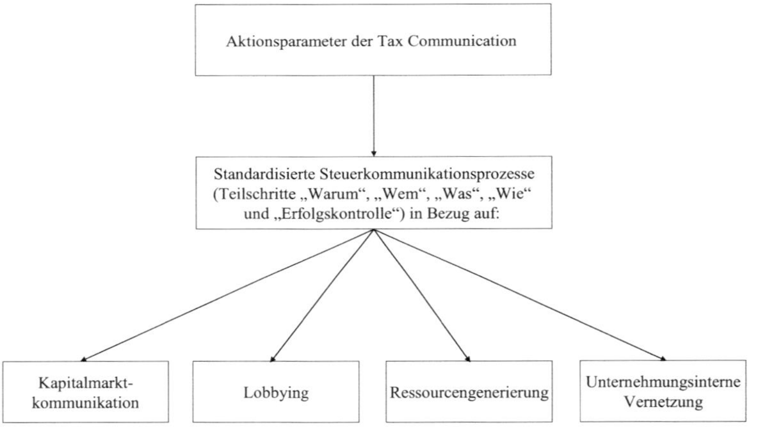

Abbildung 48: Aktionsparameter der Tax Communication

2.2. Kapitalmarktkommunikation

2.2.1. Ziel und Adressat

Ziel der Kapitalmarktkommunikation ist die Bereitstellung entscheidungsrelevanter Informationen für die Einschätzung der tatsächlichen steuerlichen Lage der Unternehmung (Teilschritt „Warum?" des standardisierten Steuerkommunikationsprozesses).[648]

[648] Vgl. etwa KLEY, Unternehmenskommunikation, in: Küting/Weber (Hrsg.), Konzernführung, S. 338; KÜTING/HÜTTEN/LORSON, Kommunikationsstrategie, DStR 1995, S. 1809.

Die Kommunikationsadressaten der Kapitalmarktkommunikation (Teilschritt „Wem?“) sind grundsätzlich sämtliche Stakeholder der Unternehmung, also die Eigen- und Fremdkapitalgeber, die Lieferanten, die Kunden, die Arbeitnehmer, die öffentlichen Gebietskörperschaften, die allgemeine Öffentlichkeit sowie etwaige sonstige Interessenten. Aufgrund der Dominanz der Shareholder-Interessen fungieren als Kommunikationsadressaten in der vorliegenden Arbeit jedoch nur die aktuellen und potenziellen Anteilseigner der Unternehmung sowie die deren Anlageentscheidungen beeinflussenden Broker, Finanzanalysten und Wirtschaftsmedien (sog. Kapitalmarktakteure).[649]

Die Kapitalmarktakteure haben sowohl im Rahmen der erfolgsorientierten Unternehmungsbewertung als auch im Rahmen der marktorientierten Unternehmungsbewertung explizite Schätzungen der zukünftigen Entwicklung von steuerlichen Einflussgrößen vorzunehmen.[650] Ausgangspunkt der Prognosemodelle ist dabei grundsätzlich die gegenwärtig vorherrschende tatsächliche steuerliche Lage der Unternehmung. Der Vorstand der Unternehmung kann durch Rückgriff auf die Expertise der Mitarbeiter der Steuerabteilung die aktuelle und somit zugleich die zukünftige steuerliche Lage der Unternehmung im Regelfall besser bzw. zuverlässiger einschätzen als die Kapitalmarktakteure. Falls bspw. eine Unternehmungsfunktion von einem Hochsteuerland in ein Niedrigsteuerland verlagert wird, ergibt sich in dem verlagernden Staat nahezu immer eine hohe zahlungswirksame Exit-Besteuerung. Ohne eine über die Pflichtpublizität hinausgehende freiwillige Erläuterung dieses Steuereffektes werden die Kapitalmarktakteure weder dessen Charakteristik als Einmaleffekt noch die fortan verringerte periodische Steuerzahllast erkennen können und vielmehr eine strukturelle Erhöhung der Belastung mit Cash Taxes annehmen.[651] Infolgedessen werden sie bei der erfolgsorientierten Unternehmungsbewertung auf Basis der Free-Cash-Flow-Methode davon ausgehen, dass die Unternehmung zukünftig einer höheren zahlungswirksamen Steuerbelastung unterliegt, was sich in einem relativ zu niedrigen Unternehmungswert niederschlägt.[652]

---

[649] Zu dem Vorrang der Interessen der Shareholder gegenüber jenen der Stakeholder und dem daraus resultierenden Hauptziel der kapitalmarktorientierten internationalen Unternehmung „Maximierung des Total Shareholder Return“ vgl. Teil II 2.1.3.2.

[650] Bei der erfolgsorientierten Unternehmungsbewertung bedarf es der Prognose der zukünftigen zahlungswirksamen Steuerbelastung (vgl. Teil II 2.1.1.2.2.) und bei der markorientierten Unternehmungsbewertung der Prognose der zukünftigen ergebniswirksamen Steuerbelastung (vgl. Teil II 2.1.1.2.3.).

[651] Zu den allgemeinen zahlungswirksamen Steuereffekten von Funktionsverlagerungen vgl. Teil III 2.3.2.1. Zu dem Umfang der Pflichtpublizität vgl. Teil V 3.1.

[652] Die sich in den darauffolgenden Perioden einstellenden niedrigeren zahlungswirksamen Steuerbelastungen würden grundsätzlich erhöhte Unternehmungsbewertungen nach der Free Cash Flow-Methode zur Folge haben. Aufgrund der Risikoaversion der Kapitalmarktteilnehmer würde die hohe Volatilität der zahlungswirksamen Steuerbelastung jedoch die Kapitalmarktakteure fortan zu der Vornahme von Bewertungsabschlägen provozieren, weshalb sie im Ergebnis vergleichsweise zu niedrige Unternehmungswerte errechnen würden.

Auch in Bezug auf scheinbare Reduzierungen von Steuerbelastungen besitzt der Vorstand der Unternehmung gegenüber den Kapitalmarktakteuren einen Informationsvorsprung. Wenn etwa die Mutterkapitalgesellschaft der kapitalmarktorientierten internationalen Unternehmung die Anteile an einer sehr werthaltigen Tochterkapitalgesellschaft verkauft und der Veräußerungsvorgang entsprechend § 8b Abs. 2, 3 KStG effektiv i. H. v. 95 % freigestellt wird, entsteht in dem Berichtsjahr des Verkaufsvorgangs wegen des hohen Betrags an steuerfreien Einkünften eine im Vergleich zu den Vorjahren verringerte Konzernsteuerquote. Sofern dieser ergebniswirksame Steuereffekt nicht in geeigneter Form erläutert wird, besteht die Gefahr, dass die Kapitalmarktakteure von einem dauerhaft niedrigeren Steueraufwandsniveau ausgehen, was sich bei der marktorientierten Unternehmungsbewertung auf Basis des Gewinns je Aktie in einem relativ zu hohen Unternehmungswert dokumentieren würde.[653]

Durch das Bereitstellen von entscheidungsrelevanten Informationen ermöglicht es die Kapitalmarktkommunikation den Kapitalmarktakteuren, die steuerliche Situation der Unternehmung wirklichkeitsgetreuer zu beurteilen. Dementsprechend bewirkt die Kapitalmarktkommunikation die Beseitigung bzw. zumindest die Abmilderung der Informationsasymmetrien zwischen dem Vorstand der Unternehmung und den Kapitalmarktakteuren in Bezug auf die Einschätzung der tatsächlichen steuerlichen Lage der Unternehmung.[654] Infolge der erhöhten Transparenz der Steuerposition der Unternehmung reduziert sich die Gefahr von unerwarteten zahlungs- bzw. ergebniswirksamen steuerlichen Entwicklungen, und unter Berücksichtigung der Risikoaversion der Kapitalmarktakteure damit zugleich die Gefahr von Bewertungsabschlägen im Rahmen der Unternehmungsbewertungen auf Basis des Free Cash Flow bzw. des Gewinns je Aktie. Die verbesserten Unternehmungsbewertungen führen wiederum sowohl zur Optimierung des Aktienkurses als auch zur Optimierung der Dividendenzahlungen, sodass die Kapitalmarktkommunikation durch die Schaffung von steuerlicher Transparenz zur Verwirklichung des Hauptziels der kapitalmarktorientierten internationalen Unternehmung, der Maximierung des Total Shareholder Return, beiträgt.[655]

---

[653] Der Nachteil eines relativ zu hoch eingeschätzten Unternehmungswertes zeigt sich in den Folgeperioden. Mangels entsprechender steuerfreier Einkünfte wird die Konzernsteuerquote abrupt ansteigen, was die Kapitalmarktteilnehmer infolge ihrer Risikoaversion zu der Vornahme von Bewertungsabschlägen bei der Bewertung auf Basis des Gewinns je Aktie veranlassen und somit insgesamt zu einem vergleichsweise zu niedrigen Unternehmungswert führen wird.

[654] Zu den generellen Möglichkeiten, Investoren durch das über die Pflichtberichterstattung hinausgehende Kommunizieren von bewertungsrelevanten Informationen eine verbesserte Einschätzung der tatsächlichen wirtschaftlichen Lage der Unternehmung zu ermöglichen (sog. Value Reporting) vgl. etwa RUHWEDEL/SCHULTZE, Value, ZfbF 2002, S. 606.

[655] Vgl. zu der Funktion der Tax Communication „Schaffung steuerlicher Transparenz" Teil V 1.3.

2.2.2. Inhalt

Um das oben beschriebene Ziel der Kapitalmarktkommunikation verwirklichen zu können, muss sich die Unternehmung darüber Gedanken machen, welche konkreten Informationen für Zwecke der Beurteilung der tatsächlichen steuerlichen Lage der Unternehmung als entscheidungsrelevant zu klassifizieren und daher den Kapitalmarktakteuren zu kommunizieren sind (Teilschritt „Was?“ des standardisierten Steuerkommunikationsprozesses).

Weil die Kapitalmarktakteure die tatsächliche steuerliche Lage der Unternehmung anhand der Unternehmungsbewertungsverfahren auf Basis der Free-Cash-Flow-Methode bzw. des Gewinns je Aktie beurteilen, sind diejenigen Steuerfaktoren entscheidungsrelevant, die in diese Bewertungskalküle einzubeziehen sind. Während die Free-Cash-Flow-Methode auf die zukünftige Höhe der zahlungswirksamen Steuerbelastung bzw. der Cash-Steuerquote abstellt, muss für die Unternehmungsbewertung auf Basis des Gewinns je Aktie eine Prognose der zukünftigen Entwicklung der ergebniswirksamen Steuerbelastung bzw. der Konzernsteuerquote vorgenommen werden.[656] Als für die Kapitalmarktakteure entscheidungsrelevante Informationen sind infolgedessen die absolute Höhe der zukünftigen zahlungs- und ergebniswirksamen Steuerbelastung bzw. die künftigen Entwicklungen der Cash- und der Konzernsteuerquote anzusehen. Vor dem Hintergrund, dass für Zwecke der Schätzung der zukünftigen Entwicklungen dieser Parameter oftmals die in der Vergangenheit bezüglich der einzelnen Parameter realisierten Werte zumindest als Ausgangspunkt verwendet werden, sind auch die zahlungs- und ergebniswirksamen Steuerbelastungen früherer Perioden sowie des aktuellen Geschäftsjahres als entscheidungsrelevant einzustufen.

Die große Relevanz dieser steuerlichen Faktoren für die Kapitalmarktakteure zeigt sich etwa daran, dass Aktionäre auf Hauptversammlungen und Finanzanalysten in Gesprächen mit dem Vorstand der Unternehmung zunehmend häufiger Fragen in Bezug auf die Cash- und die Konzernsteuerquote stellen.[657] In der Unternehmungspraxis wird hierbei insbesondere der Konzernsteuerquote höchste Bedeutung beigemessen, ungeachtet ihrer zahlreichen konzeptionellen Mängel wie z. B. der nach IAS 12.53 untersagten Abzinsung der in die Zählergröße der Konzernsteuerquote einfließenden latenten Steueraufwendungen und –erträge.[658]

---

[656] Vgl. Teil II 2.1.1.2.2. u. 2.1.1.2.3.

[657] Die im Börsensegment „Prime Standard“ der Frankfurter Wertpapierbörse notierten Unternehmungen sind entsprechend § 68 Börsenordnung für die Frankfurter Wertpapierbörse dazu verpflichtet, mindestens einmal jährlich eine Analystenveranstaltung außerhalb der Pressekonferenz zur Bekanntgabe der Jahresabschlusszahlen durchzuführen.

[658] Vgl. etwa ELGOOD/FULTON/SCHUTZMAN, Effectiveness, § 28.03[A].

So stellen sich bspw. Investoren bei der Analyse der in Tabelle 26 dargestellten Konzernsteuerquoten der im DAX 30 abgebildeten Unternehmungen für die Berichtsjahre 2006, 2007 und 2008 die Fragen, warum die Konzernsteuerquoten einzelner Unternehmungen im Zeitablauf stark schwanken, z. B. ergibt sich für die Deutsche Telekom AG für das Jahr 2006 ein Wert i. H. v. −37,25 % und für das Jahr 2007 ein Wert i. H. v. +55,97 %, und warum die Konzernsteuerquoten verschiedener Unternehmungen in demselben Berichtsjahr mitunter stark voneinander abweichen, so beträgt etwa im Jahr 2006 die Konzernsteuerquote von der Infineon Technologies AG −150,47 % und jene von der BASF AG +46,89 %.

	KSQ in 2006	KSQ in 2007	KSQ in 2008
Adidas AG	31,40 %	31,80 %	28,76 %
Allianz SE	17,99 %	24,35 %	23,52 %
BASF SE	46,89 %	37,63 %	44,70 %
BMW AG	30,31 %	19,08 %	5,98 %
Bayer AG	22,93 %	−3,22 %	26,99 %
Beiersdorf AG	21,50 %	31,37 %	31,02 %
Commerzbank AG	24,83 %	23,15 %	115,38 %
Daimler AG	35,41 %	47,12 %	39,03 %
Deutsche Bank AG	27,10 %	25,59 %	32,14 %
Deutsche Börse AG	35,09 %	32,47 %	28,50 %
Deutsche Lufthansa AG	22,01 %	22,07 %	24,25 %
Deutsche Post AG	19,70 %	14,56 %	−18,76 %
Deutsche Postbank AG	26,04 %	13,61 %	15,81 %
Deutsche Telekom AG	−37,25 %	55,97 %	41,37 %
E.ON AG	6,29 %	23,64 %	33,26 %
Fresenius Medical Care AG & Co. KGaA	42,46 %	38,51 %	36,62 %
Henkel AG & Co. KGaA	25,94 %	24,72 %	24,22 %
Infineon Technologies AG	−150,47 %	2,27 %	−27,89 %
K+S AG	20,59 %	34,70 %	27,33 %
Linde AG	39,67 %	27,56 %	22,86 %
MAN AG	26,69 %	35,73 %	29,70 %
Merck KGaA	17,90 %	20,83 %	34,06 %
Metro AG	31,01 %	35,87 %	30,11 %
Münchener Rück AG	31,90 %	16,96 %	47,33 %

RWE AG	27,31 %	39,67 %	29,24 %
Salzgitter AG	18,61 %	31,11 %	32,54 %
SAP AG	29,95 %	32,24 %	29,57 %
Siemens AG	22,70 %	23,37 %	35,32 %
ThyssenKrupp AG	35,04 %	34,23 %	27,24 %
Volkswagen AG	−9,04 %	37,00 %	29,06 %

Tabelle 26: Konzernsteuerquoten (KSQ) der DAX-30-Unternehmungen für die Jahre 2006-2008[659]

Des Weiteren erstellen Finanzanalysten regelmäßig *tax benchmarking studies*, in denen die Verläufe der Konzernsteuerquote einer Unternehmung mit der Entwicklung der Konzernsteuerquoten bei den weltweit schärfsten Konkurrenten der Unternehmung verglichen werden.[660] Wegen der Beeinflussbarkeit der Höhe der Konzernsteuerquote durch Steuerplanungsmaßnahmen müssen sich die Unternehmungen, die bei den *tax benchmarking studies* über einen längeren Zeitraum vergleichsweise hohe Konzernsteuerquoten aufweisen, gegenüber den Finanzanalysten rechtfertigen. So ergeben sich etwa bei einer *tax benchmarking study* in Bezug auf den Sportartikel-Hersteller Adidas AG für die Berichtsjahre von 2001 bis 2008 für die Adidas AG und deren Hauptwettbewerber Nike Inc. und Puma AG die in der folgenden Tabelle dargestellten Werte.

	Adidas AG	Nike Inc.	Puma AG
KSQ in 2001	39,00 %	36,00 %	30,10 %
KSQ in 2002	37,90 %	34,30 %	32,00 %
KSQ in 2003	38,00 %	34,10 %	31,90 %
KSQ in 2004	36,70 %	34,80 %	28,60 %
KSQ in 2005	33,70 %	34,90 %	29,00 %
KSQ in 2006	31,40 %	35,00 %	28,90 %
KSQ in 2007	31,90 %	32,20 %	29,00 %
KSQ in 2008	28,76 %	24,75 %	29,00 %

Tabelle 27: Konzernsteuerquoten ausgewählter Sportartikel-Hersteller im Zeitverlauf[661]

[659] Bei den untersuchten Titeln handelt es sich um diejenigen Unternehmungen, aus denen sich der DAX 30 zum 27.02.2009 zusammengesetzt hat. Die Konzernsteuerquoten wurden auf Basis der im Internet veröffentlichten Konzernabschlüsse der einzelnen Unternehmungen berechnet.

[660] Vgl. z. B. ELGOOD/FULTON/SCHUTZMANN, Effectiveness, § 4.02; MÜLLER, Konzernsteuerquote, DStR 2002, S. 1684 f.; KRÖNER/BECKENHAUB, Konzernsteuerquote, S. 217 ff.

[661] Die Konzernsteuerquoten wurden auf Basis der im Internet veröffentlichten Konzernabschlüsse der drei Unternehmungen berechnet.

Wie durch die nachfolgende grafische Darstellung der Verläufe der Konzernsteuerquoten der drei Sportartikel-Hersteller veranschaulicht wird, stellen sich für die jeweiligen Berichtsperioden mitunter signifikant unterschiedliche Werte ein. So weist etwa die Adidas AG im Jahr 2006 eine um fast 4 Prozentpunkte niedrigere Konzernsteuerquote als Nike Inc. und eine um fast 3 % höhere Konzernsteuerquote als die Puma AG auf, weshalb der Vorstand der Adidas AG gegenüber den Analysten rechtfertigen muss, warum das Niveau der Konzernsteuerquote über jenem der Puma AG liegt.[662]

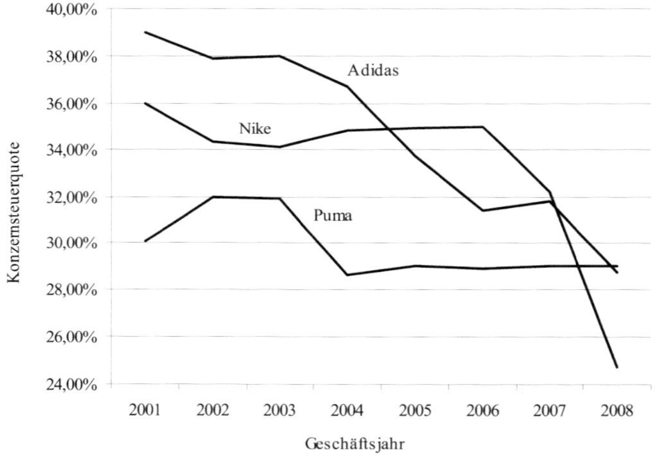

Abbildung 49: Tax Benchmarking von Sportartikel-Herstellern

2.2.3. Form

2.2.3.1. Grundprinzipien effektiver Kapitalmarktkommunikation

In Bezug auf den Teilschritt „Wie?" des standardisierten Steuerkommunikationsprozesses werden zunächst die generellen Grundprinzipien einer effektiven Kapitalmarktkommunikation aufgezeigt. Anschließend erfolgt die Erläuterung steuerlicher Spezialbegriffe (vgl. Teil V 2.2.3.2.) und die Isolierung struktureller Faktoren hinsichtlich verschiedener steuerlicher Maßgrößen (vgl. Teil V 2.2.3.3.).

---

[662] Als Rechtfertigungsgrund kann bspw. angeführt werden, dass sich die Konzernsteuerquote durch einen Kurvenverlauf auszeichnet und sich der Betrag der nicht abzugsfähigen Betriebsausgaben aufgrund vergleichsweise niedriger Konzernüberschüsse relativ stark ausgewirkt hat. Zu dem Kurvenverlauf der Konzernsteuerquote vgl. KRÖNER/BECKENHAUB, Konzernsteuerquote, S. 22 ff.

Die grundlegende Voraussetzung jeder effektiven Kapitalmarktkommunikation besteht in der Schaffung und Aufrechterhaltung einer nachhaltigen Vertrauensbasis zu den jeweiligen Kommunikationsadressaten. Nur im Falle einer intakten Vertrauensbasis gegenüber der Unternehmung lassen sich die Kapitalmarktakteure davon überzeugen, dass das ihnen kommunizierte Bild der gegenwärtigen und der voraussichtlich zukünftigen steuerlichen Lage der Unternehmung die tatsächlichen Fakten widerspiegelt bzw. auf der bestmöglichen Einschätzung vonseiten des Unternehmungsvorstands beruht. Die intakte Vertrauensbasis stabilisiert die Kapitalmarktakteure, sodass Gerüchte ihre Wirksamkeit verlieren und übereiltes sowie unbegründetes Agieren der Marktteilnehmer, das sich in vom Kapitalmarkt abgestraften Aktienkursschwankungen niederschlagen würde, vermieden werden kann.[663]

Die Unternehmung kann die Vertrauensbasis gegenüber den Kapitalmarktakteuren nur dann aufbauen und anschließend aufrechterhalten, wenn sie kontinuierlich eine glaubwürdige Kapitalmarktkommunikation praktiziert. Die Glaubwürdigkeit der steuerlichen Kapitalmarktkommunikation zeigt sich daran, dass die Kapitalmarktakteure über einen längeren Zeitraum die Erfahrung sammeln, dass die von der Unternehmung kommunizierten Informationen hinsichtlich der gegenwärtigen steuerlichen Lage der Unternehmung mit der Realität übereinstimmen und dass sich die in Bezug auf die zukünftige steuerliche Entwicklung aufgestellten Prognosen zu späteren Zeitpunkten im Wesentlichen bewahrheiten bzw. dass auf etwaige Abweichungen frühzeitig hingewiesen wird.[664] Eine glaubwürdige steuerliche Kapitalmarktkommunikation zeichnet sich – wie in der nachstehenden Grafik veranschaulicht und in den folgenden Ausführungen detailliert erläutert wird – durch die Charakteristika „Wahrheit", „Wesentlichkeit", „Proaktivität", „Aktualität", „Nachvollziehbarkeit" und „Gleichbehandlung" aus.[665]

Das Charakteristikum „Wahrheit" ist von überragender Bedeutung, weil die steuerliche Kapitalmarktkommunikation nur dann von den Kapitalmarktakteuren als glaubwürdig empfunden wird, wenn die übermittelten Informationen inhaltlich richtig sind bzw. in Bezug auf erst in der Zukunft zu realisierende Sachverhalte eine faire und realistische Einschätzung darstellen. Neben etwaigen rechtlichen Konsequenzen wird eine nicht der Wahrheit entsprechende

---

[663] Vgl. etwa KLEY, Unternehmenskommunikation, in: Küting/Weber (Hrsg.), Konzernführung, S. 350 f.

[664] Vgl. etwa ACHLEITNER/BASSEN/PIETZSCH, Kapitalmarktkommunikation, S. 157.

[665] Die Charakteristika der glaubwürdigen steuerlichen Kapitalmarktkommunikation wurden in Anlehnung an die von der Deutschen Vereinigung für Finanzanalyse und Asset Management (DVFA) aufgestellten generellen Grundsätze für eine effektive Kommunikation mit der Finanzgemeinde (sog. *financial community*) ausgewählt; vgl. hierzu DVFA, Finanzkommunikation, S. 2 ff. (Internetquelle). Zu der Messung des Erfolgs der DVFA-Finanzkommunikation mithilfe von sog. Perception Profiles vgl. BASSEN/FRANK/LEVERMANN/PLÜMMER, Messung, FB 2006, S. 689 ff.

steuerliche Kommunikation, wie z. B. der Ausweis von aktiven latenten Steuern auf steuerliche Verlustvorträge trotz unternehmungsinterner Klassifizierung der Verlustvorträge als voraussichtlich nicht steuerlich verwertbar, im Regelfall zumindest mittel- bis langfristig entlarvt werden, was einen großen Vertrauensverlust aufseiten der Kapitalmarktakteure nach sich ziehen würde. Die wahrheitsgemäße steuerliche Kommunikation schließt ein, dass für höchst ungewisse künftige Entwicklungen keine präzisen Prognosen abgegeben werden, sondern allenfalls aus mehreren Zahlen bestehende Erwartungskorridore bzw. szenariobasierte Betrachtungen kommuniziert werden; dies gilt beispielsweise für die langfristige Entwicklung der Konzernsteuerquote, die von zahlreichen Faktoren abhängt, die von der Unternehmung teilweise nicht beeinflusst werden können.

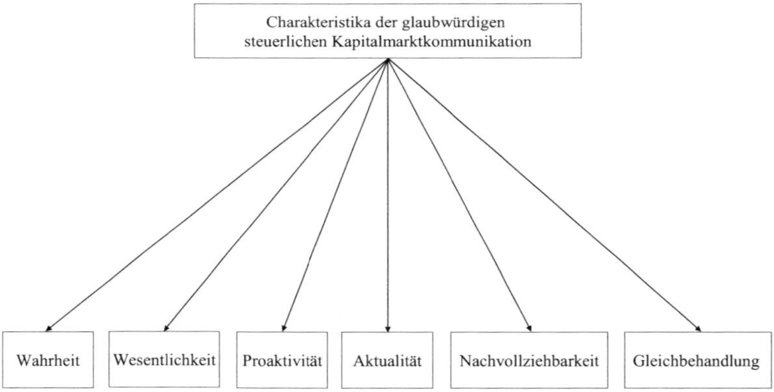

Abbildung 50: Grundprinzipien effektiver steuerlicher Kapitalmarktkommunikation

Die Ausrichtung der steuerlichen Kapitalmarktkommunikation an den Interessen der Kapitalmarktakteure wird durch das Charakteristikum „Wesentlichkeit" sichergestellt. Die Kapitalmarktakteure sind danach (nur) über die für sie wesentlichen steuerlichen Aspekte in Kenntnis zu setzen. So sollte der Finanzvorstand bspw. davon Abstand nehmen, in Analystengesprächen unter Einschaltung des Leiters der Steuerabteilung sehr ausführlich über hochkomplexe steuergesetzgeberische Vorhaben zu berichten, obwohl noch gänzlich unklar ist, ob diese überhaupt jemals Gesetzeskraft erlangen werden. Erst wenn eine Verabschiedung des Gesetzesvorhabens als wahrscheinlich einzustufen ist, sollten die wesentlichen Steuereffekte für die Unternehmung kurz skizziert werden.[666]

Mit dem Charakteristikum der Proaktivität ist gemeint, dass die Unternehmung die Informationsbedürfnisse der Kapitalmarktakteure vorausschauend und in Eigeninitiative befriedigen sollte, statt – außer im Rahmen der Pflichtpublizität – reaktiv zu handeln, d. h. erst nach Anfragen vonseiten der Kapitalmarktakteure.[667] So sollte der Vorstand etwa durch regelmäßig stattfindende Investorenkonferenzen und Analystentreffen aktiv das Gespräch mit den Kapitalmarktakteuren suchen. Der Leiter der Steuerabteilung sollte hierbei stets zur Verfügung stehen, damit etwaige steuerliche Detailfragen unverzüglich und sachgerecht beantwortet werden können. Ferner hat die Unternehmung für Zwecke der Proaktivität zu gewährleisten, dass sie bei der steuerlichen Kapitalmarktkommunikation nicht danach differenziert, ob der zu kommunizierende Inhalt für die Unternehmung positiv oder negativ ist. So sind bspw. den Analysten als Konsequenzen einer sich abzeichnenden Steuersatzsenkung nicht nur die niedrigeren zahlungs- und ergebniswirksamen periodischen Steuerbelastungen der zukünftigen Gewinne zu nennen, sondern es ist zugleich auf den aus der Abwertung eines etwaigen positiven Saldos von aktiven und passiven latenten Steuern resultierenden aperiodischen aufwandswirksamen Steuerergebniseffekt hinzuweisen.

Das Charakteristikum der steuerlichen Kapitalmarktkommunikation „Aktualität“ drückt aus, dass die relevanten steuerlichen Faktoren den Kapitalmarktakteuren zeitnah übermittelt werden sollten. So sind Analysten etwa im Rahmen einer Telefonkonferenz frühzeitig darauf aufmerksam zu machen, dass ein Steuergestaltungsmodell einer ausländischen Tochtergesellschaft von dem zuständigen Gericht nicht anerkannt wurde und daher für das aktuelle Berichtsjahr mit einem signifikanten Anstieg der zahlungswirksamen Steuerbelastung zu rechnen ist. Die kommunizierten Informationen sollten darüber hinaus stets dem aktuellen Kenntnisstand der Unternehmung entsprechen. Hierzu bedarf es einer kontinuierlichen Aktualisierung der kommunizierten Informationen. Ein Beispiel ist das Erfordernis der Modifizierung

[666] Einen Verstoß gegen das Charakteristikum „Wesentlichkeit“ stellt bspw. auch der Umstand dar, dass viele deutsche Banken aufgrund ihrer im internationalen Vergleich relativ hohen Steuerquoten überwiegend mit Vorsteuerrenditen argumentieren. Weil sich die Kapitalmarktakteure aber für diejenigen Renditen interessieren, die den Anteilseignern auch tatsächlich zur Verfügung stehen, mithin nach Abzug von Steuereffekten, ist aus Wesentlichkeitsgesichtpunkten – wie es international gängige Praxis darstellt – den Nachsteuerrenditen der Vorzug zu geben; vgl. POTTHOFF, Vorstand, Handelsblatt vom 18.04.2006, S. 27.

[667] Vgl. zu der Pflichtpublizität Teil V 3.1. Zu dem Erfordernis der regelmäßigen Kommunikation mit den Kapitalmarktakteuren vgl. ELGOOD/FULTON/SCHUTZMAN, Effectiveness, § 21.01.

der Prognose der künftigen Cash-Steuerquote infolge von gesetzlich neu geregelten Abschreibungssätzen.

Das Charakteristikum „Nachvollziehbarkeit“ ist erfüllt, wenn die Kapitalmarktakteure die ihnen kommunizierten Informationen verstehen und in der Lage sind, diese zu verifizieren.[668] Um das Verständnis der kommunizierten Informationen zu gewährleisten, sind verwendete Fachbegriffe zu erläutern, wie z. B. die Kennzahl der Konzernsteuerquote.[669] Zudem kann das Verständnis durch eine klar strukturierte und über den Zeitablauf konsistente Kommunikation erhöht werden. So ist bspw. ein interperiodischer Vergleich der Unterschiede zwischen dem erwarteten und dem effektiven Steueraufwand grundsätzlich nur dann möglich, wenn das Gliederungsschema der steuerlichen Überleitungsrechnung zumindest im Wesentlichen beibehalten wird. Die Verifizierbarkeit der kommunizierten Informationen ist insbesondere dann gegeben, wenn quantifizierte Daten, wie z. B. Prognosewerte bezüglich der zukünftigen Höhe der Cash-Steuerquote, rechnerisch nachvollzogen werden können. Hierzu sind die den Quantifizierungen zugrunde gelegten Annahmen und Berechnungsmodi offenzulegen.

Schließlich sollte die steuerliche Kapitalmarktkommunikation das Charakteristikum der Gleichbehandlung beachten.[670] Gleichbehandlung bedeutet in diesem Zusammenhang, dass grundsätzlich sämtlichen Kapitalmarktakteuren zu derselben Zeit dieselben steuerlichen Informationen zur Verfügung zu stellen sind. So sollten etwa der Zeitpunkt und der Umfang der Versorgung von Analysten mit steuerlichen Informationen nicht dadurch beeinflusst werden, ob die Analysten eine Kauf- oder eine Verkaufsempfehlung in Bezug auf die Aktien der Unternehmung abgegeben haben.

2.2.3.2. Erläuterung von Spezialbegriffen

Damit die Grundprinzipien der effektiven steuerlichen Kapitalmarktkommunikation in Bezug auf das Charakteristikum „Nachvollziehbarkeit“ verwirklicht werden, muss die Unternehmung unter anderem dafür Sorge tragen, dass die Kapitalmarktakteure die ihnen kommunizierten steuerbezogenen Informationen in vollem Umfang verstehen.[671] Die große Bedeutung

[668] Vgl. KLEY, Unternehmenskommunikation, in: Küting/Weber (Hrsg.), Konzernführung, S. 339.
[669] Vgl. ELGOOD/FULTON/SCHUTZMAN, Effectiveness, § 4.05[C]. Die Kapitalmarktakteure können prognostizierte Bandbreiten hinsichtlich der zukünftigen Entwicklung der Konzernsteuerquote nur dann richtig interpretieren, wenn sie den der Konzernsteuerquote zugrunde liegenden Kurvenverlauf verstanden haben. Zu dem Kurvenverlauf der Konzernsteuerquote vgl. Teil V 2.2.3.2. sowie KRÖNER/BECKENHAUB, Konzernsteuerquote, S. 22 ff.
[670] Vgl. KLEY, Unternehmenskommunikation, in: Küting/Weber (Hrsg.), Konzernführung, S. 338.
[671] Vgl. zu den Grundprinzipien effektiver steuerlicher Kapitalmarktkommunikation Teil V 2.2.3.1.

des Erfordernisses der Erläuterung von steuerlichen Spezialbegriffen resultiert aus der generell hohen Komplexität des Themengebietes „Steuern“.[672]

Während sich der Begriff „zahlungswirksame Steuern“ den Kapitalmarktakteuren vergleichsweise leicht und schnell erschließt, bereitet das Verständnis der ergebniswirksamen Steuern hingegen vielen Kapitalmarktakteuren signifikante Probleme.[673] Ursächlich hierfür ist in erster Linie, dass die ergebniswirksamen Steuern nicht nur die tatsächlichen, sondern auch die bisweilen hochkomplexen latenten Steueraufwendungen bzw. -erträge umfassen. So stellen etwa die aufgrund von *outside basis differences* entstehenden latenten Steueraufwendungen bzw. -erträge sogar für steuerlich versiertere Kapitalmarktakteure ein weitgehend unbekanntes Terrain dar, weshalb eine genaue Erläuterung der Größen unerlässlich ist.[674] Wegen ihrer hohen Relevanz in der Unternehmungspraxis konzentrieren sich die folgenden Ausführungen ausschließlich auf die Erläuterung der Kennzahl „Konzernsteuerquote“ (*effective tax rate*), die zur Beurteilung der Höhe der ergebniswirksamen Steuerbelastung regelmäßig zurate gezogen wird.[675]

Entsprechend IAS 12.86 ist zur Berechnung der Konzernsteuerquote das Ertragsteuerergebnis durch das handelsrechtliche Periodenergebnis vor Ertragsteuern zu dividieren. Infolgedessen ergibt sich die Konzernsteuerquote eines Konzerns für eine bestimmte Periode aus dem als Prozentsatz ausgedrückten Quotienten von dem in der Gewinn- und Verlustrechnung des Konzernabschlusses ausgewiesenen Ertragsteuerergebnis und dem in der jeweiligen Periode generierten Konzernergebnis vor Ertragsteuern. Das Ertragsteuerergebnis umfasst die tatsächlichen und latenten Steueraufwendungen bzw. -erträge sämtlicher im Konzernabschluss kon-

---

672 Vgl. ELGOOD/FULTON/SCHUTZMAN, Effectiveness, § 21.02[A]; JOMAN-DIJKHUIZEN, Tax, International Tax Review Supplement July 2006, S. 45.

673 Vgl. ABELA/DAVIDS/JEHLE, Steuerbilanzierung, S:R 2009, S. 69.

674 Vgl. für eine Erläuterung des Begriffs „outside basis differences“ z. B. METRO AG, Geschäftsbericht 2007, S. 152 sowie Teil III 2.3.3.3.3. Laut DANGEL/HOFSTETTER/OTTO, Jahresabschlüssen, S. 94 verkörpern latente Steuern eine von vielen Analysten als „Black-Box“ empfundene Bilanzposition. Zu der Analyse von Konzernabschlüssen hinsichtlich der latenten Steuern vgl. KRAWITZ, Konzernabschlussanalyse, in: Lachnit/Freidank (Hrsg.), Unternehmenspublizität, S. 703 ff.

675 Grundsätzlich bedürfen sämtliche verwendeten steuerlichen Begrifflichkeiten der Erläuterung. Vgl. z. B. für präzise Erläuterungen der Fachtermini „Cash Tax Rate“ bzw. „Cash-Steuerquote“, die als Kennzahlen für die Messung der Höhe der zahlungswirksamen Steuerbelastung fungieren, IBM CORPORATION, Annual Report 2007, S. 43 sowie SGL GROUP SE, Geschäftsbericht 2007, S. 130; vgl. hingegen RHEINMETALL AG, Zwischenbericht 3. Quartal 2007, S. 14 für die Aufstellung einer Prognose bezüglich der voraussichtlichen Höhe der Cash-Steuerquote des Gesamtjahres 2007, ohne jedoch den Kapitalmarktakteuren eine Definition dieser Kennzahl zur Verfügung zu stellen.

solidierter Gesellschaften sowie die auf der Konzernebene entstehenden latenten Steuereffekte. Formal gilt somit für die Konzernsteuerquote:[676]

$$KSQ_t = \frac{s_t^{tat} + s_t^{lat}}{EBT_t} \cdot 100$$

mit: KSQ_t = Konzernsteuerquote der Periode t

s_t^{tat} = tatsächlicher Steueraufwand bzw. -ertrag der Periode t

s_t^{lat} = latenter Steueraufwand bzw. -ertrag der Periode t

EBT_t = Konzernergebnis vor Ertragsteuern der Periode t

t = Periodenindex (t = 1, 2, ..., T)

Formel 33: Konzernsteuerquote

Weil das Konzernergebnis vor Steuern wie auch die Summe der tatsächlichen und latenten Steueraufwendungen bzw. -erträge sowohl einen positiven als auch einen negativen Wert annehmen kann, tritt hinsichtlich der Konzernsteuerquote eines der in der nachfolgenden Tabelle veranschaulichten vier verschiedenen Szenarien ein.

	1. Szenario	2. Szenario	3. Szenario	4. Szenario
Steueraufwand	+	–	+	–
Ergebnis vor Steuern	+	–	–	+
Konzernsteuerquote	+	+	–	–

Tabelle 28: Fallkonstellationen in Bezug auf die Konzernsteuerquote[677]

Das erste Szenario bildet den Standardfall ab, in dem ein Vorsteuerjahresüberschuss mit einem Steueraufwand einhergeht.[678] Weil sowohl die Zähler- als auch die Nennergröße der Konzernsteuerquote einen positiven Wert darstellen, ergibt sich eine positive Konzernsteuerquote, die es zwecks Reduzierung der ergebniswirksamen Steuerbelastung zu minimieren gilt. Bei dem zweiten Szenario korrespondiert ein Vorsteuerfehlbetrag mit einem Steuerertrag, der z. B. aus der Belegung von steuerlichen Verlustvorträgen mit aktiven Latenzen resultieren

[676] Vgl. etwa HERZIG/DEMPFLE, Konzernsteuerquote, DB 2002, S. 1; HERZIG, Herausforderung, WPg-Sonderheft 2003, S. 81; KRÖNER/BECKENHAUB, Konzernsteuerquote, S. 22 ff.; SPENGEL, Steuerpolitik, in: Oestreicher (Hrsg.), Steuerplanung, S. 92; LÜHN, Steuerplanung, KoR 2007, S. 552.
[677] In Anlehnung an HERZIG, Herausforderung, WPg-Sonderheft 2003, S. 83.
[678] Vgl. z. B. SIEMENS AG, Geschäftsbericht 2008, S. 124.

kann.[679] Folglich nimmt die Konzernsteuerquote auch hier einen positiven Wert an, der für Zwecke der Optimierung der ergebniswirksamen Steuerbelastung jedoch abweichend vom Standardfall zu maximieren ist.

Im dritten und vierten Szenario resultieren negative Konzernsteuerquoten, weil die Zähler- und Nennergröße jeweils unterschiedliche Vorzeichen aufweisen.[680] So kann sich etwa trotz eines negativen Ergebnisses vor Steuern ein Steueraufwand einstellen (3. Szenario), weil eine Betriebsprüfung eine hohe Steuernachzahlung festgesetzt hat, die einen tatsächlichen Steueraufwand nach sich zieht, ohne latente Steuereffekte auszulösen.[681] Für derartige Szenarien lassen sich keine generellen Interpretationsregeln aufstellen, weil zunächst durch eine präzise Analyse der einzelnen Bestimmungsfaktoren der Konzernsteuerquote zu klären ist, ob das Steuerergebnis und das Konzernergebnis vor Steuern überhaupt in einem sinnvollen sachlichen Zusammenhang stehen.[682]

Zu beachten ist, dass die Konzernsteuerquote keine konstante Prozentzahl darstellt, die auf das Ergebnis vor Steuern angewendet werden kann, sondern vielmehr einen Kurvenverlauf verkörpert, der die Höhe der *effective tax rate* in Abhängigkeit von der Höhe des Vorsteuerergebnisses wiedergibt. Die Ursache des Kurvencharakters besteht darin, dass das Steuerergebnis, z. B. aufgrund von permanenten Differenzen in Gestalt von steuerfreien Einkünften oder nicht abzugsfähigen Betriebsausgaben, nicht mit einem Faktor in Höhe von eins mit dem Ergebnis vor Steuern korreliert.[683] Unter stark vereinfachenden Annahmen können die typischen Kurvenverläufe der Konzernsteuerquote wie folgt grafisch veranschaulicht werden.[684]

[679] Vgl. etwa INFINEON TECHNOLOGIES AG, Geschäftsbericht 2007, S. 116.

[680] Vgl. z. B. DEUTSCHE POST AG, Geschäftsbericht 2008, S. 127 für die Korrespondenz eines negativen Konzernergebnisses vor Steuern mit einem Steueraufwand und BAYER AG, Geschäftsbericht 2007, S. 98 für die Korrespondenz eines positiven Konzernergebnisses vor Steuern mit einem Steuerertrag.

[681] Vgl. für weitere Beispiele VON EITZEN/DAHLKE, Steuerpositionen, S. 5.

[682] Vgl. HERZIG, Herausforderung, WPg-Sonderheft 2003, S. 83.

[683] Vgl. zu Details der Faktoren, die für die über- bzw. unterproportionale Entwicklung des Steuerergebnisses zum Konzernergebnis vor Steuern verantwortlich sind, z. B. den sog. *tax-only*-Effekten, KRÖNER/BECKENHAUB, Konzernsteuerquote, S. 23 ff.

[684] So stellt etwa die Höhe der permanenten Differenzen im Regelfall keine fixe Größe dar, sondern vergrößert bzw. verkleinert sich bei einem Anstieg bzw. einer Minderung der Höhe des Ergebnisses vor Steuern, vgl. DEMPFLE, Konzernsteuerquote, S. 43.

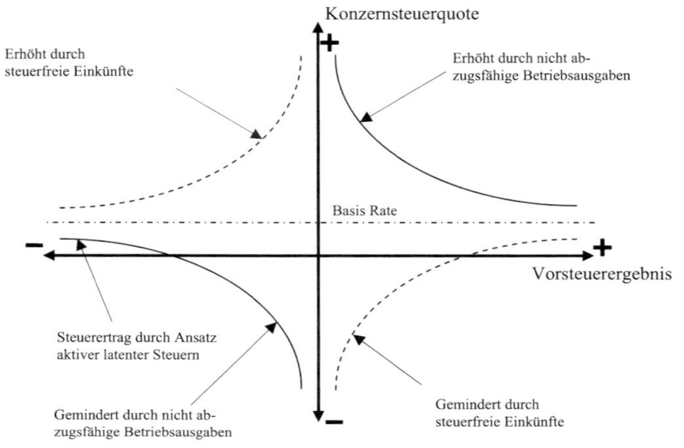

Abbildung 51: Kurvenverlauf der Konzernsteuerquote[685]

Den Kapitalmarktakteuren ist hierbei insbesondere zu verdeutlichen, dass hinsichtlich des Verlaufs jeder Kurve zu differenzieren ist zwischen einem Abschnitt, in dem die Konzernsteuerquote vergleichsweise stark schwankt, und einem Abschnitt, in dem die Höhe der *effective tax rate* relativ stabil ist. So wirkt sich etwa bei dem im ersten Quadranten des obigen Koordinatensystems veranschaulichten Kurvenverlauf, dem Standardfall der Kombination eines positiven Konzernergebnisses vor Steuern mit einem Steueraufwand, der als konstant unterstellte Betrag an nicht abzugsfähigen Betriebsausgaben bezüglich der Konzernsteuerquote umso stärker aus, je niedriger das Konzernergebnis vor Steuern ist.[686] Durch die Erläuterung dieser Zusammenhänge können die Kapitalmarktakteure davon abgehalten werden, die aus dem niedrigen Niveau der Vorsteuerergebnisse resultierende hohe Volatilität der Konzernsteuerquote stets durch Bewertungsabschläge bei den marktorientierten Unternehmungsbewertungsverfahren abzustrafen.

Die Erläuterung der Konzernsteuerquote beinhaltet, dass die Unternehmung die Kapitalmarktakteure auch über die Grenzen der Aussagekraft dieser Kennzahl in Kenntnis setzt. So handelt es sich um eine primär vergangenheitsorientierte Maßgröße, aus der sich nur in sehr begrenztem Umfang Aussagen bezüglich der zukünftigen steuerlichen Entwicklung ableiten

[685] Vgl. KRÖNER, Perspektivenwechsel, in: Herzig/Günkel/Niemann (Hrsg.), StbJb 2004/2005, S. 289 sowie KRÖNER/BECKENHAUB, Konzernsteuerquote, S. 33.
[686] Vgl. KRÖNER/BECKENHAUB, Konzernsteuerquote, S. 26 f.

lassen.[687] In der Unternehmungspraxis sind den Kapitalmarktakteuren daher zusätzlich Plansteuerquoten zu kommunizieren, die Prognosen bezüglich der zukünftigen Entwicklung der Konzernsteuerquote verkörpern. Des Weiteren erfasst die *effective tax rate* – aufgrund des kompensatorischen Effektes der entsprechend IAS 12.53 keiner Abzinsung unterliegenden latenten Steuern – nicht die Zinsvorteile, die der Unternehmung aus dem Vorziehen von steuerlichen Aufwandsposten, wie z. B. der rascheren Nutzung von steuerlichen Verlustvorträgen durch den steuerpflichtigen Verkauf einzelner Wirtschaftsgüter, und dem Hinausschieben des Entstehens von steuerlichen Ertragsposten zugutekommen.[688] Eine zur Lösung dieses Problems regelmäßig verwendete Maßnahme besteht darin, mithilfe der Cash-Steuerquote oder Barwertbetrachtungen flankierend auch Aussagen über die Höhe der zahlungswirksamen Steuerbelastung der Unternehmung zu treffen.[689]

Schließlich ist zu beachten, dass sowohl die Zähler- als auch die Nennergröße der Konzernsteuerquote durch Sondereffekte verzerrt werden kann.[690] Zum Beispiel bewirkt der im Rahmen des Impairment-Testes i. S. d. IAS 36 festgestellte nicht steuerwirksame Abschreibungsbedarf hinsichtlich des Geschäfts- oder Firmenwertes der Unternehmung eine starke Reduzierung und der außerordentliche Ertrag aus der steuerbefreiten Veräußerung von werthaltigen Vermögensgegenständen eine starke Erhöhung des Konzernergebnisses vor Steuern, ohne dass es in einem der beiden Fälle zu einer Veränderung des Steuerergebnisses kommt.[691] Derartige Sondereffekte können jedoch von der Unternehmung im Rahmen der steuerlichen Kapitalmarktkommunikation isoliert werden.[692]

---

[687] Vgl. ENDRES, Konzernsteuerquote, in: Oestreicher (Hrsg.), Steuerplanung, S. 164; LÜHN, Steuerplanung, KoR 2007, S. 558.

[688] Vgl. zu der Irrelevanz der klassischen Steuerbilanzpolitik für die Höhe der Konzernsteuerquote HERZIG/DEMPFLE, Konzernsteuerquote, DB 2002, S. 3 ff. Laut Kröner/Beckenhaub trägt die klassische Steuerbilanzpolitik jedoch mittelbar zu der Optimierung der Konzernsteuerquote bei, weil sie grundsätzlich eine Reduzierung des Bestands an aktiven latenten Steuern bewirkt und somit das Risiko der Abwertung von aktiven latenten Steuern verringert, vgl. KRÖNER/BECKENHAUB, Konzernsteuerquote, S. 20 ff.

[689] Vgl. zu Barwertbetrachtungen bezüglich der zahlungswirksamen Steuerbelastungen von Unternehmungen LÜHN, Steuerplanung, KoR 2007, S. 551 f.; HÜRLIMANN, Performance, Der Schweizer Treuhänder 2008, S. 156. Zu der hohen Relevanz von zahlungswirksamen Steuern vgl. etwa O. V., Planning, International Tax Review May 2009, S. 14.

[690] Vgl. für einen umfassenden Überblick über die in der Literatur vorgetragenen zahlreichen weiteren Kritikpunkte an der Konzernsteuerquote, wie etwa den großen Ermessensspielraum der Unternehmung in Bezug auf den Ansatz von latenten Steuern, LÜHN, Steuerplanung, KoR 2007, S. 558 ff.

[691] Vgl. HANNEMANN/PEFFERMANN, Performance, BB 2003, S. 731.

[692] Vgl. hierzu Teil V 2.2.3.3.

2.2.3.3. Isolierung von strukturellen Faktoren

Eine wesentliche Aufgabe der steuerlichen Kapitalmarktkommunikation besteht darin, strukturelle Faktoren hinsichtlich der zahlungs- und ergebniswirksamen Steuerbelastung der Unternehmung bzw. der diesbezüglichen Performance-Indikatoren „Cash-Steuerquote" und „Konzernsteuerquote" zu isolieren und den Kapitalmarktakteuren proaktiv zu kommunizieren. Die Isolierung der strukturellen Faktoren ist ratsam, weil die einzelnen Werte aufgrund von Sondereffekten regelmäßig Verzerrungen unterliegen und daher im Zeitablauf vergleichsweise starke Schwankungen aufweisen.[693]

Die Separierung struktureller von einmaligen, aperiodischen und außergewöhnlichen Faktoren bewirkt zwar keine Optimierung der zahlungs- oder ergebniswirksamen Steuerbelastung der Unternehmung, verhindert aber, dass die Kapitalmarktakteure die hohe Volatilität der Cash-Steuerquote und der Konzernsteuerquote bei den Unternehmungsbewertungsverfahren zwangsläufig in Gestalt von Bewertungsabschlägen berücksichtigen. Folglich wird durch die Schaffung von steuerlicher Transparenz der Total Shareholder Return gesteigert und somit zur Verwirklichung des Hauptziels der kapitalmarktorientierten internationalen Unternehmung beigetragen. Zu beachten ist, dass die Isolierung von strukturellen Faktoren nicht nur für das jeweils aktuelle Berichtsjahr zu erfolgen hat, sondern auch in Bezug auf die zukünftigen voraussichtlichen Entwicklungen der Cash-Steuerquote und der Konzernsteuerquote.

Für Zwecke der Isolierung der strukturellen Faktoren der Konzernsteuerquote des aktuellen Berichtsjahres bietet es sich an, die nach IAS 12.81c im Anhang des Konzernabschlusses verpflichtend aufzustellende steuerliche Überleitungsrechnung von dem anzuwendenden (nominellen) Steuersatz bzw. dem sich daraus fiktiv ergebenden Steueraufwand zu dem effektiven Steuersatz bzw. dem effektiven Steueraufwand zu nutzen.[694] Durch einen hohen Detaillierungsgrad der Überleitungspositionen und ergänzende Erläuterungen können die Kapitalmarktakteure in die Lage versetzt werden, die strukturelle Höhe der Konzernsteuerquote zu bestimmen.

Nicht strukturelle Bestandteile der Konzernsteuerquote können bspw. auf Steuersatzänderungen zurückzuführen sein. Weil die gesamten Auswirkungen der Modifizierung eines Steuersatzes auf die Bewertung von aktiven und passiven latenten Steuern kumuliert im Wirtschafts-

[693] Vgl. etwa die Auflistung der Konzernsteuerquoten der DAX 30-Unternehmungen über einen Zeitraum von drei Jahren in Tabelle 26 in Teil V 2.2.2.

[694] Vgl. generell zur steuerlichen Überleitungsrechnung DAHLKE/VON EITZEN, Überleitungsrechnung, DB 2003, S. 2237 ff.; KIRSCH, Berichterstattung, DStR 2003, S. 705 ff.

jahr der Änderung berücksichtigt werden, stellt sich in dieser Periode eine vergleichsweise starke Verzerrung der Konzernsteuerquote ein (sog. Reagibilität latenter Steuern).[695] Damit die ergebniswirksame Steuerbelastung um derartige Sondereffekte bereinigt wird, haben etwa soweit ersichtlich sämtliche der im DAX 30 notierten Unternehmungen die Einmaleffekte aus der im Zuge der Unternehmensteuerreform 2008 beschlossenen Senkung der durchschnittlichen Ertragsteuerbelastung von in Deutschland erzielten steuerlichen Einkünften von circa 39,6 % auf rund 30 % in ihren steuerlichen Überleitungsrechnungen für das Berichtsjahr 2007 in separaten Überleitungspositionen erfasst oder zumindest explizit isoliert kommuniziert.[696]

Neben Steuersatzänderungen kann die Höhe der Konzernsteuerquote durch zahlreiche weitere Faktoren verzerrt werden, die im Rahmen der steuerlichen Kapitalmarktkommunikation ebenfalls von den strukturellen Faktoren zu trennen sind.[697] Beispiele hierfür sind steuerbegünstigte konzerninterne Umstrukturierungen und Unternehmungsveräußerungen,[698] steuerlich besonders geförderte Investitionen,[699] steuerlich nicht wirksame Abschreibungen des Geschäfts- oder Firmenwertes im Konzernabschluss,[700] im Rahmen von Betriebsprüfungen festgesetzte Steuernachzahlungen bzw. -erstattungen für vergangene Perioden[701] und das Erwirtschaften

---

695 Vgl. etwa VON EITZEN/DAHLKE, Steuerpositionen, S. 8; MAMMEN, Konzernsteuerquote, PiR 2007, S. 109.

696 Vgl. z. B. den Geschäftsbericht 2007 der Bayer AG (vgl. BAYER AG, Geschäftsbericht 2007, S. 138), in dem in der steuerlichen Überleitungsrechnung durch die Position „Steuereffekt aus Steuersatzänderungen" den Kapitalmarktakteuren kommuniziert wird, dass die Reduzierung der Ertragsteuerbelastung aufgrund eines Überhangs an passiven latenten Steuern zu einem einmaligen latenten Steuerertrag i. H. v. 921 Mio. EUR geführt hat. Die Metro AG verwendet im Rahmen ihrer steuerlichen Überleitungsrechnung zwar keinen separaten Posten, erläutert den Kapitalmarktakteuren jedoch explizit (vgl. METRO AG, Geschäftsbericht 2007, S. 140), dass die Unternehmensteuerreform 2008 infolge eines Überhangs an aktiven latenten Steuern einen Sondereffekt in Form eines einmaligen Steueraufwands i. H. v. 125 Mio. EUR bewirkt hat.

697 Vgl. für einen Überblick über typische periodische und aperiodische Abweichungen in der steuerlichen Überleitungsrechnung HERZIG, Herausforderung, WPg-Sonderheft 2003, S. 91 bzw. für eine Auflistung der lang-, mittel- und kurzfristigen Effekte auf die Konzernsteuerquote HANNEMANN/PEFFERMANN, Performance, BB 2003, S. 728 ff.

698 Vgl. für die Berücksichtigung des entsprechend § 8b Abs. 2, 3 KStG i. H. v. 95 % steuerbefreiten Gewinns aus der Veräußerung von Kapitalgesellschaftsanteilen in der steuerlichen Überleitungsrechnung VON EITZEN/DAHLKE, Steuerpositionen, S. 112.

699 Vgl. z. B. INFINEON TECHNOLOGIES AG, Geschäftsbericht 2007, S. 138 für einen expliziten Hinweis – einschließlich der genauen Angabe der Höhe der Steuerersparnisse und des Begünstigungszeitraums – auf temporäre Steuerbefreiungen für bestimmte ausländische Aktivitäten der Unternehmung.

700 Vgl. etwa DEUTSCHE TELEKOM AG, Geschäftsbericht 2007, S. 135 für die Verwendung des Postens „Außerplanmäßige Wertminderungen auf den Goodwill bzw. aus negativen Unterschiedsbeträgen aus der Kapitalkonsolidierung" in der steuerlichen Überleitungsrechnung.

701 Vgl. z. B. DEUTSCHE BANK AG, Geschäftsbericht 2007, S. 197 für das Kommunizieren des Umstands, dass in dem Posten der Gewinn- und Verlustrechnung „Steueraufwand" Steuererträge enthalten sind, die aus erfolgreich abgeschlossenen Betriebsprüfungen resultieren und demzufolge nicht nachhaltiger Natur sind.

von nachhaltigen operativen Verlusten, die zu einem hohen Abwertungsbedarf in Bezug auf aktive latente Steuern führen, die auf steuerliche Verlustvorträge gebildet wurden.[702]

Entsprechend hat die Unternehmung auch in Bezug auf die Cash-Steuerquote des aktuellen Berichtsjahres die strukturellen Faktoren zu isolieren. Hierfür kann den Kapitalmarktakteuren etwa erläutert werden, dass ein in der Kapitalflussrechnung ausgewiesener relativ hoher Betrag an gezahlten Steuern auf eine Verlagerung einer Unternehmungsfunktion in ein ausländisches Niedrigsteuerland zurückzuführen ist und infolgedessen keine dauerhaft erhöhte Cash-Steuerquote signalisiert, sondern nur einen aperiodischen Einmaleffekt darstellt.

Auf Basis der bereinigten Konzernsteuerquote und Cash-Steuerquote des aktuellen Berichtsjahres hat die Unternehmung den Kapitalmarktakteuren Schätzungen über die zukünftigen strukturellen Entwicklungen dieser beiden Kennzahlen zur Verfügung zu stellen. Zum einen ist zu kommunizieren, welche strukturellen Höhen der Quoten von der Unternehmung aus strategischer Sicht, also langfristig, angestrebt werden. Dies umfasst die Aufzeigung von Strategien und Maßnahmen, mittels derer das jeweilige Zielniveau erreicht werden sollen.[703] Der Finanzvorstand kann bspw. in Analystengesprächen erläutern, dass die Konzernsteuerquote der Unternehmung durch eine signifikante Ausweitung von steuerplanerischen Aktivitäten in einem Zeitraum von fünf bis zehn Jahren um mindestens 3 Prozentpunkte reduziert werden soll. Zum anderen ist darzulegen, welche strukturellen Werte für die Quoten aus taktischer und operativer Sicht, also mittel- und kurzfristig, erwartet werden. Hierbei ist den Kapitalmarktakteuren zu verdeutlichen, dass sowohl die Konzernsteuerquote als auch die Cash-Steuerquote teilweise von Faktoren abhängen, die von der Unternehmung nicht beeinflusst werden können und denen die Unternehmung zumindest kurzfristig auch nicht steuerplanerisch entgegenwirken kann. So kann etwa nicht ausgeschlossen werden, dass einige Staaten, in denen die Unternehmung operiert, aufgrund wachsender Staatsverschuldungen abrupt Steuersatzerhöhungen und bemessungsgrundlagenerweiternde Gesetzesänderungen beschließen, was sich z. B. in Bezug auf die Cash-Steuerquote zumindest kurzfristig zwangsläufig in einer Quotenerhöhung niederschlagen würde.[704]

---

[702] Vgl. etwa GENERAL MOTORS CORPORATION, Annual Report 2007, S. 159 für einen in der steuerlichen Überleitungsrechnung separat ausgewiesenen Steuerergebniseffekt aus der aufwandswirksamen Abwertung von aktiven latenten Steuern in Höhe von nahezu 39 Mrd. US-Dollar.

[703] Vgl. ELGOOD/FULTON/SCHUTZMAN, Effectiveness, § 21.05[A].

[704] Vgl. für eine Auflistung der von einer Unternehmung (nicht) beeinflussbaren Werttreiber der Konzernsteuerquote KUHN/RÖTHLISBERGER/NIGGLI, Konzernsteuerquote, Der Schweizer Treuhänder 2003, S. 642.

Um der Prognoseunsicherheit Rechnung zu tragen, sollte davon abgesehen werden, singuläre Zahlen als Zielwerte für die Cash-Steuerquote und die Konzernsteuerquote zu kommunizieren. Es ist vielmehr empfehlenswert, auf Basis einer realistisch-konservativen Grundhaltung den Kapitalmarktakteuren die Zielwerte in Form von Bandbreiten mitzuteilen und hierbei zugleich die wichtigsten Rahmendaten offenzulegen, auf denen die Prognosen beruhen.[705] So kann eine Unternehmung die Analysten etwa darüber informieren, dass sie in den nächsten beiden Wirtschaftsjahren unter der Annahme eines konstant bleibenden Ertragsteuerniveaus sowie einer im Wesentlichen unveränderten geografischen Verteilung der steuerlichen Gewinne auf die verschiedenen Staaten eine Cash-Steuerquote zwischen 23 % und 25 % anvisiert.

Besondere Bedeutung ist der Prognose der Höhe der Konzernsteuerquote für das nächste Wirtschaftsjahr beizumessen, weil in den nach den Rechnungslegungsvorschriften der IAS/IFRS aufgestellten Quartals- bzw. Halbjahresabschlüssen das Ertragsteuerergebnis entsprechend IAS 34.30c in jeder Zwischenberichtsperiode auf der Grundlage der Schätzung des gewichteten durchschnittlichen Ertragsteuersatzes erfasst wird, der für das gesamte Geschäftsjahr erwartet wird. Damit vorbehaltlich von nicht prognostizierbaren Sondereffekten eine Glättung des (strukturellen) Ertragsteuerergebnisses erfolgt, sind die jeweiligen Zwischenberichtsperioden somit als nicht eigenständige Ausschnitte der gesamten Berichtsperiode anzusehen.[706]

In der Unternehmungspraxis finden die in den Quartalsabschlüssen veröffentlichten Konzernsteuerquoten auch bei Analysten und Investoren häufig große Beachtung. Wenn die Höhe der für das vierte Quartal ausgewiesenen Konzernsteuerquote kontinuierlich signifikant von den in den vorherigen Zwischenabschlüssen des jeweiligen Berichtsjahres publizierten Quoten abweicht, wie es etwa bei dem in der nachstehenden Grafik veranschaulichten Beispiel der Siemens AG der Fall ist, und die Unternehmung nicht dazu imstande ist, die Schwankungen durch Sondereffekte zu rechtfertigen, werden die Kapitalmarktakteure die Volatilität im Rahmen ihrer Unternehmungsbewertungsverfahren durch Bewertungsabschläge abstrafen.[707]

---

[705] Für eine ausführliche Erläuterung der Vorteile der Verwendung von Bandbreiten gegenüber der Verwendung von singulären Zahlen als Prognosezielwerte sowie einer detaillierten Erläuterung der Elemente einer realistisch-konservativen Grundhaltung vgl. DVFA, Finanzkommunikation, S. 18 f. (Internetquelle).

[706] Vgl. zu Details der Berichterstattung über Steuern in Zwischenabschlüssen LOITZ/PUTH, Quartalsabschluss, DStR 2008, S. 1655 ff.; LOITZ, Quartalsberichterstattung, DStR 2006, S. 388 ff. u. S. 439 ff.; VON EITZEN/DAHLKE, Steuerpositionen, S. 161 ff.; KRÖNER/BECKENHAUB, Konzernsteuerquote, S. 190 ff.

[707] Vgl. KRÖNER/BECKENHAUB, Konzernsteuerquote, S. 193 f.

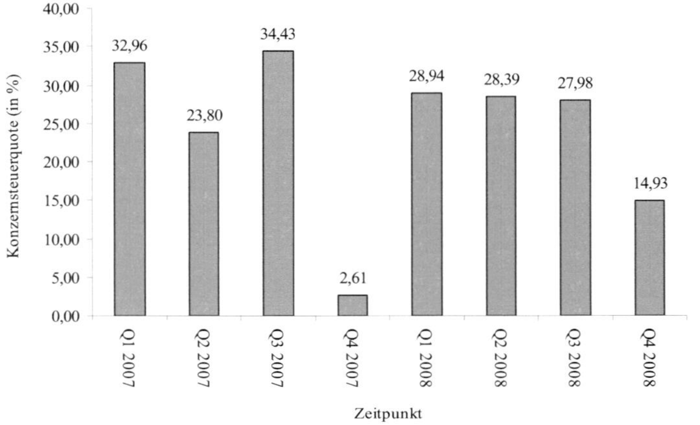

Abbildung 52: Konzernsteuerquoten der Siemens AG in der Quartalsberichterstattung[708]

2.2.4. Erfolgskontrolle

Im Zuge des Teilschritts „Erfolgskontrolle" des standardisierten Steuerkommunikationsprozesses ist hinsichtlich der steuerlichen Kapitalmarktkommunikation zu überprüfen, ob das angestrebte Ziel der Übermittlung von entscheidungsrelevanten Informationen an die Kapitalmarktakteure zur Einschätzung der tatsächlichen steuerlichen Lage der Unternehmung erreicht wurde. Eine präzise Analyse der identifizierten Prozessstärken und -schwächen bildet die Basis für die kontinuierliche Verbesserung des Prozesses der steuerlichen Kapitalmarktkommunikation. Falls etwa Analysten in Telefonkonferenzen wiederholt spezielle Informationen zu steuerlichen Aspekten einfordern, wie z. B. die Angabe der Höhe der Basisrate hinsichtlich der Konzernsteuerquote des abgelaufenen Wirtschaftsjahres,[709] hat die Unternehmung darüber nachzudenken, ob die erwünschten Informationen nicht in zukünftigen Perioden proaktiv an die Kapitalmarktakteure kommuniziert werden sollten.

2.3. Lobbying

Das Ziel von Tax-Lobbying-Aktivitäten der kapitalmarktorientierten internationalen Unternehmung besteht in der Beeinflussung von Personen bzw. Institutionen zwecks Durchsetzung

---

[708] Die einzelnen Werte wurden anhand der im Internet veröffentlichten Quartals- und Konzernabschlüsse der Siemens AG für die Jahre 2007 und 2008 errechnet.

[709] Vgl. für eine Erläuterung des Begriffs „Basis Rate" bzw. „Basissteuersatz" z. B. KRÖNER/BECKENHAUB, Konzernsteuerquote, S. 49.

der steuerlichen Interessen der Unternehmung (Teilschritt „Warum?" des standardisierten Steuerkommunikationsprozesses). Hierdurch kann die Unternehmung die Funktion der Tax Communication „Optimierung zahlungs- und ergebniswirksamer Steuern" verwirklichen.

Hinsichtlich der Durchsetzung steuerlicher Interessen ist zu differenzieren zwischen der Sicherung steuerlicher Vorteile und der Abwendung steuerlicher Nachteile. Durch das Sichern steuerlicher Vorteile wird eine Verbesserung gegenüber dem Status quo angestrebt, wie z. B. die Reduzierung der zahlungs- und ergebniswirksamen Steuerbelastung der Unternehmung durch die Absenkung des Steuersatzes bzw. die Verengung der steuerlichen Bemessungsgrundlage. Das Abwenden steuerlicher Nachteile zielt hingegen auf die Verhinderung bzw. die Abmilderung von sich für die Zukunft abzeichnenden Entwicklungen, die den steuerlichen Status quo der Unternehmung zu verschlechtern drohen. Ein Beispiel ist ein Gesetzesentwurf, dessen Umsetzung für die Unternehmung negative steuerliche Konsequenzen hätte. So sah etwa der ursprüngliche Entwurf des Unternehmensteuerreformgesetzes 2008 bezüglich der Zinsschranke vor, dass die Nettozinsaufwendungen nur i. H. v. 30 % des um Zinsaufwendungen bzw. -erträge und Steueraufwendungen bzw. -erträge korrigierten steuerlichen Einkommens (sog. steuerliche EBIT) steuermindernd geltend gemacht werden können. Infolge des Tax Lobbying zahlreicher Unternehmungen wurde in der finalen Gesetzesfassung jedoch nicht mehr auf das steuerliche EBIT, sondern auf das steuerliche EBITDA abgestellt (vgl. § 4h Abs. 1 S. 1 EStG i. V. m. § 8a Abs. 1 S. 1 KStG).[710] Die zusätzliche Erhöhung des steuerlichen Einkommens um Abschreibungen auf materielle und immaterielle Wirtschaftsgüter hat maßgeblich dazu beigetragen, dass sich die nachteiligen Wirkungen der Zinsschranke für viele Unternehmungen abgeschwächt haben.[711]

Vor dem Hintergrund der hohen Heterogenität der konkreten Ziele, die durch das Tax Lobbying anvisiert werden können, fungieren als Kommunikationsadressaten (Teilschritt „Wem?" des standardisierten Steuerkommunikationsprozesses) unterschiedliche Personen bzw. Institutionen.[712] Demzufolge sind die Kommunikationsadressaten einzelfallabhängig

[710] Vgl. etwa die Kritik der Leiter der Steuerabteilungen der Deutsche Bank AG und der Siemens AG an der partiellen Nichtabziehbarkeit von Fremdkapitalzinsaufwendungen (KRÖNER/ESTERER, Steuerstandort, DB 2006, S. 2084 ff.).

[711] Vgl. HERZIG/LOCHMANN/LIEKENBROCK, Zinsschranke, DB 2008, S. 594 die auf Basis einer empirischen Untersuchung aufzeigen, dass – unter der geltenden Rechtslage, d. h. bei Abstellen auf das steuerliche EBITDA – knapp 60 % der befragten Unternehmungen unter den Grundtatbestand der Zinsabzugsbeschränkung fallen. Sofern der Gesetzgeber an der Bezugsgröße „steuerliches EBIT" festgehalten hätte, würde ein (noch) größerer Anteil der Unternehmungen vorbehaltlich der Verschonungstatbestände des § 4h Abs. 2 EStG i. V. m. § 8a Abs. 2, 3 KStG der Zinsabzugsbeschränkung unterliegen.

[712] Vgl. COX, Communication, International Tax Review Supplement 2008, S. 35.

festzulegen. So sind etwa in Bezug auf gesetzgeberische Maßnahmen im Regelfall die länderspezifischen legislativen Stellen die Kommunikationsadressaten, wohingegen für das Ziel der schnelleren Bearbeitung von Anträgen auf Erteilung von verbindlichen Auskünften bzw. von Tax Rulings grundsätzlich die lokalen Finanzbehörden als Kommunikationsadressaten in Erscheinung treten.

In Abhängigkeit von dem jeweiligen Ziel und Kommunikationsadressaten des Tax Lobbying ist unter Berücksichtigung länderspezifischer Besonderheiten[713] festzulegen, welche konkreten Informationen in welcher Form kommuniziert werden sollen (Teilschritte „Was?“ und „Wie?“ des standardisierten Steuerkommunikationsprozesses). Falls bspw. eine Gesetzesänderung droht, die zu signifikanten Nachteilen für die Unternehmung führen würde, und der Vorstandsvorsitzende sehr enge Beziehungen zu den Regierungskreisen dieses Landes unterhält, bietet es sich für das steuerliche Lobbying an, dass die Unternehmung diese Kontakte ausnutzt, indem der Vorstandsvorsitzende einem Regierungsmitglied in einem Vier-Augen-Gespräch die bei langfristiger Betrachtung sowohl für die Unternehmung als auch für den Staatshaushalt ungünstigen Effekte der Gesetzesänderung aufzeigt und erläutert.[714] Flankierend kann die Unternehmung versuchen, durch die Veröffentlichung von Aufsätzen in steuerlichen Fachzeitschriften und die Beeinflussung des Meinungsbildungsprozesses der allgemeinen Öffentlichkeit, z. B. durch das Publizieren von Artikeln in Tageszeitungen, Druck auf die zuständigen Legislativorgane aufzubauen.[715]

Neben der direkten Einschaltung von Politikern oder anderen einflussreichen Personen und dem Publizieren von Aufsätzen und Artikeln besteht für die Unternehmung ferner die Möglichkeit, über Spitzenorganisationen und Verbände Tax Lobbying zu praktizieren. Die Spitzenorganisationen und Verbände versuchen, die steuerlichen Interessen ihrer Mitglieder durchzusetzen, indem sie Kontakte zu Regierungschefs, Parlamenten, Ministerien, Parteien, EU-Kommissaren und Diplomaten pflegen, sich durch die Mitwirkung an Gesetzgebungsverfahren frühzeitig in den politischen Diskurs einbringen, differenzierte Meinungen bündeln und dadurch den jeweils politisch verantwortlichen Stellen abgestimmte, repräsentative Positionen übermitteln und schließlich die Meinungsbildung in der breiten Öffentlichkeit mitprä-

---

[713] Vgl. etwa zu dem in China anzutreffenden Spezifikum der exorbitant hohen Bedeutung von guten Beziehungen zu den lokalen Finanzbehörden JONES, Cultural, International Tax Review February 2007, S. 10 ff.

[714] Vgl. ELGOOD/FULTON/SCHUTZMAN, Effectiveness, § 21.05[B].

[715] Vgl. z. B. die Kritik der Leiter der Steuerabteilungen der Deutsche Bank AG und der Siemens AG an der Unternehmensteuerreform 2008 via Aufsätzen in Fachzeitschriften (KRÖNER/ESTERER, Steuerstandort, DB 2006, S. 2084 ff.) und Artikeln in Tageszeitungen (KRÖNER/ESTERER, Investitionsbedingungen, Handelsblatt vom 25.08.2006, S. 4).

gen bzw. zugunsten ihrer Mitglieder zu beeinflussen versuchen. Ein in Deutschland insbesondere auch in steuerlichen Angelegenheiten einflussreicher Lobbyist ist der mehr als 100.000 Unternehmungen repräsentierende Bundesverband der Deutschen Industrie (BDI)[716], der Spitzenorganisation der deutschen Industrie und der industrienahen Dienstleister.[717] Beim Tax Lobbying mittels Verbänden und Organisationen kann die Unternehmung ihre Aktivitäten auf die reine Mitgliedschaft beschränken oder etwa durch das aktive Mitwirken des Leiters der Steuerabteilung in den Ausschüssen eine federführende Rolle einnehmen. Die Zuhilfenahme von Spitzenorganisationen und Verbänden weist jedoch wie auch die Beauftragung externer Berater zur Durchführung des steuerlichen Lobbying den Nachteil auf, dass diese die spezifischen Bedürfnisse der Unternehmung nicht vollständig kennen.

In der Unternehmungspraxis ist zu beobachten, dass die in angloamerikanischen Staaten ansässigen Unternehmungen eine Vorreiterrolle in Bezug auf das Tax Lobbying einnehmen.[718] Insbesondere in den Vereinigten Staaten von Amerika ist es für Unternehmungen eine absolute Selbstverständlichkeit, nicht nur einzelfallbezogen, sondern auf kontinuierlicher Basis proaktiv steuerliche Lobbying-Maßnahmen zu ergreifen. So entsenden kapitalmarktorientierte internationale Unternehmungen amerikanischen Ursprungs für gewöhnlich zumindest einen Mitarbeiter der Steuerabteilung nach Washington D. C., um Kontakte zu den wichtigsten politischen Entscheidungsträgern aufbauen sowie stetig pflegen zu können und sich hierdurch als einflussreiche und vertrauenswürdige Akteure für das Gesetzgebungsverfahren zu etablieren.[719] Die hohe Bedeutung von steuerlichem Lobbying bei amerikanischen Unternehmungen zeigt sich auch daran, dass sie Forschungsinstitute, wie z. B. das International Tax Policy Forum (ITPF)[720] in Washington D. C. oder das European Tax Policy Forum (ETPF)[721] in Europa, gegründet haben und auch maßgeblich für deren Finanzierung verantwortlich zeichnen. Die Gründung derartiger Einrichtungen erfolgte vor dem Hintergrund, dass die Unternehmungen der Meinung sind, dass Steuergesetze zu häufig auf Basis von intuitiven Entscheidungen denn auf Basis von objektiven Fakten erlassen werden. Dieser aus Sicht der Unternehmungen regelmäßig zu ihrem Nachteil gereichende Umstand soll dadurch verhindert werden, dass die

---

[716] Vgl. BDI (Hrsg.), BDI (Internetquelle).
[717] Vgl. etwa die Kritik des BDI-Hauptgeschäftsführers an der Zinsschranke sowie dessen Forderung nach einer Sanierungsklausel hinsichtlich des § 8c KStG (RIEDEL, Wirtschaft, Handelsblatt vom 07.04.2009, S. 4).
[718] Vgl. ELGOOD/FULTON/SCHUTZMAN, Effectiveness, § 21.05[B].
[719] Vgl. FAITH, Policy, International Tax Review September 2008, S. 23. Die Autorin beschreibt zugleich sehr anschaulich, anhand welcher konkreten Maßnahmen die US-Unternehmung General Electric Corporation in Europa in großem Umfang und sehr erfolgreich steuerliches Lobbying betreibt.
[720] Vgl. zu Einzelheiten ITPF (Hrsg.), ITPF (Internetquelle).
[721] Vgl. zu Einzelheiten ETPF (Hrsg.), ETPF (Internetquelle).

unabhängigen Forschungsinstitute den politisch verantwortlichen Akteuren validierbares Zahlen- und Datenmaterial zur Verfügung stellen.[722]

Der Prozess des Tax Lobbying schließt mit dem Teilschritt „Erfolgskontrolle". Hierbei wird überprüft, ob und wenn ja in welchem Ausmaß die durch das Tax Lobbying angestrebten Ziele erreicht wurden. Durch die genaue Analyse der Ursachen des Erfolgs bzw. des Misserfolgs wird der Grundstein für eine Erhöhung der Effektivität der Prozessabläufe in der Zukunft gelegt.

2.4. Ressourcengenerierung

Ziel der Ressourcengenerierung ist die Gewährleistung der Existenz ausreichend hoher finanzieller Mittel für die Steuerabteilung der kapitalmarktorientierten internationalen Unternehmung (Teilschritt „Warum?" des standardisierten Steuerkommunikationsprozesses). Die Optimierung des der Steuerabteilung zur Verfügung stehenden Finanzbudgets dient dazu, dass die Steuerabteilung nicht nur die ihr von Gesetzes wegen obliegenden Aufgaben in den Bereichen „Tax Compliance" und „Tax Accounting" erfüllen kann, sondern darüber hinaus über genügend Kapazitäten verfügt, um Tätigkeiten durchzuführen, die maßgeblich zur Steigerung des Total Shareholder Return beitragen, wie z. B. die Entwicklung, Analyse und Umsetzung von Steuergestaltungsmodellen.[723]

Der Kommunikationsadressat der Ressourcengenerierung ist der Unternehmungsvorstand (Teilschritt „Wem?" des standardisierten Steuerkommunikationsprozesses). Ursächlich hierfür ist, dass der Vorstand die Höhe der Budgets der einzelnen Unternehmungsabteilungen festlegt. Das für das Finanzressort zuständige Vorstandsmitglied, der sog. Chief Financial Officer (CFO), nimmt hierbei die federführende Rolle ein, weil dieser im Regelfall für die Steuerabteilung und damit auch maßgeblich für die Bestimmung der Höhe des Steuerbudgets verantwortlich ist.

---

[722] Vgl. FAITH, Policy, International Tax Review September 2008, S. 24.

[723] Die Ressourcengenerierung trägt folglich mittelbar zu der Maximierung des Total Shareholder Return bei, indem sie durch die Generierung von finanziellen Mitteln die Voraussetzung schafft, dass die Steuerabteilung Tax-Planning-, Tax-Risk-Management- und Tax-Communication-Tätigkeiten ausüben kann, die den Total Shareholder Return unmittelbar erhöhen. Vgl. etwa die auf eine empirische Untersuchung basierende Aussage von JOHNSTON, Explosion, International Tax Review November 2006, S. 24, nach der 75 % der befragten Leiter der Steuerabteilung der Meinung sind, im Falle einer adäquaten Ressourcenausstattung die Konzernsteuerquote um mehr als 5 Prozentpunkte senken zu können.

Der Leiter der Steuerabteilung hat dem Vorstand zwecks Realisierung eines möglichst hohen Budgets die strategische Relevanz der Steuerabteilung für die gesamte Unternehmung zu verdeutlichen (Teilschritt „Was?“ des standardisierten Steuerkommunikationsprozesses). Er hat zu erläutern, dass die Steuerabteilung nicht zwangsläufig eine reine Stabsstelle – wie es in der Vergangenheit traditionellerweise der Fall war – verkörpern muss, sondern vielmehr durch die adäquate Ausstattung mit finanziellen Mitteln in die Lage versetzt werden kann, aktiv und in sehr effizienter Weise zur Verwirklichung des Hauptziels der kapitalmarktorientierten internationalen Unternehmung, der Maximierung des Total Shareholder Return, beizutragen (Teilschritt „Wie?“ des standardisierten Steuerkommunikationsprozesses).

So sollte der Leiter der Steuerabteilung etwa darauf bestehen, in periodischen Abständen, z. B. zweimal pro Jahr, Zugang zu dem gesamten Vorstand zu erhalten.[724] Neben einer kurzen Darstellung der zu dem jeweiligen Zeitpunkt wichtigsten steuerlichen Themen ist dem Vorstand im Rahmen dieser Termine aufzuzeigen bzw. erneut ins Gedächtnis zu rufen, dass die Steuerabteilung durch die Instrumente „Tax Planning“, „Tax Risk Management“ und „Tax Communication“ zahlungs- und ergebniswirksame Steuern optimieren, unerwartete Steuereffekte vermeiden und steuerliche Transparenz schaffen kann und wegen der hieraus resultierenden Optimierung des Aktienkurses und der Dividendenzahlungen zur Maximierung des Total Shareholder Return beitragen kann. Des Weiteren sind die Treffen zu nutzen, um den Vorstand von der hohen Effektivität der Maßnahmen der Steuerabteilung zur Steigerung des Total Shareholder Return zu überzeugen. Der hohe Wirkungsgrad von Investitionen in die Steuerabteilung lässt sich anhand des im Folgenden dargestellten Beispiels veranschaulichen.[725]

Eine Unternehmung erzielt einen Umsatz von 1.000 Geldeinheiten (GE). Die Aufwendungen belaufen sich auf 900 GE, sodass ein Vorsteuerergebnis von 100 GE erzielt wird. Unter der Annahme einer der Höhe des allgemeinen Steuersatzes entsprechenden Konzernsteuerquote i. H. v. 40 % ergibt sich ein Nachsteuerergebnis von 60 GE. Falls die Unternehmung, etwa durch Tax-Lobbying-Maßnahmen bzw. Steuerplanungsmodelle, den allgemeinen Steuersatz bzw. die Konzernsteuerquote um 10 % reduzieren kann, erhöht sich das Nachsteuerergebnis auf 70 GE. Ein derartiger Anstieg des Nachsteuerergebnisses um 10 GE könnte alternativ nur

---

[724] Vgl. ELGOOD/FULTON/SCHUTZMAN, Effectiveness, § 21.03[A]. Mit dem Finanzvorstand sind in kürzeren Abständen, z. B. monatlich, regelmäßige Treffen zu vereinbaren, in denen die dem gesamten Vorstand zu kommunizierenden Informationen in einem höheren steuerlichen Detaillierungsgrad diskutiert werden können.

[725] In Anlehnung an KRÖNER/BECKENHAUB, Konzernsteuerquote, S. 38 f. Vgl. auch KRÖNER/BECKENHAUB, Tax Management, Ubg 2008, S. 631 sowie BOLTON, Benchmarking, TPI Review 06/2004, S. 21.

durch eine Erhöhung des Umsatzes um 166,67 GE oder durch die Reduzierung der Aufwendungen um 16,67 GE erreicht werden. Die Senkung des Steuersatzes bzw. der Konzernsteuerquote um 10 Prozentpunkte entspricht somit dem Nachsteuerergebniseffekt einer 17%igen Umsatzerhöhung oder einer Steigerung der Bruttoumsatzrendite von 10 % auf 17 %, weshalb aufwendige Umsatzsteigerungs- und Kostensenkungsprogramme durch Erhöhungen des Budgets der Steuerabteilung begleitet werden sollten.

Dem Vorstand, insbesondere dem CFO, ist durch den Leiter der Steuerabteilung kontinuierlich darüber Bericht zu erstatten, wozu die der Steuerabteilung zur Verfügung gestellten finanziellen Ressourcen konkret verwendet werden und welche Beiträge sich hierdurch zur Steigerung des Total Shareholder Return erzielen lassen. So ist etwa aufzuzeigen, dass die hohen Einmalaufwendungen für Standardisierungsprojekte die Kapazitätsbindung in den Bereichen „Tax Compliance“ und „Tax Accounting“ signifikant reduziert haben und infolgedessen verstärkt Tax-Planning-, Tax-Risk-Management- und Tax-Communication-Aktivitäten durchgeführt werden können. Durch den periodischen Nachweis über die Mittelverwendung soll gewährleistet werden, dass der Vorstand auch langfristig dazu bereit ist, der Steuerabteilung adäquate finanzielle Budgets einzuräumen.

Schließlich ist im Rahmen des Teilschritts „Erfolgskontrolle“ des standardisierten Steuerkommunikationsprozesses nach Abschluss der jeweiligen Budgetverhandlungen zu überprüfen, ob die für die Steuerabteilung angestrebten Budgets bewilligt wurden. Die Ursachen von etwaigen Abweichungen zwischen dem Soll- und dem Ist-Zustand sind zu analysieren, damit sie bei zukünftigen Budgetverhandlungen nicht erneut auftreten.

2.5. Unternehmungsinterne Vernetzung

Das Ziel der unternehmungsinternen Vernetzung besteht in der Vermeidung steuerlicher Ineffizienzen, die darauf zurückzuführen sind, dass die Steuerabteilung nicht oder nicht rechtzeitig über steuerrelevante Sachverhalte innerhalb der kapitalmarktorientierten internationalen Unternehmung informiert wird (Teilschritt „Warum?“ des standardisierten Steuerkommunikationsprozesses). Durch die unternehmungsinterne Vernetzung soll die Steuerabteilung in die Lage versetzt werden, die obligatorischen Aufgaben in den Bereichen „Tax Compliance“ und „Tax Accounting“ besser zu erfüllen und darüber hinaus durch die Vornahme von Tax-Planning-, Tax-Risk-Management- und Tax-Communication-Tätigkeiten maßgeblich zur Steigerung des Total Shareholder Return beizutragen. Der Verpflichtung zur termingerechten

Abgabe der Steuererklärungen der deutschen Gesellschaften der Unternehmung kann die Steuerabteilung etwa nur dann nachkommen, wenn die Rechnungswesenabteilung darüber informiert ist, dass sie die den Steuererklärungen zugrunde liegenden Handelsbilanzen mit ausreichender Vorlaufzeit zu erstellen und an die Steuerabteilung zu übermitteln hat, und die oftmals signifikante Steuervorteile abwerfende steuerplanerische Optimierung von Akquisitionsstrukturen gelingt bspw. nur dann, wenn die Steuerabteilung frühzeitig über etwaig geplante Unternehmungserwerbe informiert wird.

Weil steuerliche Aspekte in nahezu allen Bereichen der kapitalmarktorientierten internationalen Unternehmung von großer Bedeutung sind, fungieren als Kommunikationsadressaten der unternehmungsinternen Vernetzung grundsätzlich sämtliche Mitarbeiter sowie Organisationsformen der Unternehmung. Es handelt sich hierbei im Wesentlichen um Unternehmungsabteilungen, wie z. B. die Finanz-, Rechnungswesen-, Rechts- und Controlling-Abteilung, operative Unternehmungseinheiten, bspw. in- und ausländische Tochtergesellschaften, sowie den Vorstand und den Aufsichtsrat der Unternehmung (Teilschritt „Wem?“ des standardisierten Steuerkommunikationsprozesses).[726]

Den jeweiligen Kommunikationsadressaten ist bewusst zu machen, dass die Steuerabteilung keine reine Stabsstelle darstellt, sondern durch die Instrumente „Tax Planning“, „Tax Risk Management“ und „Tax Communication“ maßgeblich zur Verwirklichung des primären Unternehmungsziels beiträgt. Des Weiteren ist den Kommunikationsadressaten konkret aufzuzeigen, durch welche Maßnahmen sie die Steuerabteilung bei der Steigerung des Total Shareholder Return unterstützen können (Teilschritt „Was?“ des standardisierten Steuerkommunikationsprozesses). Mithilfe des Vorstands der Unternehmung hat der Leiter der Steuerabteilung für die jeweiligen Kommunikationsadressaten institutionalisierte Kommunikationsregeln festzulegen, durch die die Vernetzung der Kommunikationsadressaten mit der Steuerabteilung gewährleistet werden soll (Teilschritt „Wie?“ des standardisierten Steuerkommunikationsprozesses).

Die Einholung der Unterstützung durch den Vorstand der Unternehmung ist im Regelfall eine notwendige Voraussetzung für die unternehmungsinterne Vernetzung der Steuerabteilung, weil die Kommunikationsadressaten aufgrund von Vergütungssystemen, die sich an Vor-

---

[726] Vgl. ELGOOD/FULTON/SCHUTZMAN, Effectiveness, § 9.11 i. V. m. § 21.03[B]; VAN DER ENDEN/VAN DER LAAN, Control, International Tax Review Supplement 2008, S. 20. Zu dem Erfordernis von steuerlicher Kommunikation auch innerhalb der Steuerabteilung vgl. ELGOOD/FULTON/SCHUTZMAN, Effectiveness, § 21.03[C].

steuerergebnisgrößen orientieren, oftmals kein originäres Interesse an Steueraspekten haben. So stehen etwa die Geschäftsführer ausländischer Tochtergesellschaften, deren variable Gehaltsbestandteile von der Entwicklung des EBIT abhängen, Steuerplanungsmaßnahmen häufig ablehnend gegenüber, weil die in Aussicht stehenden Steuerersparnisse keine höheren Vergütungen nach sich ziehen und etwaige Gebühren für externe Steuerberater sogar eine Minderung ihres Gehalts bewirken können.

Die institutionalisierten Kommunikationsregeln können bspw. darin bestehen, dass regelmäßige Treffen und Telefonate zwischen ausgewählten Mitarbeitern der Steuerabteilung und den jeweiligen Kommunikationsadressaten stattzufinden haben. Ferner kann das periodische Verfassen von E-Mails oder das kontinuierliche Befüllen von Datenbanken vorgeschrieben werden. Damit die Steuerabteilung zwecks Entwicklung von Steuergestaltungsmaßnahmen bereits frühzeitig über die strategischen Projekte der Unternehmung Kenntnis erlangt, können etwa die Vorstandsassistenten dazu verpflichtet werden, dem Leiter der Steuerabteilung einmal pro Monat im Wege einer Telefonkonferenz die strategischen Projekte, die von der Unternehmung in der Zukunft eventuell durchgeführt werden, mitzuteilen und gegebenenfalls näher zu erläutern.

Um eine gewisse Formalisierung des Austausches zwischen der Steuerabteilung und dem jeweiligen Kommunikationsadressaten zu erreichen, können die diesbezüglichen Vereinbarungen schriftlich festgehalten werden. Durch einen derartigen Austauschvertrag wird zugleich ermöglicht, dass nicht nur die Steuerabteilung, sondern auch die Kommunikationsadressaten ihre jeweiligen Anliegen gegenüber der Steuerabteilung artikulieren können, wie z. B. den Wunsch der Rechnungswesenabteilung zur termingerechten Übermittlung von Buchungsanweisungen hinsichtlich Steuerrisikorückstellungen. Ein Entwurf eines solchen Austauschvertrags kann der folgenden Abbildung entnommen werden.

Im Zuge des Teilschritts „Erfolgskontrolle“ des standardisierten Steuerkommunikationsprozesses ist in Bezug auf die unternehmungsinterne Vernetzung zu überprüfen, ob und wenn ja in welchem Umfang es gelungen ist, Ineffizienzen zu eliminieren, die aus der Nichtberücksichtigung von steuerlichen Aspekten resultieren. Die exakte Analyse der einzelnen Prozessstärken und -schwächen dient dazu, den Grad der unternehmungsinternen Vernetzung der Steuerabteilung in zukünftigen Perioden weiter steigern zu können.

Austauschvertrag mit der Steuerabteilung	
Welche Daten, Zahlen und Fakten will der Kommunikationsadressat von der Steuerabteilung zu welchem Zeitpunkt haben?	
Zwangsweise zu haben: Sehr hilfreich zu haben: Schön zu haben:	
Welche Daten, Zahlen und Fakten will die Steuerabteilung von dem Kommunikationsadressaten zu welchem Zeitpunkt haben?	
Zwangsweise zu haben: Sehr hilfreich zu haben: Schön zu haben:	
Gewählte Kommunikationsform (z. B. regelmäßige Treffen, Telefonate, E-Mails, Datenbankeinträge)?	
Die Steuerabteilung hat: Der Kommunikationsadressat hat:	
Unterzeichnet von:	
Kommunikationsadressat:	Datum: ....
Steuerabteilung:	Datum: ....
Zeitpunkt der nächsten Aktualisierung des Austauschvertrages:	
Datum:	

Tabelle 29: Austauschvertrag zwischen der Steuerabteilung und dem jeweiligen Kommunikationsadressaten[727]

2.6. Synopse des standardisierten Steuerkommunikationsprozesses

Die Ausführungen in den vorherigen Kapiteln haben verdeutlicht, dass die Aktionsparameter der Tax Communication – die standardisierten Steuerkommunikationsprozesse in Bezug auf die Kapitalmarktkommunikation, das Lobbying, die Ressourcengenerierung sowie die unternehmungsinterne Vernetzung – sehr heterogener Natur sind. Im Ergebnis lassen sich die ein-

[727] In Anlehnung an ELGOOD/FULTON/SCHUTZMAN, Effectiveness, § 21.04.

zelnen Teilschritte der vier standardisierten Steuerkommunikationsprozesse stichpunktartig wie folgt zusammenfassen.

	Warum?	Wem?	Was?	Wie?	Erfolgskontrolle
Kapitalmarktkommunikation	Bereitstellung von entscheidungsrelevanten Informationen zwecks Einschätzung der tatsächlichen steuerlichen Lage der Unternehmung	Kapitalmarktakteure	Steuerfaktoren, die bei den Unternehmungsbewertungsverfahren verwendet werden	- Beachtung der Grundprinzipien effektiver Kapitalmarktkommunikation - Erläuterung von Spezialbegriffen - Isolierung struktureller Faktoren	Überprüfung der Prozesseffizienz durch Analyse der einzelnen Prozessstärken und -schwächen
Lobbying	Beeinflussung von Personen bzw. Institutionen zur Durchsetzung der steuerlichen Interessen der Unternehmung	einzelfallabhängig, z. B. legislative Stellen in Bezug auf gesetzgeberische Maßnahmen	einzelfallabhängig, z. B. Aufzeigen der gesamtwirtschaftlichen Nachteile von geplanten Gesetzesänderungen	einzelfallabhängig, z. B. Veröffentlichung von Aufsätzen in Fachzeitschriften	Überprüfung der Prozesseffizienz durch Analyse der einzelnen Prozessstärken und -schwächen
Ressourcengenerierung	Gewährleistung der Existenz ausreichend hoher finanzieller Ressourcen für die Steuerabteilung der Unternehmung	Vorstand der Unternehmung	Verdeutlichung der strategischen Relevanz der Steuerabteilung für die gesamte Unternehmung	Erläuterung, dass die Steuerabteilung sehr effizient zur Steigerung des Total Shareholder Return beiträgt	Überprüfung der Prozesseffizienz durch Analyse der einzelnen Prozessstärken und -schwächen
Unternehmungsinterne Vernetzung	Vermeidung von steuerlichen Ineffizienzen aufgrund nicht (rechtzeitiger) Kenntnis der Steuerabteilung von steuerrelevanten Sachverhalten	sämtliche Mitarbeiter bzw. Organisationsformen der Unternehmung	Verdeutlichung der strategischen Relevanz der Steuerabteilung für die gesamte Unternehmung	Festlegung institutionalisierter unternehmungsinterner Kommunikationsregeln	Überprüfung der Prozesseffizienz durch Analyse der einzelnen Prozessstärken und -schwächen

Tabelle 30: Synopse des standardisierten Steuerkommunikationsprozesses

3. Restriktionen

3.1. Kapitalmarktkommunikation

Analog zu der Erläuterung der einzelnen Teilschritte des standardisierten Steuerkommunikationsprozesses ist auch in Bezug auf die Restriktionen der Tax Communication zu differenzieren zwischen der steuerlichen Kapitalmarktkommunikation, den steuerlichen Lobbyingaktivitäten, der Generierung von finanziellen Ressourcen für die Steuerabteilung sowie der unternehmungsinternen Vernetzung der Steuerabteilung. Die Restriktionen der steuerlichen Kapitalmarktkommunikation lassen sich unterteilen in rechtliche und faktische Aspekte.

Die wesentliche rechtliche Restriktion besteht darin, dass die kapitalmarktorientierte internationale Unternehmung im Rahmen ihrer Finanzberichterstattung gewisse steuerliche Mindestpublizitätsanforderungen zu erfüllen hat. Für eine Auflistung der sehr zahlreichen obligatorischen Anhangsangaben zu steuerlichen Gesichtspunkten im Jahresabschluss kann auf die Ausführungen in Teil II 2.2.3. verwiesen werden. So ist etwa ein vollständiger Verzicht auf die Erläuterung der strukturellen Höhe der Konzernsteuerquote nicht möglich, weil nach IAS 12.81c) ii) eine steuerliche Überleitungsrechnung von dem anzuwendenden Steuersatz zu dem durchschnittlichen effektiven Steuersatz anzufertigen ist.[728] Die Unternehmung kann den Kapitalmarktakteuren Rückschlüsse auf die Höhe der strukturellen *effective tax rate* auch deshalb nicht in Gänze verwehren, weil IFRS 5 einen Nettoausweis der aufgegebenen Geschäftsbereiche (sog. *discontinued operations*) vorschreibt und die diesbezüglichen Steueraufwendungen daher zwangsweise zu isolieren sind.[729]

---

[728] Alternativ kann nach IAS 12.81c)i) eine Überleitung von dem Produkt aus dem handelsrechtlichen Periodenergebnis vor Ertragsteuern und dem anzuwendenden Steuersatz zu dem Steueraufwand bzw. dem Steuerertrag erstellt werden. Zu beachten ist jedoch, dass IAS 12 keine Regeln über den notwendigen Detaillierungsgrad der steuerlichen Überleitungsrechnung enthält, vgl. z. B. VON EITZEN/DAHLKE, Steuerpositionen, S. 117. IAS 12.84 legt nur fest, das die Abschlussadressaten die maßgeblichen Faktoren verstehen sollen, die die Relation zwischen Steueraufwand und handelsrechtlichem Periodenergebnis vor Ertragsteuern in der Zukunft beeinflussen können, und nennt diesbezüglich als Beispiele „steuerfreie Erträge“, „nicht abzugsfähige Aufwendungen“ sowie „Auswirkungen steuerlicher Verluste und ausländischer Steuersätze“. In der Unternehmungspraxis wird der diesbezügliche Gestaltungsspielraum ausgenutzt. So verwenden etwa die im DAX 30 notierten Unternehmungen in den Jahresabschlüssen für das Jahr 2008 zwischen vier (vgl. BMW AG, Geschäftsbericht 2008, S. 92) und neun (vgl. SIEMENS AG, Geschäftsbericht 2008, S. 153) Überleitungspositionen; vgl. für eine entsprechende Analyse der Berichtsperioden 2001 und 2002 HERZIG, Herausforderung, WPg-Sonderheft 2003, S. 90 f.

[729] Vgl. zu Details der Bilanzierung von aufgegebenen Geschäftsbereichen nach IFRS 5 etwa LÜDENBACH, in: Lüdenbach/Hoffmann (Hrsg.), IFRS-Kommentar, § 29 Rz. 1 ff. m. w. N.

Mindestoffenlegungspflichten bezüglich steuerlicher Aspekte ergeben sich für die Unternehmung nicht nur bei der Finanzberichterstattung im Jahresabschluss, sondern auch in den Zwischenabschlüssen. Die in dem Börsensegment „Prime Standard" der Frankfurter Wertpapierbörse notierten Unternehmungen sind entsprechend § 37w WpHG i. V. m. § 37y WpHG i. V. m. §§ 65 f. Börsenordnung für die Frankfurter Wertpapierbörse dazu verpflichtet, neben dem Jahres- auch Halbjahres- und Quartalsabschlüsse zu veröffentlichen, in denen entsprechend IAS 34 Prognosen bezüglich der Entwicklung der Konzernsteuerquote in dem gesamten Berichtsjahr aufzustellen sind.[730]

Eine weitere rechtliche Restriktion, die die freie Gestaltbarkeit der steuerlichen Kapitalmarktkommunikation einschränkt, ist die aus der Kapitalmarktorientierung der Unternehmung resultierende Pflicht zur Veröffentlichung von Ad-hoc-Mitteilungen. Der Sinn und Zweck der Pflicht zur Ad-hoc-Publizität liegt in der Prävention von Insiderhandel sowie in der Herstellung von größtmöglicher Chancengleichheit und Transparenz für sämtliche Kapitalmarktakteure. Gemäß § 15 WpHG muss ein Emittent von Finanzinstrumenten, also z. B. von Aktien oder Schuldverschreibungen, die an einer deutschen Börse notiert sind bzw. für die eine Zulassung zur Notierung beantragt wurde, Insiderinformationen, die ihn unmittelbar betreffen, unverzüglich veröffentlichen. Eine Insiderinformation ist nach § 13 WpHG definiert als eine konkrete Information über nicht öffentlich bekannte Umstände, die sich auf die börsennotierte Unternehmung oder deren emittierte Finanzinstrumente beziehen und die geeignet sind, im Falle ihres öffentlichen Bekanntwerdens den Börsenkurs der notierten Finanzinstrumente der Unternehmung erheblich zu beeinflussen.[731]

Steuerbezogene Informationen unterliegen aufgrund der Tatbestandsvoraussetzung der Geeignetheit zur erheblichen Beeinflussung des Börsenkurses im Regelfall nur dann der Ad-hoc-Publizitätspflicht, wenn sie signifikante zahlungs- bzw. ergebniswirksame Steuereffekte auslösen können. So sah sich etwa die METRO AG im Jahre 2005 dazu gezwungen, die Kapitalmarktakteure in Form einer Ad-hoc-Mitteilung darüber zu informieren, dass aufgrund negativer operativer Entwicklungen mit einer Abwertung der auf steuerliche Verlustvorträge ge-

[730] Vgl. zu Details der Berichterstattung über steuerliche Gesichtspunkte in Zwischenabschlüssen Teil V 2.2.3.3. sowie für einen generellen Überblick über die Pflichten zur Zwischenberichterstattung sowie deren Umsetzung in der Unternehmungspraxis RABENHORST/WIECHENS, Halbjahresfinanzberichterstattung, DB 2009, S. 521 ff.

[731] Vgl. zu Details der Ad-hoc-Publizität etwa SCHÄFER, in: Marsch-Barner/Schäfer (Hrsg.), Handbuch börsennotierte AG, § 14 Rz. 1 ff. m. w. N. sowie den auch generell eine gute Auslegungshilfe für das Wertpapierhandelsgesetz darstellenden Emittentenleitfaden der Bundesanstalt für Finanzdienstleistungsaufsicht (BAFIN, Emittentenleitfaden, S. 38 ff.).

bildeten aktiven latenten Steuern zu rechnen sei, was eine ausschließlich ergebniswirksame Steuerbelastung in Höhe eines dreistelligen Millionen-Euro-Betrags erforderlich machen würde.[732] Ein weiteres Beispiel stellt eine Ad-hoc-Mitteilung der TA Triumph-Adler AG aus dem Jahre 2008 dar. In dieser wird explizit eine Fehlerfeststellung der Deutschen Prüfstelle für Rechnungslegung (DPR) im Hinblick auf die Aktivierung von latenten Steuern anerkannt, und es wird zugleich auf die aus dem Erfordernis zur vollständigen Abschreibung der aktivierten Latenzen resultierende ergebniswirksame Steuerbelastung i. H. v. 171 Mio. EUR hingewiesen.[733]

Eine faktische Restriktion der steuerlichen Kapitalmarktkommunikation besteht darin, dass eine Unternehmung durch eine faire Darstellung ihrer tatsächlichen steuerlichen Lage kurzfristige Nachteile erleiden kann. Wenn bspw. eine Reduzierung der Cash-Steuerquote im Wesentlichen auf die nach § 8b Abs. 2, 3 KStG i. H. v. 95 % steuerbefreite Veräußerung von Tochterkapitalgesellschaften zurückführen ist, bewirkt das Kommunizieren der strukturell höheren Cash-Steuerquote, dass die Kapitalmarktakteure bei kurzfristiger Betrachtung auf Basis der Free-Cash-Flow-Methode einen vergleichsweise niedrigeren Unternehmungswert errechnen. Bei einem längeren Betrachtungszeitraum ist jedoch zu beachten, dass die aus einem Verschweigen der strukturellen Höhe der Cash-Steuerquote zwangsläufig resultierende negative Überraschung der Kapitalmarktakteure zu Nachteilen führen würde, die die kurzfristigen Vorteile regelmäßig überkompensieren dürften.

Schließlich ergibt sich eine weitere faktische Restriktion aus dem Umstand, dass die steuerliche Kapitalmarktkommunikation gegebenenfalls die partielle Aufgabe der steuerlichen Privatsphäre der Unternehmung zur Folge haben kann. Falls etwa allzu detaillierte Anhangsangaben über Rückstellungen für Steuerrisiken gemacht werden, entsteht die Gefahr, dass Steuerplanungsmodelle im Rahmen von Betriebsprüfungen intensiv durchleuchtet und durch gesetzgeberische Gegenmaßnahmen ihrer Wirksamkeit beraubt werden.[734]

Im Ergebnis lassen sich die Restriktionen hinsichtlich der steuerlichen Kapitalmarktkommunikation somit wie folgt grafisch veranschaulichen.

---

[732] Vgl. METRO AG, Ad-hoc-Mitteilung vom 01.11.2005 (Internetquelle).
[733] Vgl. TA TRIUMPH-ADLER AG, Ad-hoc-Mitteilung vom 26.03.2008 (Internetquelle).
[734] Vgl. zu der Aufgabe der steuerlichen Privatsphäre hinsichtlich Rückstellungen für Steuerrisiken KRÖNER/BECKENHAUB, Konzernsteuerquote, S. 42 ff.

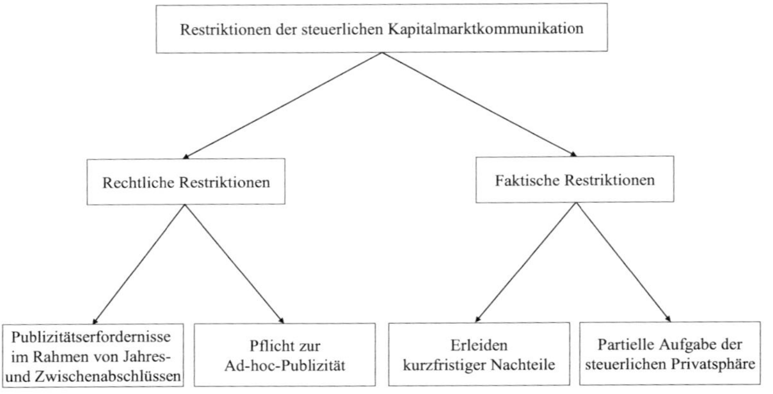

Abbildung 53: Restriktionen der steuerlichen Kapitalmarktkommunikation

3.2. Lobbying

In Bezug auf das steuerliche Lobbying sind zum einen rechtliche Restriktionen und zum anderen finanzielle Restriktionen anzuführen. Rechtliche Restriktionen existieren insofern, als die kapitalmarktorientierte internationale Unternehmung die steuerlichen Lobbyingaktivitäten nur unter Beachtung der gesetzlichen Rahmenbedingungen durchführen kann. In nahezu sämtlichen Jurisdiktionen ist es Unternehmungen etwa gesetzlich verboten, für Zwecke der Durchsetzung der eigenen steuerlichen Interessen legislativen Entscheidungsträgern oder sonstigen Amtsträgern Vorteile anzubieten, zu versprechen oder zu gewähren. Bei Verwirklichung derartiger Sachverhalte wären z. B. in Deutschland die Tatbestandsvoraussetzungen der Vorteilsgewährung (§ 333 StGB) bzw. der Bestechung (§ 334 StGB) erfüllt. Die finanzielle Restriktion des steuerlichen Lobbying ist, dass ein erfolgreiches Lobbying im Regelfall den zeit- und insbesondere auch kostenintensiven Aufbau nachhaltiger und belastbarer Beziehungen zu den jeweiligen Kommunikationsadressaten voraussetzt. Infolgedessen zeichnet sich das Tax Lobbying durch bisweilen sehr hohe Anlaufkosten aus, die sich im Vergleich zu anderen wertschöpfenden Aktivitäten der Steuerabteilung, wie z. B. der Entwicklung und Umsetzung von Steuergestaltungsmaßnahmen, erst zu einem vergleichsweise späten Zeitpunkt amortisieren.

3.3. Ressourcengenerierung

Die Restriktionen hinsichtlich der Generierung adäquater finanzieller Ressourcen für die Steuerabteilung bestehen in der generell hohen Komplexität von steuerlichen Gesichtspunkten sowie in der Beschränktheit der finanziellen Ressourcen, die der kapitalmarktorientierten internationalen Unternehmung insgesamt zur Verfügung stehen.

Die hohe Komplexität des Themengebietes „Steuern" zeigt sich etwa daran, dass die Konzernsteuerquote keine fixe Prozentzahl darstellt, sondern einen Kurvenverlauf annimmt (vgl. die Ausführungen in Teil V 2.2.3.2.). Weil der Vorstand normalerweise keine vertiefte Steuerexpertise besitzt, wird er im Falle eines Anstiegs der Konzernsteuerquote die Eignung einer in der vorherigen Periode beschlossenen Erhöhung des Budgets der Steuerabteilung grundsätzlich anzweifeln. Eine Kürzung des Budgets der Steuerabteilung wird der Leiter der Steuerabteilung daher nur verhindern können, wenn er den Kurvenverlauf der Konzernsteuerquote detailliert erläutern und den Vorstand davon überzeugen kann, dass die Quotenerhöhung bspw. auf einen starken Rückgang des operativen Ergebnisses der Unternehmung zurückzuführen ist, der die quotenreduzierende Wirkung von erfolgreich umgesetzten Steuerplanungsmaßnahmen überkompensiert hat.[735]

Die Restriktion der Beschränktheit der finanziellen Ressourcen resultiert aus dem Umstand, dass sämtliche Unternehmungsabteilungen um die finanziellen Ressourcen der Unternehmung konkurrieren. Weil grundsätzlich jede Unternehmungsabteilung auf die eine oder andere Art zur Steigerung des Total Shareholder Return beiträgt, wird die Steuerabteilung ihre Ausstattung mit adäquaten finanziellen Mitteln nicht allein dadurch sicherstellen können, dass sie dem Vorstand ihre Möglichkeiten aufzeigt, durch die Instrumente „Tax Planning", „Tax Risk Management" und „Tax Communication" eine Optimierung des Aktienkurses und der Dividendenzahlungen bewirken zu können. Vielmehr muss der Leiter der Steuerabteilung den Vorstand darüber hinaus davon überzeugen, dass die in die Steuerabteilung investierten Mittel den Total Shareholder Return stärker steigern als Investitionen in andere Unternehmungsabteilungen.[736]

3.4. Unternehmungsinterne Vernetzung

In Bezug auf die unternehmungsinterne Vernetzung der Steuerabteilung sind als wesentliche Restriktionen die mangelnden Anreize der Kommunikationspartner zu nennen. Die geringe Motivation der Kommunikationspartner der Steuerabteilung ist insbesondere darauf zurückzu-

---

[735] Vgl. für eine grafische Veranschaulichung dieses Effektes KRÖNER/BECKENHAUB, Konzernsteuerquote, S. 50 f.

[736] Vgl. für ein Beispiel zur Verdeutlichung der im Vergleich zu Umsatzsteigerungs- und Kosteneinsparungsbestrebungen sehr hohen Effizienz der Maßnahmen der Steuerabteilung zur Steigerung des Total Shareholder Return Teil V 2.4.

führen, dass in vielen Unternehmungen die Höhe der variablen Gehaltsbestandteile der Arbeitnehmer an der Höhe von Vorsteuerergebnisgrößen ausgerichtet wird und die Arbeitnehmer folglich steuerliche Aspekte als nachrangig oder gar irrelevant einstufen.[737] So ist in der Unternehmungspraxis sehr häufig zu beobachten, dass die Vergütungen der Manager operativer Tochtergesellschaften von der Entwicklung des EBIT abhängen und die Manager daher kein originäres Interesse besitzen, personelle und finanzielle Ressourcen für die Kommunikation mit Mitarbeitern der Steuerabteilung aufzuwenden, die zwar der Optimierung von Nachsteuerergebnisgrößen dient, aber die Höhe des EBIT nicht beeinflusst.

[737] Vgl. etwa SALZBERGER, Risk, IStR 2008, S. 556. Dieses Dilemma lässt sich auflösen, indem die Vergütungssysteme an Nachsteuerergebnisgrößen ausgerichtet werden bzw. der Unternehmungsvorstand die entsprechenden Mitarbeiter zu der Kommunikation mit der Steuerabteilung verpflichtet; zu Details vgl. Teil V 2.5.

Teil VI Fazit

Zusammenfassend ist zu konstatieren, dass das Tätigkeitsspektrum und die strategische Relevanz von Steuerabteilungen kapitalmarktorientierter internationaler Unternehmungen einem Paradigmenwechsel unterliegen. Die zunehmende Fokussierung auf eine Shareholder-orientierte Unternehmungsführung, die Internationalisierung der Rechnungslegung sowie die gestiegene Relevanz steuerlicher Risiken rücken Tax-Management-Tätigkeiten der Steuerabteilung in den Vordergrund, die maßgeblich zu dem primären Unternehmungsziel, der Steigerung der Eigentümerrendite, beitragen. Weil die klassischen Tax-Compliance- und Tax-Accounting-Tätigkeiten nicht an Bedeutung verlieren, stellt sich eine Erweiterung des steuerlichen Betätigungsfeldes ein.

Renditesteigernde Tax-Management-Aktivitäten sind in den Bereichen „Tax Planning", „Tax Risk Management" und „Tax Communication" auszuüben. Durch standardisierte Prozesse ist sicherzustellen, dass die Steuerplanung, das Steuerrisikomanagement und die steuerliche Kommunikation kontinuierlich und in klar strukturierter Form vorgenommen werden. Vorbehaltlich von spezifischen Restriktionen können diese drei Instrumente durch die Optimierung zahlungs- und ergebniswirksamer Steuern sowie durch die Vermeidung steuerbedingter Volatilität in sehr starkem Maße die Steigerung des Total Shareholder Return bewirken. Wegen des großen steuerlichen Hebels steht ein Anstieg der strategischen Relevanz von Steuerabteilungen kapitalmarktorientierter internationaler Unternehmungen zu erwarten. Mithin ist mit einem Wandel der Steuerabteilung von einer reinen Stabsstelle zu einer unternehmungsintern eng verzahnten Wertschöpfungsstätte mit einer hohen Reputation zu rechnen.

Damit die standardisierten Tax-Planning-, Tax-Risk-Management- und Tax-Communication-Prozesse ihre volle Wirksamkeit entfalten können, bedarf es insbesondere einer Neugestaltung der Vergütungssysteme der Unternehmungen sowie einer adäquaten Qualifizierung der Mitarbeiter der Steuerabteilung. Ursächlich für das Erfordernis der Reform der Entlohnungsstrukturen ist der Umstand, dass die meisten Unternehmungen die Höhe der variablen Gehaltsbestandteile an Vorsteuergrößen ausrichten, sodass die Mitarbeiter keine Anreize haben, an den Steueroptimierungsprozessen mitzuwirken. Nur durch die Orientierung an Nachsteuergrößen wird es den Unternehmungen gelingen, steuerliche Optimierungspotenziale vollständig zu ihren Gunsten zu nutzen und damit in größtmöglichem Umfang zur Steigerung des Aktienkurses und der Erhöhung der Dividendenzahlungen beizutragen. Vor dem Hintergrund der Veränderung des steuerlichen Tätigkeitsspektrums setzt das Profil von Mitarbeitern der Steuerabteilung neben den unabdingbaren detaillierten steuerlichen Fachkenntnissen auch zunehmend diverse Soft-Skills voraus, wie z. B. stark ausgeprägte kommunikative Fähigkeiten für Zwecke des Austauschs mit anderen Abteilungen der kapitalmarktorientierten internationalen Unternehmung.

Der Aufbruch in Richtung des hochrentablen Tax Management führt somit nicht nur zu signifikanten Neuerungen für die Steuerabteilung, sondern erfordert Anstrengungen in sämtlichen Bereichen der kapitalmarktorientierten internationalen Unternehmung.

Literaturverzeichnis

ABELA, Mario/DAVIDS, Kirsten/JEHLE, Nadja: (Steuerbilanzierung) Frischer Wind für die Steuerbilanzierung, S:R 2009, S. 69.

ABOLINS, Jon: (Compliance) White Paper: Emerging Trends in Tax Calculation and Compliance, TPI Review 04/2004, S. 23-25.

ACHLEITNER, Ann-Kristin/BASSEN, Alexander/PIETZSCH, Luisa: (Kapitalmarktkommunikation) Kapitalmarktkommunikation von Wachstumsunternehmen: Kriterien zur effizienten Ansprache von Finanzanalysten, Schäffer-Poeschel Verlag für Wirtschaft · Steuern · Recht GmbH & Co. KG, Stuttgart 2001.

ADLER, Hans/DÜRING, Walter/SCHMALTZ, Kurt: (ADS) Rechnungslegung und Prüfung der Unternehmen – Kommentar zum HGB, AktG, GmbHG, PublG nach den Vorschriften des Bilanzrichtlinien-Gesetzes, 6. Auflage, Schäffer-Poeschel Verlag für Wirtschaft · Steuern · Recht GmbH, Stuttgart 1996/1998.

AICPA (Hrsg.): (FIN 48) Practice Guide On Accounting For Uncertain Tax Positions Under FIN 48, New York 2008.

AMMELUNG, Ulrich/SCHNEIDER, Helmut: (Finanzierungsgesellschaften) Einschaltungen niederländischer Finanzierungsgesellschaften bei Konzernfinanzierungen über den Eurokapitalmarkt, IStR 1996, S. 501-504 (Teil I) und S. 552-560 (Teil II).

ANDRESEN, Ulf: (Betriebsstättengewinnermittlung) Betriebsstättengewinnermittlung im engeren Sinne, in: Wassermeyer, Franz/Andresen, Ulf/Ditz, Xaver/Schönfeld, Jens (Hrsg.): (Betriebsstätten Handbuch) Betriebsstätten Handbuch – Gewinnermittlung und Besteuerung in- und ausländischer Betriebsstätten, Verlag Dr. Otto Schmidt KG, Köln 2006, S. 31-150.

APP, Jürgen G.: (Steuern) Latente Steuern nach IAS, US-GAAP und HGB, KoR 2003, S. 209-214.

ARBEITSKREIS DVFA/SCHMALENBACH-GESELLSCHAFT E.V.: (Empfehlungen) Empfehlungen zur Ermittlung prognosefähiger Ergebnisse, DB 2003, S. 1913-1917.

AUDIT ANALYTICS: (Weakness) Section 404 Internal Control Material Weakness Dashboard - Result for the first 3 Quarters of Section 404 Disclosures, o. O., 2005.

BAETGE, Jörg/LIENAU, Achim: (Praxis) Praxis der Bilanzierung latenter Steuern im Konzernabschluss nach IFRS im DAX und MDAX, WPg 2007, S. 15-22.

BAFIN: (Emittentenleitfaden) Emittentenleitfaden der Bundesanstalt für Finanzdienstleistungsaufsicht vom 15.7.2005, Online im Internet, URL: http://www.bafin.de/cln_116/nn_721290/SharedDocs/Downloads/DE/Service/Leitfaeden/emittentenleitfaden,templateId=raw,property=publicationFile.pdf/emittenten-leitfaden.pdf (Stand: 15.07.2005; Abfrage: 13.02.2009, 18:24 Uhr).

BALLWIESER, Wolfgang: (Ende) Shareholder Value am Ende?, WPg 2009, S. I.

BALLWIESER, Wolfgang: (IFRS) IFRS für nicht kapitalmarktorientierte Unternehmen?, IRZ 2006, S. 23-30.

BALLWIESER, Wolfgang: (Unternehmensbewertung) Unternehmensbewertung – Prozeß, Methoden und Problem, 2. Auflage, Schäffer-Poeschel Verlag für Wirtschaft · Steuern · Recht GmbH & Co. KG, Stuttgart 2007.

BARTH, Norbert/BERNDT, Helmut/GEIGER, Klaus M./SCHICKLING, Michael/SCHMITT, Günter: (Ergebnisse) Ermittlung wertorientierter Ergebnisse – Value-based Earnings, FB 2006, S. 421-427.

BASSEN, Alexander/FRANK, Ralf/LEVERMANN, Susan/PLÜMER, Markus: (Messung) Messung des Erfolgs von Finanzkommunikation mit Perception Profiles der DVFA, FB 2006, S. 689-695.

BAUMAN, Christine/SCHADEWALD, Michael: (Impact) Impact of foreign operations on reported effective tax rates – interplay of foreign taxes, U.S. taxes and U.S. GAAP, Journal of International Accounting, Auditing and Taxation 2001, S. 177-196.

BAUMHOFF, Hubertus: (Lohnfertiger) Verrechnungspreispolitik gegenüber ausländischen Lohnfertigern, in: Kleineidam, Hans-Jochen (Hrsg.): (FS Fischer) Unternehmenspolitik und Internationale Besteuerung – Festschrift für Lutz Fischer, Erich Schmidt Verlag GmbH & Co., Berlin 1999, S. 487-508.

BAUMHOFF, Hubertus: (Verrechnungspreisen) Aktuelle Entwicklungen bei den internationalen Verrechnungspreisen, IStR 2003, S. 1-6.

BAUMHOFF, Hubertus/BODENMÜLLER, Ralph: (Funktionen) Verrechnungspreispolitik bei der Verlagerung betrieblicher Funktionen ins Ausland, in: Grotherr, Siegfried (Hrsg.): (Handbuch) Handbuch der internationalen Steuerplanung, 2. Auflage, Verlage Neue Wirtschafts-Briefe GmbH & Co., Herne/Berlin 2003, S. 345-384.

BAUMHOFF, Hubertus/DITZ, Xaver/GREINERT, Markus: (Funktionsverlagerungsverordnung) Die Besteuerung von Funktionsverlagerungverordnungen nach der Funktionsverlagerungsverordnung vom 12.8.2008, DStR 2008, S. 1945-1952.

BAUR, Helmut: (Lobbyarbeit) Erfolgsreiche Lobbyarbeit des EHV, Handelsjournal Nr. 12 2007, S. 54.

BAYER AG: (Geschäftsbericht 2007) Konzern-Geschäftsbericht für das Geschäftsjahr 2007.

BAYER, Walter, in: Goette, Wulf/Habersack, Matthias/Kalss, Susanne (Hrsg.): (MünchKommAktG) Münchener Kommentar zum Aktiengesetz, 3. Auflage, Verlag C. H. Beck oHG/Verlag Franz Vahlen GmbH, München 2008.

BAYER, Walter, in: Kropff, Bruno/Semler, Johannes (Hrsg.): (Aktiengesetz) Münchener Kommentar zum Aktiengesetz, 2. Auflage, Verlag C. H. Beck oHG, München 2003.

BDI (Hrsg.): (BDI) BDI – eine gute Verbindung, Online im Internet, URL: http://www.bdi-online.de/de/bdi/72.htm (Stand: März 2009; Abfrage: 03.03.2009, 17:01 Uhr).

BECKER, Helmut: (Gewinnermittlung) Die Gewinnermittlung bei Betriebsstätten, in: Burmester, Gabriele/Endres, Dieter (Hrsg.): (FS Debatin) Außensteuerrecht, Doppelbesteuerungsabkommen und EU-Recht im Spannungsverhältnis – Festschrift für Helmut Debatin zum 70. Geburtstag, Verlag C. H. Beck oHG, München 1997, S. 25-33.

BECKER, Jan Dierk: (Atypisch) Die atypisch stille Gesellschaft als Outbound-Finanzierungsalternative – Recht – Steuern – Gestaltungshinweise, IDW-Verlag GmbH, Düsseldorf 2005, zugleich: Diss. rer. pol., Universität Freiburg 2005.

BECKER, Jan Dierk/LOOSE, Thomas: (China) Veränderte steuerliche Rahmenbedingungen für deutsche Investoren in China, PIStB 2008, S. 37-44.

BECKER, Jan Dierk/LOOSE, Thomas: (Holdingstandorte) Für Holdingstandorte ändern sich die Spielregeln, PIStB 2006, S. 310-314.

BECKER, Jan Dierk/LOOSE, Thomas: (Unternehmenssteuerreform) Chinesische Unternehmenssteuerreform ändert Rahmenbedingungen für deutsche Investoren, PIStB 2007, S. 127-134.

BECKER, Jan/STEIN, Volker/LOITZ, Rüdiger: (Verlustnutzung) Steueroptimale Verlustnutzung, GWV Fachverlage GmbH, Wiesbaden 2009.

BEYHS, Oliver/FUCHS, Markus: (Ertragsteuern) Neue Vorschläge zur Bilanzierung von Ertragsteuern – Einführung in den aktuellen Exposure Draft des IASB – ED/2009/2 „Income Tax“, WPg 2009, S. 636-643.

BEISER, Reinhold: (Betriebsstätten) Die grenzüberschreitende Finanzierung von Betriebsstätten aus der Sicht des arm’s length-Prinzips, IStR 1992, S. 7-11.

BENZEL, Ute/LINZBACH, Meike: (Steuerrisikorückstellungen) Neue Vorschriften für die Bilanzierung von Steuerrisikorückstellungen - Der Exposure Draft ED/2009/2 des IASB, KoR 2009, S. 400-408.

BERGER, Axel: (Ermessensspielraum) Was der DPR aufgefallen ist – Ermessensspielraum und die Bilanzierung von latenten Steuern auf Verlustvorträge, DB 2006, S. 2473-2475.

BERGER, Axel/HAUCK, Anton/PRINZ, Ulrich: (Prognosezeitraum) Bilanzierung latenter Steuern auf Verlustvorträge nach IAS 12 – Streitiger Prognosezeitraum zur Verlustverrechnung, DB 2007, S. 412-415.

BERNSTEIN, Jack: (Planning) Tax Planning for International Joint Venture, TNI 2004, S. 831-832.

BIEG, Hartmut/HOSSFELD, Christopher/KUßMAUL, Heinz/WASCHBUSCH, Gerd: (Rechnungslegung) Grundlagen der internationalen Rechnungslegung, StB 2006, S. 12-16.

BISCHOFF, Jörg: (Konzept) Das Shareholder-Value-Konzept – Darstellung – Probleme – Handhabungsmöglichkeiten, Deutscher Universitätsverlag, Wiesbaden 1994, zugleich: Diss. rer. pol., Universität München 1994.

BLACK, Andrew/WRIGHT, Philip/DAVIES, John: (Shareholder) In Search of Shareholder Value – Managing the drivers of performance, Second Edition, Pearson Education Ltd., London u. a. 2001.

BLUMERS, Wolfgang: (Steuerplanungsüberlegungen) Steuerplanungsüberlegungen beim Kauf von ausländischen Unternehmen, in: Grotherr, Siegfried (Hrsg.): (Handbuch) Handbuch der internationalen Steuerplanung, 2. Auflage, Verlage Neue Wirtschafts-Briefe GmbH & Co., Herne/Berlin 2003, S. 217-223.

BMW AG: (Geschäftsbericht 2008) Konzern-Geschäftsbericht für das Geschäftsjahr 2008.

BÖCKING, Hans-Joachim/NOWAK, Karsten: (Konzept) Das Konzept des Economic Value Added, FB 1999, S. 281-288.

BODENMÜLLER, Ralph: (Funktionsverlagerungen) Steuerplanung bei Funktionsverlagerungen ins Ausland, IDW Verlag GmbH, Düsseldorf 2004, zugleich: Diss. rer. pol., Universität zu Köln 2004.

BOGENSCHÜTZ, Eugen: (Hybrid) Hybride Finanzierungen im grenzüberschreitenden Kontext, Ubg 2008, S. 533-543.

BOGENSCHÜTZ, Eugen: (Steuerplanung) Internationale Steuerplanung im Spannungsfeld zwischen globalem Wettbewerb und fiskalischen Interessen, in: Haarmann Hemmelrath & Partner (Hrsg.): Gestaltung und Analyse in der Rechts-, Wirtschafts- und Steuerberatung von Unternehmen, Otto Schmidt KG, Köln 1998, S. 3-14.

BOLLER, Tino/EILINGHOFF, Karolina/SCHMIDT, Sebastian: (JStG 2009) § 50d Abs. 10 EStG i. d. F. des JStG 2009 – ein zahnloser Tiger?, IStR 2009, S. 109-115.

BOLTON, Clare: (Benchmarking) The Role of Tax Benchmarking, TPI Review 06/2004, S. 21-23.

BORSTELL, Thomas: (Lieferungen) Lieferungen von Gütern und Waren, in: Vögele, Alexander/Borstell, Thomas/Engler, Gerhard (Hrsg.): (Handbuch) Handbuch der Verrechnungspreise, 2. Auflage, Verlag C. H. Beck oHG, München 2004, S. 1085-1213.

BORSTELL, Thomas: (Lieferungsbeziehungen) Verrechnungspreispolitik bei konzerninternen Lieferungsbeziehungen, in: Grotherr, Siegfried (Hrsg.): (Handbuch) Handbuch der internationalen Steuerplanung, 2. Auflage, Verlage Neue Wirtschafts-Briefe GmbH & Co., Herne/Berlin 2003, S. 323-343.

BORSTELL, Thomas/SCHÄPERCLAUS, Jens: (Funktion) Was ist eigentlich eine Funktion?, IStR 2008, S. 275-284.

BÖSSER, Jörg/PILHOFER, Jochen: (Steuern) Aktive latente Steuern auf steuerliche Verlustvorträge, KoR 2008, S. 296-303.

BRÄHLER, Gernot/BRUNE, Philipp/HEERDT, Tobias: (Zinsschranke) Die Auswirkungen der Zinsschranke auf die Aktivierung latenter Steuern, KoR 2008, S. 289-295.

BREID, Volker: (Erfolgspotentialrechnung) Erfolgspotentialrechnung – Konzeption im System einer finanzierungstheoretisch fundierten, strategischen Erfolgsrechnung, in: Küpper, Hans-Ulrich (Hrsg.): (Controlling) Controlling Entwicklungen, Schäffer-Poeschel Verlag für Wirtschaft · Steuern · Recht GmbH & Co. KG, Stuttgart 1994, zugleich: Diss. rer. pol., Universität München 1994.

BREWER, Ken: (Losses) Global Tax Planning For Losses, TNI 2002, S. 61-75.

BRIESEMEISTER, Simone: (Hybride Finanzinstrumente) Hybride Finanzinstrumente im Ertragsteuerrecht, IDW Verlag GmbH, Düsseldorf 2006, zugleich: Diss. rer. pol., Universität zu Köln 2006.

BRODERSEN, Christian/VON KOLCZYNSKI, Helga: (Commissionaire) The Commissionaire – A Tax-Focused Evaluation from Germany, Intertax 1997, S. 201-210.

BRÖNNER, Herbert, in: Hopt, Klaus J./Wiedemann, Herbert (Hrsg.): (AktG Großkommentar) Aktiengesetz Großkommentar, 4. Auflage, De Gruyter Rechtswissenschaften Verlags-GmbH, Berlin 2006.

BRUNE, Jens W.: (Shareholder-Value-Ansatz) Der Shareholder-Value-Ansatz als ganzheitliches Instrument strategischer Planung und Kontrolle – Eine Untersuchung unter Beachtung besonderer Rahmenbedingungen in der Bundesrepublik Deutschland, Deutscher Universitätsverlag, Wiesbaden 1996, Diss. rer. pol., Universität zu Köln 1996.

BRÜNINGHAUS, Dirk/BODENMÜLLER, Ralph: (Tatbestandsvoraussetzungen) Tatbestandsvoraussetzungen der Funktionsverlagerung, DStR 2009, S. 1285-1290.

BUCHNER, Robert/ENGLERT, Joachim: (Unternehmensvergleich) Die Bewertung von Unternehmen auf Basis des Unternehmensvergleichs, BB 1994, S. 1573-1580.

BÜHNER, Rolf: (Management) Das Management-Wert-Konzept – Strategien zur Schaffung von mehr Wert im Unternehmen, Schäffer Verlag für Wirtschaft und Steuern GmbH, Stuttgart 1990.

BURKERT, Manfred: (Funktionen) Reallokation von betrieblichen Funktionen und Risiken im international tätigen Konzern, in: Kleineidam, Hans-Jochen (Hrsg.): (FS Fischer) Unternehmenspolitik und Internationale Besteuerung – Festschrift für Lutz Fischer, Erich Schmidt Verlag GmbH & Co., Berlin 1999, S. 509-538.

BURMESTER, Gabriele: (Finanzierung) Steuerliche Aspekte der Finanzierung international tätiger Unternehmen, in: Klein, Franz/Stihl, Hans Peter/Wassermeyer, Franz/Piltz, Detlev J./Schaumburg, Harald (Hrsg.): (FS Flick) Festschrift für Hans Flick zum 70. Geburtstag, Verlag Dr. Otto Schmidt KG, Köln 1997, S. 659-678.

BUSSE VON COLBE, Walther/BECKER, Winfried/BERNDT, Helmut/GEIGER, Klaus M./HAASE, Heidrun/SCHELLMOSER, Friedrich/SCHMITT, Günter/SEEBERG, Thomas/VON WYSOCKI, Klaus (Hrsg.): (DVFA/SG) Ergebnis je Aktie nach DVFA/SG – Gemeinsame Empfehlung, 3. Auflage, Schäffer-Poeschel Verlag für Wirtschaft · Steuern · Recht GmbH & Co. KG, Stuttgart 2000.

BÜSSOW, Thomas/TAETZNER, Tobias: (Finanzberichterstattung) Sarbanes-Oxley Act Section 404: Internes Kontrollsystem zur Sicherstellung einer effektiven Finanzberichterstattung im Steuerbereich von Unternehmen – Pflicht oder Kür?, BB 2005, S. 2437-2444.

CAHN, Andreas/SENGER, Michael A., in: Spindler, Gerald/Stilz, Eberhard (Hrsg.): (Kommentar AktG) Kommentar zum Aktiengesetz, Verlag C. H. Beck oHG, München 2007.

CHEN, Duanjie/BIRD, Richard M.: (Measures) Effective Tax Rates – Linking Two Distinct Measures, TNI 2002, S. 1125-1135.

CHRISTENSEN, Kevin/CLINE, Robert J./NEUBIG, Thomas S.: (Taxation) Total Corporate Taxation: Hidden Non-Income Taxes, TNI 2001, S. 1357-1365.

COASE, Ronald: (Firm) The nature of the firm, Economica 1937, Vol. 4 (November), S. 386-405.

COENENBERG, Adolf G.: (Aktienkursentwicklung) Jahresabschlussinformation und Aktienkursentwicklung, in: Blum, Reinhard/Steiner, Manfred (Hrsg.): (FS Perridon) Aktuelle Probleme der Marktwirtschaft in gesamt- und einzelwirtschaftlicher Sicht – Festschrift für Louis Perridon, Verlag Duncker & Humblot GmbH, Berlin 1984, S. 307-332.

COENENBERG, Adolf G.: (Jahresabschluss) Jahresabschluss und Jahresabschlussanalyse – Betriebswirtschaftliche, handelsrechtliche, steuerrechtliche und internationale Grundsätze – HGB – IAS/IFRS – US-GAAP – DRS, 20. Auflage, Schäffer-Poeschel Verlag für Wirtschaft · Steuern · Recht GmbH, Stuttgart 2005.

COHEN, Norma/JENKINS, Patrick: (Change) Hedge funds believed a change of management strategy could unlock big returns, FT vom 25.05.2005, S. 17.

COSO (Hrsg.): (Control) Internal Control – Integrated Framework, American Institute of Certified Public Accountants (AICPA), Jersey City 1992.

COX, Tim: (Communication) Stakeholder Communication, International Tax Review Supplement 2008 (Tax management in companies), S. 33-36.

CREST; Sed: (Sarbanes Oxley) How Sarbanes Oxley is changing tax services, International Tax Review April 2005, S. 11-20.

CREZELIUS, Georg: (Missbrauch) Vom Missbrauch zum Misstrauen – Zur geplanten Änderung des § 42 AO, DB 2007, S. 1428-1430.

CUSÍ, José M.: (ETVE) ETVE – The Spanish Holding Entity, TNI 2001, S. 1493-1499.

DAHLKE, Jürgen: (Steuern) Vergleich der Bilanzierung latenter Steuern nach HGB und IAS 12, KoR 2006, S. 579-589.

DAHLKE, Jürgen/VON EITZEN, Bernd: (Überleitungsrechnung) Steuerliche Überleitungsrechnung im Rahmen der Bilanzierung latenter Steuern nach IAS 12, DB 2003, S. 2237-2243.

DAIMLER AG: (Geschäftsbericht 2007) Konzern-Geschäftsbericht für das Geschäftsjahr 2007.

DALLWITZ, Holger/MATTERN, Oliver/SCHNITGER, Arne: (Finanzierung) Beeinträchtigung grenzüberschreitender Finanzierung durch das JStG 2007, DStR 2007, S. 1697-1702.

DANGEL, Peter/HOFSTETTER, Ulrich/OTTO, Patrick: (Jahresabschlüssen) Analyse von Jahresabschlüssen nach US-GAAP und IAS, Schäffer-Poeschel Verlag für Wirtschaft · Steuern · Recht GmbH & Co. KG, Stuttgart 2001.

DAVIES, Philip/MÜHLEMANN, Nick: (Procurement) How you can profit from tax effective procurement, International Tax Review February 2006, S. 30-32.

DE ANDRÉS, Carmen Garcia: (Spain) Spain – New Analysis –Tax Measures Provide New Planning Possibilities, TNI 2002, S. 836-837.

DEMPFLE, Urs: (Konzernsteuerquote) Charakterisierung, Analyse und Beeinflussung der Konzernsteuerquote, in: Watrin, Christoph (Hrsg.): (Forschungsreihe) Forschungsreihe Rechnungslegung und Steuern, Deutscher Universitäts-Verlag, Wiesbaden 2006, zugleich: Diss. rer. pol., Universität zu Köln 2006.

DEUTSCHE BANK AG: (Geschäftsbericht 2007) Konzern-Geschäftsbericht für das Geschäftsjahr 2007.

DEUTSCHE LUFTHANSA AG: (Geschäftsbericht 2007) Konzern-Geschäftsbericht für das Geschäftsjahr 2007.

DEUTSCHE POST AG: (Geschäftsbericht 2008) Konzern-Geschäftsbericht für das Geschäftsjahr 2008.

DEUTSCHE TELEKOM AG: (Geschäftsbericht 2007) Konzern-Geschäftsbericht für das Geschäftsjahr 2008.

DITZ, Xaver: (Verrechnungspreisprüfung) Praxisfall einer Verrechnungspreisprüfung und Funktionsverlagerung, IStR 2009, S. 421-424.

DITZ, Xaver/JUST, Daniel: (Produktionsverlagerung) Besteuerung einer Produktionsverlagerung nach der Funktionsverlagerungsverordnung - Praxisbeispiel, DB 2009, S. 141-145.

DJANINI, Christiana/BRÄHLER, Gernot: (Qualifikationskonflikten) Internationale Steuerplanung durch Ausnutzung von Qualifikationskonflikten, StuW 2007, S. 53-63.

DORFMÜLLER, Pia: (Tax Planning) Tax Planning for U.S. MNCs with EU Holding Companies – Goals – Tools – Barriers, The Hague 2003.

DÖRR, Ingmar/FEHLING, Daniel: (Zinsschranke) Gestaltungsmöglichkeiten zum Öffnen der Zinsschranke, Ubg 2008, S. 345-352.

DÖTSCH, Ewald/PUNG, Alexandra, in: Dötsch, Ewald/Jost, Werner F./Pung, Alexandra/Witt, Georg (Hrsg.): (KStG-Kommentar) Die Körperschaftsteuer – Kommentar zum Körperschaftsteuergesetz, zum Umwandlungssteuergesetz und zu den einkommensteuerlichen Vorschriften der Anteilseignerbesteuerung, Schäffer-Poeschel Verlag für Wirtschaft · Steuern · Recht GmbH, Stuttgart 2009, Loseblatt Stand März 2009.

DREẞLER, Günter: (Vermögensverlagerungen) Gewinn- und Vermögensverlagerungen in Niedrigsteuerländer und ihre steuerliche Überprüfung, 3. Auflage, Hermann Luchterhand Verlag GmbH, Neuwied 2000.

DRUKARCZYK, Jochen/SCHÜLER, Andreas: (Unternehmensbewertung) Unternehmensbewertung, 5. Auflage, Verlag Franz Vahlen GmbH, München 2007.

DRYGALA, Tim, in: Schmidt, Karsten/Lutter, Marcus (Hrsg.): (Aktiengesetz) Aktiengesetz, Kommentar, Verlag Dr. Otto Schmidt KG, Köln 2008.

DVFA: (Finanzkommunikation) DVFA-Grundsätze für Effektive Finanzkommunikation, Version 3.0, Online im Internet, URL: http://www.dvfa.de/files/die_dvfa/ standards/effektive_finanzkommunikation/application/pdf/grundsaetze_effektive_finanzkommunikation.pdf (Stand: Mai 2008; Abfrage: 26.01.2009, 06:23 Uhr).

ECKERT, Ralf: (Kauf) Kauf eines inländischen Unternehmens unter steuerlichen Planungsgesichtspunkten, in: Grotherr, Siegfried (Hrsg.): (Handbuch) Handbuch der internationalen Steuerplanung, 2. Auflage, Verlage Neue Wirtschafts-Briefe GmbH & Co., Herne/Berlin 2003, S. 821-833.

EISELE, Florian: (Funktionsverlagerung) Grenzüberschreitende Funktionsverlagerung – Recht und Besteuerung im Einheitsunternehmen und Konzern, Verlag Neue Wirtschafts-Briefe GmbH & Co., Herne/Berlin 2003, zugleich: Diss. rer. pol., Universität München 2003.

ELGOOD, Tony: (Risk) What is Tax Risk, TPI Review 06/2004, S. 3-7.

ELGOOD, Tony: (Tax-risk) Tax-risk policy, International Tax Review Supplement July 2006 (Tax management in companies), S. 14-17.

ELGOOD, Tony/FULTON, Tony/SCHUTZMANN, Mark: (Effectiveness) Tax Function Effectiveness, CCH Inc., Chicago 2008.

ENDRES, Dieter: (Ausland) Reiches Ausland – Armes Inland: Steuerliche Effekte bei einer Funktionsverlagerung ins Ausland, RIW 2003, S. 729-734.

ENDRES, Dieter: (Europageschäft) Die Neuordnung des Europageschäfts unter steuerlichen Aspekten, in: IDW (Hrsg.): (Steuerfachtagung 1996) Bericht über die Steuerfachtagung 1996 des Instituts der Wirtschaftsprüfer in Deutschland e. V. – 26. September 1996 in Düsseldorf – Generalthema Globale Unternehmenstätigkeit und inländische Besteuerung, IDW-Verlag GmbH, Düsseldorf 1997, S. 91-102.

ENDRES, Dieter: (Holdingstrukturen) Typische Holdingstrukturen anhand von Beispielsfällen, WPg-Sonderheft 2003, S 56-S 63.

ENDRES, Dieter: (Konzernsteuerquote) Reduktion der Konzernsteuerquote durch internationale Steuerplanung, in: Oestreicher, Andreas (Hrsg.): (Steuerplanung) Internationale Steuerplanung – Beiträge zu einer Ringveranstaltung an der Universität Göttingen im Sommersemester 2003, Verlag Neue Wirtschafts-Briefe GmbH & Co. KG, Herne/Berlin 2005, S 163-190.

ENDRES, Dieter: (Steuerfragen) Steuerfragen bei der Jahresabschlussprüfung, PIStB 2008, S. 237-241.

ENDRES, Dieter/DORFMÜLLER, Pia: (Holdingstandort) Holdingstandort und -strukturen: Update zur Steuerplanung mit Holdinggesellschaften, S:R 2008, S. 255-256.

ENDRES, Dieter/LÜDICKE, Jürgen/BRINK, Thomas/NAUMBURG, Caroline/SUHRBIER-HAHN, Ute/ZUBER, Barbara/WELLING, Berthold/SCHMID, Carsten, in: Bundesverband der Deutschen Industrie e. V./PricewaterhouseCoopers AG WPG (Hrsg.): (Verlustberücksichtigung) Verlustberücksichtigung über Grenzen hinweg – Vergleichende Gegenüberstellung der Verlustverrechnungsmöglichen in 33 Ländern, Rudolf Haufe Verlag GmbH & Co. KG, Frankfurt 2006.

ENDRES, Dieter/SCHREIBER, Christoph/DORFMÜLLER, Pia: (Holding) Holding Companies are key international tax planning too, International Tax Review December/January 2006, S. 46-49.

ENDRES, Dieter/WOLFF, Ulrich: (Musterfälle) Musterfälle zum revidierten deutsch-amerikanischen Doppelbesteuerungsabkommen, IStR 2006, S. 721-729.

ERNST, Christoph/NAUMANN, Klaus-Peter: (Bilanzrecht) Das neue Bilanzrecht – Materialien und Anwendungshilfen zum BilMoG, IDW Verlag GmbH, Düsseldorf 2009.

ETPF (Hrsg.): (ETPF) European Tax Policy Forum, Online im Internet, URL: http://www.etpf.org/about.html (Stand: März 2009; Abfrage: 13.03.2009, 22:24 Uhr).

EXLER, Markus: (Multiplikatorenmethode) Multiplikatorenmethode – die „Praktikerformel“ für die Bewertung von KMU, BBB 2007, S. 43-48.

FAITH, Joanna: (Forces) Under lock and Key - Downturn forces tax directors to safeguard cash pille, International Tax Review November 2008, S. 12-13.

FAITH, Joanna: (Policy) Morris makes his mark on European tax policy, International Tax Review September 2008, S. 23-24.

FEDERMANN, Rudolf: (Steuermanagement) Über Steuermanagement und Steuermanager(innen), StuW 1996, S. 237-247.

FINSTERWALDER, Oliver: (Dokumentationssystemen) Einführung von Dokumentationssystemen bei internationalen Verrechnungspreisen – Anlass zur Prüfung grenzüberschreitender Risiko- und Funktionsverlagerungen, IStR 2004, S. 763-768.

FISCHER, Klaus: (Unternehmung) Die internationale Unternehmung – Umriß eines Unternehmungstyps, Diss rer. pol., Universität Erlangen-Nürnberg 1967.

FISCHER, Wolfgang Wilhelm: (IAS) Bilanzierung von latenten Steuern (deferred taxes) nach IAS 12 (rev. 2000) – Teil A: Ansatz und Bewertung, BBK 2002, S. 669-680.

FISCHER, Wolfgang Wilhelm: (IAS) Bilanzierung von latenten Steuern (deferred taxes) nach IAS 12 (rev. 2000) – Teil B: Ausweis und Bilanzanalyse, BBK 2002, S. 681-686.

FLEISCHER, Holger, in: Schmidt, Karsten/Lutter, Marcus (Hrsg.): (Aktiengesetz) Aktiengesetz Kommentar, Verlag Dr. Otto Schmidt KG, Köln 2008.

FÖRSCHLE, Gerhart, in: Ellrott, Helmut/Förschle, Gerhart/Hoyos, Martin/Winkeljohann, Norbert (Hrsg.): (Beck Bil-Komm.) Beck'scher Bilanz-Kommentar – Handels- und Steuerbilanz – §§ 238 bis 339, 342 bis 342e HGB mit EGHGB und IAS/IFRS-Abweichungen, 6. Auflage, Verlag C. H. Beck oHG, München 2006.

FÖRSCHLE, Gerhart/KÜSTER, Thomas, in: Ellrott, Helmut/Förschle, Gerhart/Hoyos, Martin/Winkeljohann, Norbert (Hrsg.): (Beck Bil-Komm.) Beck'scher Bilanz-Kommentar – Handels- und Steuerbilanz – §§ 238 bis 339, 342 bis 342e HGB mit EGHGB und IAS/IFRS-Abweichungen, 6. Auflage, Verlag C. H. Beck oHG, München 2006.

FÖRSTER, Hartmut/NAUMANN, Manfred/ROSENBERG, Oliver: (Gewinnabgrenzung) Generalthema II des IFA Kongresses 2006 in Amsterdam – Gewinnabgrenzung bei Betriebsstätten, IStR 2005, S. 617-624.

FREYGANG, Winfried: (Kapitalallokation) Kapitalallokation in diversifizierten Unternehmen – Ermittlung divisionaler Eigenkapitalkosten, Deutscher Universitätsverlag, Wiesbaden 1993, zugleich: Diss. rer. pol., Universität Köln 1993.

FRISCHMUTH, Markus: (Funktionsverlagerung) Wann genau liegt eine Funktionsverlagerung nach der FVerlV vor?, StuB 2008, S. 864-871.

FRÖNDHOFF, Bert: (Schleudersitz) Chefsessel wird zum Schleudersitz, Handelsblatt vom 23.05.2006, S. 22.

FÜLBIER, Uwe: (Abschreibungsbedarf) Abschreibungsbedarf insbesondere von Firmenwerten vor dem Hintergrund der Finanzmarktkrise – Wirkungszusammenhänge – Ermessengrenzen – Verantwortlichkeiten, S:R 2009, S. 54-55.

FULTON, Tony: (Processes) How to design efficient tax processes, International Tax Review Supplement July 2006 (Tax management in companies), S. 18-21.

GAHLEITNER, Gerald/RATZINGER, Stefan: (Austria) International Group Taxation – An Overview of Austria's New Tax Incentive, ET 2005, S. 509-514.

GENERAL MOTORS CORPORATION: (Annual Report 2007) Annual Report für das Geschäftsjahr 2007.

GENS, Peter-Michael/WAHLE, Thomas: (Verlustvorträge) Bewertung körperschaft- und gewerbesteuerlicher Verlustvorträge für aktive latente Steuern nach IAS, KoR 2003, S. 288-291.

GLAUM, Martin/THOMASCHEWSKI, Dieter/WEBER, Silke: (Kontrollsystems) Die Vorschriften zur Einrichtung und Dokumentation eines internen Kontrollsystems nach Section 404 Sarbanes-Oxley Act – Umsetzung durch deutsche Unternehmen, KoR 2006, S. 206-219.

GLAUM, Martin/THOMASCHEWSKI, Dieter/WEBER, Silke: (US-Börsennotierungen) Der Sarbanes-Oxley Act – Folgen für US-Börsennotierungen aus Sicht deutscher Unternehmen, FB 2006, S. 182-194.

GLEIßNER, Werner/HEYD, Reinhard: (Risikomanagement) Rechnungslegung nach IFRS – Konsequenzen für Rating und Risikomanagement, IRZ 2006, S. 103-112.

GOEBEL, Sören/EILINGHOFF, Karolina/SCHMIDT, Sebastian: (Rückfallklauseln) Der Wirrwarr mit den Rückfallklauseln: Neue Entscheidung des BFH vom 17.10.2007 - Vertrauensschutz für alle offenen Fälle ...?, IStR 2008, S. 750-754.

GOMEZ, Peter: (Wertmanagement) Wertmanagement – Vernetzte Strategien für Unternehmen im Wandel, ECON Verlag, Düsseldorf ·Wien ·New York ·Moskau 1993.

GRÄFER, Horst/OSTMEIER, Veit: (Unternehmensbewertung) Discounted Cashflow als Instrument der Unternehmensbewertung, BBK Fach 28 Wirtschaftsprüfung, S. 1241-1256.

GROTHERR, Siegfried: (Holdinggesellschaften) Besteuerungsfragen und -probleme bei der Einschaltung inländischer Holdinggesellschaften im grenzüberschreitenden Konzern (Teil I), BB 1995, S. 1510-1517.

GROTHERR, Siegfried: (Outbound-Steuergestaltungen) Sperren und Risiken für Outbound-Steuergestaltungen auf der Grundlage von Abkommensvergünstigungen, IWB 2008, S. 439-461.

GROTHERR, Siegfried: (Rückfallklausel) Zum Anwendungsbereich der unilateralen Rückfallklausel gemäß § 50d Abs. 9 EStG, IStR 2007, S. 265-268.

GROTHERR, Siegfried: (Steuerplanung) Grundlagen der internationalen Steuerplanung, in: Grotherr, Siegfried (Hrsg.): (Handbuch) Handbuch der internationalen Steuerplanung, 2. Auflage, Verlag Neue Wirtschafts-Briefe GmbH & Co., Herne/Berlin 2003, S. 3-28.

GROTHERR, Siegfried: (Unterkapitalisierungsregelungen) Ausländische Unterkapitalisierungsregelungen, in: Piltz, Detlev J./Schaumburg, Harald (Hrsg.): (Unternehmensfinanzierung) Unternehmensfinanzierung im Internationalen Steuerrecht, Verlag Dr. Otto Schmidt KG, Köln 1995, S. 49-87.

GUERRERA, Francesco/BAER, Justin: (Shareholder-Value) Welch schwört Shareholder-Value ab, FTD vom 13.03.2009, S. 14.

GUNDEL, Günter: (Finanzierungsgestaltungen) Finanzierungsgestaltungen über das Ausland, IStR 1994, S. 211-218 (Teil I) und S. 263-268 (Teil II).

GÜNKEL, Manfred/LIEBER, Bettina: (Holdingregelung) Braucht Deutschland eine Holdingregelung in § 50d Abs. 3 EStG?, DB 2006, S. 2197-2199.

GÜNTHER, Hans-Otto/TEMPELMEIER, Horst: (Produktion) Produktion und Logistik, 6. Auflage, Springer-Verlag, Berlin – Heidelberg 2005.

GÜNTHER, Thomas: (Controlling) Unternehmenswertorientiertes Controlling, Verlag Franz Vahlen GmbH, München 1997.

GUTENBERG, Erich: (Betriebswirtschaftslehre) Grundlagen der Betriebswirtschaftslehre – Erster Band – Die Produktion, 24. Auflage, Springer-Verlag, Berlin – Heidelberg – New York 1984.

HAARMANN, Wilhelm: (Konzernsteuerquote) Aussagekraft und Gestaltbarkeit der Konzernsteuerquote, in: Herzig, Norbert/Günkel, Manfred/Niemann, Ursula (Hrsg.): (StbJb 2001/2002) Steuerberater-Jahrbuch 2001/2002, Verlag Dr. Otto Schmidt KG, Köln 2001, S. 367-379.

HAARMANN, Wilhelm: (Produktionsverlagerung) Produktionsverlagerung, Markt- und Markenüberlassung, in: IDW (Hrsg.): (Steuerfachtagung) Bericht über die Steuerfachtagung 1996 des Instituts der Wirtschaftsprüfer in Deutschland e. V. – 26. September 1996 in Düsseldorf – Generalthema Globale Unternehmenstätigkeit und inländische Besteuerung, IDW-Verlag GmbH, Düsseldorf 1997, S. 59-76.

HAAS, Wolfgang: (Funktionsverlagerungen) Funktionsverlagerungen nach dem Erlass der Funktionsverlagerungsverordnung, Ubg 2008, S. 517-524.

HACHMEISTER, Dirk: (Finanzierung) Die Abbildung der Finanzierung im Rahmen verschiedener Discounted Cash Flow Verfahren, ZfbF 1996, S. 251-277.

HACHMEISTER, Dirk: (Shareholder) Shareholder Value, DBW 1997, S. 823-839.

HACHMEISTER, Dirk: (Unternehmenswertsteigerung) Der Discounted Cash Flow als Maß der Unternehmenswertsteigerung, 4. Auflage, Europäischer Verlag der Wissenschaften Peter Lang Verlagsgruppe GmbH, Frankfurt am Main u. a. 2000, zugleich: Diss. rer. pol., Universität München 1994.

HAFNER, Ralf: (Zielsetzung), Unternehmensbewertung bei mehrfacher Zielsetzung, BFuP 1988, S. 485-504.

HAHN, Dietger: (Kennzahlen) Kennzahlen des Wertsteigerungsmanagement, in: Von Werder, Axel/Wiedmann, Harald (Hrsg.): (Internationalisierung) Internationalisierung der Rechnungslegung und Corporate Governance, Schäffer-Poeschel Verlag für Wirtschaft · Steuern · Recht GmbH & Co. KG, Stuttgart 2003, S. 103-130.

HAHN, Hartmut: (Allgemeiner Teil) Allgemeiner Teil des Umwandlungssteuergesetzes, in: PricewaterhouseCoopers AG (Hrsg.): (Umwandlungssteuerrechts) Reform des Umwandlungssteuerrechts, Schäffer-Poeschel Verlag für Wirtschaft · Steuern · Recht GmbH & Co. KG, Stuttgart 2007, S. 107-141.

HAIß, Uta: (Betriebsstätte) Steuerliche Abgrenzungsfragen bei der Begründung einer Betriebsstätte im Ausland, in: Grotherr, Siegfried (Hrsg.): (Handbuch) Handbuch der internationalen Steuerplanung, 2. Auflage, Verlag Neue Wirtschafts-Briefe GmbH & Co., Herne/Berlin 2003, S. 31-47.

HAIß, Uta: (Gewinnabgrenzung) Gewinnabgrenzung bei Betriebsstätten im Internationalen Steuerrecht – Vermögens-, Aufwands- und Ertragszuordnung nach OECD-Musterabkommen und neuem Betriebsstättenerlass, Hermann Luchterhand Verlag GmbH, Neuwied 2000.

HAJEK, Stefan: (Zeichen) Zeichen von Stärke, WiWo vom 08.09.2003, S. 129-137.

HANNEMANN, Susanne/PEFFERMANN, Petra: (Performance) IAS-Konzernsteuerquote – Begrenzte Aussagekraft für die steuerliche Performance eines Konzerns, BB 2003, S. 727-733.

HARDTMANN, Guido: (Wertsteigerungsanalyse) Die Wertsteigerungsanalyse im Managementprozess, Deutscher Universitätsverlag, Wiesbaden 1996, zugleich: Diss. rer. pol., Universität zu Köln 1995.

HÄUSELMANN, Holger: (Jahressteuergesetz 2008) Steuerliche Änderungen durch das Jahressteuergesetz 2008, BB 2008, S. 20-26.

HELBLING, Carl: (Unternehmensbewertung) Unternehmensbewertung und Steuern – Unternehmensbewertung in Theorie und Praxis – insbesondere die Berücksichtigung der Steuern aufgrund der Verhältnisse in der Schweiz und in Deutschland, 9. Auflage, IDW Verlag GmbH, Düsseldorf, 1998.

HENEHAN, PJ/WALSH, Aidan: (Risk) Global Tax Risk Management, Tottel Publishing Ltd., Haywards Heath 2008.

HENZE, Hartwig, in: Hopt, Klaus J./Wiedemann, Herbert (Hrsg.): (AktG Großkommentar) Aktiengesetz Großkommentar, 4. Auflage, De Gruyter Rechtswissenschaften Verlags-GmbH, Berlin 2006.

HERTER, Ronald N.: (Management) Unternehmenswertorientiertes Management – UwM –Strategische Erfolgsbeurteilung von dezentralen Organisationseinheiten auf Basis der Wertsteigerungsanalyse, in: Horváth, Péter/Reichmann, Thomas (Hrsg.): (Controlling) Controlling Praxis, Verlag Franz Vahlen GmbH, München 1994, zugleich: Diss. rer. pol., Universität Stuttgart 1994.

HERZ, Carsten: (Fonds) Fonds erhöhen Druck auf Zetsche, Handelsblatt vom 16. September 2008, S. 12.

HERZIG, Norbert: (Einführung) Einführung, in: Herzig, Norbert (Hrsg.): (Organschaft) Organschaft – laufende und aperiodische Besteuerung – nationale und internationale Aspekte – Hinweise zum EU-Recht – Festschrift für Jochen Thiel, Schäffer-Poeschel Verlag für Wirtschaft · Steuern · Recht GmbH & Co. KG, Stuttgart 2003, S. 1-35.

HERZIG, Norbert: (Finanzinstrumente) Thema I – Hybride Finanzinstrumente im nationalen und internationalen Steuerrecht, IStR 2000, S. 482-485.

HERZIG, Norbert: (Globalisierung) Globalisierung und Besteuerung, WPg 1998, S. 280-296.

HERZIG, Norbert: (Herausforderung) Gestaltung der Konzernsteuerquote – eine neue Herausforderung für die Steuerberatung?, WPg-Sonderheft 2003, S. 80-92.

HERZIG, Norbert/BOHN, Alexander: (Zinsabzugsbeschränkung) Internationale Vorschriften zur Zinsabzugsbeschränkung – Systematisierung denkbarer Alternativmodelle zur Zinsschranke, IStR 2009, S. 253-261.

HERZIG, Norbert/BOHN, Alexander: (Zinsschranke) Modifizierte Zinsschranke und Unternehmensfinanzierung, DB 2007, S. 1-10.

HERZIG, Norbert/DEMPFLE, Urs: (Konzernsteuerquote) Konzernsteuerquote, betriebliche Steuerpolitik und Steuerwettbewerb, DB 2002, S. 1-8.

HERZIG, Norbert/LOCHMANN, Uwe/LIEKENBROCK, Bernhard: (Zinsschranke) Die Zinsschranke im Lichte einer Unternehmensbefragung, DB 2008, S. 593-602.

HERZIG, Norbert/WAGNER, Thomas: (Holdinggesellschaften) Die Besteuerung von Auslandsengagements spanischer Holdinggesellschaften – Erweitertes Holdingprivileg – Hinzurechnungsbesteuerung – Gestaltungsmöglichkeiten, IStR 2003, S. 222-228.

HERZIG, Norbert/WAGNER, Thomas: (Mindestbesteuerung) Mindestbesteuerung durch die Begrenzung der Verrechnung von Verlustvorträgen, WPg 2004, S. 53-64.

HERZIG, Norbert/ZIMMERMANN, Martin: (Steuercontrolling) Steuercontrolling – Überflüssige Begriffsverbindung oder sinnvolle Innovation, DB 1998, S. 1141-1150.

HICKEY, Loughlin: (Risk) Tax Risk Management – The Tolerance Factor, TNI 2006, S. 609-611.

HICKEY, Loughlin: (Scrutiny) Tough Tax Scrutiny is Forcing Companies to Upgrade Tax Policy and Communication, TPI Review 10/2006, S. 3.

HILL, Wilhelm: (Stakeholder) Der Shareholder Value und die Stakeholder, Die Unternehmung 1996, S. 411-420.

HIRSCHLER, Klaus/SCHINDLER, Philipp: (Gruppenbesteuerung) Die österreichische Gruppenbesteuerung als Vorbild für Europa, IStR 2004, S. 505-512.

HOFFMANN, Wolf-Dieter, in: Lüdenbach, Norbert/Hoffmann, Wolf-Dieter (Hrsg.): (IFRS-Kommentar) HAUFE IFRS-Kommentar, 6. Auflage, Rudolf Haufe Verlag GmbH & Co. KG, Freiburg 2008.

HOULDER, Vanessa: (Out of the door) Out of the door – Tax treatment tempts businesses to move country, FT vom 06.05.2008, S. 11.

HOYOS, Martin/RING, Maximilian, in: Ellrott, Helmut/Förschle, Gerhart/Hoyos, Martin/Winkeljohann, Norbert (Hrsg.): (Beck Bil-Komm.) Beck'scher Bilanz-Kommentar – Handels- und Steuerbilanz – §§ 238 bis 339, 342 bis 342e HGB mit EGHGB und IAS/IFRS-Abweichungen, 6. Auflage, Verlag C. H. Beck oHG, München 2006.

HÜFFER, Uwe: (Aktiengesetz) Aktiengesetz, Kommentar, 8. Auflage, Verlag C. H. Beck oHG, München 2008.

HUNDSDOERFER, Jochen/KIESEWETTER, Dirk/SURETH, Caren: (Steuerlehre) Forschungsergebnisse in der Betriebswirtschaftlichen Steuerlehre – eine Bestandsaufnahme, ZfB 2008, S. 61-139.

HÜRLIMANN, David: (Performance) Konzersteuerquote als Key Performance Indicator – Bedeutung und Arten von Steuerquoten, Fallbeispiele und Optimierungsmassnahmen, Der Schweizer Treuhänder 2008, S. 155-163.

IBM CORPORATION: (Annual Report 2007) Annual Report für das Geschäftsjahr 2007.

IDW: (IDW PS 340) IDW Prüfungsstandard – Die Prüfung des Risikofrüherkennungssystem nach § 317 Abs. 4 HGB (IDW PS 340), Stand: 11.09.2000, WPg 1999, S. 658-662.

INFINEON TECHNOLOGIES AG: (Geschäftsbericht 2007) Konzern-Geschäftsbericht für das Geschäftsjahr 2007.

ITPF (Hrsg.): (ITPF) The Internationale Tax Policy Forum, Online im Internet, URL: http://www.itpf.org/ITPF/ITPF.nsf/Main?OpenFrameset (Stand: März 2009; Abfrage: 13.03.2009, 23:04 Uhr).

JACOBS, Otto H. (Hrsg.): (Unternehmensbesteuerung) Internationale Unternehmensbesteuerung – Deutsche Investitionen im Ausland – Ausländische Investitionen im Inland, 6. Auflage, Verlag C. H. Beck oHG, München 2007.

JANISCH, Monika: (Anspruchsgruppenmanagement) Das strategische Anspruchsgruppenmanagement – Vom Shareholder Value zum Stakeholder Value, Verlag Paul Haupt, Bern – Stuttgart – Wien 1993, zugleich: Diss. rer. pol., Hochschule St. Gallen 1992.

JANSSEN, Friedrich/SCHEREN, Michael: (Führungskennziffern) Internationalisierung der Führungskennziffern – Führungskennzahlen in der deutschen Geschäftsberichterstattung, in: Küting, Karlheinz/Langenbucher, Günther (Hrsg.): (FS Weber) Internationale Rechnungslegung – Festschrift für Professor Dr. Claus-Peter Weber zum 60. Geburtstag, Schäffer-Poeschel Verlag für Wirtschaft · Steuern · Recht GmbH & Co. KG, Stuttgart 1999, S. 605-629.

JOHNSTON, Angus: (Explosion) The explosion of tax risk, International Tax Review November 2006, S. 24-26.

JOMAN-DIJKHUIZEN, Heleen: (Tax) Tax as a driver of shareholder value, International Tax Review Supplement July 2006 (Tax management in companies), S. 44-48.

JONES, Claire: (Cultural) Cultural evolution, in: International Tax Review February 2007, S. 10-14.

KAHLE, Holger/DAHLKE, Andreas/SCHULZ, Sebastian: (IFRS) Zunehmende Bedeutung der IFRS für die Unternehmensbesteuerung, StuW 2008, S. 266-279.

KAMINSKI, Bert: (Einkünftekorrektur) Die Festlegung von Maßstäben zur internationalen Einkünftekorrektur durch § 1 AStG, StuW 2008, S. 337-347.

KAMINSKI, Bert/STRUNK, Günther: (Funktionsverlagerungen) Funktionsverlagerungen in und von ausländischen Betriebsstätten und Personengesellschaften: Überlegungen zur (Nicht-)Anwendbarkeit der Grundsätze zum sog. Transferpaket, DB 2008, S. 2501-2507.

KELLER, Thomas: (Holdingkonzepte) Unternehmensführung mit Holdingkonzepten – Wege in ein Holdingkonzept, rechtliche Rahmenbedingungen und Rechtsformwahl, Verbundintegration, Lösung struktur- und führungsorganisatorischer Problemstellungen, 2. Auflage, J. P. Bachem Verlag GmbH, Köln 1993, zugleich: Diss. rer. pol., Universität zu Köln 1990.

KESSLER, Wolfgang: (Dänemark) Internationale Organschaft in Dänemark, IStR 1993, S. 303-310.

KESSLER, Wolfgang: (Euro-Holding) Die Euro-Holding – Steuerplanung, Standortwahl, Länderprofile, Verlag C. H. Beck oHG, München 1996, zugleich: Habil., Universität zu Köln 1996.

KESSLER, Wolfgang/EICKE, Rolf: (Gestaltungshürden) Neue Gestaltungshürden in der Anti-Treaty-Shopping-Regelung des § 50d Abs. 3 EStG, DStR 2007, S. 781-787.

KESSLER, Wolfgang/ORTMANN-BABEL, Martina/ZIPFEL, Lars: (Unternehmensteuerreform) Unternehmensteuerreform 2008 – Die geplanten Änderungen im Überblick, BB 2007, S. 523-533.

KEUCHEL, Jan: (Steuerquote) Konzerne drücken die Steuerquote, Handelsblatt vom 07.12.2005, S. 23.

KINKEL, Steffen/LAY, Gunter/JUNG-ERCEG, Petra: (Auslandsproduktion) Produktionsverlagerungen und Auslandsproduktion im deutschen Verarbeitenden Gewerbe – Stand – Trend – Motive und Effekte, in: Kinkel, Steffen (Hrsg.): (Standortplanung) Erfolgsfaktor Standortplanung – In- und ausländische Standorte richtig bewerten, Springer-Verlag, Berlin – Heidelberg 2004, S. 16-31.

KIRSCH, Hanno: (Berichterstattung) Steuerliche Berichterstattung im Jahresabschluss nach IAS/IFRS, DStR 2003, S. 703-708.

KIRSCH, Hanno: (Unternehmensteuerreform) Auswirkung der Unternehmensteuerreform 2008 auf die Bilanzierung und Bewertung latenter Steuern nach IAS 12, DStR 2007, S. 1268-1273.

KLEIN, Oliver: (Vergleich) Die Bilanzierung latenter Steuern nach HGB, IAS und US-GAAP im Vergleich, DStR 2001, S. 1450-1456.

KLEY, Karl-Ludwig: (Unternehmenskommunikation) Die externe und interne Rechnungslegung als Basis für eine offene Unternehmenskommunikation, in: Küting, Karlheinz/Weber, Claus-Peter (Hrsg.): (Konzernführung) Wertorientierte Konzernführung – Kapitalmarktorientierte Rechnungslegung und integrierte Unternehmenssteuerung, Schäffer-Poeschel Verlag für Wirtschaft · Steuern · Recht GmbH & Co. KG, Stuttgart 2000, S. 337-354.

KOHL, Torsten/SCHULTE, Jörn: (DCF-Verfahren) Ertragswertverfahren und DCF-Verfahren – Ein Überblick vor dem Hintergrund der Anforderungen des IDW S 1, WPg 2000, S. 1147-1164.

KÖHLER, Stefan: (Unternehmensteuerreform) Erste Gedanken zur Zinsschranke nach der Unternehmensteuerreform, DStR 2007, S. 597-604.

KÖHLER, Stefan/EICKER, Klaus: (Cadbury Schweppes) Kritische Anmerkungen zum BMF-Schreiben „Cadbury Schweppes" vom 8.1.2007, DStR 2007, S. 331-334.

KOLLER, Tim/GOEDHART, Marc/WESSELS, David: (Valuation) Valuation – Measuring and Managing the Value of Companies, Fourth Edition, John Wiley & Sons Inc., New York u. a. 2000.

KOPPELMANN, Udo: (Marketing) Marketing – Einführung in Entscheidungsprobleme des Absatzes und der Beschaffung, 6. Auflage, Werner Verlag GmbH & Co. KG, Düsseldorf 1999.

KRAFT, Thomas/HOFFMANN-BECKING, Michael, in: Hoffmann-Becking, Michael (Hrsg.): (Münchener Handbuch) Münchener Handbuch des Gesellschaftsrechts – Band 4 – Aktiengesellschaft, 3. Auflage, Verlag C. H. Beck oHG, München 2007.

KRAG, Joachim/KASPERZAK, Rainer: (Unternehmensbewertung) Grundzüge der Unternehmensbewertung, Verlag Franz Vahlen GmbH, München 2000.

KRAWITZ, Norbert: (Konzernabschlussanalyse) Latente Steuern als Problem der Konzernabschlussanalyse, in: Lachnit, Laurenz/Freidank, Carl-Christian (Hrsg.): (Unternehmenspublizität) Investororientierte Unternehmenspublizität – Neue Entwicklungen von Rechnungslegung, Prüfung und Jahresabschlussanalyse, Betriebswirtschaftlicher Verlag Dr. Th. Gabler GmbH, Wiesbaden 2000, S. 703-736.

KRÖNER, Michael: (Konzernsteuerquote) Organschaft und Konzernsteuerquote, in: Herzig, Norbert (Hrsg.): (Organschaft) Organschaft – laufende und aperiodische Besteuerung – nationale und internationale Aspekte – Hinweise zum EU-Recht – Festschrift für Jochen Thiel, Schäffer-Poeschel Verlag für Wirtschaft · Steuern · Recht GmbH & Co. KG, Stuttgart 2003, S. 562-569.

KRÖNER, Michael: (Perspektivenwechsel) Tax Accounting – ein Perspektivenwechsel, in Herzig, Norbert/Günkel, Manfred/Niemann, Ursula (Hrsg.): (StbJb 2004/2005) Steuerberater-Jahrbuch 2004/2005, Verlag Dr. Otto Schmidt KG, Köln 2005, S. 275-294.

KRÖNER, Michael/BECKENHAUB, Claus: (Konzernsteuerquote) Konzernsteuerquote – Einflussfaktoren – Planung – Messung – Management, Verlag C. H. Beck oHG, München 2008.

KRÖNER, Michael/BECKENHAUB, Claus: (Tax Management) Konzernsteuerquote – Vom Tax Accounting zum Tax Management, Ubg 2008, S. 631-640.

KRÖNER, Michael/ESTERER, Fritz: (Investitionsbedingungen) Entscheidend sind die Anreize – Wichtiger als die reine Steuersatzsenkung sind für die Unternehmen die Investitionsbedingungen, Handelsblatt vom 25.08.2006, S. 4.

KRÖNER, Michael/ESTERER, Fritz: (Steuerstandort) Steuerstandort Deutschland – Verhaltensmuster bestimmen den Erfolg der Unternehmenssteuerreform, DB 2006, S. 2084-2086.

KROOGMANN, Catherin/VITALE, Andrea: (Cadbury-Schweppes) Kritische Würdigung des BMF-Schreibens zu „Cadbury-Schweppes", IWB 2008, S. 417-426.

KROPFF, Bruno, in: Kropff, Bruno/Semler, Johannes (Hrsg.): (Aktiengesetz) Münchener Kommentar zum Aktiengesetz, 2. Auflage, Verlag C. H. Beck oHG, München 2003.

KROPPEN, Heinz-Klaus/RASCH, Stephan: (Funktionsverlagerungsverordnung) Die Funktionsverlagerungsverordnung, IWB 2008, S. 547-562.

KRUSCHWITZ, Lutz/LÖFFLER, Andreas: (Unternehmensbewertung) Unternehmensbewertung und Einkommensteuer aus der Sicht von Theoretikern und Praktikern, WPg 2005, S. 73-79.

KUCKHOFF, Harald/SCHREIBER, Rolf: (Funktionsverlagerung) Grenzüberschreitende Funktionsverlagerung aus Sicht der Betriebsprüfung (Teil I), IStR 1999, S. 321-330.

KUHN, Stephan/RÖTHLISBERGER, René/NIGGLI, Sarah: (Konzernsteuerquote) Management der effektiven Konzernsteuerbelastung – Konzernsteuerquote als Value-Driver und Qualitätsmaß, Der Schweizer Treuhänder 2003, S. 636-644.

KUHNER, Christoph/MALTRY, Helmut: (Unternehmensbewertung) Unternehmensbewertung, Springer-Verlag, Berlin – Heidelberg – New York 2006.

KUMPF, Wolfgang: (Betriebsstättenfragen) Betriebsstättenfragen nach Steuersenkungsgesetz und Betriebsstättenerlass, FR 2001, S. 449-460.

KUMPF, Wolfgang/ROTH, Andreas: (Betriebsstättenerlass) Behandelte und nicht behandelte „Sonderfälle“ im neuen Betriebsstättenerlass, FR 2000, S. 500-507.

KUMPF, Wolfgang/ROTH, Andreas: (Ergebniszuordnung) Einzelfragen der Ergebniszuordnung nach den neuen Betriebsstätten-Verwaltungsgrundsätzen, DB 2000, S. 787-793.

KÜRSTEN, Wolfgang: (Shareholder Value) „Shareholder Value“ – Grundelemente und Schieflagen einer polit-ökonomischen Diskussion aus finanzierungstheoretischer Sicht, ZfB 2000, S. 359-381.

KÜTING, Karlheinz/BENDER, Jürgen: (DVFA/SG) Das Ergebnis je Aktie nach DVFA/SG – Analyse und kritische Würdigung einer wichtigen Kennzahl zur Unternehmens- und Aktienkursbeurteilung, BB 1992 Beilage 16 zu Heft 30, S. 1-16.

KÜTING, Karlheinz/EIDEL, Ulrike: (EVA) Performance-Messung und Unternehmensbewertung auf Basis des EVA, WPg 1999, S. 829-838.

KÜTING, Karlheinz/HÜTTEN, Christoph/LORSON, Peter: (Kommunikationsstrategie) Shareholder-Value: Grundüberlegungen zu Benchmarks der Kommunikationsstrategie in der externen Berichterstattung (Teil I), DStR 1995, S. 1805-1809.

KÜTING, Karlheinz/LORSON, Peter: (Konzernmanagement) Erfolgs(potential)orientiertes Konzernmanagement – Eine Analyse erfolgszielorientierter Controlling-Konzepte und -Instrumente in globalen Konzernen, BB 1997 Beilage 8 zu Heft 20, S. 1-31.

KÜTING, Karlheinz/SEEL, Christoph: (Bilanzrecht) Die Ungereimtheiten der Regelungen zu latenten Steuern im neuen Bilanzrecht, DB 2009, S. 922-925.

KÜTING, Karlheinz/SEEL, Christoph: (Latente Steuern) Latente Steuern, in: Küting, Karlheinz/Pfitzer, Norbert/Weber, Claus-Peter (Hrsg.): (Bilanzrecht) Das neue deutsche Bilanzrecht, Schäffer-Poeschel Verlag für Wirtschaft · Steuern · Recht GmbH & Co. KG, Stuttgart 2008, S. 489-513.

KÜTING, Karlheinz/WIRTH, Johannes: (Kapitalkonsolidierung) Latente Steuern und Kapitalkonsolidierung nach IAS/IFRS, BB 2003, S. 623-629.

KÜTING, Karlheinz/ZWIRNER, Christian: (Bilanzpolitik) Latente Steuern in der Unternehmenspraxis: Bedeutung für Bilanzpolitik und Unternehmensanalyse – Grundlagen sowie empirischer Befund in 300 Konzernabschlüssen von in Deutschland börsennotierten Unternehmen, WPg 2003, S. 301-315.

KÜTING, Karlheinz/ZWIRNER, Christian: (Indikationsfunktion) Zunehmende Bedeutung und Indikationsfunktion latenter Steuern in der Unternehmenspraxis, BB 2005, S. 1553-1562.

KÜTING, Karlheinz/ZWIRNER, Christian/REUTER, Michael: (Vergleich) Latente Steuern im nationalen und internationalen Jahresabschluss: Konzeptionelle Grundlagen und synoptischer Vergleich, BuW 2003, S. 441-447.

LAMBERT, Claire/LUCAS, Janet: (Compliance) Managing global tax compliance, International Tax Review Supplement July 2006 (Tax management in companies), S. 34-38.

LANFERMANN, Georg: (Zerreißprobe) Steht das IASB durch die Finanzkrise vor einer Zerreißprobe?, DB 2009, Heft 10, S. I.

LAW, Richard: (Evolving) Tax Risk Management – The Evolving Role of Tax Directors, TPI Review 02/2005, S. 9-11.

LEIBFRIED, Peter, in: Lüdenbach, Norbert/Hoffmann, Wolf-Dieter (Hrsg.): (IFRS-Kommentar) HAUFE IFRS-Kommentar, 6. Auflage, Rudolf Haufe Verlag GmbH & Co. KG, Freiburg 2008.

LETTL, Tobias: (Holding-Konzept) Das Holding-Konzept als Instrument zur erfolgreichen Neuausrichtung von Unternehmen, DStR 1996, S. 2020-2026.

LEWIS, Thomas G./LEHMANN, Steffen: (Investitionsentscheidungen) Überlegene Investitionsentscheidungen durch CFROI, BFuP 1992, S. 1-13.

LEWIS, Thomas G./STELTER, Daniel M./CASATA, Thomas/REITER, Monika: (Unternehmenswertes) Steigerung des Unternehmenswertes – Total Value Management, Verlag moderne Industrie, Landsberg am Lech 1994.

LIENAU, Achim: (Latenter Steuern) Bilanzierung latenter Steuern im Konzernabschluss nach IFRS, in: Baetge, Jörg/Kirsch, Hans-Jürgen (Hrsg.): (Schriften) Schriften zum Revisionswesen, IDW Verlag GmbH, Düsseldorf 2006, zugleich: Diss. rer. pol., Universität Münster 2006.

LIU, Jing/NISSIM, Doron/THOMAS, Jacob K.: (Multiples) Equity Valuation Using Multiples, JAR 2002, S. 135-172.

LOHBECK, Allit/WAGNER, Thomas: (Sondervergütungen) § 50d Abs. 10 EStG – Uneingeschränktes Besteuerungsrecht für Sondervergütungen im Inbound-Fall, DB 2009, S. 423-426.

LÖHNERT, Peter G./BÖCKMANN, Ulrich J.: (Multiplikatorverfahren) Multiplikatorverfahren in der Unternehmensbewertung, in: Peemöller, Volker H. (Hrsg.): (Praxishandbuch) Praxishandbuch der Unternehmensbewertung, 2. Auflage, Verlag Neue Wirtschafts-Briefe GmbH & Co., Herne/Berlin, S. 401-426.

LOITZ, Rüdiger: (Auswirkungen) Auswirkungen von Section 404 des Sarbanes-Oxley Act auf die Tätigkeit von Steuerabteilungen, WPg 2005, S. 817-830.

LOITZ, Rüdiger: (BilMoG) Latente Steuern nach dem Bilanzrechtsmodernisierungsgesetz – ein Wahlrecht als Mogelpackung, DB 2009, S. 913-921.

LOITZ, Rüdiger: (Differences) Latente Steuern für Outside Basis Differences nach IFRS, WPg 2008, S. 1110-1118.

LOITZ, Rüdiger: (Fragen) Aktuelle Fragen zu latenten Steuern, Ubg 2008, S. 462-458.

LOITZ, Rüdiger: (Konzeption) Konzeption und Einsatz des Shareholder Value Ansatzes für die Bewertung und Steuerung von Unternehmen, Betrieb und Wirtschaft 2000, S. 701-705.

LOITZ, Rüdiger: (Quartalsberichterstattung) Quartalsberichterstattung für Ertragsteuern nach IFRS – Teil I und Teil II, DStR 2006, S. 388-391 und S. 439-443.

LOITZ, Rüdiger/RÖSSEL, Carsten: (Diskontierung) Die Diskontierung von latenten Steuern, DB 2002, S. 645-651.

LOITZ, Rüdiger/PUTH, Pia: (Quartalsabschluss) Die Ermittlung der tatsächlichen und latenten Steuern nach IFRS im Quartalsabschluss, DStR 2008, S. 1655-1660.

LOOSE, Thomas/HÖLSCHER, Sebastian/ALTHAUS, Moritz: (Freistellungsmethode) Jahressteuergesetz 2007 – Anwendungsbereich und Auswirkungen der Einschränkung der Freistellungsmethode, BB 2006, S. 2724-2726.

LORSON, Peter: (Shareholder Value) Shareholder Value-Ansätze – Zweck, Konzepte und Entwicklungstendenzen, DB 1999, S. 1329-1339.

LÜBBEHÜSEN, Thomas: (Steuern) Steuern im Shareholder-Value-Ansatz – Der Einfluß von Steuern auf Unternehmensführung und -bewertung, Erich Schmidt Verlag GmbH & Co., Bielefeld 2000, zugleich: Diss. rer. pol., Universität Hannover 1999.

LUCAS-MAS, Christian Óliver: (Holding) Spain's Holding Company Regime – A Decade of Progress, TNI 2007, S. 359-360.

LÜCK, Wolfgang: (Risikomanagementsystem) Der Umgang mit unternehmerischen Risiken durch ein Risikomanagementsystem und durch ein Überwachungssystem, DB 1998, S. 1925-1930.

LÜDENBACH, Norbert, in: Lüdenbach, Norbert/Hoffmann, Wolf-Dieter (Hrsg.): (IFRS-Kommentar) HAUFE IFRS-Kommentar, 6. Auflage, Rudolf Haufe Verlag GmbH & Co. KG, Freiburg 2008.

LÜDENBACH, Norbert: (Steuerrisiken) Bilanzierung von bei einer Due Diligence aufgedeckten, vertraglich vom Verkäufer zu tragenden Steuerrisiken?, PiR 2008, S. 242-244.

LÜDENBACH, Norbert/HOFFMANN, Wolf-Dieter: (Wahrscheinlichkeit) Imparitätische Wahrscheinlichkeit – Zukunftswerte im IAS-Regelwerk, KoR 2003, S. 5-14.

LÜHN, Andreas: (Steuerplanung) Der Einfluss latenter Steuern auf die Steuerplanung, KoR 2007, S. 550-560.

LUTTER, Marcus, in: Lutter, Marcus (Hrsg.): (Holding-Handbuch) Holding-Handbuch – Recht – Management – Steuern, 4. Auflage, Verlag Dr. Otto Schmidt KG, Köln 2004.

LUTTER, Marcus: (Grenzen) Kontinuität und Seriosität – Weites Blickfeld bei der Ausschüttungspolitik, enge Grenzen durch die HGB-Einzelbilanz, S:R 2009, S. 89.

LUTTERMANN, Claus/GROßFELD, Bernhard: (Bilanzrecht) Bilanzrecht – Die Rechnungslegung in Jahresabschluß und Konzernabschluß nach Handelsrecht und Steuerrecht, Europarecht und IAS/IFRS, 4. Auflage, C. F. Müller Verlag GmbH, Heidelberg 2005.

MACPHERSON, Alan/EGERT, James: (Measuring) Measuring tax risk in a volatile environment, International Tax Review July/August 2008, S. 16-19.

MAIER, Jochen, in: Löwenstein, Ulrich/Looks, Christian (Hrsg.): (Betriebsstättenbesteuerung) Betriebsstättenbesteuerung – Inboundinvestitionen, Outboundinvestitionen, Steuergestaltungen, Branchenbesonderheiten, Verlag C. H. Beck oHG, München 2003.

MANDL, Gerwald/RABEL, Klaus: (Unternehmensbewertung) Unternehmensbewertung – Eine Praxisorientierte Einführung, Wirtschaftsverlag Carl Ueberreuter, Wien/Frankfurt am Main 1997.

MAMMEN, Andreas: (Konzernsteuerquote) Der Einfluss der Steuerlatenz auf die Konzernsteuerquote, PiR 2007, S. 105-110.

MARTEN, Kai-Uwe/WEISER, Felix/KÖHLER, Annette G.: (Verlustvorträge) Aktive latente Steuern auf steuerliche Verlustvorträge: zunehmende Tendenz zur Aktivierung, BB 2003, S. 2335-2341.

MARX, Franz Jürgen/BERG, Thomas: (Dokumentationsverpflichtungen) Rückstellungen für Dokumentationsverpflichtungen nach HGB, IFRS und EStG, DB 2006, S. 169-174.

MENZIES, Christof (Hrsg.): (Compliance) Sarbanes-Oxley Act und Corporate Compliance – Nachhaltigkeit – Optimierung – Integration, Schäffer-Poeschel Verlag für Wirtschaft · Steuern · Recht GmbH & Co. KG, Stuttgart 2006.

MENZIES, Christof (Hrsg.): (Sarbanes-Oxley) Sarbanes-Oxley Act – Professionelles Management interner Kontrollen, Schäffer-Poeschel Verlag für Wirtschaft · Steuern · Recht GmbH & Co. KG, Stuttgart 2004.

METRO AG: (Ad-hoc-Mitteilung vom 01.11.2005) Ad-hoc-Mitteilung vom 1. November 2005, Online im Internet, URL: http://www.metrogroup.de/servlet/PB/menu/1003693_l1/index.html (Stand: 01.11.2005; Abfrage: 22.02.2006, 23:12 Uhr).

METRO AG: (Geschäftsbericht 2007) Konzern-Geschäftsbericht für das Geschäftsjahr 2007.

MEYER, Claus: (BilMoG) Gesetz zur Modernisierung des Bilanzrechts – Bilanzrechtsmodernisierungsgesetz – BilMoG – die wesentlichen Änderungen, DStR 2009, S. 762-767.

MEYER, Marco/LOITZ, Rüdiger/QUELLA, Jerome-Quella/ZERWAS, Peter: (Steuern) Latente Steuern – Bewertung, Bilanzierung, Beratung, GWV Fachverlage GmbH, Wiesbaden 2009.

MINTZ, Steven L.: (Taxing) A Taxing Challenge, CFO Magazine November 1999, S. 62-70.

MORTON, Paul: (Challenges) Challenges for a listed multinational enterprise doing business in Europe, EC Tax Review 2006, S. 132-133.

MOXTER, Adolf: (Unternehmensbewertung) Grundsätze ordnungsmäßiger Unternehmensbewertung, 2. Auflage, Betriebswirtschaftlicher Verlag Dr. Th. Gabler GmbH, Wiesbaden 1991.

MULLERAT, Ramon/KOLFF, Adriaan Q.: (Goodwill) Goodwill deduction and other good things from Spain, Intertax 2002, S. 252-254.

MÜLLER, Rolf: (Konzernsteuerquote) Die Konzernsteuerquote – Modephänomen oder ernst zu nehmende neue Kennziffer?, DStR 2002, S. 1684-1688.

NACKE, Alois: (Jahressteuergesetz 2009) Die einkommensteuerlichen Änderungen durch das Jahressteuergesetz 2009, DB 2008, S. 2792-2800.

NIX, Petra: (Ausschüttungspolitik) Ausschüttungspolitik – Determinanten und Investorenerwartungen, S:R 2009, S. 87.

O'DONELL, Thomas A./PETERSON, John/VANDERWOLK, Jefferson: (Sarbanes-Oxley) The Application of the U.S. Sarbanes-Oxley Act of 2002 to Non-U.S. Issuers – Part I, TPI Review 11/2003, S. 3-11.

OECD: (Attribution) Report On The Attribution Of Profits To Permanent Establishments – Parts I (General Considerations) – II (Banks) and III (Global Trading), Online im Internet, URL: http://www.oecd.org/dataoecd/55/14/37861293.pdf (Stand: Dezember 2006; Abfrage: 31.03.2009, 10:14 Uhr).

OESTREICHER, Andreas/HUNDESHAGEN, Christian: (Transferpaket) Bewertung von Transferpaketen bei Funktionsverlagerungen – Teil 1, DB 2008, S. 1637-1643.

OESTREICHER, Andreas/HUNDESHAGEN, Christian: (Transferpaket) Bewertung von Transferpaketen bei Funktionsverlagerungen – Teil 2, DB 2008, S. 1693-1700.

O. V.: (Frankfurt) Börse verlässt Frankfurt, Handelsblatt vom 14.01.2008, S. 22.

O. V.: (Kapitalmärkte) Die Deutsche Bank überrascht die Kapitalmärkte, FAZ vom 02.02.2007, S. 17.

O. V.: (Planning) Firms show sparkle in tax planning, International Tax Review May 2009, S. 10-34.

O. V.: (Schweiz) Großkonzerne wandern in die Schweiz ab, Handelsblatt vom 14.07.2009, S. 15.

PCAOB: (AS2) Auditing Standard No. 2 – An Audit of Internal Control over Financial Reporting Performed in Conjunction with an Audit of Financial Statements.

PELLENS, Bernhard/FÜLBIER, Rolf Uwe/GASSEN, Joachim/SELLHORN, Thorsten: (Rechnungslegung) Internationale Rechnungslegung – IFRS 1 bis 8 – IAS 1 bis 41 – IFRIC-

Interpretationen, 7. Auflage, Schäffer-Poeschel Verlag für Wirtschaft · Steuern · Recht GmbH & Co. KG, Stuttgart 2008.

PELLENS, Bernhard/ROCKHOLTZ, Carsten/STIENEMANN, Marc: (Konzerncontrolling) Marktwertorientiertes Konzerncontrolling in Deutschland – Eine empirische Untersuchung, DB 1997, S. 1933-1939.

PFAAR, Michael/SALZMANN, Markus: (China) Besteuerung ausländischer Unternehmen in China, Verlag C. H. Beck oHG, München 2005.

PILTZ, Detlev J.: (Finanzierungen) Hybride Finanzierungen in Doppelbesteuerungsabkommen, in: Piltz, Detlev J./Schaumburg, Harald (Hrsg.): (Unternehmensfinanzierung) Unternehmensfinanzierung im Internationalen Steuerrecht, Verlag Dr. Otto Schmidt KG, Köln 1995, S. 125-144.

POTTHOFF, Christian: (Vorstand) Jeder Vorstand rechnet so gut er kann, Handelsblatt vom 18.04.2006, S. 27.

PRINZ, Ulrich: (Ausschüttung) Ausschüttungspolitik im Konzern, in: Kessler, Wolfgang/Kröner, Michael/Köhler, Stefan (Hrsg.): (Konzernsteuerrecht) Konzernsteuerrecht – Organisation – Recht – Steuern, 2. Auflage, Verlag C. H. Beck oHG, München 2008, S. 921-966.

PRINZ, Ulrich: (Finanzierungsfreiheit) Finanzierungsfreiheit im Steuerrecht – Plädoyer für einen wichtigen Systemgrundsatz, FR 2009, S. 593-640.

PRINZ, Ulrich: (Vertriebsstrukturen) Steueroptimierte Vertriebsstrukturen im Outbound-Geschäft, FR 2008, S. 517-523.

PRZYSUSKI, Martin/LALAPET, Srini/SWANEVELD, Hendrik: (Strategies) Multinational Enterprises Business Strategies and Transfer Pricing in a Global Marketplace, TNI 2004, S. 631-642.

PwC AG (Hrsg.): (Dokumentation) Dokumentation von Verrechnungspreisen – Brennpunkte der neuen Verwaltungsgrundsätze-Verfahren, Verlag Recht und Wirtschaft GmbH, Frankfurt am Main 2005.

QUIMBY, Larry/PEARCE, Joseph: (SOX 404) Lessons learned from SOX 404, International Tax Review Supplement July 2006 (Tax management in companies), S. 26-29.

RABENHORST, Dirk/WIECHENS, Gero: (Halbjahresfinanzberichterstattung) Praxis der Halbjahresfinanzberichterstattung der DAX 30-Unternehmen, DB 2009, S. 521-526.

RAPPAPORT, Alfred: (Shareholder) Creating Shareholder Value – a guide for managers and investors, Second Edition, The Free Press, New York 1998.

RAUPACH, Arndt: (Wechselwirkungen) Wechselwirkungen zwischen der Organisationsstruktur und der Besteuerung multinationaler Konzerne, in: Theisen, Manuel R. (Hrsg.): (Konzern) Der Konzern im Umbruch, Schäffer-Poeschel Verlag für Wirtschaft · Steuern · Recht GmbH & Co. KG, Stuttgart 1998, S. 59-167.

RAWLEY, Tomas/LIPSTON, Marvin: (Stock Prices) Linking Corporate Return Measures to Stock Prices, Molt Planning Associates, St. Charles, Illinois, 1985.

REINHART, Alexander: (Price-Earnings-Ratios) „Earnings per share“, „Price-Earnings-Ratios“ sowie „Price-Cash Flow-Ratios“ bei der Analyse von „International Accounting Standards“-Abschlüssen, IStR 1998, S. 641-647.

REYNOLDS, Bob: (FIN 48) FIN 48 Quantifying the unknowable, International Tax Review April 2008, S. 12-14.

RHEINMETALL AG: (Zwischenbericht 3. Quartal 2007) Quartalsfinanzbericht 3. Quartal 2007.

RIEDEL, Donata: (Wirtschaft) Wirtschaft kämpft gegen „krisenverschärfende Steuerregeln“, Handelsblatt vom 07.04.2009, S. 4.

RISSE, Robert: (Rechtsformen) Rechtsformen im Konzern, in: Kessler, Wolfgang/Kröner, Michael/Köhler, Stefan (Hrsg.): (Konzernsteuerrecht) Konzernsteuerrecht – Organisation – Recht – Steuern, 2. Auflage, Verlag C. H. Beck oHG, München 2008, S. 87-139.

ROMANI, Brigitte/GRABBE, Christian/IMBRENDA, Alessandro: (Italien) Wichtige Steueränderungen in Italien, IStR 2008, S. 210-216.

ROSE, Gerd: (Steuerberatung) Steuerberatung und Wissenschaft – Gedanken anläßlich des 50jährigen Bestehens der Betriebswirtschaftlichen Steuerlehre, in: Thoma, Gerhard/Zacharias, O. H./Niemann, Ursula (Hrsg.): (StbJb 1969/1970) Steuerberater-Jahrbuch 1969/1970, Verlag Dr. Otto Schmidt KG, Köln 1970, S. 30-70.

RÖTHLISBERGER, René/ZITTER, Gernot: (Risk) Tax Risk Management, Der Schweizer Treuhänder 2005, S. 295-301.

RUHWEDEL, Franca/SCHULTZE, Wolfgang: (Value) Value Reporting – Theoeretische Konzeption und Umsetzung bei den DAX 100-Unternehmen, ZfbF 2002, S. 602-632.

RUNGE, Berndt: (Abwehrklauseln) Die DBA-eigenen Abwehrklauseln als Schranke der internationalen Steuerplanung, in: Grotherr, Siegfried (Hrsg.): (Handbuch) Handbuch der internationalen Steuerplanung, 2. Auflage, Verlag Neue Wirtschafts-Briefe GmbH & Co., Herne/Berlin 2003, S. 1709-1723.

SALZBERGER, Wolfgang: (Risk) Seminar G – Tax Risk Management, IStR 2008, S. 555-556.

SCHADEN, Michael/FRANZ, Matthias: (Qualifikationskonflikte) Qualifikationskonflikte und Steuerplanung – einige Beispiele, Ubg 2008, S. 452-461.

SCHÄFER, Frank A., in: Marsch-Barner, Reinhard/SCHÄFER, Frank A. (Hrsg.): (Handbuch börsennotierte AG) Handbuch börsennotierte AG – Aktien- und Kapitalmarktrecht, Verlag Dr. Otto Schmidt KG, Köln 2005.

SCHÄFFELER, Ursula: (Ermittlung) Ermittlung aktiver latenter Steuern aus steuerlichen Verlustvorträgen, IRZ 2006, S. 153-160.

SCHEFFLER, Wolfram: (Auslandsvertrieb) Auslandsvertrieb – Gestaltungsempfehlungen aus steuerlicher Sicht, RIW 2001, S. 321-328.

SCHEFFLER, Wolfram/EICKHORST, Daniel: (Funktionsverlagerung) Funktionsverlagerung ins Ausland – Einschränkung der steuerlichen Vorteile durch Auflösung von stillen Reserven?, BB 2004, S. 818-823.

SCHEFFLER, Wolfram/KUSCH, Claudia: (Forschung) Steuerplanung durch Auslagerung der Forschung und Entwicklung auf eine Auslandsgesellschaft, in: Kleineidam, Hans-Jochen (Hrsg.): (FS Fischer) Unternehmenspolitik und Internationale Besteuerung – Festschrift für Lutz Fischer, Erich Schmidt Verlag GmbH & Co., Berlin 1999, S. 857-877.

SCHILDBACH, Thomas: (Kuriositäten) Latente Steuern auf permanente Differenzen und andere Kuriositäten – Ein Blick in das gelobte Land jenseits der Maßgeblichkeit, WPg 1998, S. 939-947.

SCHLIE, Ina/STETZELBERGER, Anna: (Förderung) Steuerliche Förderung von Forschung und Entwicklung, IStR 2008, S. 269-275.

SCHMIDT, Lutz/HEINZ, Carsten: (Gruppenbesteuerung) Gruppenbesteuerung im internationalen Vergleich – Darstellung verschiedener Gruppenbesteuerungsmodelle in Europa – Teil I, Stbg 2006, S. 60-66.

SCHNITTKER, Helder/LEMAITRE, Claus: (Steuersubjektqualifikation) Steuersubjektqualifikation ausländischer Personen- und Kapitalgesellschaften anhand des Rechtstypenvergleichs – Welche Vergleichskriterien sind heranzuziehen?, GmbHR 2003, S. 1314-1321.

SCHREIBER, Rolf: (Funktionsverlagerungen) Funktionsverlagerungen im Konzern – Neue Rechtsgrundlagen durch die Unternehmensteuerreform 2008, Ubg 2008, S. 433-442.

SCHRÖDER, Ernst F.: (Kennzahlen) Kennzahlen des wertorientierten Controlling zur Steuerung von Geschäften – CFROI und Ergebnisberichte, Controller Magazin 1998, S. 81-90.

SCHUERMANN, Christof: (Grenze) Grenze, WiWo vom 10.05.2008, S. 123-127.

SEC: (Acceptance) Acceptance from foreign private issuers of financial statements prepared in accordance with international financial reporting standards without reconciliation to U.S. GAAP, Release Nos. 33-8879; 34-57026, Online im Internet, URL: http://www.sec.gov/rules/final/2007/33-8879.pdf (Stand: 04.03.2008; Abfrage: 02.01.2009, 08:57 Uhr).

SEC: (Roadmap) Roadmap for the potential use of financial statements prepared in accordance with international financial reporting standards by U.S. issuers, Release Nos. 33-8982; 34-58960, Online im Internet, URL: http://www.sec.gov/rules/proposed/2008/33-8982.pdf (Stand: 14.11.2008; Abfrage: 02.01.2009, 09:37 Uhr).

SEDLACZEK, Stefan: (Großbritannien) Verlustbehandlung bei Kapitalgesellschaften und Konzernen in Großbritannien – ein Überblick, IWB Fach 5 Großbritannien Gruppe 2, S. 431-436.

SEPPELFRICKE, Peter: (Multiplikatorverfahren) Moderne Multiplikatorverfahren bei der Aktien- und Unternehmensbewertung, FB 1999, S. 300-307.

SEPPELFRICKE, Peter: (Unternehmensbewertung) Handbuch Aktien- und Unternehmensbewertung – Bewertungsverfahren – Unternehmensanalyse – Erfolgsprognose, 3. Auflage, Schäffer-Poeschel Verlag für Wirtschaft · Steuern · Recht GmbH & Co. KG, Stuttgart 2007.

SERG, Oliver: (Geschäftschancen) Die Behandlung von Geschäftschancen bei grenzüberschreitenden Funktionsverlagerung, DStR 2005, S. 1916-1920.

SGL GROUP SE: (Geschäftsbericht 2007) Konzern-Geschäftsbericht für das Geschäftsjahr 2007.

SHARMA, Hira/EBERLE, Jim: (FIN 48) Rising to the FIN 48 challenge, International Tax Review December/January 2007, S. 32.

SHEPPARD, Lee A.: (Interest) Dutch Forward Thinking on Interest Deductions, TNI 2008, S. 361-363.

SIEMENS AG: (Geschäftsbericht 2007) Konzern-Geschäftsbericht für das Geschäftsjahr 2007.

SIEMENS AG: (Geschäftsbericht 2008) Konzern-Geschäftsbericht für das Geschäftsjahr 2008.

SIMLACHER, Alfred/SCHURBOHM-EBNETH, Anne: (Änderungen) Die geplanten Änderungen zur Bilanzierung von Ertragsteuern in IFRS-Abschlüssen, KoR 2009, S. 389-399.

SPENGEL, Christoph: (Steuerpolitik) Konzernsteuerquoten im internationalen Vergleich – Bestimmungsfaktoren und Implikationen für die Steuerpolitik, in: Oestreicher, Andreas (Hrsg.): (Steuerplanung) Internationale Steuerplanung – Beiträge zu einer Ringveranstaltung an der Universität Göttingen im Sommersemester 2003, Verlag Neue Wirtschafts-Briefe GmbH & Co. KG, Herne/Berlin 2005, S. 89-125.

SPIERTS, Etienne: (Niederlanden) Steueränderungen in den Niederlanden, IWB Fach 5 Niederlande Gruppe 2, S. 461-466.

STAUBLI, Andreas: (Strategy) Tax strategy, International Tax Review Supplement July 2006 (Tax management in companies), S. 10-13.

STEFFEN, Heinz: (Bewertungsverfahren) Marktstrukturen und Bewertungsverfahren, in: Küting, Karlheinz/Weber, Claus-Peter (Hrsg.): (Konzernführung) Wertorientierte Konzernführung – Kapitalmarktorientierte Rechnungslegung und integrierte Unternehmenssteuerung, Schäffer-Poeschel Verlag für Wirtschaft · Steuern · Recht GmbH & Co. KG, Stuttgart 2000, S. 355-399.

STEIN, Volker/BECKER, Jan: (Erwerb) Steuerplanung beim Erwerb von Auslandsbeteiligungen im Kapitalgesellschaftskonzern, GmbHR 2003, S. 84-91.

STEIN, Volker/BECKER, Jan: (Steuerplanung) Steuerplanung für deutsche Investoren im EU-Beitrittsgebiet, PIStB 2004, S. 303-311.

STEIN, Volker/VITALE, Andrea: (Steuerplanung) Shareholder Value als Aufgabenstellung der betrieblichen Steuerplanung, in: Grotherr, Siegfried (Hrsg.): (Handbuch) Handbuch der internationalen Steuerplanung, 2. Auflage, Verlag Neue Wirtschafts-Briefe GmbH & Co., Herne/Berlin 2003, S. 549-565.

STERN, Joel M./SHIELY, John S./ROSS, Irwin: (EVA) The EVA Challenge – Implementing Value-Added Change in an Organization, John Wiley & Sons, Inc., New York, Chichester, Weinheim, Brisbane, Toronto 2001.

STEWART, G. Bennett: (Quest) The Quest for Value – A Guide for Senior Managers, HarperCollins Publishers Inc., o. O. 1991.

STRECK, Michael/BINNEWIES, Burkhard: (Compliance) Tax Compliance, DStR 2009, S. 229-234.

STREIM, Hannes: (Bilanzierung) Grundzüge der handels- und steuerrechtlichen Bilanzierung, W. Kohlhammer Verlag GmbH, Stuttgart – Berlin – Köln – Mainz 1988.

STRIEGEL, Andreas: (Zinszahlungen) Generalthema II: Grenzüberschreitende Zinszahlungen unter Körperschaften, IStR 2008, S. 530-536.

STRUNK, Günther/KAMINSKI, Bert: (Betriebsstättenerlass) Anmerkungen zum Betriebsstättenerlass, IStR 2000, S. 33-42.

THIES, Angelika/ZIEGELMAIER, Alexander: (Steuern) Einfluss von Steuern auf die Ermittlung subjektiver Unternehmenswerte, in: Richter, Frank/Timmreck, Christian (Hrsg.): (Unternehmensbewertung) Unternehmensbewertung – Moderne Instrumente und Lösungsansätze, Schäffer-Poeschel Verlag für Wirtschaft · Steuern · Recht GmbH & Co. KG, Stuttgart 2004, S. 303-321.

THÖMMES, Otmar: (LOB-Klauseln) Seminar D – Abkommensberechtigung und „Limitation on Benefits“ (LOB)-Klauseln, IStR 2007, S. 577-579.

TOBIN, James: (Risk) Liquidity Preference as Behavior Towards Risk, The Review of Economic Studies 1958, Vol. 25, S. 65-86.

TA TRIUMPH-ADLER AG: (Ad-hoc-Mitteilung vom 26.03.2008) Ad-hoc-Mitteilung vom 26.03.2008, Online im Internet, URL: http://www.triumph-adler.de/C125713A00471CCE/vwWebPagesByID/72C7951560D4DB61C12574170 04AF211 (Stand: 26.03.2008; Abfrage: 24.02.2009, 07:09 Uhr).

THYSSENKRUPP AG: (Geschäftsbericht 2008) Konzern-Geschäftsbericht für das Geschäftsjahr 2008.

UNZEITIG, Eduard/KÖTHNER, Dietmar: (Analyse) Shareholder Value Analyse – Entscheidung zur unternehmerischen Nachhaltigkeit – Wie Sie die Schlagkraft Ihres Unternehmens steigern, Schäffer-Poeschel Verlag für Wirtschaft · Steuern · Recht GmbH, Stuttgart 1995.

VAN DER ENDEN, Eelco/VAN DER LAAN, Robert: (Control) Gaining Control, International Tax Review Supplement 2008 (Tax management in companies), S. 18-22.

VAN DER LAAN, Robert: (TaxValueChain) Introduction – Managing the TaxValueChain, International Tax Review Supplement July 2006 (Tax management in companies), S. 3-5.

VELTE, Patrick: (Abnutzbarkeit) Zur Abnutzbarkeit des derivativen Geschäfts- oder Firmenwerts, StuW 2008, S. 280-287.

VERA, Antonio: (Zielsystem) Das steuerliche Zielsystem einer international tätigen Großunternehmung – Ergebnisse einer empirischen Untersuchung, StuW 2001, S. 308-315.

VERBIST, Hugo/WEIHMANN, Lars-Volker: (Zinsabzug) Steuersparpotenzial durch fiktiven Zinsabzug in Belgien, IWB Fach 5 Belgien Gruppe 2, S. 259-262.

VERLINDEN, Isabel/SMITS, Axel/LIEBEN, Bart: (Rights) Developing IP Rights: Does Location Matter? Early-Stage Planning and Migration Strategies, TPI Review 01/2006, S. 8-13.

VÉRON, Nicolas: (National) Farewell National Champions, Online im Internet, URL: http://www.bruegel.org/1420 (Stand: Juni 2006; Abfrage: 30.07.2007, 10:01 Uhr).

VÖGELE, Alexander/FREYTAG, Ulf: (Umlage) Verursachungsgerechte Umlage von administrativen Dienstleistungen und Management Services, IStR 2001, S. 94-96.

VON EITZEN, Bernd/DAHLKE, Jürgen: (Steuerpositionen) Bilanzierung von Steuerpositionen nach IFRS, Schäffer-Poeschel Verlag für Wirtschaft · Steuern · Recht GmbH, Stuttgart 2008.

VROEMEN, Eric: (Planning) Supply Chain Management As a Strategic Tax Planning Tool, TNI 2002, S. 883-890.

WAGNER, Siegfried: (Finanzierungen) Bilanzierungsfragen und steuerliche Aspekte bei hybriden Finanzierungen, Der Konzern 2005, S. 499-510.

WANG, Huili: (China) Besteuerung deutscher Direktinvestitionen in China – Laufende Besteuerung, Unternehmenskauf, -veräußerung und -umstrukturierung, Verlag Neue Wirtschafts-Briefe GmbH & Co. KG, Herne/Berlin 2006, zugleich: Diss. rer. pol., Universität München 2006.

WASSERMEYER, Franz, in: Debatin, Helmut/Wassermeyer, Franz (Hrsg.): (Doppelbesteuerung) Doppelbesteuerung – Kommentar zu allen deutschen Doppelbesteuerungsabkommen, Verlag C. H. Beck oHG, München 2009, Loseblatt Stand Januar 2009.

WEINER, Joann M.: (Leverage) Excessive Leverage in Europe, TNI 2008, S. 364-366.

WEISKE, Anja: (Treaty-Shopping) § 50d Abs. 3 EStG – Drohende Rechtsfolgen des „Treaty-Shopping“, IStR 2007, S. 314-316.

WESNER, Peter: (Unternehmensführung) Möglichkeiten und Grenzen der wertorientierten Unternehmensführung, in: Moxter, Adolf (Hrsg.): (Rechnungslegungskonzeptionen) Rechnungslegungskonzeptionen im Widerstreit – Beiträge zu den Wirtschaftswissenschaften, Leipziger Universitätsverlag GmbH, Leipzig 2000, S. 293-309.

WIENBRACKE, Mike: (Genese) Die Genese fiskalischen Misstrauens, DB 2008, S. 664-669.

WINDSOR, Adrian/CURD, Jeremy: (Tax) Managing a company's effective tax rate, International Tax Review May 2008, S. 46-48.

WINKELJOHANN, Norbert/FUHRMANN, Sven: (Losses) Tax accounting – using cross-border losses, International Tax Review Supplement July 2006 (Tax management in companies), S. 22-25.

WITTKOWSKI, Ansas/LINDSCHEID, Friederike: (Betriebsstättenverluste) Berücksichtigung ausländischer Betriebsstättenverluste nach dem JStG 2009, IStR 2009, S. 225-230.

WITTMANN, Edgar/SPANNAGL, Thomas: (Risikomanagement) Risikomanagement – Anforderungen und praktische Umsetzung, in: Küting, Karlheinz/Weber, Claus-Peter (Hrsg.): (Konzernführung) Wertorientierte Konzernführung – Kapitalmarktorientierte Rechnungslegung und integrierte Unternehmenssteuerung, Schäffer-Poeschel Verlag für Wirtschaft · Steuern · Recht GmbH & Co. KG, Stuttgart 2000, S. 35-55.

WÖHE, Günter/DÖRING, Ulrich: (Betriebswirtschaftslehre) Einführung in die Allgemeine Betriebswirtschaftslehre, 23. Auflage, Verlag Franz Vahlen GmbH, München 2008.

WOLFF, Ulrich: (Unternehmensgewinne) Auslegungsfragen zu DBA-Regelungen über Unternehmensgewinne, in: Gocke, Rudolf/Gosch, Dietmar/Lang, Michael (Hrsg.): (FS Wassermeyer) Körperschaftsteuer – Internationales Steuerrecht – Doppelbesteuerung – Festschrift für Franz Wassermeyer zum 65. Geburtstag, S. 647-662.

WOLTER, Hartmut/PITZAL, Christian: (Funktion) Der Begriff der „Funktion" in den neuen Regelungen zur Funktionsverlagerung in § 1 Abs. 3 AStG, IStR 2008, S. 793-800.

WUNDER, Haroldene: (Location) The Effect of International Tax Policy on Business Location Decisions, TNI 2001, S. 1331-1355.

ZELGER, Hansjörg: (Unternehmensführung) Überlegungen zur praxisorientierten Umsetzung einer wertorientierten Unternehmensführung, in: Haarmann Hemmelrath & Partner (Hrsg.):

(Gestaltung) Gestaltung und Analyse in der Rechts-, Wirtschafts- und Steuerberatung von Unternehmen, Verlag Dr. Otto Schmidt KG, Köln 1998, S. 359-372.

ZIELKE, Rainer: (Steuerplanung) Internationale Steuerplanung zur Optimierung der Konzernsteuerquote, DB 2006, S. 2585-2594.

ZIMMER, Daniel/SONNEBORN, Andrea Maria: (Anforderungen) Anforderungen und gesetzgeberische Absichten, in: Lange, Knut Werner/Wall, Friederike (Hrsg.): (KonTraG) Risikomanagement nach dem KonTraG – Aufgaben und Chancen aus betriebswirtschaftlicher und juristischer Sicht, Verlag Franz Vahlen GmbH, München 2001, S. 38-59.

ZIMMERMANN, Heinz: (Unterkapitalisierung) Internationale Aspekte der Unterkapitalisierung, IWB Fach 1, S. 1409-1420.

ZÜLCH, Henning/BURGHARDT, Stephan: (Akzeptanz) Akzeptanz der IFRS am amerikanischen Kapitalmarkt, PiR 2008, S. 378-379.

ZÜLCH, Henning/HOFFMANN, Sebastian: (BilMoG) Die Modernisierung des deutschen Handelsrechts durch das BilMoG – Wesentliche Alt- und Neuregelungen im Überblick, DB 2009, S. 745-752.

ZÜLCH, Henning/HOFFMANN, Sebastian: (Rückstellungen) Die geplante Neuregelung zu Ansatz und Bewertung von Rückstellungen nach dem BilMoG – Handlungsbedarf für den Mittelstand, BiM 2008, S. 7-10.

Rechtsquellenverzeichnis

1. Internationales Recht

Abkommen zwischen der Europäischen Gemeinschaft und der Schweizerischen Eidgenossenschaft über Regelungen, die den in der Richtlinie 2003/48/EG des Rates im Bereich der Besteuerung von Zinserträgen festgelegten Regelungen gleichwertig sind (ABl. EU Nr. L 385 vom 29.12.2004, S. 30-49).

OECD Model Tax Convention on Income and on Capital (OECD-Musterabkommen zur Vermeidung der Doppelbesteuerung auf dem Gebiet der Steuern vom Einkommen und vom Vermögen – **OECD-MA**), Condensed Version 17th July 2008, Paris 2008.

2. Europäisches Recht

Richtlinie 90/435/EWG des Rates vom 23. Juli 1990 über das gemeinsame Steuersystem der Mutter- und Tochtergesellschaften verschiedener Mitgliedstaaten (ABl. EG Nr. L 225 vom 20.08.1990, S. 6-9), zuletzt geändert durch die Richtlinie 2006/98/EG des Rates vom 20. November 2006 zur Anpassung bestimmter Richtlinien im Bereich Steuerwesen anlässlich des Beitritts Bulgariens und Rumäniens (ABl. EU Nr. L 363 vom 20.12.2006, S. 129-136).

Richtlinie 2003/49/EG des Rates vom 03. Juni 2003 über eine gemeinsame Steuerregelung für Zahlungen von Zinsen und Lizenzgebühren zwischen verbundenen Unternehmen verschiedener Mitgliedstaaten (ABl. EU Nr. L 157 vom 26.06.2003, S. 49-54), zuletzt geändert durch die Richtlinie 2006/98/EG des Rates vom 20. November 2006 zur Anpassung bestimmter Richtlinien im Bereich Steuerwesen anlässlich des Beitritts Bulgariens und Rumäniens (ABl. EU Nr. L 363 vom 20.12.2006, S. 129-136).

Verordnung (EG) Nr. 1606/2002 des Europäischen Parlamentes und des Rates vom 19. Juli 2002 betreffend die Anwendung internationaler Rechnungslegungsstandards (ABl. EG Nr. L 243 vom 11.09.2002, S. 1-4).

3. Nationales Recht

3.1 Gesetze

Abgabenordnung **(AO)** in der Fassung der Bekanntmachung vom 1. Oktober 2002 (BGBl. I 2002, S. 3866; ber. BGBl. I 2003, S. 61), zuletzt geändert durch das Gesetz zur Bekämpfung der Steuerhinterziehung (Steuerhinterziehungsbekämpfungsgesetz) vom 29. Juli 2009 (BGBl. I 2009, S. 2302).

Aktiengesetz **(AktG)** in der Fassung der Bekanntmachung vom 6. September 1965 (BGBl. I 1965, S. 1089), zuletzt geändert durch das Gesetz zur Modernisierung des Bilanzrechts (Bilanzrechtsmodernisierungsgesetz – BilMoG) vom 25. Mai 2009 (BGBl. I 2009, S. 1102).

Börsengesetz **(BörsG)** vom 21. Juni 2002 (BGBl. I 2002, S. 2010), zuletzt geändert durch das Gesetz zur Fortentwicklung des Pfandbriefrechts vom 20. März 2009 (BGBl. I 2009, S. 607).

Einkommensteuergesetz **(EStG)** in der Fassung der Bekanntmachung vom 19. Oktober 2002 (BGBl. I S. 4210; ber. BGBl. I 2003, S. 179), zuletzt geändert durch das Gesetz zur Bekämpfung der Steuerhinterziehung (Steuerhinterziehungsbekämpfungsgesetz) vom 29. Juli 2009 (BGBl. I 2009, S. 2302).

Gesetz über den Wertpapierhandel (Wertpapierhandelsgesetz – **WpHG**) in der Fassung der Bekanntmachung vom 9. September 1998 (BGBl. I 1998, S. 2708), zuletzt geändert durch das Gesetz zur Fortentwicklung des Pfandbriefrechts vom 20. März 2009 (BGBl. I 2009, S. 607).

Gesetz über deutsche Immobilien-Aktiengesellschaften mit börsennotierten Anteilen (REIT-Gesetz – **REITG**) vom 28. Mai 2007 (BGBl. I 2007, S. 914), zuletzt geändert durch das Jahressteuergesetz 2009 (JStG 2009) vom 19. Dezember 2008 (BGBl. I 2008, S. 2794).

Gesetz über die Besteuerung bei Auslandsbeziehungen (Außensteuergesetz – **AStG**) vom 8. September 1972 (BGBl. I 1972, S. 1713), zuletzt geändert durch das Jahressteuergesetz 2009 (JStG 2009) vom 19. Dezember 2008 (BGBl. I 2008, S. 2794).

Gesetz zur Kontrolle und Transparenz im Unternehmensbereich **(KonTraG)** vom 27. April 1998 (BGBl. I 1998, S. 786).

Gesetz zur Modernisierung des GmbH-Rechts und zur Bekämpfung von Missbräuchen **(MoMiG)** vom 23. Oktober 2008 (BGBl. I 2008, S. 2026).

Gewerbesteuergesetz **(GewStG)** in der Fassung der Bekanntmachung vom 15. Oktober 2002 (BGBl. I 2002, S. 4167), zuletzt geändert durch das Dritte Gesetz zum Abbau bürokratischer Hemmnisse insbesondere in der mittelständischen Wirtschaft (Drittes Mittelstandsentlastungsgesetz) vom 17. März 2009 (BGBl. I 2009, S. 550).

Handelsgesetzbuch **(HGB)** in der Fassung der Bekanntmachung vom 10. Mai 1897 (RGBl. 1897, S. 219), zuletzt geändert durch das Gesetz zur Modernisierung des Bilanzrechts (Bilanzrechtsmodernisierungsgesetz – BilMoG) vom 25. Mai 2009 (BGBl. I 2009, S. 1102).

Jahressteuergesetz 2007 **(JStG 2007)** vom 13. Dezember 2006 (BGBl. I 2006, S. 2878).

Jahressteuergesetz 2008 **(JStG 2008)** vom 20. Dezember 2007 (BGBl. I 2007, S. 3150).

Jahressteuergesetz 2009 **(JStG 2009)** vom 19. Dezember 2008 (BGBl. I 2008, S. 2794).

Körperschaftsteuergesetz **(KStG)** in der Fassung der Bekanntmachung vom 15. Oktober 2002 (BGBl. I 2002, S. 4144), zuletzt geändert durch das Gesetz zur Bekämpfung der Steuerhinterziehung (Steuerhinterziehungsbekämpfungsgesetz) vom 29. Juli 2009 (BGBl. I 2009, S. 2302).

Strafgesetzbuch **(StGB)** in der Fassung der Bekanntmachung vom 13. November 1998 (BGBl. I 1998, S. 3322), zuletzt geändert durch das Gesetz zur Umsetzung des Rahmenbeschlusses des Rates der Europäischen Union zur Bekämpfung der sexuellen Ausbeutung von Kindern und der Kinderpornographie vom 31. Oktober 2008 (BGBl. I 2008, S. 2149).

Umwandlungssteuergesetz **(UmwStG)** vom 7. Dezember 2006 (BGBl. I 2006, S. 2782), zuletzt geändert durch das Jahressteuergesetz 2009 (JStG 2009) vom 19. Dezember 2008 (BGBl. I 2008, S. 2794).

Unternehmensteuerreformgesetz 2008 **(UntStRefG 2008)** vom 14. August 2007 (BGBl. I 2007, S. 1912).

3.2 Doppelbesteuerungsabkommen

(DBA BRD-China) Abkommen zwischen der Bundesrepublik Deutschland und der Volksrepublik China zur Vermeidung der Doppelbesteuerung auf dem Gebiet der Steuern vom Einkommen und vom Vermögen vom 10. Juni 1985 (BGBl. II 1986, S. 447); ratifiziert durch Gesetz vom 6. Februar 1986 (BGBl. II 1986, S. 446).

(DBA BRD-Dänemark) Abkommen zwischen der Bundesrepublik Deutschland und dem Königreich Dänemark zur Vermeidung der Doppelbesteuerung bei den Steuern vom Einkommen und vom Vermögen sowie bei den Nachlass-, Erbschaft- und Schenkungsteuern und zur Beistandsleistung in Steuersachen (Deutsch-dänisches Steuerabkommen) vom 22. November 1995 (BGBl. II 1996, S.2566); ratifiziert durch Gesetz vom 31. Oktober 1996 (BGBl. II 1996, S. 2565).

(DBA BRD-Frankreich) Abkommen zwischen der Bundesrepublik Deutschland und der Französischen Republik zur Vermeidung der Doppelbesteuerung und über gegenseitige Amts- und Rechtshilfe auf dem Gebiete der Steuern vom Einkommen und vom Vermögen sowie der Gewerbesteuern und der Grundsteuern vom 21. Juli 1959 (BGBl. II 1961, S. 398) in der Fassung des Revisionsprotokolls vom 9. Juni 1969 (BGBl. II 1970, S. 719), des Zusatzabkommens vom 28. September 1989 (BGBl. II 1990, S. 770) und des Zusatzabkommens vom 20. Dezember 2001 (BGBl. II, S. 2372); ratifiziert durch Gesetze vom 14. April 1961 (BGBl. II 1961, S. 397), 10. August 1990 (BGBl. II 1990, S. 770) und 11. September 2002 (BGBl. II 2002, S. 2370).

(DBA BRD-Großbritannien) Abkommen zwischen der Bundesrepublik Deutschland und dem Vereinigten Königreich Großbritannien und Nordirland zur Vermeidung der Doppelbesteuerung und zur Verhinderung der Steuerverkürzung vom 26. November 1964 (BGBl. II 1966, S. 359) in der Fassung des Revisionsprotokolls vom 23. März 1970 (BGBl. II 1971, S. 46); ratifiziert durch Gesetze vom 2. Juni 1966 (BGBl. II 1966, S.358) und 11. Februar 1971 (BGBl. II 1971, S. 45).

(DBA BRD-Italien) Abkommen zwischen der Bundesrepublik Deutschland und der Italienischen Republik zur Vermeidung der Doppelbesteuerung auf dem Gebiet der Steuern vom Einkommen und vom Vermögen und zur Verhinderung der Steuerverkürzung vom 18. Oktober 1989 (BGBl. II 1990, S. 743); ratifiziert durch Gesetz vom 10. August 1990 (BGBl. II 1990, S. 742).

(DBA BRD-Japan) Abkommen zwischen der Bundesrepublik Deutschland und Japan zur Vermeidung der Doppelbesteuerung bei den Steuern vom Einkommen und bei einigen anderen Steuern vom 22. April 1966 (BGBl. II 1987, S. 872) in der Fassung des Revisionsprotokolls vom 17. April 1979 (BGBl. II 1980, S. 1183) und des 2. Änderungsprotokolls vom 17. Februar 1983 (BGBl. II 1983, S. 195); ratifiziert durch Gesetze vom 18. Februar 1967 (BGBl. II 1967, S. 871), 2. September 1980 (BGBl. II 1980, S. 1182) und 4. März 1984 (BGBl. II 1984, S. 194).

(DBA BRD-Kanada 1981) Abkommen zwischen der Bundesrepublik Deutschland und Kanada zur Vermeidung der Doppelbesteuerung auf dem Gebiet der Steuern vom Einkommen und bestimmter anderer Steuern vom 17. Juli 1981 (BGBl. II 1982, S. 802); ratifiziert durch Gesetz vom 13. September 1982 (BGBl. II 1982, S. 801).

(DBA BRD-Kanada) Abkommen zwischen der Bundesrepublik Deutschland und Kanada zur Vermeidung der Doppelbesteuerung auf dem Gebiet der Steuern vom Einkommen und bestimmter anderer Steuern, zur Verhinderung der Steuerverkürzung und zur Amtshilfe in Steuersachen vom 19. April 2001 (BGBl. II 2002, S. 671); ratifiziert durch Gesetz vom 23. März 2002 (BGBl. II 2002, S. 670).

(DBA BRD-Neuseeland) Abkommen zwischen der Bundesrepublik Deutschland und der Neuseeland zur Vermeidung der Doppelbesteuerung und zur Verhinderung der Steuerverkürzung bei den Steuern vom Einkommen und einigen anderen Staaten vom 20. Oktober 1978

(BGBl. II 1980, S. 1223); ratifiziert durch Gesetz vom 4. September 1980 (BGBl. II 1980, S. 1222).

(DBA BRD-Norwegen) Abkommen zwischen der Bundesrepublik Deutschland und dem Königreich Norwegen zur Vermeidung der Doppelbesteuerung und über gegenseitige Amtshilfe auf dem Gebiet der Steuern vom Einkommen und vom Vermögen vom 4. Oktober 1991 (BGBl. II 1993, S. 972); ratifiziert durch Gesetz vom 13. Juli 1993 (BGBl. II 1993, S. 970).

(DBA BRD-Österreich) Abkommen zwischen der Bundesrepublik Deutschland und der Republik Österreich zur Vermeidung der Doppelbesteuerung auf dem Gebiet der Steuern vom Einkommen und vom Vermögen vom 24. August 2000 (BGBl. II 2002, S.735); ratifiziert durch Gesetz vom 26. März 2002 (BGBl. II 2002, S. 734).

(DBA BRD-Schweden) Abkommen zwischen der Bundesrepublik Deutschland und dem Königreich Schweden zur Vermeidung der Doppelbesteuerung bei den Steuern vom Einkommen und vom Vermögen sowie bei den Erbschaft- und Schenkungsteuern und zur Leistung gegenseitigen Beistands bei den Steuern (Deutsch-schwedisches Steuerabkommen) vom 14. Juli 1992 (BGBl. II 1994, S. 687); ratifiziert durch Gesetz vom 8. Juni 1994 (BGBl. II 1994, S. 686).

(DBA BRD-Tschechoslowakei) Abkommen zwischen der Bundesrepublik Deutschland und der Tschechoslowakischen Sozialistischen Republik zur Vermeidung der Doppelbesteuerung auf dem Gebiet der Steuern vom Einkommen und vom Vermögen vom 19. Dezember 1980 (BGBl. II 1982, S. 1023); ratifiziert durch Gesetz vom 30. November 1982 (BGBl. II 1982, S. 1022).

(DBA BRD-USA) Abkommen zwischen der Bundesrepublik Deutschland und den Vereinigten Staaten von Amerika zur Vermeidung der Doppelbesteuerung und zur Verhinderung der Steuerverkürzung auf dem Gebiet der Steuern vom Einkommen und vom Vermögen und einiger anderer Steuern vom 29. August 1989 (BGBl. II 1991, S. 355) in der Fassung des Änderungsprotokolls vom 1. Juni 2006 (BGBl. II 2006, S. 1186); ratifiziert durch Gesetze vom 11. Januar 1991 (BGBl. II 1991, S. 354) und 7. Dezember 2006 (BGBl. II 2006, S. 11849).

(DBA BRD-Zypern) Abkommen zwischen der Bundesrepublik Deutschland und der Republik Zypern zur Vermeidung der Doppelbesteuerung auf dem Gebiet der Steuern vom Einkommen und vom Vermögen vom 8. Mai 1974 (BGBl. II 1977, S. 489); ratifiziert durch Gesetz vom 8. Juni 1977 (BGBl. II 1977, S. 488).

3.3 Gesetzesmaterialen, sonstige Dokumente

Börsenordnung für die Frankfurter Wertpapierbörse, Online im Internet, URL: http://deutsche-boerse.com/INTERNET/EXCHANGE/zpd.nsf/KIR+Web+Publikationen/HAMN-52CDY7/$FILE/FWB01_09-04-15.pdf?OpenElement (Stand: 15.04. 2009; Abfrage: 27.04.2009, 07:24 Uhr).

Entwurf eines Unternehmensteuerreformgesetzes 2008 vom 27.03.2007, BT-DrS. 16/4841.

4. Nationales Recht anderer Staaten

Staat	Gesetz	Fundstelle
Malta	Income Tax Act	http://www.legal-malta.com/tax/tax-laws.htm
USA	Internal Revenue Code (IRC)	http://www.irs.gov/taxpros/article/0,,id=98137,00.html.
USA	Sarbanes-Oxley Act of 2002	http://www.sec.gov/about/laws/soa2002.pdf

5. Standardsetter-Rechnungslegung

FASB: **(FIN 48)** FASB Interpretation No. 48 – Accounting for Uncertainty in Income Taxes – an interpretation of FASB Statement No. 109, Norwalk/Connecticut 2006.

FASB: **(SFAS 109)** Statement of Financial Accounting Standards No. 109 – Accounting for Income Taxes, Norwalk/Connecticut 1992, S. 1-116.

IASB: **(Framework)** Framework for the Preparation and Presentation of Financial Statements, in: IASB (Hrsg.): (IFRS) International Financial Reporting Standards – Official pronouncements as issued at 1 January 2009, London 2009, S. 73-98.

IASB: **(IAS 1)** International Accounting Standard 1 – Presentation of Financial Statements, in: IASB (Hrsg.): (IFRS) International Financial Reporting Standards – Official pronouncements as issued at 1 January 2009, London 2009, S. 891-977.

IASB: **(IAS 8)** International Accounting Standard 8 – Accounting Policies, Changes in Accounting Estimates and Errors, in: IASB (Hrsg.): (IFRS) International Financial Reporting Standards – Official pronouncements as issued at 1 January 2009, London 2009, S. 1021-1052.

IASB: **(IAS 11)** International Accounting Standard 11 – Construction Contracts, in: IASB (Hrsg.): (IFRS) International Financial Reporting Standards – Official pronouncements as issued at 1 January 2009, London 2009, S. 1067-1082.

IASB: **(IAS 12)** International Accounting Standard 12 – Income Taxes, in: IASB (Hrsg.): (IFRS) International Financial Reporting Standards – Official pronouncements as issued at 1 January 2009, London 2009, S. 1083-1139.

IASB: **(IAS 27)** International Accounting Standard 27 – Consolidated and Separate Financial Statements, in: IASB (Hrsg.): (IFRS) International Financial Reporting Standards – Official pronouncements as issued at 1 January 2009, London 2009, S. 1441-1492.

IASB: **(IAS 36)** International Accounting Standard 36 – Impairment of Assets, in: IASB (Hrsg.): (IFRS) International Financial Reporting Standards – Official pronouncements as issued at 1 January 2009, London 2009, S. 1723-1876.

IASB: **(IAS 37)** International Accounting Standard 37 – Provisions – Contingent Liabilities and Contingent Assets, in: IASB (Hrsg.): (IFRS) International Financial Reporting Standards – Official pronouncements as issued at 1 January 2009, London 2009, S. 1877-1910.

IASB: **(IAS 38)** International Accounting Standard 38 – Intangible Assets, in: IASB (Hrsg.): (IFRS) International Financial Reporting Standards – Official pronouncements as issued at 1 January 2009, London 2009, S. 1911-1982.

IASB: **(IFRS 3)** International Financial Reporting Standard 3 – Business Combinations, in: IASB (Hrsg.): (IFRS) International Financial Reporting Standards – Official pronouncements as issued at 1 January 2009, London 2009, S. 331-533.

IASB: **(IFRS 5)** International Financial Reporting Standard 5 – Non-current assets held for sale and discontinued operations, in: IASB (Hrsg.): (IFRS) International Financial Reporting Standards – Official pronouncements as issued at 1 January 2009, London 2009, S. 673-724.

Rechtsprechungsverzeichnis

1. Europäischer Gerichtshof (EuGH)

Datum	Aktenzeichen/Rechtssache	Fundstelle(n)
13.12.2005	C-446/03 Marks & Spencer Plc. gegen David Halsey (Her Majesty's Inspector of Taxes)	Slg. 2005, S. I-10837 ff.
12.09.2006	C-196/04 Cadbury-Schweppes Plc., Cadbury-Schweppes Ltd. gegen Commissioners of Inland Revenue	Slg. 2006, S. I-7995 ff.
29.03.2007	C-347/04 Rewe Zentralfinanz eG als Gesamtrechtsnachfolgerin der IST Reisen GmbH gegen Finanzamt Köln-Mitte	Slg. 2007, S. I-2647 ff.
28.02.2008	C-293/06 Deutsche Shell GmbH gegen Finanzamt für Großunternehmen in Hamburg	Slg. 2008, S. I-1129 ff.
15.05.2008	C-414/06 Lidl Belgium GmbH & Co. KG gegen Finanzamt Heilbronn	noch nicht in amtlicher Sammlung; IStR 2008, S. 400-404.

2. Bundesgerichtshof (BGH)

Datum	Aktenzeichen	Fundstelle(n)
28.10.1993	IX ZR 21/93	BGHZ 124, S. 27-32.

3. Bundesfinanzhof (BFH)

Datum	Aktenzeichen	Fundstelle(n)
16.09.1958	I 88/57 U	BStBl. III 1958, S. 451-452.
13.01.1959	I 44/57 U	BStBl. III 1959, S. 197-201.

10.12.1975	I R 135/74	BStBl. II 1976, S. 226-228.
10.11.1982	I R 142/79	BStBl. II 1983, S. 280-282.
25.06.1986	II R 213/83	BStBl. II 1986, S. 785-787.
01.04.1987	II R 186/80	BStBl. II 1987, S. 550-551.
27.02.1991	I R 15/89	BStBl. II 1991, S. 444-448.
16.01.1992	V R 1/91	BStBl. II 1992, S. 541-543.
05.02.1992	I R 79/89	BFH/NV 1992, S. 629-632.
05.02.1992	I R 127/90	BStBl. II 1992, S. 532-537.
23.06.1992	IX R 182/87	BStBl. II 1992, S. 972-975.
18.02.1993	IV R 40/92	BStBl. II 1994, S. 224-226.
14.07.1993	I R 71/92	BStBl. II 1994, S. 91-93.
31.05.1995	I R 74/93	BStBl. II 1995, S. 683-685.
16.01.1996	IX R 13/92	BStBl. II 1996, S. 214-215.
27.03.1996	I R 60/95	BStBl. II 1996, S. 576-578.
24.04.1997	VIII R 16/94	BStBl. II 1999, S. 339-341.
08.12.1997	GrS 1-2/95	BStBl. II 1998, S. 193-200.
15.10.1998	III R 75/97	BStBl. II 1999, S. 119-121.
24.03.1999	I R 114/97	BStBl. II 2000, S. 399-403.
23.08.2000	I R 98/96	BStBl. II 2002, S. 207-210.
20.03.2002	I R 63/99	BStBl. II 2003, S. 50-54.
16.10.2002	I R 17/01	BStBl. II 2003, S. 631-635.
17.12.2003	I R 14/02	BStBl. II 2004, S. 260-262.
17.10.2007	I R 96/06	BStBl. II 2008, S. 953-956.

Verzeichnis der Verwaltungsanweisungen

1. Bundesfinanzministerium

1.1 Richtlinien

Einkommensteuer-Richtlinien 2005 (EStR 2005) Allgemeine Verwaltungsvorschrift zur Anwendung des Einkommensteuerrechts vom 16. Dezember 2005 (BStBl. I 2005, Sondernummer 1), zuletzt geändert durch die Einkommensteuer-Änderungsrichtlinien 2008 (EStÄR 2008) – Allgemeine Verwaltungsvorschrift zur Änderung der Einkommensteuer-Richtlinien 2005 vom 18. Dezember 2008 (BStBl. I 2008, S. 1017).

Körperschaftsteuer-Richtlinien 2004 (KStR 2004) Allgemeine Verwaltungsvorschrift zur Körperschaftsteuer vom 13. Dezember 2004 (BStBl. I 2004, Sondernummer 2 S. 2).

1.2. Verordnungen

Verordnung zur Anwendung des Fremdvergleichsgrundsatzes nach § 1 Abs. 1 des Außensteuergesetzes in Fällen grenzüberschreitender Funktionsverlagerungen (Funktionsverlagerungsverordnung – FVerlV), vom 12. August 2008 (BGBl. I 2008, S. 1680).

1.3 Verwaltungsanweisungen

Behörde	Datum	Aktenzeichen	Fundstelle
BMF	19.04.1971	IV B/2 – S 2170 – 31/71	BStBl. I 1971, S. 264-266.
BMF	21.03.1972	F/IV B 2 – S 2170 – 11/72	BStBl. I 1972, S. 188-189.
BMF	23.02.1983	IV C 5 – S 1341 – 4/83	BStBl. I 1983, S. 218-233.
BMF	24.12.1999	IV B 4 – S 1300 – 111/99	BStBl. I 1999, S. 1076-1120.
BMF	30.12.1999	IV B 4 – S 1341 – 14/99	BStBl. I 1999, S 1122-1126.

BMF	19.03.2004	IV B 4 – S 1301 USA – 22/04	BStBl. I 2004 S. 411-415.
BMF	29.04.2004	IV B 4 – S 1300 – 296/04	BStBl. I 2004, S. 917-922.
BMF	14.05.2004	IV B 4 – S 1340 – 11/04	BStBl. I Sondernummer. 1/2004, S. 3-67.
BMF	12.04.2005	IV B 4 – S 1341 – 1/05	BStBl. I 2005, S. 570-599.
BMF	08.01.2007	IV B 4 – S 1351 – 1/07	BStBl. I 2007, S. 99-100.
BMF	17.07.2008	IV A 3 – S 0062/08/10006	BStBl. I 2008, S. 694-696.

2. Verfügungen

Behörde	Datum	Aktenzeichen	Fundstelle
OFD Düsseldorf und Münster	18.07.2005	S 1301 A – 12 (D), S 1315 – 42 – St 14 – 32 (Ms)	IStR 2006, S. 96-97.
OFD Frankfurt am Main	19.07.2005	S 1301 A – 55 – St 58	DStZ 2006, S. 708-710.

STEUER, WIRTSCHAFT UND RECHT

Herausgegeben von vBP StB Prof. Dr. Johannes Georg Bischoff, Wuppertal, Dr. Alfred Kellermann, Vorsitzender Richter am BGH (a. D.), Karlsruhe, Prof. (em.) Dr. Günter Sieben, Köln, und WP StB Prof. Dr. Norbert Herzig, Köln

Band 295
Jan Wendland
Finanzierung durch Cash Pooling im Kapitalgesellschaftskonzern – Ertragsteuerliche Analyse und Handlungskonsequenzen
Lohmar – Köln 2009 • 440 S. • € 68,- (D) • ISBN 978-3-89936-770-6

Band 296
Bernd Heining
Funktionsverlagerung ins Ausland – Entscheidungsfindung aus investitionstheoretischer Sicht
Lohmar – Köln 2009 • 276 S. • € 58,- (D) • ISBN 978-3-89936-772-0

Band 297
Hendrik Jacobsen
Steuerliche Gestaltungssuche im Rahmen der Unternehmensumstrukturierung
Lohmar – Köln 2009 • 480 S. • € 72,- (D) • ISBN 978-3-89936-778-2

Band 298
Sabine Herbold
Steuerliche Anreize für Forschung und Entwicklung im internationalen Vergleich – Eine qualitative und quantitative Analyse für die EU-27-Mitgliedstaaten und die USA unter besonderer Berücksichtigung Deutschlands
Lohmar – Köln 2009 • 428 S. • € 67,- (D) • ISBN 978-3-89936-801-7

Band 299
Thomas Loose
Tax Management der kapitalmarktorientierten internationalen Unternehmung
Lohmar – Köln 2009 • 388 S. • € 65,- (D) • ISBN 978-3-89936-872-7

JOSEF EUL VERLAG